DEUTSCHE DEMOKRATISCHE REPUBLIK
DEUTSCHE AKADEMIE DER LANDWIRTSCHAFTSWISSENSCHAFTEN ZU BERLIN
INSTITUT FÜR LANDWIRTSCHAFTLICHE INFORMATION UND DOKUMENTATION

Landwirtschaftliches Zentralblatt

ABTEILUNG III

TIERZUCHT · TIERERNÄHRUNG FISCHEREI

9. JAHRGANG

1964

AKADEMIE-VERLAG · BERLIN

LZ. III TIERZUCHT · TIERERNÄHRUNG · FISCHEREI · JG. 1964 · Nr. 9 · SEITE 1805–2020 · BERLIN · SEPTEMBER 1964

LANDWIRTSCHAFTLICHES ZENTRALBLATT

ABTEILUNG TIERZUCHT · TIERERNÄHRUNG · FISCHEREI

INHALTSVERZEICHNIS

Bibliographische Angaben von Büchern und Dissertationen am Schluß eines jeden Kapitels

LZ. III/9/64

NAMENVERZEICHNIS

3 – 64/09 – 0001 bis 0630 und 3 – 64/09 – 9001 bis 9186

Ab Jahrgang 1964 beziehen sich die hinter dem Autorennamen angegebenen Zahlen auf die Signatur des Dokumentationsmaterials

Signatur in [Klammer] bedeutet Bibliographie, mit Stern * bedeutet Buchbesprechung

LANDWIRTSCHAFTLICHES ZENTRALBLATT
ABT. TIERZUCHT · TIERERNÄHRUNG · FISCHEREI

1964 NR. 9 SEPTEMBER

ALLGEMEINES

A. GESCHICHTE, FORSCHUNG, UNTERRICHT

3-64/09-0001 Breunig, W. **Die neue Form des Landwirtschaftsstudiums an der Landwirtschaftlich-Gärtnerischen Fakultät der Humboldt-Universität zu Berlin.** Dtsch. Landwirtsch. **15** (1964) Nr. 4. S. 162-164. 50.

3-64/09-0002 Schmidt, W. **Aufgaben und Probleme der Leistungssteigerung im landwirtschaftlichen Hochschulstudium.** Z. Agrarökon. **7** (1964) Nr. 4. S. 102-105. 50.

3-64/09-0003 Heyne, W. **Bessere Ausbildung der Diplomlandwirte durch einjährige Betriebspraktika mit Leistungsvergleichen.** Z. Agrarökon. **7** (1964) Nr. 4 S. 106-109. 50.

3-64/09-0004 *Stöckl, Karl,* Bearb. Hrsg Land- u Hauswirtschaftl. Auswertungs- u. Informationsdienst e. V. Bad Godesberg **Die Berufsausbildung in der Landwirtschaft der Bundesrepublik Deutschland.** Hiltrup/Westf Landwirtschaftsverl. 1963. (71 S.) 8° (1964 A 54)

3-64/09-0005 **Węzłowe zadania w dziedzinie szkolnictwa wyższego i badań naukowych.** (Schwerpunktaufgaben auf dem Gebiet des Hochschulwesens und der wissenschaftlichen Forschung.) Warszawa. Książka i Wiedza. 1963. (515 S. m. 1 Tab.) (PRL/CBR)

ALLGEMEINE TIERZUCHT

A. ENTWICKLUNGSLEHRE

3-64/09-0006 Skorkowski, E.; Krakow, Inst. für Tierzucht. **Die Erscheinung der Stabilisation.** Arch. Tierzucht **7** (1964) Nr. 3. S. 233-236. – Zus. in Russ., Engl. – nach Zus.

Die Erscheinung der Stabilisation von Blyth, auf die Eiseley (1959) sein Augenmerk gerichtet hat, erklärt Vf. auf Grund seiner Untersuchungen (1938 bis 1962) mit dem Hervortreten von Merkmalen einer adäquaten Unterart in der Population, die ohne Eingriff des Menschen die Entstehung von homogenen Populationen mit Eigenschaften der adäquaten Unterart ermöglicht und die zur Stabilisation führt. Die Populationsgenetik berücksichtigt diese Erscheinung nicht; daher erklärt sie nicht, warum die Heritabilitätsindices der Untermerkmale in nicht adäquaten Umweltbedingungen in den nacheinanderfolgenden Generationen einer Änderung in unerwünschter Richtung unterliegen. Vor dieser Erscheinung kann uns nur die Zucht von Rassen im Typus der adäquaten Unterarten bewahren. Sobald wir solche Rassen herauszüchten, werden wir in der Lage sein, bei Ausnützung der Heterosis und der Verbindung erwünschter Eigenschaften Gebrauchskreuzungen von Vertretern verschiedener Unterarten durchzuführen. Dann werden fruchtbare Mütter, die Eigenschaften einer adäquaten Unterart aufweisen, mit Vätern einer nicht adäquaten Unterart zahlreiche Nachkommen zeugen, die sich durch höchstmögliche Leistungsfähigkeit auszeichnen werden. Erst dadurch läßt sich eine hohe Produktion erzielen. 1050.

3-64/09-0007 *Heberer, Gerhard* und *Schwanitz, Franz.* **Hundert Jahre Evolutionsforschung. Das wissenschaftliche Vermächtnis Charles Darwins.** Stuttgart: Fischer. 1960. (458 S. m. 83 Abb.) 8°. (1964 A 473)

B. ORGANE DES TIERKÖRPERS

3-64/09-0008 Tomoda, Isamu; Tokyo, Univ., Fac. of Agric. Paper electrophoretic studies on serum proteins in domestic animals. II. Normal value and physiological variations of serum proteins in dogs. **(Papierelektrophoretische Untersuchungen der Serumproteine von Haustieren. 2. Mitt. Normalwerte und physiologische Variationen der Serumproteine beim Hund.)** Jap. J. veterin. Sci. **25** (1963) Nr. 2. S. 5-19. — 2 Abb., 9 Tab., 95 Lit. Orig.: jap., Ausz.: engl. 1. Mitt. vgl. LZ. Abt. III **8** (1963) Nr. 12. S. 2450.
Rasse, Geschlecht und Haltungsart hatten keinen gesicherten Einfluß auf die Zusammensetzung der Serumproteine. Der Gesamtproteingehalt nahm mit zunehmendem Alter zu, dabei hatten die Albumine, β- und γ-Globuline den größten Anteil. γ-Globuline traten erst nach dem ersten Säugen auf. Tiere über 10 Jahre zeigten einen leichten Abfall der Albumine und β-Globuline, jedoch einen Anstieg der γ-Globuline. Geringgradige Abweichungen ergaben sich im Gesamtproteingehalt von Tieren unmittelbar nach Bewegung und im Verlaufe des Tages. Durch Trächtigkeit und Geburt wurde eine Veränderung der Serumproteinfraktionen bewirkt. B. Busch/Dummerstorf. 1120.

3-64/09-0009 Tomoda, Isamu; Tokyo, Univ., Fac. of Agric. Paper electrophoretic studies on the serum protein in domestic animals. III. Serum protein changes in schistosomiasis. **(Papierelektrophoretische Untersuchungen der Serumproteine von Haustieren. 3. Mitt. Veränderungen der Serumproteine bei der Schistosomiasis.)** Jap. J. veterin. Sci. **25** (1963) Nr. 2. S. 67-91. — Orig.: jap., Ausz.: engl.
Bei künstlich infizierten Hunden und Kaninchen sank der Albumin- und stieg der Gesamteiweiß- und Globulingehalt z.Z. des Auftretens der Eier im Kot. Bei behandelten und zum zweiten Mal infizierten Hunden und Kaninchen traten die beobachteten Veränderungen früher auf. Bei natürlich infizierten Rindern wurde eine Hypoalbuminaemie und eine Hyper-γ-Globulinaemie beobachtet. Mit Antimon behandelte Hunde, Kaninchen und Rinder zeigten einen Anstieg der Albumine und einen Abfall des Gesamtproteins und der γ-Globuline. Die beobachteten Veränderungen werden nicht als spez. angesehen, sondern als Reaktion auf die Schadwirkung der Parasiten.
B. Busch/Dummerstorf. 1120.

3-64/09-0010 Kossila, Vappu. Effects of season and stage of lactation on protein bound iodine and total cholesterol in serum of dairy cows. **(Der Einfluß von Jahreszeit und Laktationsstadium auf das eiweißgebundene Jod und das Gesamtcholesterin im Serum von Milchkühen.)** Maataloustieteellinen Aikakauskirja [J. sci. agric. Soc. Finland] **35** (1963) Nr. 3. S. 81-91. — 2 Abb., 2 Tab., 33 Lit. Zus. in Finn.
Von 92 gesunden, laktierenden Ayrshire-Kühen wurden über 18 Mon. 589 Blutproben aus der Schwanzarterie genommen und das Gesamtcholesterin im Serum nach der Methode von Saarinen und Shaw (vgl. J. Dairy Sci. **33** [1950] S. 496.), das eiweißgebundene Jod (PBJ) nach der von Barker u. Mitarb. (vgl. J. clin. Invest. **30** [1951] S. 55.) beschriebenen Methodik bestimmt. Die Tiere erhielten eine einheitliche Stall- u. Weidefütterung. Die durchschnittl. PBJ-Konzentration betrug 3,935 μg% (2,10-6,29), wobei 79% der Tiere zwischen 3 und 5 μg% PBJ aufwiesen. Die Cholesterinwerte lagen zwischen 37,6 und 494 mg% mit einem Maximum zwischen 100 und 300 mg% und einem Durchschnitt von 197,43 mg%. Während der PBJ-Spiegel 1 Mon. post partum am niedrigsten lag, zwischen dem 5. und 13. Laktationsmonat aber nahezu konstant blieb, lief die Cholesterinkonzentration vom 3.-13. Mon. post partum der Milchleistung etwa parallel. Der PBJ-Gehalt des Serums war am höchsten im Apr., Mai und Juni, der an Cholesterin von Dez.-Mai. Die niedrigsten Werte wurden Ende Juli bis Anfang Aug. bzw. während der Weidezeit gefunden. F. Döcke. 1120.

3-64/09-0011 Nordgren, Bengt; Uppsala, Sweden, Univ., Inst. of Physiol. The rate of secretion and electrolyte content of normal gastric juice. **(Sekretionsrate und Elektrolytgehalt von normalem Magensaft.)** Acta physiol. scand., Suppl. **58** (1963) Nr. 202. S. 1-83. – 21 Abb., 15 Tab., 94 Lit.

Vf. untersuchte die Kinetik der Magensekretion im intakten Magen von Mensch und Hund. Bes. Gewicht wurde auf die Beziehungen zwischen H- und K-Ionen-Konzentration gelegt. Untersuchungsobjekte waren menschliche Probanden und Hunde mit Magenfisteln. H. Grychtolik. 1385.

3-64/09-0012 Soliman, F. A., Nasr, H. und Zaki, K.; Giza, Egypt, Cairo Univ., Fac. of Veterin. Med. Levels of thyroid and thyrotrophic hormones in the blood of Friesian cows at various reproductive stages. **(Blutspiegel des Schilddrüsen- und Thyreotropen Hormons bei Friesenkühen während verschiedener Fortpflanzungsstadien.)** J. Reproduct. Fertility **6** (1963) Nr. 3. S. 335 bis 340. – 1 Abb., 2 Tab., 29 Lit.

112 Friesenkühe wurden in Gruppen zu 8 Tieren eingeteilt, die sich im Oestrus, Dioestrus, in verschiedenen Trächtigkeitsstadien und bis zu 10 Tagen nach der Geburt befanden. Die TSH (**I**)-Bestimmung im Serum erfolgte nach der Methode von Bergman u. Turner (**1939**) an 1 Tag alten männl. Küken. Die Schilddrüsenhormone (**II**) wurden nach der Methodik von D'Angello u. Gordon (1950) durch Messung der Länge der Hintergliedmaßen an Kaulquappen testiert. Während der **II**-Spiegel im Oestrus anstieg, sank gleichzeitig der des **I**. Im Dioestrus verhielten sich die beiden Konzentrationen umgekehrt. Erst im 9. Mon. der Gravidität wurde ein **II**-Anstieg festgestellt. Der **I**-Spiegel blieb während der ersten 4 Trächtigkeitsmonate auf einem rel. hohen Niveau, fiel dann aber deutlich ab. Nach der Geburt entsprach der **II**-Gehalt des Serums dem im Dioestrus gefundenen. Dagegen stieg der **I**-Spiegel an, wahrscheinlich, um den erhöhten **II**-Bedarf bei Beginn der Laktation zu decken. F. Döcke. 1525.

3-64/09-0013 Poole, H. K.; Beltsville, Md., A.R.C. Some effects of estradiol benzoate on development of the reproductive system of the turkey. **(Einige Wirkungen des Oestradiolbenzoats auf die Entwicklung des Fortpflanzungssystems bei der Pute.)** Brit. Poultry Sci. **4** (1963) Nr. 3. S. 279-284. – 1 Tab., 13 Lit.

Am 2. Bebrütungstag wurden 300 μg Oestradiolbenzoat (ÖB) in 0,1 ml Kornöl in das Eiweiß von 284 Eiern von Kleinen Weißen Beltsville-Puten injiziert. Zur Kontrolle dienten 144 unbehandelte sowie 16 Eier, in die nur Öl injiziert wurde. Die Küken wurden beim Schlupf oder im Alter von 4, 6, 16 oder 35 Wochen getötet. Bei den Kontrollen wies der Genitaltrakt keine morphol. Abweichungen auf. Durch die ÖB-Behandlung wurden die embryonale und die Mortalität nach dem Schlupf deutlich erhöht. Bei weibl. Küken imponierte bes. eine Hypertrophie der Müllerschen Gänge. In allen Altersstufen wurden Intersexe gefunden. Da diese zusammen mit den männl. Küken etwa der Zahl der weibl. entsprachen, wird angenommen, daß sie genetisch Männchen waren. Wahrscheinlich war zu Beginn eine starke Feminisierung dieser Tiere eingetreten, der eine Unterdrückung der Gonadenentwicklung oder die Bildung von Ovotestes gefolgt war. Anzeichen für eine tatsächliche Geschlechtsumkehr wurden nicht gefunden. F. Döcke. 1580.

C. GENETIK

3-64/09-0014 Krishan, Awtar. The mitotic and meiotic chromosomes of the duck. **(Die Mitose- und Meiose-Chromosomen der Ente.)** J. Heredity **54** (1963) Nr. 3. S. 91-95. – 1 Abb., 2 Tab., 26 Lit.

Von Hodengewebe eines jungen Khaki-Campbell-Erpels wurden nach hypotonischer Vorbehandlung Quetschpräparate hergestellt; ebenso behandeltes embryonales Gonaden- und Somagewebe diente zur Bestimmung der Chromosomenzahl der Ente während der Embryogenese. – Die Zahl der Chromosomen schwankt um 40 (32-41) bei den Meiose-Platten und um 80 (40-86) in den Mitose-Platten embryonaler Gonaden. Die 4 größten Chromosomen sind metazentrisch; die übrigen sind entweder acrozentrische Stäbchen oder kleine Kugeln. Das 5., stabförmige Element der Chromosomenplatten war bei ♂ paarig, bei ♀ dagegen ungepaart sowohl im Gonaden- als auch im Somagewebe. – Die Frage, welcher der Vögel den ZZ-ZO bzw. den ZZ-ZW-Typus des Geschlechtsmechanismus besitzt, bleibt ungeklärt. H. Freye. 1615.

3-64/09-0015 Magakjan, Ju. A.; Jerewan, Zool. Inst. der Akad. der Wiss. der Armen. SSR. O postojanstve DNK v svjazi s novymi dannymi o soderžanii ee v izolirovannych jadrach ėmbrionov pekinskoj i muskusnoj utok i ich gibridov pervogo pokolenija. **(Über die Beständigkeit von DNS im Zusammenhang mit neuen Angaben über den DNS-Gehalt in isolierten Kernen von Embryonen der Peking- und Moschusenten und deren Hybriden in der I. Generation.)** Žurnal obščej biologii, Moskva 24 (1963) Nr. 5. S. 352-359. – 2 Tab., 55 Lit. Zus. in Engl.

Zweck der durchgeführten Untersuchungen war die Prüfung der Behauptung, daß der DNS-Gehalt in gemischten Kernpopulationen eine beständige Größe ist. Auch sollte die Frage der Artspezifität des DNS-Gehaltes geklärt werden. Dazu wurden Peking-, Moschus- und Hybridenten der I. Generation verwendet. Die Versuche bestätigten, daß der DNS-Gehalt in den Zellkernen der Embryonen beider Rassen höher ist als bei den erwachsenen Tieren, wobei er im Verlauf der Embryogenese nicht beständig ist. Der DNS-Gehalt in den Kernen der Pekingentenembryonen wächst vom 4.-5. Inkubationstag fast um das 4fache, und vom 5.-6. Tag sinkt er fast um das Doppelte. Danach erfolgt ein beständiges Absinken, das auch nach dem Schlupf andauert, bis der Gehalt erreicht ist, der für erwachsene Tiere charakteristisch ist. Ein analoger Prozeß verläuft auch bei den Moschusentenembryonen, aber mit dem Unterschied, daß in den frühen Entwicklungsstadien eine Verspätung um 1 Tag erfolgt und der DNS-Gehalt im weiteren langsamer absinkt. Die Moschusentenembryonen bleiben in den ersten Tagen ihrer Entwicklung im Gewicht und in den morphogenetischen Prozessen hinter den Pekingentenembryonen zurück. Diese Tatsache bestätigt den klaren Zusammenhang des DNS-Gehaltes in den Zellkernen mit den Wachstums- und Entwicklungsprozessen des Organismus. Zwischen den Schwankungen des DNS-Gehaltes in der Phylogenese und der Ontogenese der Vögel ist eine deutliche Parallelität zu erkennen. Bei den Hybridentenembryonen verläuft der Prozeß etwas anders. Bei erwachsenen Hybriden ist der DNS-Gehalt etwa doppelt so hoch wie bei den erwachsenen Tieren der Ausgangsformen (bei erwachsenen Pekingenten beträgt der DNS-Gehalt $0{,}285 \times 10^{-12}$ g, bei Moschusenten $0{,}270 \times 10^{-12}$ g und bei Hybridenten $0{,}600 \times 10^{-12}$ g). Die verdoppelte DNS-Menge bei den Hybridenten, deren Ursache noch nicht geklärt ist, läßt eine Verdoppelung der Chromosomenzahl vermuten. In der Embryogenese zeigt sich ein anderes Bild: Vom 4.-6. Inkubationstag verläuft die Dynamik des DNS-Gehaltes wie bei den Ausgangsformen, danach erfolgt ein ständiges Absinken bis zum 14. Tag, dann verlangsamt sich das Absinken und wird beim Schlupf, wenn der für erwachsene Hybriden charakteristische Gehalt erreicht ist, abgeschlossen. Bis zum 14. Inkubationstag gleichen die Zahlenwerte des DNS-Gehaltes der Hybridembryonen denen der Moschusentenembryonen, beim Schlupf ähneln die Hybriden den Pekingenten, bei denen das Absinken des DNS-Gehaltes auch beim Schlupf fast abgeschlossen ist. – Die These über die Artspezifität, die sich auf Angaben von Arten, die systematisch weit voneinander entfernt sind, stützt, wird nicht bestätigt. Die berührten Fragen bedürfen weiterer Bearbeitung. K. Witt. 1615.

3-64/09-0016 Poole, H. K.; Beltsville, Md., U.S. Dep. of Agric., A.R.S. Observations on the chromosomes of turkey-chicken hybrids. **(Untersuchungen an den Chromosomen von Puter-Huhn-Hybriden.)** J. Heredity **54** (1963) Nr. 3. S. 101-102. — 1 Abb., 9 Lit.
Zur Feststellung der Chromosomenzahl diploider Bastarde zwischen Beltsville-Small-White-Putern (18 Makro- und variable Zahl von Mikrochromosomen) und Dark-Cornish-Hühnern (12 Makro- und variable Anzahl von Mikrochromosomen) wurden embryonales Hodengewebe und die Basis von sich entwickelnden Federn frisch geschlüpfter Hybriden in Quetschpräparaten untersucht. Für die Hybriden wurden 14-15 Makrochromosomen beobachtet; die Variation erstreckte sich von 6-20. Da diese Variationsbreite auch bei beiden Eltern ähnlich ist, ist sie nicht statistisch verwertbar. — Die Makrochromosomen zeichnen sich durch keinerlei charakteristische Merkmale, die man zu ihrer Identifizierung verwenden könnte, aus, so daß eine Feststellung über ihre elterliche Herkunft bei den Hybridenchromosomen unmöglich ist.
H. Freye. 1615.

3-64/09-0017 Dobzhansky, Theodosius. Evolutionary and population genetics. **(Evolutions- und Populationsgenetik.)** Science [Washington] **142** (1963) Nr. 3596. S. 1131-1135. — 10 Lit.
Vorliegende Arbeit entspricht der Abschlußrede des Vf. auf der Schlußsitzung des 11. Internationalen Genetikkongresses in Den Haag im Sept. 1963. Es wird dabei auf Untersuchungen in der menschlichen Population, die genetische Variabilität, typologische Fragen, die genetische Variation und entwicklungsbedingte Homoeostasis, den gegenwärtigen Stand der Evolutionsgenetik und bes. auf das Verständnis des Phänomens der Selektion eingegangen.
K. Bellmann. 1667.

3-64/09-0018 Wallace, Bruce; Ithaca, Cornell Univ. Genetic diversity, genetic uniformity, and heterosis. **(Genetische Unterschiedlichkeit, genetische Uniformität und Heterosis.)** Canad. J. Genetics Cytol. **5** (1963) Nr. 3. S. 239 bis 253. — 3 Abb., 55 Lit.
Lerners Homoeostasiehypothese erfordert die Annahme von Überdominanz. Im Gegensatz zu kritischen Äußerungen stimmen die Ergebnisse des Vf. mit dieser Annahme überein und stützen damit Lerners These. Vf. schlägt ein Modell vor, das geeignet erscheint, den Gegensatz zwischen genetischen und evolutionistischen Konsequenzen zu überbrücken, die sich einerseits aus der genetischen Stabilität (Code) und andererseits der Labilität (z. B. Verlust der Populationseignung durch Rekombination innerhalb der Population nach Isolierung von Lokalpopulationen bei *Drosophila melanogaster*) ergeben. Das Modell geht von der ungeprüften Annahme aus, daß bei höheren Organismen die Zahl der regulatorischen Systeme, die während der Entwicklung zur Kontrolle der „strukturellen Gene" nötig sind, größer ist als die Zahl, die in einem Individuum ohne gegenseitige Interferenz existieren kann. Das Modell wurde in Anlehnung an McClintocks *Ds-Ac*-System beim Mais entwickelt und wird im Hinblick auf eine Anzahl experimenteller Beobachtungen diskutiert. K. Bellmann. 1667.

3-64/09-0019 Goodhart, C. B. The „Sewall Wright Effect" (Genetic Drift). **(Der „Sewall-Wright-Effekt" — Genetische Drift.)** Amer. Naturalist **97** (1963) Nr. 897. S. 407-409. 1667.

3-64/09-0020 Le Roy, H. L. **Lehren aus der Populationsgenetik für die Tierzucht.** Züchtungskunde **35** (1963) Nr. 9/10. S. 464-473. — 6 Lit.
Nach kurzer Charakterisierung der Entwicklung und des Wesens der Populationsgenetik zeigt Vf. ihre Anwendung in der praktischen Tierzucht an einigen allg. Beispielen auf. Er diskutiert eine zentralistische Steuerung der Zucht, wobei die Zentralstelle die Veränderungen in der Gesamtpopulation

erforscht und die Auswirkungen der geforderten Maßnahmen genau überprüft. Wirtschaftliche Züchtung kann sich nicht nur auf wenige Züchter stützen, sondern muß ein gut organisiertes und wohldurchdachtes Gemeinschaftswerk sein. Weitere Eckpunkte der modernen Populationsgenetik werden in praktischer Sicht zur Diskussion gestellt: die Züchtung als Problem der Selektion und der Elternkombination, der Einfluß der Heritabilität auf die Wahl des Zuchtverfahrens, Inzucht und Heterosis, Zuchtwertschätzung, Individual- und Familienselektion. Die Grenzen der neuen Arbeits- und Analysenmethoden werden angedeutet und abschließend das Generationenproblem, das die Einführung neuer Methoden auf allen Gebieten verzögert, kurz erwähnt. A. Schaaf. 1667.

3-64/09-0021 Bakels, Frederik. **Untersuchungen an Töchtern männlicher Albinomäuse in zwei Fütterungsgruppen. (Ein Beitrag zum Problem der Erbe-Umwelt-Interaktion.)** Arb. Inst. Tierzucht, Vererb.- u. Konstitutionsforsch. Univ. München **1963** Nr. 5. S. 1-32. — 12 Abb., 10 Tab., 39 Lit.

In einer aus Zufallspaarungen hervorgegangenen Mäusepopulation (200 Töchter-Mütter-Paare mit Standardfutter und 4 Bocknachkommenschaften mit insgesamt 334 Töchtern in 2 Fütterungsgruppen) untersuchte Vf. folgende Merkmale der 1. Laktation: Gewicht der Mutter nach dem Werfen (KG), Anzahl Junge am Wurftag (AJ), Gewicht des Wurfes 15 Tage nach dem Werfen (WG) und multiple Beziehung zwischen KG und AJ als unabhängige und WG als abhängige Variable. Aus einer vergleichenden Betrachtung der gefundenen Beziehungen wird gefolgert, daß die Voraussagbarkeit der gefundenen Ergebnisse aus Anpaarungen mit Vatertieren verbessert werden kann, wenn Prüfungen auf Erb-Umwelt-Interaktion nicht nur für die Mittelwerte eines Merkmales, sondern auch für die Beziehungen dieses Merkmales zu anderen wichtigen Merkmalen durchgeführt werden. Abschließend werden daraus sich für die Durchführung von Nachkommenschaftsprüfungen ergebende Konsequenzen erörtert. A. Schaaf. 1667.

3-64/09-0022 Novikov, B. G. Ėksperimental'nye izmenenija nasledstvennych svojstv morfologičeskich priznakov u ptic. **(Experimentelle Veränderungen der Erbeigenschaften morphologischer Merkmale bei Vögeln.)** V sb.: Materialy III Vses. ornitol. konferencii, L'vov 2 (1962) S. 117–119. — Aus: Referativnyj žurnal Moskva. Životnovodstvo, veterinarija **1963** Nr. 17.58.52. S. 7-8.

Es werden Versuche zur Transplantation von Hoden zwischen 2 Rassen bei anschließender KB normaler weibl. Tiere der Donator-Rasse mit Sperma aus den verpflanzten Hoden beschrieben. Als Versuchstiere dienten Stock- und Pekingente sowie Hühner der Rassen Rhodeländer und Weiße Leghorn. Es wurde festgestellt, daß sich bei den Nachkommen nicht nur die Merkmale des Donators sowie des Rezipienten entwickelten, sondern auch neue erschienen. Durch konstante Auslese der veränderten Nachkommen gelang es, einige Rassengruppen zu erhalten, die sich von den Ausgangsformen durch die Struktur des Kammes, die Gefiederfärbung, die Legeleistung u. a. unterschieden. Unter der Einwirkung systematischer Injektionen von artfremder DNS (die Versuche wurden mit Stock- und Pekingenten durchgeführt) wurden beim Rezipienten gelenkte Veränderungen in der Synthese der eigenen DNS hervorgerufen, die in der ersten Generation eine Tendenz zur Weitergabe zeigten. 1670.

3-64/09-0023 Gromov, A. M. und Samodelkina, S. D. Fiziologičeskoe dejstvie geterogennoj krovi pri vegetativnoj gibridizacii kur. **(Die physiologische Wirkung des heterogenen Blutes bei vegetativer Hybridisation der Hühner.)** Vestnik sel'skochozjajstvennoj nauki, Moskva 8 (1963) Nr. 9. S. 81-83. — 1 Tab., 10 Lit. Zus. in Engl., Franz., Dtsch. 1670.

3-64/09-0024 O'Donald, P. Sexual selection for dominant and recessive genes. **(Geschlechtliche Zuchtwahl bei recessiven und dominanten Genen.)** Heredity **18** (1963) Nr. 4. S. 451-457.

R. A. Fisher hat die Theorie aufgestellt, daß weibl. Vögel, welche einen bestimmten Genotyp bei der Gattenwahl bevorzugen, gleichzeitig dazu beitragen, daß sich auch der weibl. Genotyp in der Population ändert, weil ja der Genotyp der bevorzugten Männchen angereichert wird. Der Autor entwickelt an Hand von Modellvorstellungen (a. geschlechtsgebundenes, b. autosomales Modell) die Konsequenzen dieses Rückkoppelungsvorganges und bringt mathematische Formulierungen, welche im Original nachzulesen sind. Unter der Voraussetzung, daß Hennen mit dem Gen a sich ausschließlich mit Hähnen AA paaren, während Hennen mit dem Allel a^+ sich sowohl mit Homozygoten, Heterozygoten und Rezessiven paaren, ergibt sich, daß die geschlechtliche Zuchtwahl rasch fortschreitet. Bes. rasch, wenn beide Gene, dasjenige, welches die weibl. Paarungslust bestimmt, und dasjenige, das den bevorzugten Phänotyp des Hahnes determiniert, eng gekoppelt im X-Chromosom lokalisiert sind. Der Fortschritt der Zuchtwahl ist langsamer, wenn keine Koppelung vorliegt, aber auch dann wird bes. das rezessive Merkmal gefördert. — Das autosomale Modell berechtigt zu den gleichen Schlüssen.

P. Hertwig. 1675.

3-64/09-0025 Willson, Mary F. und Pianka, Eric R. Sexual selection, sex ratio and mating system. **(Geschlechtliche Zuchtwahl, Geschlechtsverhältnis und Paarungssystem.)** Amer. Naturalist **97** (1963) Nr. 897. S. 405 bis 407. — 14 Lit. 1675.

3-64/09-0026 Edwards, A. W. F. Natural selection and the sex ratio: the approach to equilibrium. **(Natürliche Selektion und Geschlechtsverhältnis: die Annäherung an das Gleichgewicht.)** Amer. Naturalist **97** (1963) Nr. 897. S. 397-400. 1675.

3-64/09-0027 Krizenecky, Jaroslav. Snow-white down in ducks. **(Schneeweißes Daunengefieder bei Enten.)** J. Heredity **52** (1961) Nr. 5. S. 237-239. — 1 Abb., 1 Tab., 1 Lit. 1680.

3-64/09-0028 Schmid, D. O. und Erhard, L.; München, Tierzuchtforsch. e.V., Inst. für Blutgruppenforsch. **Blutgruppenuntersuchungen beim Murnau-Werdenfelser Rind.** Züchtungskunde **35** (1963) Nr. 7. S. 300-304. — 1 Tab., 16 Lit. Zus. in Russ., Engl., Franz.

Es wurden mit 47 Testseren die Blutgruppenfaktoren von insgesamt 272 Tieren sowie deren Hb-Typen bestimmt. Mit Ausnahme des B-Systems ergaben sich keine rassespezifischen Besonderheiten. Von den in 124 Untersuchungen zur Abstammungsklärung festgestellten 51 Phäno-Gruppen waren 6 neu. Somit kann bez. der Rassengeschichte des Murnau-Werdenfelser Rindes nur die Aussage gemacht werden, daß es durch Mischung mehrerer Rassen entstanden ist. B. Busch. 1690.

3-64/09-0029 Datta, S. P. und Stone, W. H.; Madison, Univ. of Wisconsin. Blood-typing of Indian water buffaloes with reagents for antigenic factors of cattle. **(Bluttypisierung indischer Wasserbüffel mit Testseren gegen antigene Faktoren des Rindes.)** Nature [London] **199** (1963) Nr. 4899. S. 1208-1209. — 9 Lit.

Aus der Untersuchung von 40 Blutproben von Wasserbüffeln der Murrah-Rasse mit Rinder-Testseren gegen die Faktoren F, V, J und Z folgt, daß die serologische Verwandtschaft zwischen Rind und Wasserbüffel vermutlich nicht sehr eng ist, da positive Reaktionen nur mit dem Serum Anti-J auftraten. Ein Antigensystem J wurde gefunden, somit konnte bestätigt werden, daß die J-Substanz ubiquitär ist. B. Busch. 1690.

3-64/09-0030 Datta, S. P. und Stone, W. H.; Madison, Univ. of Wisconsin. Tests for linkage of the genes controlling cattle transferrins and blood groups. **(Tests zur Verwandtschaft der die Rinder-Transferrine und -Blutgruppen kontrollierenden Gene.)** Nature [London] **199** (1963) Nr. 4899. S. 1209. – 1 Tab., 6 Lit.
Aus den Untersuchungen an 180 Rindern folgt, daß eine Verwandtschaft zwischen den Blutgruppenloci *A*, *B*, *C*, *F*, *Z* und *S* und den Serumtransferrintypen nicht besteht. Für das *L*-System konnte keine Aussage gemacht werden, weil die Zahl der untersuchten Tiere zu gering war. B. Busch. 1690.

3-64/09-0031 Datta, S. P. und Stone, W. H. Transferrins of cattle twins. **(Transferrine von Rinderzwillingen.)** Proc. Soc. exp. Biol. Med. **113** (1963) Nr. 3. S. 756-759.
An 91 gleich- und 5 verschiedengeschlechtigen Paaren von Zwillingsrindern werden die Blut- und Transferrintypen bestimmt, letztere durch vertikale Stärkegelelektrophorese in Boratpuffer mit Amidoschwarzfärbung und Autoradiographie nach Hinzufügung von 0,8 μc ^{59}Fe-Citrat zu 0,1 ml der Serumprobe. Von den 96 untersuchten Paaren haben 4 verschiedene Blutgruppen, 44 den gleichen Bluttyp, aber ein Gemisch aus 2 antigenisch verschiedenen Arten von Erythrocyten („Mosaicismus", „Chimärismus" infolge von Gefäß-Anastomose zwischen zweieiigen Zwillingen in uteri). Von den restlichen 48 Paaren, die auf Grund des Bluttyps eineiig sein können, unterscheiden sich 4 im Transferrintyp, sind also ebenfalls zweieiig. Somit wird die Aussagekraft der Blutgruppenbestimmung bei Ergänzung durch die Transferrintypenbestimmung wirkungsvoller. Von den 44 Paaren mit Erythrocytenmosaik unterscheiden sich 18 Paare im Transferrintyp, 22 Paare stimmen überein. Die restlichen 4 Paare zeigen ähnlichen, aber nicht identischen Transferrintyp; sie weisen bei einer oder mehreren Transferrinbanden bestimmte Intensitätsunterschiede auf, was auf die Möglichkeit von Transferrin-Chimärismus hindeutet. J. Müller. 1690.

3-64/09-0032 Gahne, Bo; Uppsala, Sweden, Roy. Agric. Coll. Inherited variations in the post-albumins of cattle serum. **(Erbliche Variationen in den Postalbuminen des Rinderserums.)** Hereditas [Lund] **50** (1963) Nr. 1. S. 126 bis 135. – 1 Abb., 4 Tab., 16 Lit.
Im Rinderserum konnten 3 unterschiedliche Phänotypen der Postalbumine bestimmt werden, welche als *AA*, *BB* und *AB* bezeichnet wurden. Durch Einwirkung von Neuraminidase auf das Serum konnte die Wanderungsgeschwindigkeit der Postalbuminfraktionen verringert werden, jedoch ergaben sich noch Unterschiede zwischen den Typen. So ist anzunehmen, daß die Postalbumine zwar Sialsäure enthalten, diese jedoch nicht für die genetischen Variationen verantwortlich ist. Untersuchungen an Nachkommen aus 426 Verpaarungen ergaben keine signifikante Abweichung der beobachteten Typen von den zu erwartenden. Die Bestimmung der Postalbumine ist eine weitere Methode zum Ausschluß der Monozygotie von Rinderzwillingen. Die Genfrequenzen der Postalbumintypen betrugen in der Rasse SRB Pa^B 0,612, Pa^A 0,388, in der Rasse SLB Pa^B 0,211, Pa^A 0,789. Somit bestehen rassenbedingte Unterschiede. B. Busch. 1690.

3-64/09-0033 Hála, E. und Hojný, J. A new blood factor of the L system of pigs. **(Neuer Blutfaktor des L-Systems bei Schweinen.)** Folia biol. [Praha] **9** (1963) Nr. 4. S. 275-280. – 4 Tab., 9 Lit. Zus. in Russ.
Bei Schweinen verschiedener Rassen stellte man in den Erythrocyten einen Faktor *Ld* fest, der mit dem Antigenfaktor *Lc* 2 Kontrastfaktoren im Rahmen des *L*-Systems bildet. Bei den Schweinen der Tschechischen Weißen Rasse fand man das bisher nicht beschriebene Allel L^{ac}. Mit Hilfe von Antikörpern, Anti-*La*, Anti-*Lc* und Anti-*Ld* stellte man die Allele L^c, L^d, L^{ac} und L^{ad} fest. ČSSR/ÚVTI. 1690.

3-64/09-0034 Hojný, J. und Hála, K.; Liběchov, ČSSR, Lab. für Physiol. u. Genetik der Tiere der ČSAV. **Isoimmunantikörper und Blutgruppen weißer Edelschweine.** Mh. Veterinärmed. **18** (1963) Zusatz-H. S. 10-15. — 4 Tab., 27 Lit.
Isoimmunantikörper konnten durch i.m. Immunisierungen und Reimmunisierungen bei Schlachtschweinen schlecht, besser jedoch bei Sauen erzeugt werden. Vff. teilen die Blutgruppenfaktoren nach dem Immunisierungserfolg in schwache, mittelstarke und starke Antigenfaktoren ein. Die gebildeten Antikörper reagierten als komplette oder inkomplette Agglutinine. Insgesamt wurden 196 Schweine (109 Schlachttiere, 87 Sauen) immunisiert. Daraus konnten Testseren gegen folgende Faktoren hergestellt werden: *Bb*, *Ea*, *Eb*, *Ee*, *Ed*, *Fa*, *Ga*, *Gb*, *Ha*, *Hb*, *Ia*, *Ib*, *Ka*, *Kb*, *La*, *Lc*, *Ld*, *Ma*, *Mc*, CZ_1, CZ_2, CZ_3, CZ_4, CZ_5, CZ_6, CZ_7. Von nicht immunisierten Tieren wurden Anti-*A*- und Anti-*Ed*-Seren gewonnen. An einer Gruppe von 558 Schweinen wurde die Häufigkeit der Faktoren und bei den meisten von ihnen die Genfrequenz der Allelen bestimmt. Vff. sind der Meinung, daß zwischen einzelnen Schweinerassen und in den Rassen zwischen einzelnen Familien und Linien wesentliche Blutgruppendifferenzen bestehen. B. Busch. 1690.

3-64/09-0035 Tichonov, V. N.; Inst. für Cytol. und Genetik der Akad. der Wiss. der UdSSR. Immunogenetičeskoe sravnenie po gruppam krovi ėstonskoj bekonnoj porody s krupnoj beloj i švedskim landrasom. **(Immunogenetischer Vergleich der Blutgruppen Estnischer Bacon-Schweine mit Large-White- und Schwedischen Landrasse-Schweinen.)** Izvestija Akademii naŭk Ėstonskoj SSR. Serija biologičeskaja, Tallin **1963** Nr. 3. S. 205-212. — 1 Abb., 1 Tab. Orig.: russ., Ausz.: engl., estn.
Hinsichtlich des Vorkommens von 15 Blutgruppenfaktoren ergaben sich wesentliche Unterschiede zwischen den untersuchten Rassen. Obwohl das Estnische Bacon- und das Schwedische Landrasse-Schwein eine große Ähnlichkeit aufweisen und die gleiche Herkunft haben, bestanden doch für 9 Faktoren statistisch gesicherte Differenzen in der Häufigkeit der Faktoren. Vf. weist auf die Möglichkeiten hin, eine Selektion und Anpaarung nach den Blutgruppenfaktoren durchzuführen, um zu Linien zu gelangen. Durch Verpaarung von Linien mit unterschiedlichen Blutgruppenmerkmalen müßte ein Heterosiseffekt zu erzielen sein. B. Busch. 1690.

3-64/09-0036 Tichonov, V. N.; Sibir. Abt. der Akad. der Wiss. der UdSSR, Inst. für Cytol. und Genetik. Ispol'zovanie grupp krovi dlja immunogenetičeskogo kontrolja v plemennoj rabote. **(Die Bedeutung der Blutgruppen zur immunogenetischen Kontrolle in der Zuchtarbeit.)** Životnovodstvo, Moskva **25** (1963) Nr. 7. S. 57-63. — 2 Abb., 2 Tab., 20 Lit.
Bei Schweinen der Großen Weißen Rasse, der Estnischen Baconrasse und der Schwedischen Landrasse treten die einzelnen Blutgruppen mit unterschiedlicher Häufigkeit auf. So unterscheiden sich die Estnische Baconrasse und die Schwedische Landrasse blutgruppenmäßig sehr stark von der Großen Weißen Rasse; gleichzeitig sind aber die estnischen und die schwedischen Schweine ebenfalls in der Häufigkeit einiger Blutgruppen verschieden. In gewisser Hinsicht stehen die Estnischen Baconschweine den Blutgruppen nach den Großen Weißen näher als den ihnen ähnlicheren Landrasse-Schweinen; das hängt wahrscheinlich mit der Beteiligung der Großen Weißen Rasse an der Züchtung der Estnischen Baconrasse zusammen. Mit Hilfe der Blutgruppen kann nicht nur eine immunogenetische Analyse der verschiedenen Rassen, sondern auch der einzelnen genealogischen und betriebseigenen Blutlinien vorgenommen werden; auf Grund der Immunogenetik können auch durch Auswahl nicht verwandter Tiere nach Blutgruppen Spezialblutlinien geschaffen werden, die innerhalb einer Linie homogen sind, sich aber untereinander stark unterscheiden. Bei Kreuzung dieser Linien kann dann eine

verstärkte Heterosis erzielt werden. Die neue immunogenetische Methode der beschleunigten Nachkommenprüfung von Zuchtebern bei Reinzucht besteht in der vergleichenden Prüfung der Zuchteber durch gleichzeitiges Decken derselben Sau durch verschiedene Eber innerhalb einer Brunstperiode. Auf Grund der unterschiedlichen Kombination der Antigen-Faktoren bei den Nachkommen der einzelnen Eber kann die Herkunft der Nachkommen fehlerfrei bestimmt werden. Auf der gleichen Grundlage beruht die immunogenetische Methode zur Ermittlung derjenigen Rassen- und Blutlinienkombinationen, die bei Rassenkreuzungen bzw. Blutlinienkreuzungen die stärkste Heterosis aufweisen. B. Schenk. 1690.

3-64/09-0037 Hesselholt, Michael; Copenhagen, Danmark, Roy. Veterin. and Agric. Coll. Haptoglobin polymorphism in pigs. **(Haptoglobin-Polymorphie beim Schwein.)** Acta veterin. scand. 4 (1963) Nr. 3. S. 238-246. — 1 Abb., 1 Tab., 13 Lit. Zus. in Dän., Dtsch.
Die Haptoglobintypen *Hp* 0, *Hp* 1, *Hp* 2 und *Hp* 3 kamen einzeln oder zusammen mit nur einem der übrigen 3 Typen vor. Bei der Untersuchung der Blutseren von 900 erwachsenen Tieren der Dänischen Landrasse aus 71 Verpaarungen ergab sich eine gute Übereinstimmung zwischen der Zahl der erwarteten und der der beobachteten *Hp*-Phänotypen. Das stützt die Hypothese, daß 4 Allelen das Vorkommen der *Hp*-Typen bei den Tieren der Dänischen Landrasse kontrollieren: Hp^0, Hp^1, Hp^2, Hp^3. Tiere mit nur einem *Hp*-Band sind homozygot, solche mit 2 Bändern heterozygot. Die Frequenzen der Typen betragen: Hp^0 0,041, Hp^1 0,342, Hp^2 0,115, Hp^3 0,503. B. Busch. 1690.

3-64/09-0038 Kristjansson, F. K.; Ottawa, Ontario, Canada Dep. of Agric., Animal Res. Inst. Genetic control of two pre-albumins in pigs. **(Genetische Kontrolle zweier Prae-Albumine beim Schwein.)** Genetics 48 (1963) Nr. 8. S. 1059-1063. — 1 Abb., 1 Tab., 8 Lit.
Mit Hilfe der Stärkegelelektrophorese konnten im Schweineserum genetisch kontrollierte Typen von Praealbuminen nachgewiesen werden, welche als *Pa AA*, *Pa BB* und *Pa AB* auftreten. Aus Untersuchungen von Tieren unterschiedlicher Typen und deren Nachkommen wird gefolgert, daß die Ausbildung der Praealbumintypen durch 2 Allelen (Pa^A, Pa^B) kontrolliert wird. B. Busch. 1690.

3-64/09-0039 Brummerstedt-Hansen, E.; Copenhagen, Danmark, Roy. Veterin. and Agric. Coll. Studies on the time of appearance of fetal blood proteins in pigs. **(Untersuchungen über den Zeitpunkt des Auftretens fetaler Blutproteine beim Schwein.)** Acta veterin. scand. 4 (1963) Nr. 3. S. 253-262. — 3 Abb., 9 Lit. Zus. in Dän., Dtsch.
Es wurde Serum von Feten am 25., 35., 40., 54., 58., 63., 70., 99. und 112. Trächtigkeitstag mit der Immunelektrophorese untersucht. Die jüngsten Feten zeigten Bögen, welche dem Albumin, dem α- und dem β-Globulin erwachsener Tiere entsprachen. Bei 35 Tage alten Feten waren schon 10 Fraktionen zu unterscheiden, bei 112 Tage alten 15. Um zu klären, welchen Fraktionen erwachsener Schweine die Fraktionen 1-3 der Feten serologisch entsprachen, wurde ein kombinierter Diffusionstest durchgeführt. Daraus folgte, daß der Bogen 3 dem β-Globulin, der Bogen 1 dem Albumin erwachsener Schweine entsprach. B. Busch. 1690.

3-64/09-0040 Wellmann, G. und Engel, H.; Berlin-Dahlem, Bundesgesundheitsamt, Max von Pettenkofer-Inst. **Immunbiologische Untersuchungen an künstlich aufgezogenen Ferkeln. 1. Mitt. Über das Serumeiweißbild bei steril geborenen, ohne Kolostralmilch aufgezogenen Ferkeln in den ersten Lebensmonaten.** Zbl. Bakteriol., Parasitenkunde, Infektionskrankh. Hyg., I. Abt., Orig. 190 (1963) Nr. 2. S. 243-261. — 5 Abb., 2 Tab., 39 Lit. Zus. in Russ., Engl., Franz., Span.

Es wurden Untersuchungen des Blutserums an 7 steril durch Hysterektomie bzw. Sectio caesarea gewonnenen und ohne Colostrum aufgezogenen Würfen mit Hilfe der Immun-, Papier- und Cellulose-Acetat-Folien-Elektrophorese von der Geburt bis zum Alter von 2-4 Mon. durchgeführt. Mit der Immunelektrophorese (qualitativ) konnten unter Verwendung eines Kaninchen-anti-Neugeborenenferkel-Serums schon γ-Globuline unmittelbar nach der Geburt nachgewiesen werden, die aber wahrscheinlich mit den γ-Globulinen erwachsener Tiere nicht identisch sind. Mit den beiden anderen Methoden konnten γ-Globuline erst im Alter von 5-6 Wochen nachgewiesen werden. Die Zunahme der Proteinkonzentration verlief bei den Versuchstieren verzögert. Der Albumingehalt zeigte einen schnellen Anstieg. Mit der Cellulose-Acetat-Folien-Elektrophorese konnte bis zum Alter von 14-21 Tagen die sog. X-Komponente (Vorstufe des Albumins ?) nachgewiesen werden. Die α- und β-Globuline zeigten einen geringen Anstieg. B. Busch. 1690.

3-64/09-0041 Wellmann, G. und Engel, H.; Berlin-Dahlem, Bundesgesundheitsamt, Max von Pettenkofer-Inst. **Immunbiologische Untersuchungen an künstlich aufgezogenen Ferkeln. 2. Mitt. Vergleich der Antikörper-mit der γ-Globulin-Bildung bei steril geborenen, kolostralmilchfrei aufgezogenen Ferkeln.** Zbl. Bakteriol., Parasitenkunde, Infektionskrankh. Hyg., I. Abt., Orig. **190** (1963) Nr. 2. S. 262-276. — 7 Tab. Zus. in Russ., Engl., Franz., Span.

Am Tage der Geburt wurden Ferkeln Rotlaufantigene appliziert. Mit Hilfe der Immunelektrophorese waren schon am 6. Lebenstag Antikörper nachzuweisen, dagegen nicht in jedem Falle γ-Globuline. Vff. ziehen in Betracht, daß auch andere Proteinkomponenten als Immun- und Antikörperträger funktionieren, ohne aber den Beweis führen zu können. Zur Zeit der Geburt hatten die Ferkel keine immunologische Neutralität, es konnte auch durch die Immunisierung keine Immuntoleranz erzeugt werden. B. Busch. 1690.

3-64/09-0042 Briles, W. Elwood, Briles, Connally O. und Quisenberry, J. H.; College Station, Texas, A. and M. Coll. of Texas. The C and D blood group systems in the chicken. **(Die C- und D-Blutgruppensysteme bei Hühnern.)** Poultry Sci. **42** (1963) Nr. 5. S. 1096-1103. — 4 Tab., 8 Lit.

Nach der Beschreibung der Herstellung von Testseren zum Nachweis von Faktoren der *D*- und *C*-Systeme durch Isoimmunisierungen folgen Ergebnisse aus genetischen Untersuchungen, aus denen hervorgeht, daß die *C*- und *D*-Loci autosomal und unabhängig von den *A*- und *B*-Loci vererbt werden.
B. Busch. 1690.

3-64/09-0043 Wolfe, H. Glenn, Russell, Elizabeth S. und Packer, Susan O. Hemoglobins in mice. Segregation of genetic factors affecting electrophoretic mobility and solubility. **(Hämoglobine der Maus. Trennung genetischer Faktoren, die die elektrophoretische Beweglichkeit und Löslichkeit beeinflussen.)** J. Heredity **54** (1963) Nr. 3. S. 107-112. — 3 Abb., 1 Tab., 16 Lit. 1690.

3-64/09-0044 Vjazov, O. E. Pervičnaja immunologičeskaja reaktivnost' i ee morfogenetičeskaja rol'. **(Die ursprüngliche immunologische Reaktion und ihre morphogenetische Rolle.)** Uspechi sovremennoj biologii, Moskva **56** (1963) Nr. 2. S. 249-264. — 61 Lit. 1690.

3-64/09-0045 Eftimov, B., Konstantinov, G., Alexiev, D. und Amov, B. Changes in heredity and in some physiological and biochemical indices under the effect of radioactive iodine^{131}. **(Die Veränderung der Erbeigenschaften und einiger physiologischer und biochemischer Kennziffern unter dem Einfluß radioaktiven Jods.)** Doklady Bolgarskoj akademii nauk, Sofija **16** (1963) Nr. 1. S. 89-92. — 2 Abb., 10 Lit. Zus. in Russ. 1695.

3-64/09-0046 O'Brien, C A, Hupp, E. W., Austin, J. W., Szabuniewicz, M und Sorensen jun., A. M. Multiple anomalies occurring in a new-born Spanish goat following prenatal gamma-radiation. (**Durch pränatale Gammabestrahlung hervorgerufene multiple Anomalien einer neugeborenen Ziege.**) Nature [London] **200** (1963) Nr. 4909. S. 906-907.
Eine trächtige Ziege wurde am 30. Tag nach der Befruchtung mit 300 r Co-Gammastrahlen bestrahlt Nach normaler Tragezeit (150 Tage) wurde ein unterentwickeltes Zickel mit einer Reihe von Mißbildungen geboren, zu denen Mikrocephalie, Verkurzung des Unterkiefers, Spaltgaumen, Anophthalmie an der linken und Mikrophthalmie an der rechten Seite gehören. Das linke Vorderbein war verkurzt. Das Tier konnte sich weder erheben noch stehen. Es wurden die peripheren Blutwerte untersucht, Elektrokardiogramme und Elektroencephalogramme aufgenommen. Vff. diskutieren den Befund im Zusammenhang mit 4 normalen Neugeborenen, die unter gleichen Bedingungen bestrahlt worden waren, und den Ergebnissen der Untersuchungen uber induzierte Embryopathien bei Nagetieren. Sie sind der Meinung, daß die drastischen, multiplen Anomalien sich in dem Sinne deuten lassen, daß die Dosis, die zum fetalen Tod fuhrt. bei Ziegen wesentlich hoher liegt als bei Nagern. H Fischer. 1695.

3-64/09-0047 Montour, J L und Shellabarger, C J, Ann Arbor, Univ. of Michigan. Chemical protection against early radiation mortality of the young chicken. (**Chemischer Schutz gegenüber frühem Strahlentod bei Küken.**) Proc Soc exp Biol. Med. **113** (1963) Nr. 4 S 937-940.
3 Tage alte Kuken wurden mit Röntgenstrahlen behandelt und die Absterberate in den darauffolgenden 48 Std gewertet. Kuken reagieren in den ersten Stunden nach der Bestrahlung außerordentlich empfindlich. Der fruhe Tod ist offenbar auf Nieren- und Kreislaufschäden zuruckzufuhren. 15 Min. vor der Bestrahlung appliziertes AET (2-Aminoaethylisolhiuroniumbromid) setzt die Sterberate innerhalb 48 Std bei 750 r von 55% auf 10%, bei 850 r von 73% auf 10% und bei 950 r von 97% auf 50% herab H Fischer 1695.

3-64/09-0048 Unter d Red v *Kušner, Ch. F* Hrsg Akad. nauk SSSR Inst. genetiki. **Genetika — sel'skomu chozjajstvu.** (Genetik für die Landwirtschaft.) Moskva Akad nauk SSSR. 1963 (794 S) 4° (1963 B 283)
3-64/09-0049 **Meždunarodno naučno suveštanie po cheterozisa.** (Internationale wissenschaftliche Heterosis Tagung) Sofija Akad 1962 (188 S m Abb) 8° (1963 A 1398)

D. FORTPFLANZUNG

3-64/09-0050 Bergfeld, J **Untersuchungen über den Einfluß verschiedener Umweltfaktoren auf das Fortpflanzungsgeschehen beim weiblichen Rind unter besonderer Berücksichtigung der Fütterung.** Dummerstorf, Inst Tierzuchtforsch Dtsch. Akad. Landwirtsch Wiss. Berlin Plan-Nr. 1701 16 h/3-28/8. Teil-Abschlußber (3/4 1964)
Die Zahl der eosinophilen Blutzellen vom Rind steigt während des Wachstums. Pubertät hat geringen Einfluß auf dieselbe. Ein möglicher Einfluß des Brunstzyklus wird vermutlich durch stärkere Umweltfaktoren verdeckt. Unterschiedliche Dosierung und Applikation von ACTH senken die Zahl der Eosinophilen und erhöhen die Menge der zirkulierenden 17-OH-Corticoide in verschiedenem Maße. An Mäuseeizellen wurden fast sämtliche verfugbaren Lipidnachweise gepruft und Fermentnachweise eingeleitet. In Rattenversuchen wurde eine halbsynthetische Kost zusammengestellt und gepruft. Zwischen dem Gehalt des Rinderbrunstschleims an bestimmten Elektrolyten und der Fruchtbarkeit deuten sich Beziehungen an. 1760.

3-64/09-0051 Brinkley, H J., Norton, H. W. und Nalbandov, A. V.; Urbana, Univ of Illinois. Role of a hypophysial luteotropic substance in the

function of porcine corpora lutea. **(Die Bedeutung einer hypophysären luteotropen Substanz für die Funktion der Corpora lutea beim Schwein.)** Endocrinology **74** (1964) Nr. 1. S. 9-13. — 2 Tab., 17 Lit.
Weibl. Jungsauen wurden vom 1., 2. oder 3. Zyklustag bis zur Schlachtung am 6., 10. oder 14. Zyklustag mit 400 mg/Tier/Tag Progesteron s.c. behandelt. Nach der Schlachtung wurden ein Teil eines Gelbkörpers histol. untersucht und im Rest des Lutealgewebes der Progesterongehalt nach einer beschriebenen Methodik papierchromatographisch bestimmt. Die durch Progesteron bewirkte Hemmung der Gonadotropinsekretion verhinderte weder die Ovulation noch die Bildung und Erhaltung der Gelbkörper über den normalen Zeitraum von 14 Tagen. Für deren Funktionsfähigkeit sprach die annähernd normale Progesteronkonzentration (∅ 29 μg/g Gelbkörpergewebe). Vff. schließen daraus, daß einmal gebildete Corpora lutea beim Schwein für ihre normale Struktur und Funktion keine weiteren hypophysären Impulse benötigen. F. Döcke. 1763.

3-64/09-0052 Brinkley, H. J., Norton, H. W. und Nalbandov, A. V.; Urbana, Univ. of Illinois. Is ovulation alone sufficient to cause formation of corpora lutea? **(Ist die Ovulation allein ausreichend, um die Bildung von Corpora lutea auszulösen?)** Endocrinology **74** (1964) Nr. 1. S. 14-20. — 4 Tab., 6 Lit.
Vor und während der Bildung ovulationsfähiger Ovarialfollikel wurde die Gonadotropinsekretion bei Sauen durch die tägl. Verabreichung von 500 mg pro Tier 6α-Methyl-17α-hydroxyprogesteronacetat („Repromix") unterdrückt. Durch 4malige Injektion von 1000 IE PMSG konnten reife Follikel erzeugt werden, die durch 500 IE HCG zur Ovulation gebracht wurden. Trotz Weiterfütterung des „Repromix" zeigte sich bei der 9 Tage danach erfolgenden Schlachtung, daß die gebildeten Gelbkörper morphol. und funktionell (Progesteronbestimmung nach Rowlands u. Short [1959]) normal waren. Bei tragenden Sauen konnte die durch „Repromix" bewirkte Rückbildung der Corpora lutea graviditatis durch eine einmalige HCG-Injektion nicht aufgehalten werden. Die tägl. Verabreichung von HCG erhielt zwar das Gewicht, nicht aber den Progesterongehalt der Gelbkörper. Da eine einmalige HCG-Injektion in der Lage ist, Ovulationen auszulösen und die gebildeten Corpora lutea über 9 Tage funktionsfähig zu erhalten, nicht aber, den luteolytischen Effekt von „Repromix" in der Trächtigkeit zu überwinden, wird angenommen, daß beim zyklischen Schwein eine einmalige Freisetzung von LH oder eines luteotropen Hormons für die Ovulation sowie für die Bildung und die Erhaltung der zyklischen Gelbkörper genügt. F. Döcke. 1763.

3-64/09-0053 Opel, H. und Fraps, R. M.; Beltsville, Md., U.S. Dep. of Agric., A.R.S. Delay in ovulation in the following stimulation of the preoptic brain. **(Ovulationsverzögerung bei Hennen nach Reizung des praeoptischen Gehirns.)** Proc. Soc. exp. Biol. Med. **113** (1963) Nr. 2. S. 488-492. — 1 Abb., 2 Tab., 11 Lit.
In Fortführung früherer Versuche zur Verzögerung der Ovulation wurden 1- bis 2jährige Weiße-Leghorn-Hennen, die in Batterien gehalten wurden, dem Reiz einer ventromedial begrenzten Region des praeoptischen Hirnteils ausgesetzt. Der Reiz wurde durch elektrischen Strom mittels rostfreien Stahls oder Platinelektroden oder aber durch Plazierung der Elektroden ohne fließende Elektrizität gesetzt. Das Eintreten bzw. die Verzögerung der Ovulation wurden durch Betasten geprüft. — Bei 20 von 63 Hennen wurde nach Reizung der Hirnregion eine Verzögerung im Ovulationsablauf festgestellt. Der Effekt war sowohl nach elektrischer Reizung als auch dann gegeben, wenn der Strom nicht durch die Elektroden ging. — Der Grund für die Verzögerung wird in einer Reizbeantwortung durch Blockade des ovulationsinduzierenden Hormons gesehen. H. Freye. 1763.

3-64/09-0054 Greenwald, Gilbert, S.; Kansas City, Kans., Univ., Med. Center. In vivo recording of intraluminal pressure changes in the rabbit oviduct. **(In vivo-Registrierung der Druckschwankungen im Lumen des Kanincheneileiters.)** Fertility and Sterility **14** (1963) Nr. 6. S. 666-674. – 9 Abb., 21 Lit.

Bei geschlechtsreifen weibl. Kaninchen wurde mittels 100 IE HCG eine Ovulation ausgelöst, oder es fanden kastrierte Tiere Verwendung, die mit Oestradiolcyclopentylpropionat (ÖCP) und Progesteron behandelt wurden. Zu verschiedenen Zeitpunkten wurden nach Laparotomie ein mit physiol. NaCl-Lösung gefüllter Polyäthylen-Katheter ca. 2 cm weit in die Ampulla tubae eingeführt und die Tube proximal und distal vom Katheter abgebunden. Ein 2. Katheter wurde im Isthmus der anderen Tube befestigt. Beide Katheter wurden über ein Manometer mit einem „Gilson“-Polygraph verbunden. Beim intakten Kaninchen laufen in der Ampulle während des Oestrus bis 3 Tage post ovul. unregelmäßige Kontraktionen mit rel. niedriger Amplitude ab. Die Intensität der stärkeren, häufigeren und gleichmäßigen Isthmuskontraktionen nimmt nach der Ovulation allmählich ab. Bei kastrierten Tieren wurde durch ÖCP die während und kurz nach dem Oestrus beobachtete, durch nachfolgende Progesteronbehandlung die 3 Tage post ovul. registrierte Tubenmotilität nachgeahmt. Dabei war es gleichgültig, ob 25 μg ÖCP (Beschleunigung des Eitransportes durch die Tuben) oder 250 μg ÖCP (Blockierung des Eitransportes) injiziert wurden. F. Döcke. 1764.

3-64/09-0055 Gilbert, A. B. und Lake, P. E.; Edinburgh, A.R.C. The effect of oxytocin and vasopressin on oviposition in the domestic hen. **(Der Einfluß von Oxytocin und Vasopressin auf die Eiablage bei der Henne.)** J. Physiol. [London] **169** (1963) Nr. 1. S. 52P-53P. – 1 Tab., 6 Lit.

Untersuchungen verschiedener Autoren hatten gezeigt, daß Oxytocin und Arginin-Vasotocin bei der Henne innerhalb von 1 Std. vor der Eiablage von der Neurohypophyse freigesetzt werden, und daß diese Hormone in vitro und in vivo Kontraktionen des Eihalters (Uterus) auslösen. Vff. prüften an 44 Braunen Leghorn im 2. Legejahr, ob die Empfindlichkeit der Henne gegenüber oxytocischen Substanzen Schwankungen unterliegt. Die Tiere erhielten 20-0,5 Std. vor der voraussichtlichen Eiablage 0,25-2 IE Vasopressin oder 0,5-5 IE Oxytocin i.v. verabreicht. Je kürzer der Zeitraum zwischen Injektion und erwarteter Eiablage war, mit desto geringeren Dosen konnte diese vorverlegt werden. Vasopressin hatte dabei etwa die doppelte Wirksamkeit von Oxytocin. Beide Hormone riefen sofortiges Urinieren und Kotabsatz hervor. F. Döcke. 1764.

3-64/09-0056 Salamon, S. Studies on the artificial insemination of Merino sheep. III. The effect of frequent ejaculation on semen characteristics and fertilizing capacity. **(Studien über die Künstliche Besamung bei Merinoschafen. 3. Mitt. Einfluß einer häufigen Spermaentnahme auf dessen Eigenschaften und die Befruchtungsergebnisse.)** Austral. J. agric. Res. **13** (1962) Nr. 6. S. 1137-1150. – 6 Abb., 6 Tab., 24 Lit. 2. Mitt. vgl. LZ. Abt. III 8 (1963) Nr. 4. S. 689.

2 Merinoböcken wurden innerhalb von 5 Tagen 55 Ejakulate entnommen (11/Tag/Bock in Zeitabständen von 20 Min.). Die Ejakulate wurden spermatologisch untersucht und ihre Befruchtungsfähigkeit bei 300 Mutterschafen nachgeprüft. Volumen, Dichte und Zahl der Spermien nahmen an aufeinanderfolgenden Tagen und bei den am gleichen Tag aufeinanderfolgenden Ejakulaten ab ($P < 0{,}001$). Die Beweglichkeit und der Anteil der Spermamißbildungen wurden durch die gehäuften Spermaentnahmen nicht verändert. Bei Übertragung einer in bezug auf das Volumen und die Verdünnung standardisierten Spermadosis kam es mit zunehmender Zahl der Ejakulate sowohl am gleichen Tag als auch beim Vergleiche mehrerer Tage

zu einer signifikanten Minderung des Befruchtungsergebnisses ($P < 0{,}01$; $< 0{,}001$). Der Rückgang im Befruchtungserfolg wurde ausschließlich der Spermienzahl zugeschrieben. Eine Minderung der Befruchtungstauglichkeit der Spermien selbst konnte mit zunehmender Häufigkeit der Samenentnahme nicht nachgewiesen werden. Zwischen der Spermienzahl und dem Ablammergebnis bestand im Bereich von $28\text{-}128 \times 10^6$ Spermien eine signifikante lineare Beziehung. Auf Grund der Befunde nimmt man an, daß bei der KB des Schafes für eine max. Befruchtungsleistung fast $120\text{-}125 \times 10^6$ Spermien pro dosi notwendig sind. Bei einer Minderung der Spermienzahl um jeweils 25×10^6 bis auf die Dosismenge von 25×10^6 ist mit einer Verschlechterung des Ablammergebnisses um ca. 13% zu rechnen. H. Busse. 1775.

3-64/09-0057 Hodson, Norma; London, Roy. Veterin. Coll. Role of the hypogastric nerves in seminal emission in the rabbit. **(Die Bedeutung der Nervi hypogastrici für den Spermaausstoß beim Kaninchen.)** J. Reproduct. Fertility 7 (1964) Nr. 1. S. 113-122. — 9 Abb., 2 Tab., 23 Lit.
Bei 14 männl. Kaninchen im Gewicht von 3-4 kg wurden das hintere Mesenterialganglion und die Nn. hypogastrici elektrisch gereizt und danach exstirpiert. 3 Tage bis 1 Jahr danach wurden mittels elektrischer Reizung eine evtl. funktionelle Regeneration der Nerven ermittelt und die Hoden, Samenleiter und accessorischen Geschlechtsdrüsen histol. untersucht. Vor und nach der Operation wurden die Spermaqualität und das Paarungsverhalten kontrolliert. Während die Libido während der ganzen Versuchsdauer normal blieb, waren in den Ejakulaten nach der Operation zunächst keine Spermien und kein Gelanteil enthalten. Nach 20-40 Tagen wurden wieder Spermien festgestellt, deren Konzentration im Ejakulat, trotz gleichzeitiger Ausdehnung des Samenleiters durch gestaute Spermien, sogar über den normalen Bereich anstieg, so daß eine verringerte Spermienresorption im Nebenhoden anzunehmen ist. Die Samenblasen waren bis zur 14.-16. Woche post operat. durch Sekret ausgedehnt und erlangten dann wieder ihre normale Größe. Gleichzeitig war wieder gelatinöses Sekret in den Ejakulaten nachzuweisen. Die über die Nn. hypogastrici laufende sympathische Innervation ist also für den Spermaausstoß in den Beckenteil der Harnröhre und für die Rückresorption der Spermien im Nebenhoden, nicht aber für die eigentliche Ejakulation, die Sekretion von Samenblasen und Prostata und für die Erektion verantwortlich. F. Döcke. 1775.

3-64/09-0058 Yanagimachi, R. und Chang, M. C.; Shrewsbury, Mass., Worcester Foundation for Exp. Biol.; Boston, Mass., Boston Univ. Sperm ascent through the oviduct of the hamster and rabbit in relation to the time of ovulation. **(Spermienwanderung durch den Eileiter des Hamsters und Kaninchens in Beziehung zum Ovulationszeitpunkt.)** J. Reproduct. Fertility 6 (1963) Nr. 3. S. 413-420. — 9 Abb., 3 Tab., 20 Lit.
Weibl. Goldhamster im Gewicht von 100-150 g wurden entweder 5-8 Std. vor oder ca. 2 Std. nach der Ovulation gepaart. Zu verschiedenen Zeitpunkten nach Paarungsbeginn wurden der rechte Genitaltrakt unter Äthernarkose exstirpiert, das Sperma im Uterus nach caudal gedrückt und eine Ligatur dicht oberhalb des intramuralen Abschnittes um den Eileiter gelegt. Zwischen 10 und 12 Std. post ovul. wurden die Eizellen ausgespült und auf Befruchtung untersucht. Andere Tiere wurden 1 Std. nach Paarungsbeginn getötet und ihr Genitaltrakt histol. aufgearbeitet. Weibl. Kaninchen wurden 8 und 4 Std. vor bzw. 2 Std. nach der induzierten Ovulation gepaart. 2 Std. danach wurden die Uterus-Tubenverbindungen ligiert und die Eizellen ca. 24 Std. nach der LH-Injektion auf Befruchtung untersucht. Bei den Hamstern wurden 16,8; 39,6; 58,3; 81,4; 37,5 und 92,0% befruchtete Eizellen gefunden, wenn die Eileiter 1; 2; 4 oder 6 Std. vor bzw. 0,5 oder 1 Std. nach Paarungsbeginn ligiert worden waren. Die histol. Untersuchung ergab, daß bei Paarung nach

der Ovulation rel. mehr Spermien in den oberen Eileiterabschnitten vorhanden waren, daß also die Wanderung schneller erfolgt war. Bei den Kaninchen ließ sich eine derartige Beschleunigung der Spermienwanderung bei Paarungen nach der Ovulation nicht nachweisen. F. Döcke. 1785.

3-64/09-0059 Leidl, W. **Domestikation und Fruchtbarkeit.** Dtsch. tierärztl. Wschr. **70** (1963) Nr. 14. S. 396-398.
Während beim Wildtier die Fruchtbarkeit ausreichend ist, wenn sie die Erhaltung der Art sichert, stellt sie beim Haustier eine Leistung dar, die der Mensch möglichst steigern will. Eine ausreichende Fruchtbarkeit der Vorfahren unserer Haustiere wurde z. T. wahrscheinlich dadurch gewährleistet, daß eine jahreszeitliche Periodizität bestand, d. h., daß die Geburten stets in die fur das Überleben der Jungen günstigste Jahreszeit fielen. Gleichzeitig bewirkte dieser Rhythmus, der in starkem Maße durch die Dauer des Tageslichtes bedingt war, aber eine Einschränkung der Fortpflanzung. Durch die Domestikation kann diese Einschränkung aufgehoben und eine wesentliche Steigerung der Fruchtbarkeit erzielt werden, da den Jungen zu allen Jahreszeiten günstige Lebensbedingungen geboten werden können. Der Fortpflanzungsrhythmus hat sich bei den einzelnen Haustierarten mehr oder weniger stark verwischt, indem wahrscheinlich seit Beginn der Domestikation eine Selektion auf geringere Abhängigkeit des „Heliotropen Systems" (Auge-Zentralnervensystem-endokrine Drüsen) vom Steuerungsfaktor Licht betrieben wurde. Ein vollständiger Verlust der Paarungsperiodizität und gleichzeitig eine optimale Fruchtbarkeitssteigerung ist beim Schwein eingetreten, während die Ziege das andere Extrem unter den Haussäugetieren darstellt, da noch 98% aller Geburten in die Monate Jan.-Mai fallen. Auf einen auch beim Rind noch vorhandenen Paarungsrhythmus könnte die sog. Wintersterilität hinweisen. Vf. diskutiert abschließend die verschiedenen möglichen Wege zur Fruchtbarkeitssteigerung, die zunächst noch als Forschungsrichtungen angesehen werden müssen. F. Döcke. 1790.

3-64/09-0060 Castle, O. M.; Wellington, New Zealand Dairy Product. and Marketing Board. The use of return interval pattern to indicate dairy herd infertility problems. **(Die Brauchbarkeit der Größe des Wiederkehrintervalles zur Erkennung von Unfruchtbarkeitsursachen in Rinderherden.)** Proc. New Zealand Soc. Animal Product. **23** (1963) S. 88-99. – 4 Tab., 2 Lit.
An Hand der Besamungsergebnisse aus 1930 Herden wurde nach Methoden zur besseren Erkennung „wahrer" Problemherden gesucht. Die Spanne des Wiederkehrintervalles sollte neben der Wiederkehrrate als Beurteilungsmaß herangezogen werden. – Das Ausbleiben der Befruchtung und embryonale Mortalität sind von gleicher Wichtigkeit für die Höhe der Umrindererquote. J. Bergfeld/Dummerstorf. 1797.

3-64/09-0061 Moore, N. W. und Shelton, J. N.; Jerilderie, Australia, McCaughey Memorial Inst.; Sydney, New South Wales, Univ. of Sydney. Response of the ewe to a horse anterior pituitary extract. **(Reaktion des weiblichen Schafes auf einen Hypophysenvorderlappen-Extrakt vom Pferd.)** J. Reproduct. Fertility **7** (1964) Nr. 1. S. 79-87. – 2 Abb., 5 Tab., 9 Lit.
Nach einer beschriebenen Methodik wurden 152 g eines Hypophysenvorderlappen-Extrakts von 320 Schlachtpferden verschiedenen Alters und Geschlechts hergestellt und s.c. in einer Gesamtdosierung von 60; 90 oder 135 mg an 72 weibl. zyklische Merino-Schafe verabreicht. Die Injektionen begannen am 12. Tag nach der Paarung mit einem vasektomierten Bock und erstreckten sich über 2-3 Tage. Bez. der Zahl der Ovulationen, die mittels Laparotomie 48-84 Std. nach Oestrusbeginn festgestellt wurde, ergab sich eine hoch signifikante lineare Dosis-Wirkungskurve. Die 3tägige Behandlung war der 2tägigen hinsichtlich der Zahl ovulierender Schafe, der Ovulationszahlen und der Befruchtungsrate signifikant überlegen. Als am günstigsten erwies es sich,

wenn die Schafe 24–48 Std. nach Behandlungsende in den Oestrus kamen. Insgesamt ovulierten von 69 belegten Schafen 64, bei denen ∅ 7,5 Corpora lutea gefunden wurden. Nach 3tägiger Behandlung waren 91,4% der gefundenen Eizellen befruchtet. F. Döcke. 1812.

3-64/09-0062 Radman, Z. und Kopljar, M. The quantitative relation of fetal fluids in the course of pregnancy in cattle. **(Das quantitative Verhältnis der Fetalflüssigkeiten im Verlauf der Trächtigkeit beim Rind.)** Veterin. Arh. [Zagreb] **33** (1963) Nr. 9/10. S. 238-242. – 1 Tab. 1830.

3-64/09-0063 Shorb, Mary S., Smith, Clifford, Vaseitis, Valeria, Lund, Pauline G. und Pollard, William. Effect of thalidomide treatment of hens on embryonic development and fertility. **(Die Wirkung einer Thalidomid-Behandlung von Hennen auf die Embryonalentwicklung und Fertilität.)** Proc. Soc. exp. Biol. Med. **113** (1963) Nr. 3. S. 619-622. – 2 Tab., 15 Lit.
Die hohen Mißbildungsraten beim Menschen nach Thalidomid-Einnahme (in Form des Schlafmittels Contergan) haben zur Klärung der Ursachenfrage eine Reihe von tierexperimentellen Untersuchungen (mit unterschiedlichsten Ergebnissen) nach sich gezogen. Vff. prüfen die Wirkung von Thalidomid nach Fütterung in Gelatine-Kapseln an Weiße Leghorn. In 2 Versuchsperioden wurden 70; 140; 500 bzw. 1700 mg/Henne appliziert. Ergebnis: Anwachsen der Zahl der unbefruchteten Eier, der befruchteten Eier ohne nennenswerte Entwicklung und der Frühtode auf max. 60%; kein Auftreten von schweren Mißbildungen; kein Einfluß der Thalidomid-Gaben auf die Legeleistungen. Im Ovar kann die Droge allerdings bis zu 30 Tagen gespeichert werden. Verfütterungen an Hähne scheiterten an zu geringer Eizahl und am Mangel einer Signifikanz-Testung der männl. Fertilität. H. Freye. 1840.

3-64/09-0064 Bierbauer, J. Ujabb szövettani vizsgálatok a magyartarka szarvasmarha tejmirigyén. **(Neue histologische Untersuchungen der Milchdrüse des ungarischen Fleckviehrindes.)** Állattani Közlemények [Zool. Mitt.] **50** (1963) Nr. 1/4. S. 29-34. – Aus: Ung. Agrar-Rdsch. **1964** Nr. 1.
Bei Untersuchungen am Euter von verschieden alten ♀ Kälbern bzw. Färsen der Ungarischen Fleckviehrasse stellte Vf. fest, daß sich während der postembryonalen Entwicklung von der Geburt bis zur Geschlechtsreife das Binde- und Fettgewebe verringert, das Epithel sich aber vermehrt. Die Fettzellen der Milchdrüse vergrößern sich parallel mit dem Wachstum und erreichen ihre volle Größe zur Zeit der Geschlechtsreife. Die Zahl der Fettzellen im Fettdepot der Milchdrüse verringert sich von der Geburt bis zur Geschlechtsreife. Im Euter der Fleckviehkälber dominiert das Fett- und Bindegewebe, die Vergrößerung des Euters beim Altern der Tiere wird durch das Wachstum der Fettzellen bedingt. In der Milchdrüse der Jungfärsen beginnen sich im Alter von 6 Mon. die Milchkanäle kräftig zu entwickeln. In den Milchdrüsen der 1,5 Jahre alten Färsen sind die Milchgänge schon voll entwickelt. Das Euter besteht zu 28,5% aus Fett-, zu 24,3% aus Bindegewebe und zu 44% aus Epithel sowie den Hohlräumen der Milchgänge. 1862.

3-64/09-0065 Krŭstev, Ch. und Conev, P. Chistologični izsledvanija na vimeto pri rodopskoto govedo. **(Histologische Untersuchungen des Euters beim Rhodopenrind.)** Naučni trudove. Visš veterinarnomedicinski institut „Prof. d-r G. Pavlov", Sofija **11** (1963) S. 51-58. – 7 Abb., 1 Tab., 4 Lit.
Es wurde festgestellt, daß das Parenchym im Mittel 85,85% der Milchdrüse ausmacht; der Anteil an interstitiellem Bindegewebe beträgt 11,25%. Der durchschnittl. Durchmesser der Milchalveolen beträgt 125 µm. Die Unterlagen über die Mikrostruktur der Milchdrüse lassen Vff. zu dem Schluß kommen, daß die Rhodopenkuh zwar zu einer primitiven Rinderrasse gehört, aber dennoch zu den Rassen mit wertvollen Milcheigenschaften gerechnet werden kann. NRB/ZSNTI. 1862.

3-64/09-0066 Turner, C. W., Williams, Ralph und Hindery, George A. Growth of the udders of dairy heifers as measured by milk yield and desoxyribonucleic acid. **(Euterwachstum von Färsen durch die Milchmenge und DNS-Gehalt bestimmt.)** J. Dairy Sci. **46** (1963) Nr. 12. S. 1390-1396. – 3 Tab., 18 Lit.

Zur Unterstützung der Theorie, daß verschiedene Grade der Beeinflussung durch den Zyklus das Wachstum des lobulär-alveolären Anteils der Milchdrüse stimulieren, wurden 1-, 2- und 3jährige nullipare Färsen 14 Tage lang durch tägl. Injektionen von 0,3 mg Oestradiolbenzoat/100 lb. Lgw. zur Laktation gebracht. Die tägl. Milchmenge zeigt den Grad der Drüsenentwicklung bei diesen Tieren an. 3 Jährlinge erzeugten im Mittel 5,2 lb. Milch, 5 2jährige Tiere 7,7 lb. und 7 3jährige Färsen 15 lb. Milch. Bei einer Gruppe von 3jährigen, welche vor der Laktation kastriert worden waren, wurde durch die Behandlung 5,8 lb. Milch erzeugt. Durch Abnahme des Progesteronspiegels und Steigen des Oestradiolbenzoatspiegels wurde nach 9 Wochen die Laktation wieder eingeleitet. Bei den Einjährigen stieg die Milchmenge auf 146%, bei den 2jährigen auf 153% und bei den Kastraten auf 198%. Die 3jährigen Tiere wurden geschlachtet, die beiden Euterhälften getrocknet und das Fett vor der Bestimmung der gesamten DNS extrahiert. Die rechte Euterhälfte von 1 normalen und 2 kastrierten Färsen wurde chirurgisch entfernt und die gesamte DNS bestimmt. 6 Mon. später wurde die linke Euterhälfte gleich behandelt. Die DNS-Menge der linken Hälfte der Normaltiere stieg um 21%, die der kastrierten Tiere ohne Versuch um 4% und die der mit Ovarhormonen injizierten Tiere um 222% gegenüber der rechten Hälfte. R. Neseni. 1862.

3-64/09-0067 Denamur, Robert. Les acides nucléiques de la glande mammaire pedent la gestation et la lactation de la lapine. **(Die Nucleinsäuren der Milchdrüse während der Trächtigkeit und der Laktation beim Kaninchen.)** C.R. hebd. Séances Acad. Sci. **256** (1963) Nr. 22. S. 4748-4750. – 1 Tab., 5 Lit.

Es scheint, daß der (oder die) endokrine(n) Faktor(en), welche für die zelluläre Hyperplasie der Mamma am Ende der Trächtigkeit verantwortlich sind, auch noch zu Beginn der Laktation wirken, da keine sichtbaren Veränderungen in der Schnelligkeit der Vermehrung der DNS während der beiden Perioden vorhanden sind. R. Neseni. 1862.

3-64/09-0068 Jakimčuk, E. F. und Jakovenko, N. V.; Lwow, Zootechn. und Veterinärmed. Inst. O nervoj i ėndokrinnoj reguljacijach obrazovanija sostavnych častej moloka. **(Über die neurale und endokrine Regulierung der Bildung der Milchbestandteile.)** Životnovodstvo, Moskva **25** (1963) Nr. 7. S. 78-80.

Laktierende Ziegen erhielten s.c. 15-20 μc $Na_2H^{32}PO_4$/kg Lgw. Beim Kontrollversuch wurde die Radioaktivität von Milch, Milchserum und Casein ohne Reizerreger ermittelt, während bei den folgenden Versuchsserien der Einfluß der Chloralose und der Elektronarkose auf die Hemmung des Zentralnervensystems sowie des ACTH auf die Intensität der Absorption des Isotops durch die Milchdrüse und seine Aufnahme in die Milch untersucht wurde (i.v. Injektion von 0,035 g Chloralose/kg Lgw. 4-5 Min. vor Injektion des Radiophosphors; i.m. Injektion von 1 IE ACTH/kg Lgw. 9 Std. vor Injektion des Radiophosphors). Nach s.c. Injektion von ^{32}P war die Milch schon nach 10 Min. radioaktiv und blieb es 14-16 Tage lang. Dabei zeigte sich, daß das Milchserum bedeutend mehr ^{32}P enthält als das Casein. Bei Injektion von Chloralose, die die Tätigkeit der Hirnrinde hemmt, absorbiert die Milchdrüse den Radiophosphor weniger intensiv (2 Std. nach der Injektion betrug der ^{32}P-Gehalt der Milch statt 0,000575 ml bei der Kontrolle nur 0,000199 ml, glich sich aber nach Aufhören der Wirkung wieder aus); während der Elektronarkose waren die Ergebnisse ähnlich (nach 2 Std. 0,000161 ml statt

0,000 884 ml). Bei Anwendung von ACTH stieg die Ausnutzung des Radiophosphors zur Milchbildung stark an (nach 2 Std. von 0,000 052 auf 0,00057 ml). B. Schenk. 1864.

3-64/09-0069 Tomov, T. Vlijanie na somatotropnija chormon vŭrchu sekrecijata na mljako u laktiraštı kozi i kravi. **(Der Einfluß des somatotropen Hormons auf die Milchabsonderung bei laktierenden Ziegen und Kühen.)** Naučni trudove. Visš veterinarnomedicinski institut „Prof. d-r G. Pavlov", Sofija **11** (1963) S. 71-81. – 7 Abb., 2 Tab., 14 Lit.
Es wird festgestellt, daß das mehrmals in den Körper laktierender Ziegen und Kühe eingeführte somatotrope Hormon (Wachstumshormon) zur Steigerung der Milchleistung beiträgt und gleichzeitig auch die Milchfettmenge erhöht. Außerdem unterstützt dieses Hormon die Fermentationsprozesse im Pansen, steigert die Pansenbewegungen und erhöht den Spiegel der flüchtigen Fettsäuren im Blut. Narkose der Versuchstiere sowie beiderseitige Novocainblockade des Halsabschnittes des vagosympathischen Stranges hemmen die positive Wirkung des somatotropen Hormons auf die Milchsekretion. NRB/ZSNTI. 1866.

3-64/09-0070 Melrose, D. R. Modern trends in animal health and husbandry. Artificial insemination in the pig – a review of its development. **(Moderne Entwicklungstendenzen in Tierhaltung und Tiergesundheit. Die Künstliche Besamung beim Schwein – eine Darstellung ihrer Entwicklung.)** Brit. veterin. J. **119** (1963) Nr. 12. S. 532-543.
Innerhalb der vergangenen 8 Jahre hat sich in einigen Ländern eine ständige Entwicklung auf dem Gebiet der Schweinebesamung im Hinblick auf deren Ausbreitung und Verbesserung der Besamungsergebnisse bemerkbar gemacht. Konzeptionsraten von über 70% nach einmaliger Besamung werden beobachtet. Die Höhe der Resultate wird in erster Linie durch die sorgfältige Auswahl der zu besamenden Tiere und die sachgerechte Durchführung der Besamung bestimmt. Die Feststellung des optimalen Besamungszeitpunktes ist von außerordentlicher Wichtigkeit. Bei Abwesenheit eines Ebers kann das durch den sogenannten Reittest erfolgen. Die besten Erfolge werden von spezialisierten Besamungstechnikern erreicht, die die Prüfung der Muttertiere und die Samenübertragung sehr gut beherrschen. Die Kosten liegen rel. hoch, wenn man sie mit denen der Rinderbesamung vergleicht. Die Anwendung der Schweinebesamung erscheint nur dann ökonomisch, wenn damit ein züchterischer Nutzen verbunden ist. K. Rothe. 1881.

3-64/09-0071 Levčenko, Ju. A. und Vasil'čenko, S. S. Iskusstvennoe osemenenie svinej v kolchoze imeni Frunze. **(Künstliche Besamung der Schweine im Frunse-Kolchos, Gebiet Lwow.)** Svinovodstvo, Moskva **17** (1963) Nr. 11. S. 16. 1881.

3-64/09-0072 Wohanka, K. **Die Leistungen der Künstlichen Besamung bei der Bekämpfung von Vibriose und Trichomoniasis und deren Voraussetzungen.** Mh. Veterinärmed. **19** (1964) Nr. 6. S. 213-216. 1881.

3-64/09-0073 Crescionini, Juan B., Lizasuain, Roberto und Ugarte, Recaredo. Inseminacion artificial de ovinos en el Uruguay. **(Künstliche Besamung bei Schafen in Uruguay.)** Zootecn. e Veterin. **18** (1963) Nr. 11/12. S. 407-423. – 10 Abb. 1881.

3-64/09-0074 Ikoev, F. I. Uslovnye refleksy pri ispol'zovanii bykov-proizvoditelej. **(Die bedingten Reflexe bei der Nutzung von Zuchtbullen.)** Životnovodstvo, Moskva **25** (1963) Nr. 7. S. 75-77.
In Askanija-Nowa traten auf Grund der Akklimatisierung und der neuen Haltungsbedingungen bei aus den USA importierten Santa-Gertrudis-Bullen Schwierigkeiten bei der KB auf. Um diese zu beseitigen, wurden zuerst die

abnormen Geschlechtsreflexe durch Anrufen oder leichten Schlag bekämpft. Gleichzeitig wurde durch ruhigen, liebevollen Umgang eine Reihe positiver Reflexe gegenüber dem Menschen entwickelt. Die Fütterungs- und Haltungsbedingungen wurden verbessert, und nach 2 Mon. begann man, die Bullen wie folgt an die Spermaentnahme mit einer künstlichen Vagina zu gewöhnen erster Sprung auf eine brunstige Kuh im Deckstand ohne Anwesenheit von Menschen, dann bei Anwesenheit von Menschen Decken einer nichtbrunstigen Kuh, Gewöhnung an die Berührung des Präputiums mit der Hand durch Massage der Hoden usw. und Spermaentnahme zu einer bestimmten Tageszeit. So entstand ein bedingter Geschlechtsreflex auf einen Reizkomplex, und schon nach 3 Mon. konnte von einem Bullen Sperma mit der künstlichen Vagina entnommen werden. Es wird empfohlen, auch außerhalb der Besamungssaison 2- bis 3mal monatl Sperma zu entnehmen, um schlechte Angewohnheiten zu vermeiden. B. Schenk. 1885.

3-64/09-0075 Mašek, N. Studium některých ukazatelů charakterizujících jakost ejakulátu kanců. **(Studium einiger die Qualität des Eberejakulats charakterisierender Kennziffern.)** Sborník Vysoké Školy zemědělské Brně, Řada A **1963** Nr. 3. S. 321–329 – 3 Abb., 41 Lit Zus. in Russ., Dtsch.
In den beschriebenen Untersuchungen wurde ein durchschnittl. Ejakulatsvolumen von 158,12 cm³ ermittelt. Das Ejakulat ist milchig weiß mit einem mäßigen Stich ins Blaue bis Grauweiße. Die durchschnittl. Spermienkonzentration beträgt 272000 mit Schwankungen von 28000-448000 Spermien je 1 cm³. Der pH-Wert der Ejakulate schwankte zwischen 0,91 und 7,91 mit einem Mittel von 7,378. 1 1,5 Std nach der Abnahme des Ejakulats variierte die Dehydrierungsaktivität von 4 35 Min. (⌀ 12 Min.). Der Prozentsatz toter Spermien im Ejakulat schwankte von 1,92 18,56. Die durchschnittl. Anzahl pathologischer Spermien betrug **9,435%**, die Zahl der unreifen **12,63%**. Durchschnittsmaße der Spermien Länge **54,072** µm, Kopflänge **8,579** µm, größte Breite des Spermienkopfes **4,25** µm, Länge des Schwanzes **45,459** µm. ČSSR/ÚVTI. 1886.

3-64/09-0076 Salisbury, G. W, Graves, C. N., Nakabayashi, N. T. und Cragle, R. G.; Urbana, Univ. of Illinois. Observations on the aerobic metabolism of bull and goat epididiymal spermatozoa. **(Untersuchungen über den aeroben Stoffwechsel von Nebenhodenspermien des Bullen und Ziegenbockes.)** J Reproduct. Fertility **6** (1963) Nr. 3. S. 341-349. – 2 Abb, 4 Tab., 22 Lit.
Sofort nach der Schlachtung wurden von 21 Bullen und 5 Ziegenböcken Nebenhodenspermien gewonnen, indem isotonische Salzlösung in die Cauda epididymidis injiziert und die Spermien am abgeschnittenen Nebenhodenkopf aufgefangen wurden. Nach dem Waschen mit physiol NaCl Lösung oder Na-Phosphatpuffer wurden die Spermien in den gleichen Medien in einer Konzentration von 1,5 2,8 × 10^9 Zellen/ml resuspendiert. Für die 4stündige Inkubation bei 37 °C in einem Warburg-Apparat erfolgte eine weitere 4- bis 5fache Verdünnung Neben der Ermittlung der O_2 Aufnahme/100 × 10^6 Zellen pro Std. (ZO_2) wurden der Fructose-, Pyruvat- und Milchsäuregehalt bestimmt. Durch Zugabe von Schwefel in Form von Sulfid, Sulfit, Sulfat und Glutathion in physiol. Dosierung wurde die Spermienatmung nicht angeregt. Ca und Mg in einem Ringer-Phosphatmedium übten ebenfalls keine deutliche Wirkung auf den Stoffwechsel aus, während Phosphat die O_2-Aufnahme senkte, aber die Glykolyse und Milchsäureakkumulation verstärkte. Durch Glukosezusatz wurde der Stoffwechsel deutlich stimuliert. F. Docke. 1887.

3-64/09-0077 Salisbury, G. W. und Graves, C. N.; Urbana, Univ. of Illinois. Substrate-free epididiymal-like bovine spermatozoa. **(Substratfreie Rinderspermien, die Nebenhodenspermien gleichen.)** J. Reproduct. Fertility **6** (1963) Nr. 3. S. 351 359. – 1 Abb., 1 Tab., 22 Lit.

Mittels künstlicher Vagina wurde Bullensperma in Verdünnern aufgefangen, die sich aus $NaHCO_3$ (1,49 oder 0,81 g), $KHCO_3$ (0,92 oder 1,73 g), $C_6H_8O_7 \cdot H_2O$ (1,89 g) und H_2O ad 100 ml zusammensetzten und mit CO_2 gesättigt wurden. Das verdünnte Sperma wurde mit Mineralöl abgedeckt und die Luft darüber durch CO_2 ersetzt, so daß eine weitestgehende Hemmung der Kohlehydrataufnahme aus dem Seminalplasma gesichert war. Als Kontrolle diente in physiol. NaCl-Lösung aufgefangenes Sperma. Für die Stoffwechseluntersuchungen wurden der Verdünner mit dem verdünnten Seminalplasma abzentrifugiert und die gewaschenen Spermien in 0,9% NaCl-Lösung resuspendiert. Sie zeigten dann eine geringe endogene Respiration, die durch Fructosezusatz wesentlich erhöht werden konnte. Nach 24stündiger Aufbewahrung bei 5 °C im ursprünglichen Verdünner war die Respirationsrate der Spermien nach Entfernung des Verdünners höher als im frischen Sperma. Das Verhalten der Spermien entsprach somit dem von Nebenhodenspermien.

F. Döcke. 1887.

3-64/09-0078 Nevo, Abraham C., Caplan, S. Roy und Schindler, H.; Rehovoth, Israel, Weizmann Inst. of Sci.; Beit Dagan, Israel, Nat. and Univ. Inst. of Agric. Duration of motility and glycolysis of fowl spermatozoa in vitro under anaerobic conditions, constant pH and constant glucose concentration. **(Anhalten der Beweglichkeit und Glykolyse von Hühnerspermien in vitro bei anaeroben Bedingungen, konstantem pH und konstanter Glukosekonzentration.)** J. Reproduct. Fertility **6** (1963) Nr. 3. S. 361-370. — 4 Abb., 14 Lit.

Mittels Massage gewonnenes Sperma von Weißen-Leghorn-Hähnen wurde mit einer ungepufferten Ringer-Lösung, mit einer nach Bonnier u. Trulsson (1939) modifizierten Ringer-Lösung oder mit Ringer-Glukose-Lösungen unter Zusatz von Antibiotica verdünnt und inkubiert. Neben der Spermienbeweglichkeit wurden der Milchsäure- und Glukosegehalt bestimmt, und ein pH-Wert von 7,1 wurde mittels einer ausführlich beschriebenen automatischen Titrationszelle konstant gehalten, die gleichzeitig eine kontinuierliche Registrierung der Säurebildung durch die Spermien ermöglichte. Während der ersten Inkubationsstunden sanken Beweglichkeit und Stoffwechsel der Spermien allmählich ab, um sich dann zu stabilisieren. Erst nach weiteren 40 bis 50 Std. fiel die Beweglichkeit innerhalb weniger Std. auf 0, ohne daß dieser Abfall von einer Veränderung in der Säureproduktion begleitet war. Diese, die ausschließlich durch die Spermien bedingt war, blieb über weitere 20 Std. konstant. Das Erlöschen der Spermienbeweglichkeit wurde nicht durch eine Akkumulation toxischer Substanzen verursacht. F. Döcke. 1887.

3-64/09-0079 Silva, P. L. G. de; Cambridge, Univ., School of Agric. Evidence for absence of an effect of temperature shock on fertilizing ability of fowl spermatozoa. **(Beweis, daß ein Temperaturschock keine Wirkung auf die Befruchtungsfähigkeit von Hühnerspermien ausübt.)** J. Reproduct. Fertility **6** (1963) Nr. 3. S. 371-374. — 2 Tab., 15 Lit.

Hahnensperma wurde in einem auf 35 °C vorgewärmten Gefäß aufgefangen, mit einer erwärmten Pasteur-Pipette gemischt und die Hälfte des Gemisches unmittelbar in einen Kühlschrank (4-5 °C) verbracht. Mit dem restlichen Sperma wurden 12 Hennen innerhalb von 5 Min. nach der Gewinnung besamt, wobei ein Temperaturschock sorgfältig vermieden wurde. Nach 10 Min. langer Aufbewahrung im Kühlschrank wurden mit dem gekühlten Sperma ebenfalls 12 Hennen besamt. Der Versuch wurde im Abstand von 1 Woche 6mal mit den gleichen Tieren wiederholt. Die Befruchtungsrate wurde nach 15stündiger Bebrütung durch makroskopische Ermittlung einer Embryonalentwicklung festgestellt. Bei dem Kontrollsperma wurden ∅ 91,9%, beim geschockten Sperma 87,8% befruchtete Eier gefunden. Der Unterschied ist nicht gesichert. F. Döcke. 1887.

3-64/09-0080 Volosevič, A. P. und Tatuzjan, R. A. Rol' biostimuljatorov v iskusstvennom osemenenii korov. **(Die Rolle der Biostimulatoren bei der künstlichen Besamung der Kühe.)** Životnovodstvo, Moskva **25** (1963) Nr. 7. S. 73-75. — 2 Tab.

Bei Zusatz von Biostimulatoren (aus Milz, Hoden oder Aloe unter Zusatz von aqua dest. und Na-Citrat) zu Standard-Spermaverdünnern in Höhe von 15% steigt die Befruchtung von Kühen um 10-15%. Dabei wurde festgestellt, daß eine Verlängerung der Lebensdauer und der Aktivität des Spermas nur eintritt, wenn der Verdünner, dem der Biostimulator zugesetzt wird, Zucker (Glukose) enthält. Die Verlängerung der Lebensdauer der Spermien wird durch das Dialysat des Gewebeextraktes, das sich bei Destillation nicht verflüchtigt, bewirkt. Diese Verlängerung tritt jedoch nur bei Bullen- und Schafbocksperma auf, nicht dagegen bei Ebersperma, da dieses fast keine Glykolyse aufweist. Das Material, aus dem die Biostimulatoren gewonnen werden, hat keinen Einfluß auf die Befruchtung der Kühe. Bei Verwendung von Biostimulatoren muß das Sperma unbedingt bei 0 °C aufbewahrt werden.
B. Schenk. 1891.

3-64/09-0081 Archipovec, A. I.; Poltawa, Forsch.-Inst. für Schweinezucht. Chranenie i transportirovka semeni chrjakov. **(Aufbewahrung und Transport von Ebersperma.)** Svinovodstvo, Moskva **17** (1963) Nr. 6. S. 37-41. — 4 Abb., 6 Tab.

Die Lebensdauer der Spermien im Ejakulat, das im Verhältnis 1 : 1 mit Glukose-Salz-, Glukose-Eigelb- und Glukose-Eigelb-Citratverdünner verdünnt und bei 0 °C aufbewahrt wird, beträgt ⌀ 5-6 Tage; die Befruchtung der Sauen liegt bei 20-50%. Bei Sättigung von Sperma mit CO_2 unter Zusatz von 250 IE Penicillin und Streptomycin/ml und dunkler Aufbewahrung bei Zimmertemperatur über 1; 2 und 3-5 Tage wurde ein Besamungsergebnis von 87,5; 87,6 und 45,6% erzielt. Beim Zusetzen von 3-4 ml 1%iger Ascorbin- oder Salicylsäurelösung und 500 IE Penicillin und Streptomycin zu 100 ml Sperma wurde 4-5 Tage lang eine sehr gute Lebensfähigkeit und während 2 Tagen eine Befruchtungsfähigkeit von 75-85% festgestellt. Gute Ergebnisse brachte auch die Verwendung der zweiten Spermafraktion, der 2-3% frisches Eigelb zugesetzt worden waren, sowie die Verwendung der zweiten Fraktion unter Zusatz von Antibiotica und Ascorbinsäure bei Verdünnung mit Spermaplasma oder dem frischen Sekret der Samenblasen im Verhältnis 1:1, 1:5 und 1:10. Die Lebensdauer der Spermien betrug 3-4 Tage (98-47%). Das Prostatasekret wirkte sich ungünstig auf die Lebensdauer der Spermien aus. Wenn das Samenblasensekret fehlt, ist eine Verringerung der Viskosität, des spez. Gew., des pH-Wertes, des Tr.-Subst.-Gehaltes und der Fruktosemenge im Sperma sowie ein Anstieg des osmotischen Druckes des Spermas von 5,9 auf 7,5 at zu verzeichnen. B. Schenk. 1892.

3-64/09-0082 Bonadonna, Telesforo. Odierne nozioni sulla diluizione e sul congelamento del materiale spermatico di Bos taurus. **(Die heutigen Kenntnisse über Verdünnen und Gefrieren von Bullensperma.)** Zootecn. e Veterin. **18** (1963) Nr. 11/12. S. 389-406. 1893.

3-64/09-0083 Martin, I. C. A. Revival of bull spermatozoa after deep-freezing to −79 °C following equilibration in diluents of various tonicities. **(Das Wiederaufleben von Bullenspermien nach deren Tiefgefrierung bei −79 °C im Anschluß an die Äquilibration in Verdünnern mit verschiedenem Tonus.)** J. Reproduct. Fertility **6** (1963) Nr. 3. S. 433-439.

Bei 1%igem Lecithinzusatz war die Aktivität von tiefgefrorenen Bullenspermien nach dem Auftauen besser, wenn sie in einem isotonischen, anstatt in einem hypertonischen Verdünner eingefroren wurden. Bei Verwendung von eidotterhaltigen Verdünnern waren dagegen die hypotonischen den hypertonischen Lösungen überlegen. W. Schäfer. 1893.

3-64/09-0084 Martin, I. C. A. Effects of lecithin, egg-yolk, fructose and period of storage at 5 °C on bull spermatozoa deep-frozen to −79 °C. **(Die Wirkung von Lecithin, Eidotter, Fructose und des Aufbewahrungszeitraums bei 5 °C auf tiefgefrorene Bullenspermien.)** J. Reproduct. Fertility **6** (1963) Nr. 3. S. 441-449.
Zur Bestimmung der die Äquilibrationswirkung beeinflussenden Faktoren wurden verschiedene Kombinationen von Verdünnern und Aufbewahrungszeiten (vor dem Einfrieren) herangezogen. Als Kriterien für das Überleben der Spermien dienten in erster Linie der Prozentsatz an beweglichen und der prozentuale Anteil an mittels Kongorot-Nikrosin ungefärbten Spermien nach dem Auftauen. Im 1. Versuch erwiesen sich hinsichtlich der Überlebensrate die Zugabe von Fructose zum Na-Citrat-Puffer, der Ersatz des 25 %igen Eidotteranteils im Verdünner durch 1% Ei-Lecithin und eine 4stündige Äquilibrationsperiode bei 5 °C als am günstigsten. In einem 2. Experiment wurden die besten Ergebnisse mit einem Fructose-Na-Citrat-Phosphat-Puffer mit Glyzerinzusatz bei einer Äquilibrationszeit von 12 Std. bei 5 °C erzielt.
W. Schäfer. 1893.

3-64/09-0085 Roussel, J. D., Patrick, T. E., Kellgren, H. C. und Shelwick, J. O.; Baton Rouge, Louisiana State Univ. Influence of nitrogen and argon gases on postthawing motility, laboratory stress tests, and fertility of frozen bovine spermatozoa. **(Der Einfluß von Stickstoff und Argon auf die Beweglichkeit nach dem Auftauen, das Ergebnis von Resistenzproben und die Fruchtbarkeit tiefgekühlter Bullenspermien.)** J. Dairy Sci. **46** (1963) Nr. 11. S. 1278 bis 1282. – 1 Abb., 3 Tab., 18 Lit.
Spermaproben guter Qualität wurden mit einem Eidotter-Citrat-Verdünner so weit verdünnt, daß nach dem Glycerinzusatz 20 Mill. vorwärtsbewegliche Spermien in 1 ml enthalten waren. Das Einfrieren und die Aufbewahrung bei −196 °C erfolgte nach der Methodik von Roussel (M. S. thesis, Louisiana State Univ. 1960). Im 1. Versuch wurde das Sperma entweder ständig unter einer N_2- oder Argon(A)-Atmosphäre gehalten, oder die Gase wurden vor der Verdünnung 30 Min. durch den Verdünner geblasen, oder es erfolgte eine Kombination beider Methoden. Im 2. Versuch wurde geprüft, ob das Einblasen von N_2 in die Ampullen vor dem Zuschmelzen das Überleben und die Fruchtbarkeit des Spermas verbessert. Das Überleben und die Beweglichkeit der Spermien nach dem Auftauen(3- oder 5stündige Inkubation bei 38 °C) waren nach Begasen der Ampullen mit N_2 besser als bei allen anderen Behandlungen. Auch die Milchsäureproduktion war signifikant erhöht. Die Fruchtbarkeit (60-90 Tage NR) betrug 74,5% für das mit N_2 begaste (1905 Erstbesamungen) und 71,87% für das Kontrollsperma ($0{,}05 < P < 0{,}10$). Zwischen der Beweglichkeit im aufgetauten Sperma nach 5stündiger Inkubation bei 38 °C und der Fruchtbarkeit wurde eine hoch gesicherte Korrelation ($r = +0{,}79$) gefunden.
F. Döcke. 1893.

3-64/09-0086 Tjupič, M. und Sergeev, N. O vremeni osemenenija korov. **(Über den zweckmäßigsten Besamungszeitpunkt beim Rind.)** Moločnoe i mjasnoe skotovodstvo, Moskva **9** (1964) Nr. 3. S. 42-43. – 2 Abb.
Schon 1953 wurden Zusammenhänge zwischen der Intensität der Follikelreifung und dem Milchdruck im Euter gefunden. Später wurde in Versuchen an 700 Kühen festgestellt, daß bei der Besamung unmittelbar vor dem Melken 10-20% mehr erfolgreiche Erstbesamungen zu verzeichnen waren, als bei Nichtbeachtung der Melkzeit. Dieses Phänomen wird damit erklärt, daß infolge der beim Melken auftretenden Oxytocinausschüttung die peristalische Tätigkeit der Genitalorgane aktiviert und die Ovulation beschleunigt wird, wodurch günstigere Bedingungen für die Konzeption entstehen. Im Versuch wurde der Oxytocingehalt im Blut nach einer Besamung vor bzw. nach dem Melken bestimmt. Außerdem wurde die Gebärmutterperistaltik gemessen. Nähere An-

gaben über die Methodik fehlen. Es wird auf der Grundlage der durchgeführten Versuche empfohlen, die Kühe vor dem Melken zu besamen und die Melkzeit möglichst etwas hinauszuziehen, um eine vollständigere Oxytocinausschüttung zu erzielen. H. Schwiderski/Dummerstorf. 1895.

3-64/09-0087 Oţel, V., Simionescu, C., Mărăndici, Al. und Maier, M. Contribuţii la stabilirea numărului optim de spermatozoizi pentru obţinerea unei fecundităţi normale la vaci. **(Beitrag zur Festlegung der optimalen Spermienzahl für normale Fruchtbarkeit von Milchkühen.)** Lucrările ştiinţ. Inst. Cercetări zootehn. **20** (1962) S.237-245. — 3 Tab., 9 Lit. Zus. in Russ., Engl., Franz., Dtsch.

Versuche, die an 818 Kühen des Bezirkes Klausenburg durchgeführt wurden, konnten beweisen, daß Dosen ab 25 Mill. Spermien je 1 ml normale Befruchtungsprozentsätze bei Erstbesamung der Kühe zur Folge haben. Die besten Ergebnisse zeigten Dosen von 50 Mill. Spermien mit 56,9% und 200 Mill. mit 58,5% Befruchtung bei Erstbesamung. 12,5 Mill. Spermien je 1 ml hatten eine Verschlechterung des Befruchtungsprozentsatzes um 41,2% zur Folge. R. Petrovszky. 1895.

3-64/09-0088 Grigg, G. W.; North Ryde, New South Wales, Div. of Animal Genetics. Efficiency of sperm transport and fertility. **(Spermientransport und Fruchtbarkeit.)** Nature [London] **201** (1964) Nr. 4919. S. 570—571. — 7 Lit.

Die Zahl der für die Befruchtung im weibl. Eileiter bei der KB zur Verfügung stehenden funktionell intakten Spermien ist durch verschiedene Faktoren bedingt: Zahl der inseminierten Spermien, Spermakonservierung vor und nach der Insemination und Wirksamkeit des Spermientransportes im weibl. Genitale. Bei der Henne hängt der Spermientransport wesentlich davon ab, ob die Insemination intravaginal oder intrauterin erfolgt. Während inseminierte tote Spermien bei der erstgenannten Methode im Infundibulum nicht nachgewiesen werden konnten, wurden sie bei intrauteriner Besamung ebenso schnell wie lebende zum Ort der Befruchtung transportiert. Allen u. Bobr (Poultry Sci. **34** [1955] S. 1167.) erzielten dementsprechend durch diese Methode eine wesentliche Fruchtbarkeitsverbesserung. Bei langfristigen Selektionsprogrammen sollten das Spermienüberleben in vitro und die Wirksamkeit des Spermientransportes im weibl. Genitaltrakt Berücksichtigung finden. F. Döcke. 1895.

3-64/09-0089 *Holm, Walter.* **Untersuchungen über hormoninduzierte Ovulationen von zwei und drei Eizellen beim Rind.** Diss. Veterinärmed. Fak. Berlin. 1963 (60 S.) 8°. (Diss. 9522)

3-64/09-0090 *Maecke, Klaus.* **Vergleichende Untersuchungen über die Eignung von Glycerin und Eidotter als Zusatz zum Magermilch-Verdünner für Bullensamen und Beobachtungen über ihre individuelle Verträglichkeit.** Diss. Veterinärmed. Fak. Berlin-Dahlem. 1963. (75 S.) 8°. (Diss. 9517)

3-64/09-0091 *Salisbury, Glenn Wade* and *Demark, Noland Leroy van.* **Physiology of reproduction and artifical insemination of cattle.** San Francisco: Freeman. 1961. (XII, 639 S.) 8°. (1964 A 245)

3-64/09-0092 *Zavadovkij, M. M.* **Teorija i praktika gormonal'nogo metoda stimuljacii mnogoplodija sel'skochozjajstvennych životnych.** (Theorie und Praxis der hormonalen Methode zur Stimulierung der Vielfrüchtigkeit bei landwirtschaftlichen Nutztieren.) Moskva: Sel'chozizdat. 1963. (670 S.) (1964 A 153)

E. ZÜCHTUNG

3-64/09-0093 Bauer, H. **Leistung und Gesundheit vom Standpunkt des tierärztlichen Tierzüchters.** Züchtungskunde **35** (1963) Nr. 9/10. S. 412-427. — Zus. in Russ., Engl., Franz.

Nach einem geschichtlichen Überblick über die Entwicklung der Konstitutionsforschung wird aufgezeigt, daß Konstitution als tierärztliches und tierzüchterisches Problem einheitlicher Natur ist. Die Rolle der inneren Sekretion und die krankmachenden Erbfaktoren werden beschrieben. Die Frage „gefährdet Hochleistungszucht die Gesundheit der Rinder" wird in der Literatur unterschiedlich beantwortet. An Beispielen der Leistungssteigerung beim Rind, Schwein und Huhn werden die Nachteile im Rahmen der Leistungssteigerung samt Zuchtmaßnahmen und Resistenzzüchtung besprochen. Hier wird die Lebensleistung als einziges verläßliches Konstitutionszeichen herausgestellt. Es werden Maßnahmen empfohlen, die eine enge Zusammenarbeit von Tierzüchter und Tierarzt verlangen und die erwiesene Lebensleistung als Grundlage der Selektion empfehlen. Herbert Winkler. 1940.

3-64/09-0094 Bakels, Frederik. **Zur Problematik des Selektionserfolges in der Nutztierzucht.** Arb. Inst. Tierzucht, Vererb.- u. Konstitutionsforsch. Univ. München **1963** Nr. 5. S. 1-11.

Aus Beobachtungen des Vf., daß Rückpaarungen mit Söhnen und Inzuchtsöhnen die Mutter-Tochter-Ähnlichkeit und damit die Erfolgsaussichten für die züchterische Selektion nach bestimmten Merkmalen erhöhen, leitet er folgende Anwendungsmöglichkeiten für Elter-Kind-Paarungen ab: 1. Zur Erhöhung des Selektionserfolges bei Merkmalen mit niedriger Mutter-Tochter-Ähnlichkeit. 2. Zur Verbesserung der Vorselektion von Vatertieren für Nachkommenschaftsprüfungen. 3. Bei Züchtungen, die den Aufbau von reinen Linien vorbereiten. 4. Bei Züchtungen, die die Erzeugung von Hybriden vorbereiten. 5. Zur Weiterzucht mit selektierten Hybriden. 6. Bei genetischen Experimenten zur Steigerung der genetischen Information bzw. zur Verkleinerung der Tierzahl, die erforderlich ist, um signifikante Ergebnisse zu erzielen. — Die Kombination zwischen Elter-Kind- und Fremdpaarungen als Zuchtprogramm, die Stufenzüchtung, wird für multipare Tiere am Beispiel des Schweines und für unipare Tiere am Beispiel des Rindes erläutert. A. Schaaf. 2000.

3-64/09-0095 Czako, J. **Zur einheitlichen Beurteilung der Vatertiere durch die Nachkommenschaftsprüfung.** Int. Z. Landwirtsch. [Sofia/Berlin] **1963** Nr. 5. S. 20-23. — 5 Abb.

Es werden Vorschläge unterbreitet, nach denen eine Vereinheitlichung der Nachkommenschaftsprüfung der Vatertiere in den Mitgliedsländern des RGW erfolgen sollte. Grundsätzliche Erfordernisse dafür sind: die eindeutige Abstammung des Vaters (?), die Schaffung guter Haltungsbedingungen für die Nachkommenschaft zur Gewährleistung der vollen Ausnutzung ihrer Leistungsveranlagung, eine genügende Selektionsbreite, der frühzeitige Abschluß der Prüfung und deren Vornahme durch ein unabhängiges Organ. Die Beurteilung der Vatertiere auf Grund der Nachkommenleistungen muß mit Hilfe vergleichbarer Relativwerte erfolgen (z.B. rel. Kennzahlen für die Futtermengen, mit welchen eine bestimmte Produktion an Milchfett und Eiweiß, bezogen auf die Lebendmasse, erreicht wurde). Für die Zuchtwertbestimmung bei Bullen empfiehlt Vf. die Methode der zentralisierten Nachkommenschaftsprüfung (je Prüfstation mindestens 10 Töchtergruppen gleichzeitig in Prüfung) sowie den CC-Test; er lehnt die Verwendung des Töchter-Mütter-Vergleiches für die Zuchtarbeit auf Staatsebene ab. Zur Vereinheitlichung der Nachkommenschaftsprüfung bei Schweinen wird vorgeschlagen, je Zuchtsau 4 Nachkommen aus zwei aufeinanderfolgenden Würfen und je Eber 12 Nachkommen (6 × 2) bis zu einer Schlachtmasse von 90-100 kg zu prüfen, die Fütterung nach Möglichkeit zu standardisieren und objektive Methoden bei der Einstufung der Schlachtkörper anzuwenden. Zwecks einheitlicher Beurteilung der Zuchteigenschaften von Schafböcken sollten von jedem Schafbock 200 Mutterschafe besamt und die Jährlinge im Alter von 18 Monaten nach dem Jahresschurertrag, bezogen auf die Lebendmasse, sowie der Qualität des Vlieses bewertet werden. G. Herrmann. 2040.

3-64/09-0096 *Ziel, Ralf.* **Zur Frage der Prüfung der hormonalen Konstitution bei Rindern durch ACTH-Belastung.** Diss. Veterinärmed. Fak. Berlin-Dahlem. 1963. (56 S.) 8°. (Diss. 9515)

F. WACHSTUM UND ENTWICKLUNG

3-64/09-0097 Sevinc, Afif. Karacabey yarimkan arap atlarinin domgudan yedı yasına kadar alınan bazı beden ölcülerine baglı gelısımlerı üzerınde arastırmalar. **(Untersuchungen über die Entwicklungsrate von Karacabey-Halbblutarabem in Abhängigkeit von einigen Maßen, die von der Geburt bis zum Alter von 7 Jahren gewonnen wurden.)** Ankara Unıv. veterın. Fak. Dergısı **9** (1962) Nr. 3/4. S. 85-101. – 4 Tab., 10 Lıt. Zus. ın Engl. 2110.

3-64/09-0098 Davıs, H. P., Swett, W. W. und Harvey, W. R. Relatıon of heart gırth to weıght ın Holsteıns and Jerseys. **(Beziehungen zwischen Brustumfang und Gewicht bei Holstein- und Jersey-Rindern.)** Univ. Nebraska, Coll. Agrıc., agrıc. Exp. Stat., Res. Bull. **1961** Nr. 194. S. 1-24. – 5 Tab., 46 Lıt. 2110.

G. ÖKOLOGIE EINSCHLIESSLICH HALTUNG UND PFLEGE

3-64/09-0099 Untersuchungen über die Reaktionsfähigkeit des Schweines auf klimatische Einflüsse. Halle/S., Inst. Tierzucht Martın-Luther-Unıv. Halle Plan-Nr.: 3503 19-22. 57 S. Abschlußber. (18/3. 1964).

Ungünstıge Stallverhältnısse ın bıoklımatıscher Hınsıcht werden durch nıedrıge Temperaturen geschaffen. Dıes wırkt sıch bes. auf dıe Entwıcklungsfreudıgkeıt der Tiere aus, während dıe Schlachtqualıtät eıne geringfügıge Verbesserung erfährt, bedıngt durch eınen reduzıerten Fettansatz. Allerdıngs verschlechtert sıch dabeı dıe Fettqualıtät. Somıt steht der mäßıgen Verbesserung des Schlachtergebnısses eın höherer Aufwand gegenüber, der aus ökonomıschen Erwägungen nıcht vertretbar ıst. – Für eıne max. Produktıonssteıgerung muß eıne optımale Klımagestaltung auch ın den Schweıneställen gefordert werden, dabeı ıst es erstrebenswert, auch ın Mastställen eıne Temperatur von 14-22 °C beı eıner rel. Luftfeuchtıgkeıt von 70-80% zu erreıchen. 2165.

3-64/09-0100 Osbaldıston, G. W. und Saınsbury, D. W. B.; Cambrıdge, School of Veterın. Med. Control of the envıronment ın a poultry house. Part II. Broıler house experıments. **(Die Umweltkontrolle in einem Geflügelhaus. 2. Mitt. Untersuchungen im Broilerhaus.)** Veterın. Rec. **75** (1963) Nr. 8. S. 193-202. – 10 Abb., 7 Tab. 1. Mıtt. vgl. 3-64/04-0117.

In eınem Geflügelstall für Broılerküken wurden stallklimatısche Untersuchungen angestellt und dıe ermıttelten Werte dem Futterverbrauch, der Wachstumsıntensıtät und der Gesundheıt der Tiere gegenübergestellt. Im eınzelnen wurden Belıchtung, Luftfeuchtıgkeıt, Temperatur, Belüftung und Luftumwälzung sowıe Möglıchkeıten der techn. Kontrolle und Beeınflussung dıeser Faktoren besprochen. Dıe unterschıedlichen Brutmethoden wurden den prozentualen Todesfällen nach 3 und 9 Wochen nach dem Schlupf gegenübergestellt. Dıe Veränderungen der Umgebung wurden beı diesen Analysen mıt den physiol. Schwankungen verglichen und versucht, dıe optimalen Werte herauszufınden. M. Rıchter. 2165.

3-64/09-0101 Osbaldiston, G. W. und Sainsbury, D. W. B. Control of the envıronment ın a poultry house. III. Practıcal aspects of controlled envıronment poultry housıng. **(Die Umweltkontrolle in einem Geflügelhaus. 3. Mitt. Über die praktische Bedeutung der kontrollierten Umgebung im Geflügelstall.)** Veterin. Rec. **75** (1963) Nr. 9. S. 223-229. – 7 Abb., 170 Lıt. 2. Mitt. vgl. vorst. Ref.

Es wird ein Stall analysıert, dessen klimatısche Verhältnısse einer ständigen Kontrolle und damıt eıner Regulıerung zum optımalen Mılıeu hın unterlıegen. Eingehend wird auf dıe Konstruktion, die Möglıchkeıt der Wärmedämmung, auf dıe Methoden der Ventılatıon sowie auf die Beeınflussung der Luftfeuchtigkeit eingegangen. Die Kontrollsysteme (Thermostaten usw.) sowie deren Regulierungsmechanismen werden beschrieben und die Verhältnisse von Raumgröße und Tierbesatz diskutiert. M. Richter. 2165.

3-64/09-0102 Untersuchungen im Großgeflügelintensivstall Dresden-Altreick. Leipzig, Inst. Kleintierzucht Karl-Marx-Univ. Leipzig Plan-Nr. 2154 71 Vf 3-01/1. 18 S. Abschlußber. (21/4. 1964).
Die günstigste Besatzdichte beträgt 3-4 Hennen/m² Bodenfläche. Ein erhöhter Zeitaufwand durch Wege und unnötige Handarbeiten, wie Säubern der Nester, beeinflussen die Kosten stark. Der 1jährige Umtrieb muß konsequent durchgeführt werden, da 2jährige Hennen einen Leistungsrückgang der Eierproduktion bewirkten. Die klimatischen Verhältnisse des Stalles müssen ebenfalls verändert werden. Der Stall weist eine hohe rel. Luftfeuchtigkeit, starke Zugluft und O_2-Mangel auf. Dadurch wurde die Legeleistung sehr beeinflußt, bes. in den Wintermonaten. Eine Wärmezuführung wird unbedingt erforderlich. 2165.

3-64/09-0103 Pingel, H. **Neue Erkenntnisse in der Geflügelzucht.** Tierzucht **18** (1964) Nr. 1. S. 46-47. — 3 Lit.
Aus der Literatur zusammengestellte Untersuchungsergebnisse über den Einfluß periodischer Lichttagverlängerung während der Legeperiode auf die Leistung von Legehennen werden angeführt. 27340 Leghorn-Hennen, die für einen Großversuch zur Verfügung standen, erhielten einen 13- bis 17,5-Stundentag (Kontrolle) bzw. einen 7,5- bis 9-Stundentag, der wöchentl. um 15-30 Min. bis zum 24-Stundentag verlängert wurde (Versuch). Die Versuchsgruppe wies einen höheren Eierertrag und ein höheres Eigewicht auf und brachte somit eine höhere finanzielle Einnahme. Ein weiterer Großversuch zeigte, daß ein konstanter 15-Stundentag den gleichen Effekt wie eine periodische Verlängerung des Lichttages aufweist, daß jedoch die Kontrollgruppe mit natürlichem Licht sowohl der 15-Stundentaggruppe und somit auch den anderen Gruppen mit der periodischen Lichtverlängerung unterlegen war. Abschließend wird berichtet, wie die Vermehrungsrate von Puten durch Einschaltung von 3-5 wöchentl. Lichtverkürzungen gesteigert werden kann und somit die Voraussetzung für eine ganzjährige Putenkükenproduktion geschaffen wird. J. Strecke. 2170.

3-64/09-0104 Krüger, L. und Stephan, E. **Beleuchtungsrhythmen als Hilfsmittel zur Steigerung der Legeleistung von Hühnern.** Dtsch. Geflügelwirtsch. **16** (1964) Nr. 3. S. 41-43. — 2 Abb.
Nach kurzen theoretischen Erörterungen über den Einfluß des Beleuchtungsverlaufes auf die Legeleistung der Hühner wurden die Untersuchungsergebnisse verschiedener Beleuchtungsrhythmen gebracht. Es zeigte sich, daß eine zu lange tägl. Beleuchtungsdauer sowie ein natürlicher Tagesrhythmus dem wechselnden Beleuchtungsrhythmus und der tägl. gleich bleibenden Beleuchtungsdauer unterlegen sind. Die durchschnittl. Futteraufnahme je Tier und Tag lag i. allg. bei den Gruppen mit längerer Beleuchtungsdauer höher, ohne jedoch einen Einfluß auf die Legeleistung auszuüben. Abschließend wurde festgestellt, daß verschiedene zick-zack-förmige Beleuchtungsrhythmen die Legeleistung günstig gestalten können, es muß jedoch gewährleistet werden, daß der Organismus nicht durch zu lange Beleuchtungszeiten erschöpft oder durch zu kurze Belichtungsdauer in seiner Funktion herabgesetzt wird. K. Löhle. 2170.

3-64/09-0105 McCluskey, W. H. und Parker, J. E.; Corvallis, Oregon State Univ. The effects of length of daily light periods on reproduction in female chickens. **(Die Wirkung der Länge der Tageslichtperioden auf die Reproduktion der Hennen.)** Poultry Sci. **42** (1963) Nr. 5. S. 1161-1165.
Je 21 Junghennen der Rasse Delaware wurden vom 1. Lebenstag bis zur abgeschlossenen 10monatigen Legeperiode bei tägl. 1, 3, 9 und 13 Std. Licht ge-

halten. Die bei 1 und 3 Std. gehaltenen Tiere erreichten niemals die Legeleistung der anderen Gruppen. Die Befruchtung bei natürlicher Verpaarung war in der Gruppe mit 1 Std. Licht unbedeutend, weil die Hähne tretunlustig waren. Bei KB legten auch diese Hennen befruchtete Eier. Nach Ausdehnung des Lichttages auf 13 Std. reagierten die Gruppen mit 1 und 3 Std. Licht mit einem starken Anstieg der Legeleistung und der Befruchtung, so daß sie die beiden Vergleichsgruppen in diesen Eigenschaften übertrafen.
H. Pingel. 2170.

3-64/09-0106 Siegel, H. S., Beane, W. L. und Howes, C. E.; Blacksburg, Virginia Polytechn. Inst. Lighting regimes as an influence on maturity and productivity of Leghorn-type layers. **(Der Einfluß der Beleuchtungszeit auf die Geschlechtsreife und die Leistung von Leghorn-Hennen.)** Poultry Sci. **42** (1963) Nr. 5. S. 1064-1071. – 2 Abb., 4 Tab., 23 Lit.
Jeweils zwei Leghornkükengruppen wurden mit 6 (I) bzw. 14 Std. (II) Beleuchtungszeit bis zur 20. Lebenswoche aufgezogen. Ab 20. Woche erhöhte sich die Belichtungsdauer von I um wöchentl. 3%, von II wurde sie beibehalten, so daß nach 30 Wochen (50. Lebenswoche) in I und II das gleiche Beleuchtungsprogramm bestand. Anschließend wurde in I und II die Beleuchtungszeit durch eine wöchentl. 3%ige Zeitzugabe bis zur 68. Lebenswoche auf 24 Std. erhöht. – Im zeitlichen Eintritt der Geschlechtsreife, gemessen am Alter beim 1. Ei und bei 50%iger Legeleistung, und in der Eierleistung ergaben sich zwischen I und II keine Unterschiede. Der Futteraufwand/12 Eier war in I gegenüber II geringer, was teilweise mit der signifikant geringeren Masse je Ei in I zu II erklärt wird. H. Jeroch. 2170.

3-64/09-0107 Löhle, K. und Mulsow, D. **Ein Beitrag zur Kenntnis über den Einfluß der Belichtungsdauer auf die Mast von Junghühnchen aus Winterbruten.** Jb. Arbeitsgemeinsch. Fütterungsberat. 4 (1961/62, hrsg. 1963) S. 349 bis 361. – 9 Tab., 37 Lit. nach Zus. – Zus. in Russ., Engl., Dtsch.
Vff. geben eine kurzgefaßte Literaturzusammenstellung einiger Arbeiten über den Einfluß des Lichtes auf das Wachstum und die Legeleistung beim Geflügel. Durchgeführte eigene Untersuchungen an 440 Rebhuhnfarbigen-Italiener-Küken brachten folgende Ergebnisse: Die Tiere aus der Gruppe mit höherer Belichtungsdauer (tägl. 24 Std.) erreichten keine höhere Körpermasse am Mastende als die Tiere aus der Gruppe mit einem Belichtungswechsel von 12 Std. hell und 12 Std. dunkel. Auch in den Zunahmen konnten keine signifikanten Unterschiede zwischen beiden Gruppen ermittelt werden. Der Verzehr der Tiere an Mischfutter aus der Gruppe mit langer Belichtungsdauer war 209,1 g (trotz der gleichen Körpermasse am Ende der Mast) höher als bei der Gruppe mit dem 12stündigen Belichtungswechel. Dieser höhere Futterverbrauch beruht wahrscheinlich darauf, daß die Küken mit ganztägiger Belichtung auf Grund der ungenügenden Ruhezeit einen größeren Energieverbrauch hatten und so der Erhaltungsfutterbedarf in dieser Gruppe höher lag. Die Futterverwertung der Junghühnchen aus Gr. II mit weniger Belichtung war besser als bei den Tieren der Gr. I mit ganztägigem Lichteinfluß. 2170.

3-64/09-0108 Molev, N., Sadykov, G. und Loś, V. Ul'travioletovoe oblučenie korov. **(Die ultraviolette Bestrahlung von Kühen.)** Moločnoe i mjasnoe skotovodstvo, Moskva **9** (1964) Nr. 3. S. 40.
Die unbefriedigende Fruchtbarkeit bei Kühen hat ihre Ursachen meistens in der Nichtbeachtung der zootechnischen und veterinärhygienischen Regeln und zu einem großen Teil im Fehlen von Sonnenlicht während der Stallhaltungsperiode. Im Lehr- und Versuchsbetrieb des Orenburger Landwirtsch. Inst. wurden deshalb 2 Gruppen von je 25 Kühen, welche 3-3,5 Mon. nach dem Abkalben noch nicht gerindert hatten, mit UV-Licht bestrahlt. Bei 40% der Tiere wurden persistente Gelbkörper gefunden, sonst war der klinische

Zustand der Genitalorgane einwandfrei. Zur Bestrahlung wurde eine bewegliche Quecksilber-Quarzlampe benutzt. Die Stärke der Lampe wurde auf 190 bis 200 V eingestellt. Die Bestrahlungsdauer betrug bei der ersten Gruppe 2 Wochen lang tägl. 10 Min. Diese Dosis war anscheinend zu hoch, da in der 2. Gruppe, die nur jeden 2. Tag 10 Min. lang bestrahlt wurde, bessere Erfolge erzielt werden konnten. 17 von 25 Versuchstieren rinderten nach 5- bis 10 tägiger Bestrahlung, und 14 wurden erfolgreich belegt. Deshalb wird diese Dosis empfohlen, um hiermit den Stoffwechsel der Tiere zu aktivieren und eine Normalisierung des Geschlechtszyklus zu erreichen.
H. Schwiderski/Dummerstorf. 2170.

3-64/09-0109 Pappritz, v. **Lüftung von Hühnerställen.** Tierzüchter 14 (1962) Nr. 24. S. 888. 890. — 3 Abb.
Der Luftbedarf in Hühnerställen ist infolge des hohen Stoffwechsels der Tiere, deren Wasserabgabe und Ausscheidung von Riech- und Ekelstoffen sehr hoch. Er beträgt je GV bei Legehennen 500 m^3/h und bei Masttieren 2000 m^3/h. Die Wasserabgabe je Henne wird mit 100-130 g/Tag angegeben. Von den Stalltemperaturverhältnissen unabhängig arbeitende Lüftungsanlagen sind deshalb erforderlich, um diese Luftmengen zu fördern und die Feuchtigkeit abzuführen. Hierbei ist der Einsatz mehrerer kleiner Ventilatoren vorteilhafter, die bei richtiger Verteilung im Stall eine gleichmäßige, zugfreie Luftdurchspülung ermöglichen. Grundsätzlich soll die verbrauchte Luft aus dem Stall abgesaugt werden. Der hierbei im Stall entstehende geringe Unterdruck verhindert zudem, daß Feuchtigkeit in die Wände gedrückt und die Wärmedämmung beeinträchtigt wird. Die Frischluft soll über viele kleine über den ganzen Stall verteilte Öffnungen zugfrei nachströmen, wobei die Frischlufteintrittsfläche der Ventilatorenleistung anzupassen ist. Die zweckmäßigsten Absaugemethoden für verbrauchte Luft sowie die Frischluftzufuhr über Leitplatten- und Rieseldecken und das Schrägbrett werden erörtert, und auf hierfür erforderliche bauliche Voraussetzungen wird eingegangen. Abschließend werden die Anschaffungs- und Betriebskosten einer Lüftungsanlage für einen Stall mit 1000 Legehennen angegeben. J. Strecke. 2175.

3-64/09-0110 Scholz, K. **Zu einigen Fragen des Stallbaues.** Tierzucht 18 (1964) Nr. 2. S. 68-69.
Den LPG und VEG sind zweckentsprechende, funktionsfertige Gesamt- bzw. Teilanlagen zu erstellen, die moderne Arbeitsverfahren, d. h. industriemäßige Produktionsmethoden in der Landwirtschaft ermöglichen. Mit 60% der Investitionsmittel kommt dabei den Stallbauten eine große Bedeutung zu. Um ein „Verbauen der Zukunft" zu vermeiden, ist die bauliche Perspektive des Dorfes, auch in den LPG Typ I und II, klar festzulegen. Dies erfordert als erstes eine Bestandsaufnahme der vorhandenen Gebäude. Neben der zweckentsprechenden Eingliederung noch nutzbarer Altbauten machen sich auch bauliche Zwischenlösungen erforderlich. Ziel der z.T. bereits gegründeten Landbaukombinate im Verein mit den betriebseigenen Baubrigaden muß es sein, Neu- und Umbauten sachgemäß komplett und kurzfristig bei niedrigsten Kosten zu erstellen. Von der Industrie sind vermehrt wärmedämmende Baustoffe für Umfassungswände (Gas- und Schaumbeton) sowie widerstandsfähige, gesundheitsunschädliche Fußbodenbeläge zu fordern. Neubauten werden in erster Linie auf Milchviehställe und Aufzuchtställe für Schweine, Kälber und Geflügel beschränkt bleiben. Um die Unwirtschaftlichkeit des individuellen Projektierens abzulösen, sind vermehrt zentrale, in Versuchsbauten erprobte Typenprojekte zu verwenden. Dabei ist auf hallenartige, vielseitig nutzbare und einstreuarm zu bewirtschaftende Stallformen mit erdlastiger Lagerung zu orientieren. Hinsichtlich der Komplexmechanisierung bzw. Teil- oder Vollautomatisierung sind die Stallarbeitsmaschine RS 09 zu verbessern und die Entwicklung von stationären Einrichtungen voranzutreiben. E. Kulpe. 2260.

3-64/09-0111 Anonym. Norska försök rörande båsinredning. **(Norwegische Versuche über Standausführung.)** Svensk Husdjursskötsel **1964** Nr. 1. S. 14 bis 16. – 4 Abb., 7 Tab.
Im Stall eines Versuchsbetriebes mit 2 × 6 verschiedenen Ständen wurden verschiedene Arten der Anbindung und der Bodenausführung auf Kurz- und Langständen miteinander verglichen. Alle Stände waren 110 cm breit. Jede der Versuchskühe stand eine Woche auf dem Stand einer Art und wurde dann zum nächsten Stand umgebunden. Insgesamt wurde 3mal durchgewechselt. Je Stand und Tag wurden 2 l trockene Sägespäne eingestreut. Hinsichtlich der Sauberkeit der Tiere brachte der Langstand mit Elektrodraht über dem Rükken der Tiere und mit Gitterrost oder Spaltenboden über der Schwemmrinne die besten Ergebnisse; die schlechtesten wurden auf dem Kurzstand mit Nakkenholz erzielt. Die Unterschiede im Zeitbedarf für das Misten verhalten sich bei den Extremen wie 1:2. Das Entfernen des Mistes erfolgt am schnellsten, wenn die Abdeckung der Schwemmrinne als Spaltenboden ausgeführt ist und wenn Elektrodraht vorhanden ist. Die Reinigung ist um so leichter, je schmaler die Bohlen und je größer die Spalten sind. Empfohlen werden Bohlen von 15 cm mit Spalten von 6 cm. Der Gesundheitszustand der Kühe war allg. gut, und das Abkalben erfolgte normal. J. K. Hinrichsen. 2265.

3-64/09-0112 Buckler, Peter. Slatted floors and other ways of reducing the use of litter for livestock. **(Rostböden und andere Möglichkeiten zur Verringerung des Einstreubedarfes in Ställen.)** J. Roy. agric. Soc. England **123** (1962) S. 78-85. – 4 Abb.
Die Strohgewinnung ist für britische Verhältnisse unökonomisch. Außerdem besteht die Tendenz, den Dung zu verflüssigen. Daraus ergibt sich die Notwendigkeit, den Streustrohaufwand zu verringern. Eine Möglichkeit besteht darin, das Stroh mit Säge- oder Hobelspänen zu mischen. Rostböden können für verschiedene Tierarten verwendet werden. Der unter dem Rost liegende Dungkeller muß dicht verschlossen sein, damit keine Zugerscheinungen auftreten. Diese Gebäude sind einwandfrei zu isolieren und gut zu lüften. Durch Rostböden werden in Schweineställen Kot und Urin schnell beseitigt. Dadurch wird die Gesundheit der Tiere gefördert und die Arbeit des Schweinepflegers erleichtert. Rostböden für Schafe sind bes. für Betriebe von Bedeutung, denen keine Einstreu zur Verfügung steht. Für Kühe empfiehlt Vf. den Boxenliegestall. Die Boxen sind 6 ft. 10 in. lang und 3 ft. 8 in. breit.
W. Heinig. 2265.

3-64/09-0113 Matthes, E. und Lindner, M. **Zum Kuhstall gehört ein Abkalbestall.** Tierzucht **18** (1964) Nr. 2. S. 83-86. – 9 Abb.
Es wird der auf der 11. Landwirtsch.-Ausstellung gezeigte, durch Umbau aus einem Anbindestall entstandene Abkalbestall erläutert und auf allgemeingültige Gesichtspunkte hingewiesen. Aus hygienischen Gründen werden gefordert: Getrennte Aufstallung der vorzubereitenden und kalbenden Kühe, der Kälber in der Kolostralmilchzeit und der kranken Tiere. In der Mitte des Stalles befindet sich der befahrbare Futtertisch. Auf der Nord-Längsseite sind 41 Stände (230 × 112,5 cm) für die Vorbereitungs- und Kolostralmilchzeit, auf der Süd-Längsseite 13 Abkalbestände (250 × 138 cm), 18 Kälberwiegen (100 × 140 cm) sowie 5 Krankenstände (250 × 180-210 cm) und eine Sanitätszelle für den Tierarzt eingerichtet. Abkalbe- und Krankenstände sind durch 140 cm hohe Wände (abwaschbare Platten) unterteilt und haben eigene Jaucheabflüsse. Die Kühe kommen 14 Tage vor dem Abkalben in die Vorbereitungsstände, nach den ersten Geburtsanzeichen in den Abkalbestand, wo sie bis zum völligen Abstoßen der Nachgeburt bzw. Aufhören von Ausfluß stehen, um danach bis zum 6. Tag nach dem Kalben in die erste Stallabteilung zurückzukommen. Zum Desinfizieren werden 2%ige Natronlauge, Stallosept, Meleusol oder Valvanol empfohlen. Die Temperatur soll 8-10 °C nicht übersteigen, um

Tiere aus Offen- bzw. Boxenställen nicht zu verweichlichen. Gemolken wird mittels Kannenmelkanlage, entmistet mit Hilfe der Stallarbeitsmaschine RS 09. Die Neubaukosten betragen DM 3000-4000, die Umbaukosten DM 800-2000/Kuh. E. Kulpe. 2275.

3-64/09-0114 Kraggerud, H. und Gjerde, I. **Die Kosten für den Bau von Ställen für Legehennen.** Dtsch. Geflügelwirtsch. **16** (1964) Nr. 9. S. 130-132. — 2 Abb., 2 Tab.

Es wird über Kostenkalkulationen von Ställen für 125 (5,60 × 6,10 m = Stallgröße = St-Gr. I), 350 (7,00 × 10,96 m = St-Gr. II), 700 (8,00 × 15,70 m = St-Gr. III), 1400 (10,00 × 22,90m = St-Gr. IV), 2800 (10,00 × 43,20 m = St-Gr. V) und 5000 (12,00 × 59,50 m = St-Gr. VI) Legehennen berichtet. Bauweise, Konstruktion und Material: Flachbauten, Stallboden 8-10 cm Leichtbeton, Holzaußenwände in Fachwerkbauweise (Rauhspund, Rohfilzpappe, Steinwolle, diffusionsdichte Pappe oder Plastikfolie), Stallhöhe 1,20 m (St-Gr. I-V) bzw. 1,80 m (St-Gr. VI); Stalldecke (Rauhspund, galvanisierte Nägel, Steinwolle, diffusionsdichte Pappe), Bedachung (Eternit bzw. Zinkblech), Fensterfläche 2-3% der Bodenfläche, Zwangsbelüftung mittels Ventilatoren (Thermostat-Steuerung). Stalleinrichtung: Gemeinschaftsnester in 2 Reihen übereinander (mit Einrichtung zum Abrollen der Eier, 20 cm Nestplatz je Henne), Futterautomaten (St-Gr. I-IV, 2 cm Freßplatz je Henne) bzw. Futterketten (St-Gr. V und VI), Selbsttränken; Tiefstall, ab 700 Tiere mit kombiniertem Freß-Sitzplatz (Lattenboden oder Drahtgeflecht), 5 (St-Gr. I und II) bzw. 7,5 Hennen/m² (St-Gr. III-VI); Nebenräume für Kraftfutter sowie zum Packen und Lagern der Eier. In den folgenden Kalkulationen sind dieanfallenden Verwaltungsarbeiten unberücksichtigt; Erd-, Handlanger- und Aufräumarbeiten wurden nach dem Landarbeitertarif (Eigenleistung) berechnet. Demnach betragen die Kosten (1 norweg. Krone = DM 0,57) bei St-Gr. I (125 Legehennen = Lh bzw. 250 Masthähnchen = Mh) DM 40,47 bzw. 19,95; bei St-Gr. II (350 Lh bzw. 700 Mh) DM 28,50 bzw. 14,25; bei St-Gr. III (700 Lh bzw. 1400 Mh) DM 22,80 bzw. 11,40; bei St-Gr. IV (1400 Lh bzw. 2800 Mh) DM 20,52 bzw. 10,26; bei St-Gr. V (2800 Lh bzw. 5600 Mh) DM 18,24 bzw. 9,12 und bei St-Gr. VI (5000 Lh bzw. 10000 Mh) DM 14,82 bzw. 7,41. Bei Käfighaltung sind DM 14,25-17,10 zuzüglich der Baukosten erforderlich; werden Futtergänge gewünscht, so erhöhen sich die Kosten um 10-15%. E. Kulpe. 2275.

3-64/09-0115 Manke, J. **Intensive Weidewirtschaft in rindviehstarken Großbetrieben. XVIII. Erfahrungen beim Aufbau und Betrieb von Jungviehweidekombinaten in der „Friedländer Großen Wiese“.** Tierzucht **17** (1963) Nr. 11. Grünland/Feldfutter 4 S. 45-49. — 3 Tab., 3 Lit. Vorhergehende Mitt. vgl. LZ. Abt. III 8 (1963) Nr. 11. S. 2256.

Durch die Einrichtung von Rinderaufzuchtbetrieben lassen sich tierzüchterische und ökonomische Probleme der Jungviehaufzucht besser lösen. Im dargestellten Beispiel wurde die Vollweide durchgeführt. Die Unterteilung der Weidenutzungseinheiten erfolgte mit dem Elektrozaun, wozu Mehrphasengeräte mit mehrfacher Sicherheit und Netzanschlußmöglichkeiten vorteilhaft sind. Das Tränkwasser wurde größtenteils mit verschieden angetriebenen Pumpen aus Brunnen gewonnen. Die Tränken sollten in den Weidezentralen liegen, die entspr. befestigt sind. Dazu haben sich auf tiefgründigem Niedermoor Betonfertigteilplatten bewährt. In den Gruppen der 1- bis 2jährigen Rinder wurden bis zu 500 Stück gehalten; das ist möglich, wenn Qualifikation und Arbeitsbewußtsein der Betreuer gut sind. Als größtes Arbeitsmaß wurden 100 GV/AK erreicht. Die besten Zunahmen lagen bei 0,8 kg je Weidetag und Tier, die höchste Weideleistung bei 2700 KSTE. Aus mehreren Gründen ist die Erschließung der Großweidegebiete durch Hauptwirtschaftswege erforderlich. E. Buhtz. 2355.

3-64/09-0116 Tausendfreund, R. **Erfahrungen bei der Einrichtung eines Weidekombinates.** Tierzucht 18 (1964) Nr. 2. S. 91-96. – 11 Abb., 5 Lit.
Einer Darlegung der bisherigen Grünlandbewirtschaftung in der LPG „Vorwärts" in Putbus/Rügen folgt die Schilderung des nunmehr eingerichteten Weidekombinates. 240 Kühe werden darin in 2 Herden auf 2 Weidenutzungseinheiten mit je 60 ha gehalten, in einer Weidezentrale gemolken, getränkt und zugefüttert. Die einzelnen Koppeln sind 4-4,5 ha groß. Tränk- und Wirtschaftswasser, mit 38600 l/Tag kalkuliert, fließt aus einer 1400 m langen, von der LPG verlegten Wasserdruckleitung. Trift- und Wirtschaftswege sind mit Kies und Faschinen befestigt. Ein RS 09 übernimmt die Pflege der Weide sowie das Reinigen der Vor- und Nachwartehöfe. E. Buhtz. 2355.

3-64/09-0117 Michel, J. F. Helminthiasis and grazing management. **(Parasitenbefall und Weidenutzung.)** Agriculture [London] 71 (1964) Nr. 2. S. 80-83.
Vf. stellt fest, daß das Weiden eigentlich unhygienisch sei. Das Gras wird durch die Ausscheidungen der Tiere beschmutzt und dient so der Verbreitung von Parasiten. Die Nematodenwürmer sind die Ursache der parasitären Gastroenteritis und des Hustens der Schafe und Rinder. Alle haben eine fast gleiche Entwicklungsgeschichte. Sie brauchen eine bestimmte Entwicklungsperiode auf der Weide, um ansteckungsfähig zu werden. Hier können Bekämpfungsmaßnahmen erfolgreich einsetzen. Folgende Punkte spielen eine Rolle: Halmlänge, Dichte des Bestandes, Weidemethode, abwechselnde Nutzung durch Weide und Schnitt, abwechselnde Nutzung durch Schafe und Rinder und schließlich abwechselnde Beweidung durch verschiedene Altersgruppen. Die Halmlänge beeinflußt das Mikroklima zur Entwicklung der Eier und Larven. Bei sehr kurzem Gras sind die Lebensbedingungen weniger günstig, andererseits nimmt die Zahl der Larven zum Boden hin zu, so daß man annehmen kann, daß die Tiere bei langen Halmen weniger Parasiten aufnehmen. Die Kurzhaltung der Weide erfordert wiederum eine Erhöhung der Zahl der Weidetiere und damit auch die Möglichkeit der Verseuchung. Auch die Häufigkeit des Umtriebs kann sich in dieser Hinsicht auswirken.
H. Senger. 2410.

3-64/09-0118 Juferev, P. Chozrasčet v kolchoze. **(Die wirtschaftliche Rechnungsführung im Kolchos.)** Moločnoe i mjasnoe skotovodstvo, Moskva **9** (1964) Nr. 2. S. 11-13.
Um die wirtschaftliche Lage im Lenin-Kolchos (Kirower Gebiet) zu verbessern, wurde die wirtschaftliche Rechnungsführung eingeführt. Als Einheiten dafür dienen 10 Komplexbrigaden, die jede 1500-3000 ha Ackerfläche bewirtschaften und 150-300 AK umfassen. Als Vergütung dürfen monatl. bis zu 30% der Geldeinkünfte (für Produktion) ausgezahlt werden. Monatl. wird eine Korrektur der Geldeinkünfte vorgenommen. Futterzukäufe werden abgesetzt, ebenso Produktionsmittel, die aus anderen Brigaden stammen und andere Kosten. Alle Maßnahmen, welche mithelfen, die Produktion in der Brigade wirtschaftlicher zu gestalten, werden als Plus gebucht, während Viehverluste u. a. Unregelmäßigkeiten als Minus für die Brigade gelten. Das leitende Personal wird ebenfalls nach dem wirtschaftlichen Erfolg, welcher von der Brigade erreicht wird, entlohnt. Die Vergütung der Brigademitglieder hängt von der Planerfüllung ab, welche in den betr. Arbeitsgebieten erzielt wurde. Dadurch konnte das Wirtschaftsleben im Kolchos normalisiert und die Einkünfte der Kolchosbauern auf das Niveau von Sowchosarbeitern gehoben werden.
H. Schwiderski/Dummerstorf. 2425.

3-64/09-0119 Volkov, S. I. Soveršenstem organizaciju i oplatu truda v životnovodstve. **(Zur Verbesserung der Arbeitsorganisation und der Entlohnung in der Viehwirtschaft.)** Životnovodstvo, Moskva **26** (1964) Nr. 4. S. 8–11. – 1 Tab.

Im Sowchos „Novoselki“ (Gebiet Rjasan) wurde ein neues System der Arbeitsorganisation und der Vergütung eingeführt. Dazu erhielt eine Arbeitsgruppe für Rindermast (4 AK) eine bestimmte Ackerfläche, Maschinen, Geräte, einen Maststall und 600 Mastbullen, bei denen das Anfangsgewicht festgestellt wurde. Es wurde im Plan vorgegeben: Die durchschnittl. Tageszunahmen der Tiere (600 g), die Gesamtzunahme während der Mastperiode und die Kosten. Hierbei erfolgte für die Übererfüllung des Tageszunahmeplanes eine Zusatzvergütung in Höhe von 15% des Grundlohnes, für die Überschreitung der Gesamtzunahmen 6% der Mehreinnahmen und für die Kosteneinsparung 25% der eingesparten Kosten. Die nach dem neuen System arbeitende Gruppe benötigte 13,6 AK/Std. je dt Zunahme und erhielt je AK tägl. Rbl. 4,82 Lohn, während die übrigen Gruppen 59,1 AK/Std. verbrauchten und nur Rbl. 2,63 Lohn je AK und Tag erhielten. Dieses System der Organisation der Arbeit wird im Rjasaner Gebiet popularisiert. H. Schwiderski/Dummerstorf. 2425.

3-64/09-0120 Lenschow, J. **Tierzüchterische Untersuchungen zur Verbesserung des Produktionsablaufes in der Rinderhaltung in sozialistischen Landwirtschaftsbetrieben. Teil 1: Untersuchungen über die stallklimatischen Bedingungen, die zweckmäßige Technologie sowie das Verhalten von Kälbern hinsichtlich Gesundheit, Entwicklung und Futterverbrauch in einer Kälberstall-Anlage für 240 Kälber.** Dummerstorf, Inst. Tierzuchtforsch. Dtsch. Akad. Landwirtsch.-Wiss. Berlin Plan-Nr.: 1701 16 h 3-34/1. Teil-Abschlußber. (25/2. 1964).

In einer Kälberaufzuchtanlage mit 240 Einzelboxen wurden die stallklimatischen Verhältnisse, die Technologie sowie das Verhalten der Kälber hinsichtlich Gesundheit, Entwicklung und Futterverbrauch geprüft. Die Anlage bestand aus 2 geschlossenen, mit schwacher Wärmedämmung und ausreichender Zwangsentlüftung versehenen Kälberställen. Die Ergebnisse der stallklimatischen Untersuchungen ließen eine normale Luftzusammensetzung erkennen; selbst während des extrem kalten Prüfungszeitraumes im Winter 1962/63 war ein reibungsloser Arbeitsablauf möglich. Durch den weitgehenden Einsatz einer zweckmäßigen Kleinmechanisierung ergab sich ein Arbeitsmaß von 92 Kälbern je Viehpfleger. Der Streustrohverbrauch lag bei 0,4-0,5 kg pro Kalb und Tag. Bei insgesamt 493 ausgewerteten Kälbern konnte eine Abgangsquote von 1,2% erreicht werden. Die Entwicklung war normal; die durchschnittl. Tageszunahmen bis zum 4. Lebensmonat betrugen 773 g je Kalb. Die untersuchte Anlage erwies sich in ihrer Gestaltung und Bewirtschaftung als zweckmäßig für den sozialistischen Großbetrieb. 2425.

3-64/09-0121 Grozev, Geno; Sofija, Bulg. Landwirtsch. Inst. O tipe svinarnikov i mechanizacii svinoferm. **(Schweinestalltypen und Mechanisierung der Schweinehaltung.)** Svinovodstvo, Moskva 18 (1964) Nr. 2. S. 45-48. — 9 Abb.

Verglichen werden verschiedene in Bulgarien gebräuchliche Schweineställe: a) Massivställe zur Mast von ca. 3000 Läufern. Diese sind in 8 Sektionen unterteilt. Über die ganze Länge verläuft der zentrale Futtergang. In den einzelnen Sektionen sind Zementtröge für Saft- und Grünfutter, Futterautomaten (250 kg Fassungsvermögen) und Selbsttränken aufgestellt. b) Halbmassive Abferkelställe. Die Buchtengröße ist je nach Belegung (2-3 bzw. 3-6 Sauen) verstellbar. c) Mastställe in Leichtbauweise. Sie sind aus Holz gefertigt, nach einer Seite offen und mit Strohdächern versehen (Länge 100-120 m, Breite ca. 10 m). Jede der 10-12 Buchten ist für 100-150 Läufer vorgesehen. Bei Untersuchungen über den Einfluß des Stalltyps auf die Entwicklung der Jungtiere wurde festgestellt, daß in den Halbmassivställen die niedrigsten Ferkelverluste (7-11%) auftraten und die höchsten Absatzgewichte (13,8-14 kg) erzielt wurden. Die Offenställe sind nur im Sommer für die Ferkelaufzucht geeignet; wegen der hohen Wärmeleitfähigkeit des Baumaterials sind die Fer-

kelverluste im Massivstall am höchsten. Über die Technologie der Futterherstellung und -verteilung sowie über die Stallentmistung wird berichtet.
I. Scholz/Dummerstorf. 2425.

3-64/09-0122 Borisenko, B. Udobno i vygodno. **(Bequem und vorteilhaft.)** Moločnoe i mjasnoe skotovodstvo, Moskva **9**(1964) Nr. 3. S. 14-15. – 1 Abb.
Im Talgarsker Mastviehsowchos (Gebiet Alma-Ata, Kasachstan) wurde ein 6reihiger Anbindestall für 675 Mastrinder gebaut. Das Gebäude ist 102 m lang und 28 m breit. Die Standlänge beträgt 1,60 m bei strohloser Aufstallung. Die Dung- und Futtergänge sind jeweils 2,00 m breit. 1 AK betreut 250 Tiere. Da als Hauptfuttermittel Schlempe zum Einsatz kommt, sind die Futtertröge mit Gefälle verlegt, so daß für die Futterverteilung keine weitere Mechanisierung erforderlich ist. Die Schlempe gelangt durch eine 1 km lange Leitung unter Ausnutzung des natürlichen Gefälles von der Brennerei direkt in den Maststall. Durch dieselbe Leitung fließt auch das Wasser für die Schwemmentmistung.
H. Schwiderski/Dummerstorf. 2425.

3-64/09-0123 Untersuchungen über die Leistungsfütterung und neuzeitliche Fütterungstechnik unter den Bedingungen der Offenstallhaltung unter besonderer Berücksichtigung der Selbstfütterung. Jena, Inst. Tierernähr. Friedrich-Schiller-Univ. Jena Plan-Nr.: 17-0500 1-32. Abschlußber. (24/2.1964).
Im Lehr und Versuchsgut Dornburg wurde die Möglichkeit einer begrenzten Selbstfütterung bei Milchkühen geprüft. Von bes. Bedeutung für die Praxis erschien ein Vergleich dieser Fütterungsart zur herkömmlichen Rationsfütterung aus der Futterkrippe. Es standen 60 Milchkühe der Dornburger Herde zur Verfügung. Die Tiere wurden nach Leistung, Laktationsstand und Alter in 2 Gruppen zu je 30 Tieren aufgeteilt: Gr. 1: Versuchsgruppe mit begrenzter Selbstfütterung, Gr. 2: Vergleichsgruppe mit Fütterung aus der Futterkrippe. Die Rationen bestanden aus Gärfutter, Heu und Kraftfutter. Die Kühe der Versuchsgruppe erhielten das Heu und Gärfutter rationiert am Futterstock mit Hilfe verschiebbarer Freßgitter zugeteilt. Kraftfutter wurde in beiden Gruppen nach Leistung in der Futterkrippe verabreicht. – Durch die Begrenzung war es möglich, beiden Gruppen annähernd gleiche Futtermengen vorzulegen. Bei Versuchsende war der Leistungsabfall der Tiere der Versuchsgruppe im Durchschnitt etwas stärker bzw. höher. Die Variationsbreite der Einzeltiere war jedoch, bes. bei der Versuchsgruppe, sehr groß. Eine statistische Sicherung der Ergebnisse war nicht möglich. Die Ursachen der unterschiedlichen Leistung werden diskutiert. 2425.

3-64/09-0124 Štorm, V. E. Novye mašiny i mechanizmy dlja udalenija navoza iz korovnikov. **(Neue Mechanismen für die Entmistung von Kuhställen.)** Životnovodstvo, Moskva **26** (1964) Nr. 4. S. 82-85. – 4 Abb.
Vf. berichtet über die Einführung von Schubstangen- und Kratzerketten-Entmistungsanlagen in die Betriebe der Baltischen Sowjetrepubliken. Für 2reihige Ställe wird die Kratzerkette vom Typ TSN-3,0 empfohlen, während für 4- und mehrreihige Anlagen eine Schubstangenentmistung vom Typ TŠ-30 vorzuziehen ist, deren Enden in der Mitte des Gebäudes in einen Querkanal einmünden, in welchem durch eine Kratzerkette vom Typ TSN-7 A der Abtransport des Düngers aus dem Gebäude bewerkstelligt wird. Außerdem kann mit der Schubstangenentmistung TŠ-30 auch ein automatischer Kippwagen – VNĖ-1 A – eingesetzt werden, der die Dungausbringung bis zum Stapel hin erledigt. Es folgen Daten über die Ausrüstung und techn. Einzelheiten der Anlagen. Die Selbstkosten für die Entmistung und Stapelung des Stalldunges betragen bei Anwendung der angeführten Mechanismen je Tonne Stalldung 36-43 Kopeken, während bei Handarbeit Rbl. 18,0 benötigt werden.
H. Schwiderski/Dummerstorf. 2425.

3-64/09-0125 Anonym. Svämutgödsling. **(Schwemmentmistung.)** Svensk Husdjursskötsel **1964** Nr. 1. S. 9-13. – 12 Abb.

Die Anlage einer Schwemmentmistung wird beschrieben, wobei auch die Möglichkeit der Spülung berücksichtigt wird. Bei 2- bis 3maliger Ausbringung je Jahr muß der Lagerraum 5 m^3/GV betragen. Die Anlagen, Arbeitsmethoden und Erfahrungen in 5 Betrieben mit Schwemmentmistung werden beschrieben. Die Stalluft war allg. gut. J. K. Hinrichsen. 2425.

3-64/09-0126 Sedler, E. **Bedienungsanweisung für die Klimaanlage in Schweineställen mit dem Tanneeinsatz 150 ohne halbautomatische Luftregelung.** Tierzucht **18** (1964) Nr. 1. S. 27-28.
Die Anlage, welche für Schweineställe für ca. 30 Sauen gedacht ist, ermöglicht es, das Stallklima günstig zu gestalten. Vf. gibt eine Anweisung über die Bedienung der Anlage bei Sommer- und Winterbetrieb und geht bes. auf das Anheizen, die Raumtemperaturregelung, den Nachtbetrieb und die Luftregulierung im Stall ein. Als Ausrüstung für jeden Stall werden ein Thermometer und ein Hydrometer gefordert. Diese Anlage kann auch in Geflügelintensivställen eingesetzt werden, wobei jedoch größere Lüfter zu verwenden sind. J. Strecke. 2425.

3-64/09-0127 Hanke, B. und Holitschek, H.; Rochlitz, Fachschule für Landwirtsch.; Leipzig, Zentralstelle für Wirtsch. Energieanwend. **Belüftungssystem mit Zusatzheizung zur Verbesserung des Stallklimas in Ferkelställen.** Dtsch. Landwirtsch. **15** (1964) Nr. 1. S. 41-44. — 3 Abb., 1 Tab.
Ferkelverluste sowie Wachstumshemmungen bei Mastschweinen werden entscheidend durch das Stallklima beeinflußt. Zur Verbesserung der stallklimatischen Verhältnisse können Warmluftanlagen mit direkter und indirekter Lufterwärmung eingesetzt werden. Die für die Landwirtschaft zugelassenen Typen auf der Grundlage fester Brennstoffe sind „Heidenia“ 40000, 60000, 80000, 100000 und 120000 kcal/h; „Bünger“ 30000 kcal/h; „Selmann VIII B“ 34500 kcal/h; „Tanne 150“ sowie die elektrisch beheizte Warmluftanlage „Löffler“ 7800 kcal/h. Anlagen, die mit direkter Lufterwärmung arbeiten, sind mit größter Vorsicht zu handhaben. Für eine erweiterte Anwendung der Warmluftanlagen zur Unterflurerwärmung von Ferkelnestern eignet sich der Typ „Tanne 150“ mit indirekter Lufterwärmung. Für diese kombinierte Anwendung werden weitere Hinweise gegeben. J. Strecke. 2425.

3-64/09-0128 *Klug, Anton.* **Studienreisebericht. Studienprogramm: Stand der Entwicklung der Landtechnik auf dem Gebiet der Rinderfütterung.** Potsdam-Bornim. 1963. (XVI, 9 S.) 4°. (G 48)
3-64/09-0129 *Krüger, H.* **Bericht über die Dienstreise in die Volksrepublik Bulgarien vom 16. 9. bis 30. 9. 1963.** Potsdam-Bornim: 1963. (9 S.) 4° = Fragen der Schaf- und Schweinehaltung. (G 52)
3-64/09-0130 *Modiga, V.* und *Nichita, C.* **Mecanizarea lucrărilor in creşterea taurinelor.** (Die Mechanisierung der Arbeiten in der Rinderhaltung.) Bucureşti: Edit. agro-silvică. 1963. (106 S.) 8°. (DA 1698)
3-64/09-0131 *Ruse, A. G.* **Sniženie zatrat truda pri soderžanii otkormočnych svinej v Ėstonskoj SSR.** (Senkung des Arbeitsaufwandes bei der Haltung von Mastschweinen in der Estnischen SSR.) Diss. Tallin. 1963. (28 S.) (Diss. 9477)

H. NUTZUNG UND QUALITÄT TIERISCHER ERZEUGNISSE

3-64/09-0132 Dutheil, H. L'utilisation du lait de brebis comme lait de consommation. **(Die Verwendung von Schafmilch als Konsummilch.)** Fédération int. Laiterie, Bull. annu. [Bruxelles] **1963** Nr. 5. S. 12-33. — 4 Abb., 9 Tab., 24 Lit. 2511.

3-64/09-0133 Hillman, J. S. Economic forces affecting trends in milk composition. **(Ökonomische Kräfte, die den Trend in der Milchzusammensetzung beeinflussen.)** J. Dairy Sci. **46** (1963) Nr. 11. S. 1301-1305. — 9 Lit. 2512.

3-64/09-0134 Ricordeau, G., Auriol, P., Mocquot, G., Blanc-Patin, E. und Jeunet, R. Écarts observés entre les taux de protéines du lait obtenus

par la méthode Kjeldahl et la méthode au noir amido, en fonction de la saison et du state de lactation. **(Beobachtete Unterschiede zwischen dem Milchprotein-Gehalt, bestimmt nach Kjeldahl und mit Amidoschwarz, in Abhängigkeit von der Jahreszeit und dem Laktationsstadium.)** J. Dairy Res. **29** (1962) Nr. 2. S. 191-197. – 2 Abb., 4 Tab., 9 Lit.
Die Untersuchungen wurden an Montbéliard-Kühen vorgenommen und ergaben für beide Methoden eine Korrelation von $r = 0{,}98$. Durch die jahreszeitl. Zusammenfassung der Ergebnisse wurde festgestellt, daß die berechneten Regressionslinien für je 2 Monats-Perioden parallel waren, doch gab es ein Differenzmaximum von 1-2% mit geringeren Werten für die Amidoschwarz-Methode während der Sommermonate. Nach Eliminierung der jahreszeitl. Einflüsse hatte das Laktationsstadium praktisch keinen Einfluß. Nach der Varianzanalyse der beobachteten Unterschiede für jede Laktation kann ein individueller Einfluß der Kühe angenommen werden. R. Neseni. 2512.

3-64/09-0135 Erb, R. E. Influence of breed and milk fat percentage when estimating solids-not-fat in milk of individual cows by the plastic bead method of Golding. **(Der Einfluß von Rasse und prozentischem Milchfettgehalt bei der Bestimmung der fettfreien Trockenmasse in Milch einzelner Kühe mittels der Plastikperlenmethode nach Golding.)** J. Dairy Sci. **46** (1963) Nr. 12. S. 1426 bis 1431.
Golding untersuchte kürzlich verschiedene Probleme zur genauen Bestimmung des SNF-Gehaltes der Milch mittels bekannter Methoden. Hauptproblem aller Bestimmungsmethoden nach der Entfernung des Milchfettes ist die Frage, ob sich nicht schon Fehler bei der Ermittlung der Gesamttrockenmasse oder des Fettgehaltes ergeben haben, die dann indirekt auf die Ermittlung des SNF-Gehaltes einwirken. Wegen ihrer Einfachheit haben die Bestimmungsmethoden über das spez. Gew., bes. die Plastikperlenmethode, beträchtliche Vorteile. Vf. untersuchte an Hand der folgenden Formel den SNF-Gehalt zwischen Tieren der einzelnen Rassen und stellte 3 Tab. auf: $\mathrm{SNF}\% = a - bB + b\%P$, wobei a eine Konstante, b die Partialregression, B die Anzahl der sinkenden Plastikkügelchen, F den prozentischen Milchfettgehalt und P den Proteingehalt wiedergeben. W. Gimmler. 2512.

3-64/09-0136 Wildbrett, Gerhard, Ganz, Annette und Kiermeier, Friedrich. **Ausscheidung insecticider Chlorkohlenwasserstoffe mit Milch.** Milchwissenschaft **19** (1964) Nr. 3. S. 132-137. 2512.

3-64/09-0137 Bortoli, M. de, Gaglione, P., Malvicini, A. und Stricht, E. van der. Strontium-90 and caesium-137 in milk at Ispra, Italy, during 1960-62. **(^{90}Sr und ^{137}Cs in der Milch in Ispra, Italien, während der Jahre 1960-62.)** Nature [London] **201** (1964) Nr. 4925. S. 1175-1177. – 2 Abb., 3 Tab., 3 Lit. 2512.

3-64/09-0138 Roos, J. B. La détection des graisses étrangères dans celle du lait. **(Der Nachweis von fremden Fetten im Milchfett.)** Fédération int. Laiterie, Bull. annu. [Bruxelles] **1963** Nr. 4. S. 1-54. – 1 Tab., 276 Lit. 2512.

3-64/09-0139 Goulden, J. D. S., Shields, J. und Haswell, R.; Shinfield, Nat. Inst. for Res. in Dairying; Newcastle-upon-Tyne, Sir Howard Grubb Parsons & Co. Ltd. The infra red milk analyser. **(Der Infrarot-Milchanalysator.)** J. Soc. Dairy Technol. **17** (1964) Nr. 1. S. 28-33. – 5 Abb., 1 Tab., 4 Lit.
Der Aufbau eines Infrarot-Milchanalysators wird erläutert, bei dem ein Infrarot-Differenzspektrum zwischen Wasser und Milch im Wellenlängenbereich von 5-10 μm aufgenommen wird. In dem einen Strahlengang des Spektrophotometers befindet sich eine Küvette mit der Milch, in dem anderen eine Küvette mit Wasser. Das Instrument subtrahiert automatisch die Meßwerte des Wassers von denen der Milch. Die angewärmte Milch (30 ml) passiert

zunächst einen Homogenisator zur Verkleinerung der Fettkügelchen, deren Größe wesentlich kleiner sein muß als die benutzte Wellenlänge. Der Homogenisator pumpt die Milch über einen kleinen Wärmeaustauscher in die Probenküvette. Innerhalb einer Minute kann eine Analyse ausgeführt werden. Die zur Bestimmung von Fett, Protein, fettfreier Tr.-Subst. und Lactose benutzten Wellenlängen betragen dabei 5,8 μm, 6,5 μm, 7,9 μm und 9,6 μm. Vorläufige Ergebnisse der Untersuchung einer Anzahl Milchproben ergaben bei im Mittel 4% Fett, 3,5% Protein, 4,5% Lactose und 9,0% fettfreie Tr.-Subst. folgende Streuungen (Variationskoeffizienten): 0,1 (2,4); 0,1 (3,0); 0,1 (2,4); 0,25 (2,8). H. Kreienbring. 2512.

3-64/09-0140 Barth, Herbert. **Bakterien der Coli-Aerogenes-Gruppe in der bakteriologischen Milchuntersuchung.** Arch. Hyg. Bakteriol. **148** (1964) Nr. 2. S. 158-167. 2514.

3-64/09-0141 Hesselbach, J. **Milchgewinnung.** Mitt. dtsch. Landwirtsch.-Ges. **79** (1963) Nr. 13. Illustr. Beil. Nr. 3. 4 S. — 46 Abb.
Bildbericht über alle mit der Milchgewinnung zusammenhängenden Fragen. 2516.

3-64/09-0142 Maxa, Rudolf. **Arbeitstechnische Betrachtungen über die Milchgewinnung in verschiedenen Arten von Melkständen.** Mitt. Bundesversuchs- u. Prüf.-Anst. landwirtsch. Maschinen Geräte [Wieselburg, N.Ö.] **9** (1963) Nr. 4. S. 1-28. — 58 Abb.
An Hand zahlreicher Abb. wird über die heute gebräuchlichen Arten der Verwendung der Melkmaschine mit arbeitsökonomischen Darlegungen berichtet, um dem Praktiker bei der Wahl eines bestimmten Systems zu helfen. Beachtlich ist der Hinweis auf die Zwischenschaltung eines Raumes zwischen Wartehof und Melkständen mit einem flachen 10-15 cm tiefen Wasserbecken, in dem die Kühe ca. 5 Min. vor Betreten des Melkhauses verweilen. Dadurch „werden die Tiere auf nervösem Wege zur Defäkation vor Erreichen des Melkstandes veranlaßt“. Die Darlegungen gipfeln in der Schlußfolgerung, daß der niedrigste AKh-Bedarf bei der Gruppenmelkung mit 3 Melkzeugen und 6 Ständen erzielt wird. Der Fischgrätenmelkstand wird $^4/_4$-plätzig empfohlen. H. Senger. 2516.

3-64/09-0143 Muchametšin, T. und Lebedev, V. Vinovaty li „eločki“? **(Liegt es an den Fischgrätenmelkständen?)** Moločnoe i mjasnoe skotovodstvo, Moskva **9** (1964) Nr. 2. S. 18-20.
Vff. berichten über anfängliche Schwierigkeiten beim Melken im FGM. Die Ursachen dafür sehen sie in groben Fehlern bei der Melkarbeit. So betrug die Zwischenzeit vom Anrüsten bis zum Ansetzen der Melkbecher 3-7 Min. Hohe Melkzeiten bis zu 15-20 Min. waren die Folge. Die Milchleistung ging ungeachtet der Verbesserung der Futterration zurück. Das Melken von 100 Kühen in 2 sechzehner FGM dauerte bis zu 3,5 Std. Nach Abstellung der augenfälligsten Mängel gelang es, 100 Kühe in der gleichen Anlage in 1 Std. 15 Min. zu melken. Es wird darauf hingewiesen, daß vom Beginn des Anrüstens bis zum Einschießen der Milch nicht mehr als 40-50 Sek. vergehen und der Milchejektionsreflex danach nur 3-4 Min. anhält. Deshalb muß das Melkzeug nach dem Anrüsten rechtzeitig angesetzt werden. Auf die Schädlichkeit des Blindmelkens wird hingewiesen. Ein Meßgerät, welches genau das Ende des Milchflusses feststellt, wird gefordert.
H. Schwiderski/Dummerstorf. 2516.

3-64/09-0144 Whittlestone, W. C., Fell, L., Calder, B. O. E. und Calvin, R. H. Apparatus for the accelerated testing of materials and detergents in milking machines. **(Ein Apparat zur schnelleren Prüfung von Materialien und Reinigungsmitteln für Melkanlagen.)** Austral. J. Dairy Technol. **18** (1963) Nr. 4. S. 179-183. — 3 Abb., 2 Tab., 3 Lit.

Es wird eine Apparatur beschrieben, die den Melk- und Waschprozeß in der Melkanlage nachahmt. Er verfügt deshalb über die notwendigen Bestandteile einer Melkanlage, um Milch wie auch die Reinigungsflüssigkeiten in einem bestimmten Zeitablauf hindurchfließen zu lassen. Ein variabel einstellbares elektrisches Kontrollsystem regelt die Zeitabläufe, läßt sie auch zwischendurch verändern. 8 verschiedene Operationen entspr. einem Milch-, Spülwasser-, Reinigungs-, Desinfektions- und nochmaligen Spülwasserdurchfluß nebst anschließender Trocknung lassen sich im automatischen Ablauf einstellen, so daß man durch einen Ablauf aller Dinge innerhalb von 50 Min. Korrosions- und Güteerscheinungen wesentlich schneller an Materialien und neuen Reinigungsmitteln feststellen kann als bisher. In 70 Std. läßt sich so eine Gebrauchsdauer von 6 Wochen z. B. nachprüfen.

H. Senger. 2516.

3-64/09-0145 Kiermeier, F. **Der Qualitätsgedanke bei Milch als Beispiel für die landwirtschaftliche Produktion.** Bayer. landwirtsch. Jb. **40** (1963) Sonderh. Nr. 3. S. 40-51. — 12 Abb., 1 Tab., 5 Lit.

Vf. behandelt im wesentlichen den Qualitätsgedanken der Milch von der Zusammensetzung her. Hierbei spielt die Gesundheit der Kuh eine wichtige Rolle, da sich nachweisen ließ, daß die phys.-chem. Beschaffenheit der Milch aus entzündeten Eutern anomal wird, was sich bes. bei der Käserei unangenehm bemerkbar macht. Auch die Qualität der Butter erlitt dadurch Einbuße. Auf die Schäden durch Antibiotica-Anwendung für die Molkereien wird gleichfalls hingewiesen. Durch kleinste Mengen von Antibiotica wird die Säurebildung beim Yoghurt mehr oder minder stark unterdrückt. Es wurden 510 Betriebe mit Melkmaschinen und 140 ohne solche untersucht, wobei der Keimgehalt bei den ersteren wesentlich höher war. Es konnte bestätigt werden, daß die Milch und die daraus hergestellte Butter bei Verfütterung von Silage in einer Reihe von Eigenschaften besser sind als nach Heufütterung. Geruch, Geschmack und andere Eigenschaften der Milch wurden durch Bedarfsgegenstände aus Kunststoff beeinträchtigt. Lichtdurchlässige Milchkannen aus Polyäthylen erbrachten erhebliche Ascorbinsäureverluste: in 3 Std. bis 44,7%, in 6 Std. bis 70%, bei stärkerer Belichtung bis 58,2% bzw. 99,5%. Von einem schädlichen Auftreten von Pflanzenschutzmitteln in der Milch kann nicht gesprochen werden. Für die Beeinflussung der Fettzusammensetzung ist die Silage ein bequemes Mittel. Die Höhe des Eiweißgehaltes wird durch den Bullen und die Umwelt eindeutig beeinflußt.

H. Senger. 2516.

3-64/09-0146 Obiger, G. **Qualitätsverbesserung der Milch — eine tierärztliche Aufgabe.** Mh. Tierheilkunde **15** (1963) Nr. 9. S. 232-250.

Laut Milch- und auch Lebensmittelgesetz ist der Tierarzt für die hygienische Überwachung der Milch nicht zuständig. In dieser Hinsicht bedarf das Milchgesetz gewisser Korrekturen: Der Tierarzt sollte als qualifizierter Sachverständiger für die Überwachung der milchgesetzlichen Vorschriften sowie als Berater in allen milchhygienischen Fragen herangezogen werden. Dabei sollte die Hygienekontrolle, wie sie in den Vorzugsmilchbetrieben durchgeführt wird, auf alle Milchviehbestände ausgedehnt werden. Ebenso wichtig wie die gesetzliche Regelung des Verkehrs mit Milch ist die Erziehung und Belehrung des Milcherzeugers, wobei streng und gerecht verteilte Qualitätsprämien als ökonomischer Anreiz zur Gütesteigerung der Milch dienen. Das wichtigste Problem in milchhygienischer Sicht stellen z. Z. die chronischen Mastitiden dar. Deshalb sind vor allem die §§3 und 4 der I VO zum Milchgesetz entspr. abzuändern: Trinkmilch und Werkmilch sollten von gleich guter Qualität sein; Galtmilch darf nicht bevorzugt behandelt werden. Für die Begriffe „Euterentzündung, Eutererkrankung, Mastitis und Sekretionsstörung“ sind klare Definitionen notwendig, ebenso wie die Bezeichnung

„mikroskopisch nachweisbarer Eiter“ neu festgelegt werden sollte. Kulturelle Milchuntersuchungen müßten obligatorisch sein und einheitlich ausgerichtet werden. — Es wird daran gedacht, bes. Milchhygiene-Tierärzte für diese Aufgabe anzustellen, da die Zahl der für diese Tätigkeit in Frage kommenden Amtstierärzte nicht für die in die Breite gehende milchhygienische Aufgabe ausreicht. O. Dietz. 2516.

3-64/09-0147 Czaplak, T. Rola spółdzielczości mleczarskiej w rozwoju hodowli bydła. **(Die Rolle der genossenschaftlichen Molkerei in der Entwicklung der Rinderzucht.)** Wieś współczesna **7** (1963) Nr. 8. S. 72-81.

Das Genossenschaftswesen vertritt sowohl das Interesse der Allgemeinheit (Versorgung der Bevölkerung mit Milchprodukten) als auch der vereinigten bäuerlichen Betriebe. Es spielt die Rolle des stabilisierenden Faktors im Milchabsatz; durch seine Preispolitik (höhere Preise im Winter) wirkt es auf die Verteilung der Milchproduktion über das ganze Jahr ein und im Zusammenhang damit auf die Festsetzung der entspr. Kalbezeiten. Gleichzeitig entwickelt das Molkereigenossenschaftswesen auch eine direkte programmäßige Tätigkeit auf dem Gebiet der Viehzucht. Eine der Richtungen dieser Tätigkeit ist die instruktive und zootechnische Arbeit bei den Milchlieferanten, um den Stand der Viehhaltung zu verbessern. Dabei bedient es sich der Schauen, Wettbewerbe, Ausstellungen sowie der Propaganda durch Presse, Rundfunk und Vorträge. Eine weitere Tätigkeit besteht in der exakten Zuchtarbeit (Kontrolle der Milchleistung, Zuchtwahl, Selektion u. a.) in Betrieben mit leistungsfähigem Vieh sowie auf organisatorischem Gebiet, gestützt auf Tierzüchterkreise. Nicht weniger wichtig ist die Tätigkeit bei der Versorgung der Milchlieferanten mit dem für die Viehhaltung benötigten Material und mit Geräten. Die erzielten Erfolge werden vom Vf. durch zahlreiche Angaben erläutert. PRL/CBR. 2518.

3-64/09-0148 Achmedžanov, Š. Opyt primenenija mechanizacii zaboja jagnjat i pervičnoj obrabotki karakulja. **(Mechanisiertes Schlachten und Enthäuten von Karakullämmern.)** Ovcevodstvo, Moskva **10** (1964) Nr. 2. S. 25.

Die Lämmer werden auf dem Schlachthof eingepfercht und dann zu je 50 in die Schlachthalle getrieben, wo sie an einem Fließband aufgehängt (Winkel 18-20°) und mit Gurgelschnitt getötet werden. Das Blut fließt über eine Zementrinne (Neigung 10-12°) ab, und die Lämmer fallen auf gitterartige Tische, wo das Fell mit Preßluft (2-3 atü) in 15 Sek. gelöst wird, bei einzelnen Fellsorten zur Vermeidung von Rissen in 8 Sek. Der Arbeitskräftebedarf konnte um 40-42% gesenkt werden. M. Giske/Dummerstorf. 2522.

3-64/09-0149 Tarver jun., Fred R. und May, K. N.; Athens, Univ. of Georgia. Effect of slaughter technique, immersion scald, and refrigerated storage on bacterial counts of poultry air sacs. **(Der Einfluß der Schlachttechnik, des Eintauchbrühens und der Kühlung auf die Bakterienzahl der Geflügelluftsäcke.)** Poultry Sci. **42** (1963) Nr. 5. S. 1141-1145. — 3 Tab., 7 Lit.

Das Töten der Tiere wurde nach folgenden Methoden vorgenommen: Elektrische Betäubung und innerer Halsstich (I), innerer Halsstich (II), Gehirnstich und innerer Halsstich (III) und mit der „Kosher“-Stichel (IV). Bei Anwendung von IV werden neben der Halsschlagader und der Drosselader noch der Kehlkopf und die Luftröhre durchgetrennt. — Das Schlachten nach I und IV ergab die geringste, nach III eine mittlere und nach II die höchste Bakterienzahl je Luftsack. Die verschiedenen Werte werden auf eine unterschiedliche Brühwasseraufnahme zurückgeführt. — Im Vergleich zwischen gebrühten und ungebrühten Tieren wiesen erstere eine signifikant höhere Bakterienzahl/Luftsack nach allen benutzten Schlachtmethoden auf. Die-

ser Unterschied bestand ebenfalls noch nach ein bzw. zwei Wochen Kühlung mit der Einschränkung, daß sich die Werte mit Zunahme der Kühldauer erhöhten. – In beiden Luftsäcken wurde die gleiche Bakterienzahl, sowohl bei gebrühten als auch bei ungebrühten Broilern, nachgewiesen. Dagegen bestanden bei den gebrühten Tieren nach erfolgter Kühlung Unterschiede im Bakteriengehalt zwischen den beiden Luftsäcken.
H. Jeroch. 2522.

3-64/09-0150 White, Maurice E.; Levin, Dep. of Agric. Farm poultry processing plants. **(Geflügelverarbeitungsanlagen.)** New Zealand J. Agric. **108** (1964) Nr. 1. S. 7-14. – 7 Abb.
Bei Direktbelieferung des Marktes muß in Geflügelfarmen die Verarbeitung der Geflügelprodukte den Anforderungen der Nahrungsmittelhygiene entsprechen. Es werden praktische Hinweise gegeben für die Einrichtung einer Geflügelschlachtanlage, Verarbeitung des Schlachtgeflügels, Vorbereitung des verarbeiteten Geflügels für die Vermarktung und dessen Verkauf.
H. Pingel. 2522.

3-64/09-0151 Drieux, H. Inspection of meat in Europe. **(Die Fleischbeschau in Europa.)** Veterin. Rec. **75** (1963) Nr. 52. S. 1448-1452.
In vorliegender Arbeit werden mit einigen Beispielen aus verschiedenen west- und südeuropäischen Ländern die Organisation in der Fleischbeschau (Flb.) (Gesetze und Richtlinien, Anzahl der öffentlichen und privaten Schlachtstätten), die Rolle der Veterinärmediziner (Ausbildung, Durchführung der Flb., Leitungstätigkeit), die Anzahl der in der Flb. beschäftigten Tierärzte mit ihren Arbeitsgebieten, die Rolle des vet.-med. Hilfspersonals und die überall existierenden Bestimmungen und Verordnungen, die sich auf die Schlachtung und auf die Be- und Verarbeitung des Fleisches beziehen, besprochen. Ferner geht Vf. auf die Ausführung der Lebendbeschau und der Flb., auf die Rechte der in der Flb. tätigen Personen (mit Hinweisen auf Ausführungsbestimmungen), Beschau bei für den Im- und Export bestimmtem Fleisch ein. In dem Abschnitt über weitere Funktionen der „meat inspectors" wird auf die Aufgaben in der Lebensmittelüberwachung, Beachtung verschiedener Gesetze und Bestimmungen, die Be- und Verarbeitung von Lebensmitteln tierischer Herkunft und auf die Zusammenarbeit mit Sachverständigen anderer wiss. Berufe hingewiesen. Abschließend erwähnt Vf. eine von Spezialisten aus den 6 EWG-Staaten ausgearbeitete Direktive über den zwischenstaatlichen Austausch frischen Fleisches, deren 8 Hauptpunkte in die Flb.-bestimmungen der jeweiligen EWG-Staaten aufgenommen werden sollen. Er kommt zu dem Schluß, daß im Gegensatz zu den meisten europäischen Ländern England und Wales auf dem Gebiete der Flb. weit zurückliegen. Es besteht jedoch die Hoffnung, daß durch Verwirklichung verschiedener Projekte diese Situation bald verändert wird. Vf. will mit dieser Arbeit einen Beitrag für die Bestrebungen zur Verbesserung der Organisation und Durchführung der Flb. in England liefern. 2524.

3-64/09-0152 Könz, R.; Bern, Eidg. Veterinäramt. **Abänderung der Eidg. Fleischschauverordnung.** Schweiz. Arch. Tierheilkunde **106** (1964) Nr. 3. S. 139-146. 2524.

3-64/09-0153 Pejčev, S. und Cvetkova, C. Sŭdŭržanie na vitamin B_1 v meso i njakoi subprodukti. **(Der Vitamin-B_1-Gehalt im Fleisch und einigen Nebenprodukten.)** Izvestija na Veterinarno-chigiennija institut za životinski produkti, Sofija **3** (1963) S. 291-294. – 2 Tab., 11 Lit.
Der durchschnittl. Gehalt an Vit. B_1 beträgt bei: Rindfleisch – 0,145 mg%, Kalbfleisch – 0,144 mg%, Schweinefleisch – 0,765 mg%, Hammelfleisch – 0,177 mg%, Lammfleisch – 0,133 mg%, Rindleber – 0,287 mg%, Kalbsleber – 0,373 mg%, Schweineleber – 0,435 mg%, Hammelleber – 0,290 mg%,

Rindergehirn — 0,158 mg%, Kalbsgehirn — 0,163 mg% und Hammelgehirn — 0,141 mg%, Rinderzunge — 0,160 mg%, Kalbszunge — 0,169 mg%.
NRB/ZSNTI. 2524.

3-64/09-0154 Anonym. **Umweltradioaktivität über Fleisch.** Gesundheits-Ing. 84 (1963) Nr. 12. S. 373.
Es wird über die Monatsmittelwerte des ^{137}Cs-Gehaltes des Muskelgewebes von Schlachttieren berichtet. Die Fleischproben wurden auf dem Schlachthof in München von frischgeschlachteten Tieren entnommen. Die größte Radioaktivität tritt bei Schafen auf und erreichte im Febr. und im Mai 1963 750-780 pc/kg. Bei Schweinen wurden verhältnismäßig gleichbleibende Werte gefunden (ca. 300 pc/kg). Erwachsene Personen dürfen nach Erfahrungen der Internationalen Kommission für Strahlenschutz tägl. ∅ 4000 pc ^{137}Cs mit der Nahrung aufnehmen, Kleinkinder 600 pc. F. Wagner. 2524.

3-64/09-0155 Otto, Ewald; Dummerstorf, Inst. für Tierzuchtforsch. der Dtsch. Akad. der Landwirtsch.-Wiss. zu Berlin. **Objektive Untersuchung einiger Qualitätsmerkmale von Rindfleisch. 2. Mitt. Jungbullen mehrerer Rassen und Kreuzungen mit einer Schlachthofmasse von 400 kg.** Arch. Tierzucht 7 (1964) Nr. 4. S. 301-307. — 7 Tab., 11 Lit. Zus. in Russ., Engl. — nach Zus. 1. Mitt. vgl. 3-64/05-0195.
Von 58 Jungbullen mehrerer Rassen und Kreuzungen mit einer Schlachthofmasse von 400 kg wurden objektive Daten von Faktoren der Fleischbeschaffenheit bei Muskeln aus der Keule, dem Rücken und dem Blatt ermittelt. Das Fleisch ist bei den schwarzbunten Tieren meist heller als bei den Kreuzungen, ebenso ist der Anteil an lockerem Wasser höher. Für die Muskelfaserstärke kann kein gerichteter Einfluß festgestellt werden, ebenso nicht für den Bratverlust. 2524.

3-64/09-0156 Goll, Darrel E., Bray, R. W. und Hoekstra, W. G. Age-associated changes in muscle composition. The isolation and properties of a collagenous residue from bovine muscle. **(Altersbedingte Veränderungen der Muskelsubstanz. Isolierung und Eigenschaften eines kollagenhaltigen Rückstandes aus dem Rindermuskel.)** J. Food Sci. 28 (1963) Nr. 5. S. 503-509. — 4 Tab., 26 Lit.
Vff. bestimmten den Kollagengehalt in Muskeln von Rindern verschiedener Altersgruppen, Herkunft und Fütterungsgrundlage. Eine Methode zur Isolierung des Bindegeweberückstandes bei überwiegenden Nichtkollagenanteilen wird gegeben. Die Oxyprolinbestimmung (spektrophotometrisch mit p-Dimethylaminobenzaldehyd) wurde modifiziert. Der Bindegewebeanteil wurde durch Extraktion bei 0-4 °C mit der 10fachen Menge phosphatgepufferter (pH = 7,4) 1,0-m-KJ-Lösung (+ 0,1 m Phosphatpuffer) isoliert. Der Rückstand wurde bei — 21 °C lyophilisiert (Dauer 48-72 Std.). Die Verminderung der Zartheit des Fleisches mit zunehmendem Alter wurde bestätigt. Die Muskeln der Kälber wiesen den höchsten Wassergehalt, in der Tr.-Subst. den höchsten Kjeldahl-N, den geringsten Kollagengehalt und den höchsten Rohproteingehalt auf. Die Möglichkeit der Anwesenheit von Reticulin wird diskutiert. S. Rudischer. 2524.

3-64/09-0157 Hegarty, G. R., Bratzler, L. J. und Pearson, A. M. The relationship of some intracellular protein characteristics to beef muscle tenderness. **(Die Beziehung zwischen einigen intrazellulären Proteinmerkmalen und der Rindermuskel-Zartheit.)** J. Food Sci. 28 (1963) Nr. 5. S. 525 bis 530. — 2 Abb., 4 Tab., 14 Lit.
Durch Trennung und Bestimmung der dominierenden N-haltigen Komponenten des Muskels wurde der Einfluß des intrazellulären Muskelproteins auf die Zartheit des Fleisches studiert. M. long. dorsi enthielt mehr Gesamt-N pro Einheit des Muskelgewebes und fast doppelt so viel Sarkoplasmaprotein

als der M. intraspinatus. Die objektiven Messungen wurden nach der Scherkraft- und der Tafelmethode (Einteilung in rechteckige Felder) durchgeführt an folgenden 3 Verhältnissen (Bezugsgrößen der Zartheit): Sarkoplasminprotein-N/Gesamtfibrillarprotein-N; löslicher Fibrillarprotein-N/Gesamtfibrillarprotein-N; mechanisch entfernbares Wasser/Gesamtwasser. Eine direkte Beziehung ergab sich zwischen löslichem Fibrillarprotein und Zartheit ($r = 0{,}69$ für Scherkraft und $r = 0{,}54$ für Tafelmethode). Der r-Wert $= + 0{,}49$ entsprach den besten Bedingungen zwischen Wasserbindevermögen und Zartheit (gemessen durch Scherkraft). S. Rudischer. 2524.

3-64/09-0158 Scheper, J. **Welche unerwünschten Eigenschaften der Fleisch- und Fettbeschaffenheit treten beim Schwein auf, und welches können ihre Ursachen sein?** Arch. Lebensmittelhyg. 14 (1963) Nr. 7. S. 166-167.
Vf. legt die die nährstoffmäßige Zusammensetzung des Fleisches negativ beeinflussenden Faktoren dar. Der End-pH-Wert steht in engem Zusammenhang zum Safthaltevermögen. Konsistenzmängel in Form der Muskeldegeneration, das Auftreten von ausgedehnten kapillaren Muskelblutungen und unerwünschte Farbabweichungen des Fettes, die häufig mit veränderter Konsistenz einhergehen, sind in den meisten Fällen auf Fütterungs-, Haltungs- und Behandlungsfehler vor der Schlachtung zurückzuführen. Es wird auf Möglichkeiten der Einschränkung der Fleischfehler hingewiesen und daran erinnert, daß die Fleischbeschaffenheit als eine biol. Eigenheit zu betrachten ist. Ähnliches gilt für das Auftreten von Geschmacks- und Geruchsabweichungen, bes. auch unter Beziehung auf das Binneneberproblem. R. Tönnies. 2524.

3-64/09-0159 Schmidt, K.-H. **Welche unerwünschten Eigenschaften der Fleisch- und Fettbeschaffenheit treten beim Schwein auf, und welches können ihre Ursachen sein?** Arch. Lebensmittelhyg. 14 (1963) Nr. 7. S. 167-168.
Vf. glaubt vor Einseitigkeit hinsichtlich der Ursachenforschung auf dem Gebiet der Fleischqualität warnen zu müssen. Auf Grund mehrjähriger Beobachtungen und praktischer Erfahrungen, die am Schlachthof Völkenrode gesammelt wurden, wird ein arbeitshypothetisches Schema entworfen, das durch umfassende Literatur gestützt werden soll. Vf. vertritt den Standpunkt, daß die Fleischbeschaffenheit komplex gesehen werden muß und nicht Fütterung und Erbanlagen als „hauptverantwortlich" herausgestellt werden dürfen
R. Tönnies. 2524.

3-64/09-0160 Carpenter, Z. L. Factors influencing quality in pork B. Commercially cured bacon. **(Qualitätsbeeinflussende Faktoren in Schweinefleisch. B. Handelsüblich gepökelter Bacon.)** J. Food Sci. 28 (1963) Nr. 5. S. 578-583. — 4 Tab., 10 Lit.
459 Tiere wurden nach steigendem i.m. Fettgehalt in 5 Sorten eingestuft. Aus den Rümpfen von 227 dieser Tiere wurden die Bauchteile auf Faktoren untersucht, die die Baconqualität beeinflussen. Befund: Je geringer Alter und Gewicht der Tierkörper und je mehr i.m. Fett der M. long. dorsi enthält desto höher liegt die Zartheitspunktzahl. Bacon aus 36-42 Mon. alten Masttieren war weniger zart als solcher der unteren Alters- und Gewichtsgruppen. Mit den Saftigkeitswerten standen diese Faktoren in keiner Beziehung. Die Schrumpfung beim Pökeln, Räuchern und Enthäuten (Mittelwert 13%) war in den Altersgruppen verschieden, während der i.m. Fettgehalt des M. long. dorsi darauf ohne Einfluß blieb. Aus dem Bacon konnten im Mittel 31,7% Magerfleisch abgetrennt werden. Beim Kochen des geschnittenen Bacons betrug die Schrumpfung ca. 66%. Etwa 19% der Baconproben waren übermäßig salzig und enthielten mehr hochungesättigte Fettsäuren als die übrigen Proben. S. Rudischer. 2524.

3-64/09-0161 Tyleček, J., Zelenka, J. und Čechovský, J. Chemické a kalorické změny těla kuřat v průběhu růstu. **(Chemische und kalorische**

Veränderungen des Hühnerkörpers während des Wachstums.) Živočišná Výroba **8(36)** (1963) Nr. 9. S. 557-564. – 7 Tab., 6 Lit. Zus. in Russ., Dtsch.

New-Hampshire-Küken wurden mit einem Eiweißfuttergemisch (9% Eiweiß tierischer Herkunft, 3% Trockenhefe, 72% Müllereifuttermittel und Getreideschrote, 10% Sojakuchen, 3% Weizenkeime und 3% Mineralbeifutter) gefüttert. Das Gemisch wurde bis zur Sättigung verabreicht: Grit und Trinkwasser standen frei zur Verfügung. In regelmäßigen Intervallen wurde ihnen Vit.A und D verabreicht. Im Verlaufe des Wachstums stieg der prozentuale Tr.-Subst.-Anteil im Körper an. Dieser Anteil betrifft hauptsächlich Fett (Steigerung um 0,004% je 1 g Gewicht) und die N-Substanz (Steigerung um 0,003% je 1 g Lgw.). Der kalorische Wert des Kükenkörpers stieg während des Wachstums in enger Korrelation mit dem ansteigenden Tr.-Subst.-Anteil an. Der Nährstoff- und Energiegehalt der Körper-Tr.-Subst. ändert sich während des Wachstums nicht, mit Ausnahme des Fettgehaltes, dessen Anteil sich vergrößert. Vom Schlachthuhn entfallen auf genießbare Teile 78,41% nach der Tr.-Subst. bzw. 78,86% nach dem kalorischen Wert.

ČSSR/ÚVTI. 2526.

3-64/09-0162 Bikker, F. **Die Vieh- und Fleischvermarktung in den Niederlanden.** Tierzüchter **15** (1963) Nr. 18. S. 670. 672. – 3 Abb.

Für den Absatz des Schlachtviehs benötigt der Bauer die Dienste des Viehhändlers entweder als Privatunternehmen oder als kooperative Absatzorganisation. Die Metzger beziehen in den größeren Konsumgebieten ihr Fleisch durch den Großhandel. Nur ein Teil des angebotenen Schlachtviehs wird über den Viehmarkt gehandelt. Das in den Erzeugungsgebieten angekaufte Schlachtvieh wird den Bestimmungsorten lebend zugeführt. Der Handel mit Schlachtvieh findet z. T. auf der Grundlage des Schlachtgewichts statt, eine Einheitlichkeit gibt es auf diesem Gebiet nicht. Nur die genossenschaftlichen Absatzorganisationen rechnen einheitlich nach Klassifizierung und Schlachtgewicht ab. Die Bezahlung der Schlachtschweine wird auf der Basis des kalten Schlachtgewichts vorgenommen und durch die Bezahlung nach Qualität gefördert. Bei der Qualitätsbeurteilung spielen Dicke und Verteilung des Rückenspeckes eine Rolle. Außer einer Spezialisierung vollzieht sich im Fleischhandel auch eine Rationalisierung, bes. auf dem Gebiet des Einzelhandels. Herbert Winkler. 2528.

3-64/09-0163 Snick,G. van. **Der Fleischmarkt in Belgien.** Tierzüchter **15** (1963) Nr. 18. S. 669-670. – 2 Abb., 1 Tab.

1962 wurden 995545 Stück Rinder und 3043703 Stück Schweine geschlachtet. Die Rindfleischerzeugung steigt laufend an, dabei ist ein Rückgang der verkauften Ochsen und Schlachtfärsen zu verzeichnen. Der Anstieg der durchschnittl. Schlachtausbeute läßt auf eine laufende Qualitätsverbesserung schließen. Die Vermarktungsformen sind verschieden, jedoch der Lebend-ab-Hof-Verkauf überwiegt. Für Kälber dominiert der Verkauf nach Gewicht. Fast das gesamte Schlachtvieh geht über den Handel. Es ergeben sich große Schwankungen im Lebendviehpreis. Bei den Schweinen wird die Schlachtqualität in erster Linie vom Magerfleischanteil bestimmt. Generell fluktuieren die Preise stärker als auf dem Rindersektor entspr. den erheblichen Unterschieden im Angebot. Herbert Winkler. 2528.

3-64/09-0164 Bowden, W. E. **Tendenzen in der Rindfleischerzeugung in Großbritannien.** Tierzuchter **15** (1963) Nr. 16. S. 602. 604-605. – 1 Abb. Zus. in Engl., Franz., Span.

Früher hat Großbritannien einen hohen Anteil seines Rindfleischbedarfes aus Importen von Argentinien und Irland gedeckt, während jetzt 73% des Gesamtbedarfes auf britischen Farmen gemästet werden. Dieser Anteil wird sich mit Zunahme des neuen Systems der Stallintensivmast von Jährlingen auf

Gerstengrundlage noch erhöhen. 1945 wurden die Dairy Shorthorn als die wichtigste Rinderrasse in Großbritannien angesehen. In den darauffolgenden 10 Jahren erfolgte dann die Umstellung auf Schwarzbunte, begünstigt durch die Bereitstellung nachkommengeprüfter Bullen durch die Stationen für KB. Die Herstellung billiger, fettangereicherter Milch-Ersatzfutter für die Kälberaufzucht führte zu neuen Methoden der Baby-Beef-Erzeugung bei Stallhaltung. Bei Fütterung mit ca. 80% gequetschter Gerste erreichten die schwarzbunten Ochsen mit 12-13 Mon. ein Endgewicht von Ø 450 kg bzw. einen Schlachtkörper von 250 kg mit einem großen Anteil mageren Fleisches guter Farbe und Zartheit, angemessenem Fettüberzug und wenig Knochen. Die Jungbullenmast ist noch im Versuchsstadium. Doch bezieht man sich auf Ergebnisse von Hansson, daß bei Mastbullen die besseren Zunahmen zu 70% im Vorderviertel und damit im Bereich der geringwertigeren Fleischteile liegen. Ferner werden ca. $^1/_3$ aller geborenen Kälber in Großbritannien (1962: 900000 Tiere) eine Woche nach der Geburt geschlachtet, und es ist sogar eine Qualitäts-Kalbfleisch-Erzeugergemeinschaft gegründet worden. Hier beginnt sich bereits das Vorkochen und Abpacken in Teilstücken einzuführen, und es wird gegenwärtig eine umfassende Marktanalyse angefertigt. Die Möglichkeiten für Erzeugung und Verkauf von Qualitätsprodukten wird in Großbritannien als außerordentlich groß angesehen. O. Siegl. 2528.

3-64/09-0165 Gericke, A. M. Egg production examined. **(Untersuchung der Eiproduktion.)** Farming South Africa **39** (1963) Nr. 1. S. 6-7. 38.
Die Eiproduktion ist von 1952-1962 um 44% gesteigert worden. 1961/62 gingen 38,2 Mill. Dtzd. Eier über den Handel. Die Verarbeitung zu Eierbrei nimmt ständig zu, weil dessen Aufbewahrung weniger Kühlraum beansprucht und dessen Verarbeitung in Bäckereien einfacher ist. Es werden Hinweise für die Verbesserung der Eiqualität und deren Erhaltung gegeben. Die Eier müssen starke Schalen, festes Eiweiß und dunkelgelben Dotter haben.
H. Pingel. 2535.

3-64/09-0166 Oberhummer, G. **Wie hoch sind die Produktionskosten eines Konsumeies in Österreich wirklich?** Land- u. forstwirtsch. Betr. [Wien] **13** (1964) Nr. 2. S. 29.
Unter Zugrundelegung möglichst günstiger Voraussetzungen betragen die direkten Kosten pro Ei bei einem Legeergebnis von 250 Eiern je Jahr und Henne S 0,75 und der mögliche Verkaufspreis ab Hof S 0,90. Für beide Positionen wird eine spezifizierte Kalkulation unter Einsatz niedrigstmöglicher Werte durchgeführt und mitgeteilt. Die österr. Eierproduktion ist gegenüber ausländischer durch höhere Futtermittelkosten und Umsatzsteuer belastet.
E. Höpler. 2535.

3-64/09-0167 *Azimi, Mansour.* **Die Milchwirtschaft und der Absatz von Milch und Milchprodukten im Raume von Teheran.** Diss. Landwirtsch. Fak. Giessen. 1962. (80 S.) 8°. (Diss. 9460)

3-64/09-0168 *Bartmann, Reinhold.* **Mechanisierte Milchgewinnung.** Berlin: Dt. Landwirtschaftsverl. 1964. (155 S.) 8°. (1964 A 286)

3-64/09-0169 *Brown, C. J., Lewis jun., P. K.* and *Heck, M. C.* **Relationships between performance test information and carcass cut-out data and eating quality of steaks from beef bulls.** Fayetteville: Agric. exp. station. 1963. (19 S.) 8° = Bulletin, University of Arkansas, Nr. 676. (SR 800, 676)

3-64/09-0170 *Hodges, John.* **Dairy farming in Israel.** A report following a visit to Israel in July 1960. o. O.: Milk marketing board. 1960. (57 S.) 4°. (1964 B 3)

3-64/09-0171 *Homits, Károly.* **A pecsenyebaromfi.** (Bratgeflügel.) Budapest: Mezög. kiado. 1963. (218 S.) 8°. (1964 A 210)

3-64/09-0172 *Katona, Ferenc, Sebök, Ferenc* und *Gyarmathy, Gábor.* **A tej kezelésével és értékesítésével kapcsolatos tudnivalók a termelöszövetkezetekben.** (Wissenswertes im Zusammenhang mit der Behandlung und Verwertung von Milch in den LPG.) Budapest: Élelmezésügyi miniszt. 1963. (44 S.) 8°. (DA 1721)

3-64/09-0173 Unter d. Red. v. *Kutikov, S. I.* **Specializirovannye mjasnye chozjajstva.** (Spezialisierte Fleischbetriebe.) Moskva: Izd. sel'skochoz. lit., žurnalov i plakatov. 1963. (261 S.) 8°. (1964 A 299)

3-64/09-0174 *Loerinoz, F.* **Meat research in Hungary.** Budapest: Hungarian meat research inst. 1963. (54 S.) 8°. (1963 A 1678)

3-64/09-0175 *Rang, L.* **Einige Kennzahlen zum Welthöchststand in der Landwirtschaft und einige Spitzenleistungen in der tierischen Produktion.** Erarb. v. Kollektiv d. Abt. Dokumentation d. Hochschule f. LPG. Meißen. Briesclang. 1963. (69 S.) 8°. (1964 A 291)

3-64/09-0176 **Baromfi és tojás értékesitése.** (Die Verwertung von Geflügel und Eiern.) Budapest: Élelmezésügyi miniszt. 1963. (28 S.) 8°. (DA 1720)

I. INHALTSSTOFFE TIERISCHER ERZEUGNISSE

3-64/09-0177 Krieg, R.; Celle, Bundesforsch.-Anst. für Kleintierzucht. **Der Gehalt an Eisen, Kupfer, Mangan und Zink in den Eiern von im Auslauf, im Legekäfig und im Intensivstall gehaltenen Weißen Leghornhennen.** Arch. Geflügelkunde 27 (1963) Nr. 2. S. 93-110.

Es sollte festgestellt werden, ob die in die Eier abgegebenen Spurenelementmengen von der Haltungsart beeinflußt werden. Dazu wurden je 10 Hennen im Auslauf, im Legekäfig und im Intensivstall gehalten. Die Bestimmung der Spurenelemente wird ausführlich beschrieben. Lediglich der Fe-Gehalt war bei den in Käfigen gehaltenen Tieren mit 9165 μg/100 g abs. Eitrockenmasse signifikant höher als bei den Auslauf- und Intensivhennen. Im Cu-, Mn- und Zn-Gehalt der Eier ergaben sich keine Unterschiede. Die Haltungsart beeinflußt also nur den Fe-Gehalt. H. Pingel. 2560.

K. TIERPSYCHOLOGIE

3-64/09-0178 Beilharz, R. G. und Mylrea, P. J.; Berry, New South Wales, Australia, Artificial Stock Breeding Centre Milk Board. Social position and behaviour of dairy heifers in yards. **(Die soziale Stellung und das Verhalten von weiblichen Rindern in Pferchen.)** Animal Behaviour **11** (1963) Nr. 4. S. 522 bis 527. — 4 Tab.

In einer Herde von 41 weibl. Jungrindern verschiedenen Alters und verschiedener Rassen wurde die soziale Struktur untersucht. Etwa die Hälfte der Herde war geschlechtsreif. Sie weideten in einer Koppel von 89 acre, in einem Pferch, von 60 × 30 ft. wurde die Rangordnung bestimmt. Da wenig Rangkämpfe beobachtet wurden, konnte angenommen werden, daß schon vor Beginn der Untersuchungen eine stabile Rangordnung bestand. Die Dominanz konnte jedoch leicht durch das Meiden und Verjagen beobachtet werden. Es schien unmöglich, eine lineare Rangordnung der Färsen aufzustellen, da oft 3 und mehr Tiere sog. Zirkel bildeten. Aus den zufälligen Begegnungen des Tieres mit den anderen Herdenmitgliedern wurde der „Dominanzwert" (DW) errechnet, der eine gute Einschätzung der Position der einzelnen Färse zu den anderen Tieren der Gruppe gewährt. Er verkörpert die Zahl der Siege aus den beobachten Paarkombinationen des Tieres. 10 zufällige Begegnungen wurden für die Registrierung als Mindestmaß angesehen. Die Beobachtungen wurden für jeden Tag gesondert berechnet, um festzustellen, ob eine geringere Beobachtungszahl gleiche Ergebnisse bringen würde. Die Färsen hatten eine ungewöhnlich stabile Herdenordnung, die weder während des Beobachtungszeitraumes von 5 Mon. noch durch das Entfernen der Spitzengruppe verändert wurde. Bei der Gegenüberstellung von Brustumfang, Widerristhöhe und Dominanzwert wurde eine Beziehung zwischen Brustumfang und sozialer Position festgestellt, was als Besonderheit wachsender Tiere betrachtet werden kann. Die Auswertung des territorialen Verhaltens im Pferch zeigte, daß die Färsen mit hohem DW auf den Menschen mehr als Tiere mit niedrigem reagierten. Letztere meiden mehr die ranghöheren Färsen als den Menschen. Das zeigt sich auch in den Versuchen, aus der Herde auszubrechen. Die rangobersten 5 Färsen scheinen eine spez. Position in der Herde zu haben. Vieles vom Verhalten der Färsen in der Herde konnte durch die Reaktion der 5 Spitzentiere auf den Menschen und untereinander sowie durch die Reaktion der rangunteren Färsen auf die 5 Spitzentiere erklärt werden. Ch. Lips/Knau. 2610.

3-64/09-0179 Hunter, R. F. und Milner, C.; Edingburgh, Hill Farming Res. Organization. The behaviour of individual, related and groups of South Country Cheviot hill sheep. **(Das Verhalten von Einzeltieren, Verwandten und Gruppen bei South Country Cheviot-Bergschafen.)** Animal Behaviour **11** (1963) Nr. 4. S. 507-513. — 7 Abb., 3 Tab., 7 Lit.

Mit Hilfe eines automatischen Registriergerätes, das bereits bei Untersuchungen über Futtervorlieben bei Schafen auf der Weide erprobt wurde (Atwood u. Hunter, vgl. Brit. J. Animal Behaviour **5** [1957] S. 149.), beobachteten Vff. 7 Mon. lang das Verhalten von 6 Schafen in einer Herde von 150 Tieren, die auf einer Bergweide von 251 acres lebten. Unter den Schafen bildeten sich 3 Gruppen, von denen sich jede in bestimmten Bezirken des Weidegebietes aufhielt. Diese ausgewählten heimischen Weideplätze (home ranges) standen nicht mit dem Pflanzenwuchs in Beziehung; ihre Grenzen konnten sich von Herde zu Herde überschneiden, doch hielt sich dann jede Gruppe auf anderen Lieblingsplätzen auf. Kein Schaf belief das gesamte Weidegebiet. Im Sommer neigten die Schafe dazu, sich in kleineren Gruppen abzusondern; in den Wintermonaten sammelten sie sich zu größeren Herden. Lämmer übernahmen die Vorliebe für bestimmte Weideplätze von ihren Müttern. Die stündlich ermittelte Aktivität der Tiere (Grasen) änderte sich mit der Jahreszeit: Sie nahm von Juli zum Febr. zu, dann bis zum Juni ständig ab. Die Tageslänge übte dabei nicht den entscheidenden Einfluß aus. Wurden die Schafe zu einer gemeinsamen Herde zusammengetrieben, sonderten sich die Schafe als erste wieder ab, deren Weideplätze am weitesten entfernt lagen. Zusätzlich Heufütterung in futterarmen Monaten kam nur den Schafen zugute, in deren Weidegebiet der Futterplatz angelegt war. C. Engelmann. 2610.

3-64/09-0180 Bermant, Gordon. Intensity and rate of distress calling in chicks as a function of social contact. **(Die Stärke und Häufigkeit des Verlassenheitsrufes bei Küken als Funktion des sozialen Kontaktes.)** Animal Behaviour **11** (1963) Nr. 4. S. 514-517. — 2 Abb., 8 Lit.

10 Küken, die von 2 Glucken der gleichen Rasse und des gleichen Farbenschlages ausgebrütet waren, dienten vom 7. Lebenstag für 10 Min. zu den Versuchen. Die Küken kamen in einen kleinen Glaskasten, der beleuchtet war und mit schwarzem Papier umkleidet werden konnte. Der Kasten stand auf dem Fußboden des Versuchsraumes, in den die Glucken einzeln gesetzt wurden. Ein Mikrophon übertrug die Laute der Küken auf ein automatisches Zählgerät. Die Küken wurden 1. allein in den Kasten im leeren Raum gesetzt; 2. eine Glucke befand sich gleichzeitig im Raum, die Küken konnten sie sehen und hören; 3. der Glaskasten wurde verdeckt, die Küken hörten die Glucke, ohne sie sehen zu können. Die Häufigkeit der Verlassenheitsrufe nahm mit jeder Erleichterung des Kontaktes signifikant ab; dafür äußerten die Küken in steigendem Maße leise Laute des Wohlbehagens. C. Engelmann 2610.

L. MASSNAHMEN ZUR FÖRDERUNG DER TIERZUCHT

·**3-64/09-0181** Löffelbein, H. **Die Aufgaben der VVB Tierzucht zur Verbesserung des Leistungsniveaus der Tierbestände.** Tierzucht **18** (1964) Nr. 3. S. 114-118. 2660.

3-64/09-0182 Harrach, Wichard. **Landwirtschaftliches Beratungswesen in England.** Ausbild. Berat. Land- u. Hauswirtsch. **17** (1964) Nr. 4. S. 80-82. 2667.

3-64/09-0183 Koubek, K. IX. celostátní výstava plemenných zvířat Přerov 1963. **(IX. gesamtstaatliche tschechoslowakische Zuchttier-Ausstellung in Přerov, 1963.)** Náš Chov **1963** Nr. 9. S. 310-312. — 3 Abb. ČSSR/ÚVTI. 2687.

SPEZIELLE GROSSTIERZUCHT

B. PFERDE

3-64/09-0184 Treus, V. D. Vidnovlennja konja Prževal'skogo (Equus przewalsky Pol.) v SRSR. **(Wiederaufbau des Bestandes von Equus przewalski Pol. in der UdSSR.)** Dopovidi Akademii nauk Ukraïnškoi RSR, Kyïv **1963** Nr. 9. S. 1254-1257. – 2 Abb., 3 Lit. Orig.: ukrain., Ausz.: russ., engl.
Am 1.1.1962 gab es in den zoologischen Gärten der Welt nur noch 84 Przewalsky-Pferde, und nur 20 Tiere sind in den letzten Jahren in freier Wildbahn angetroffen worden. Zur Erhaltung der Art ist es notwendig, die Fortpflanzung der Tiere in Gefangenschaft zu verstärken. Von 1905-40 wurden im Zoologischen Garten von Askanija-Nowa 37 reingezüchtete und 30 Hybrid-Tiere dieser Art geboren, von denen 6 reingezüchtete und ein ¾-Hybrid nach Deutschland exportiert wurden. Während des Großen Vaterländischen Krieges verlor die UdSSR alle Przewalsky-Pferde. Von 1948-62 wurden in Askanija-Nova 5 reingezüchtete und 11 hybridisierte Przewalsky-Pferde zusammengezogen, die den Gesamtbestand dieser Tiere in der UdSSR bilden. Zur Verstärkung der Reproduktion und Intensivierung der Zuchtarbeit mussen 2-3 reingezüchtete Przewalsky-Pferde importiert und einheimische Stuten des entspr. Typs für die Erhaltung dieser Art durch Kreuzung ausgewählt werden. Solche Stuten findet man unter den einheimischen mongolischen Pferden und den Tarpanen.
B. Schenk. 3090.

3-64/09-0185 Uppenborn, W. **Die Verwendung des Vollblutes in der deutschen Warmblutzucht.** Tierzüchter **15** (1963) Nr. 12. S. 424-426.
Unter Vollblut versteht man das Arabische und das Englische Vollblutpferd. Beide Rassen spielten bei der Entwicklung der Warmblutschläge eine bedeutende Rolle. In Mecklenburg wurde jedoch durch wahllosen Einsatz des Vollbluts im 19.Jh.die Landespferdezucht sehr geschädigt,wie in Brandenburg durch viel arabisches Blut die Modelle zu leicht wurden. In Hannover entfielen zwischen 1836 und 1946 36% der Hengste auf Englisches Vollblut, woraus jedoch kein Schaden entstand. Auch in Ostpreußen kamen Vollbluthengste stark zum Einsatz. Zu Beginn des 19. Jh. waren es vorrangig Araber, später englische Vollblüter mit einem Höhepunkt in den Jahren 1897-1921. Holstein verwendete von 1820-50 Vollblüter, so daß nur Oldenburg und Ostfriesland einem geringen Einfluß unterlagen. Nach Lehndorf gingen im Jahre 1937 500 Ostpreußen-Hengste auf 38 eingeführte Beschäler zurück, davon waren 35 englische und 2 arabische Vollblüter, 329 Hannoveraner gingen auf 28 Hengste zurück, davon waren 25 Englisches Vollblut, und 2 hatten einen Radautzer Araber zum Vater. Die Stammväter der 161 Holsteiner waren 7 Hengste, davon 3 englische Vollblüter. Zwischen den beiden Weltkriegen betrug der Vollblutanteil in den Landgestüten 0,9-1,4% (Hannover 3,83%). Da die Leistungsfähigkeit der Warmblutschläge nicht abgesunken ist, kann geschlußfolgert werden, daß in erster Linie der richtige Einsatz und die Selektion, weniger die Zahl der Vollbluthengste von Bedeutung sind. In den Landgestüten Celle, Warendorf, Dillenburg und Zweibrücken deckten im Jahre 1963 19 Vollbluthengste. Diese Zahl wird kaum erhöht werden, da der Bestand ausreicht, um bei richtiger Zuchtwahl einer Warmblutzucht Härte, Gesundheit, Ausdauer Adel und Schönheit zu geben. H. J. Schwark. 3120.

3-64/09-0186 Volkov, D. und Volkov, P. Plemennaja rabota s ukrainskoj verchovoj porodnoj gruppoj lošadej. **(Zuchtarbeit mit den Reitpferderassen in der Ukraine.)** Konevodstvo i konnyj sport, Moskva **33(108)** (1963) Nr. 11. S. 8-10. – 2 Tab. 3170.

3-64/09-0187 Berge, S. Hestefargenes genetikk. **(Die Genetik der Pferdefarben.)** Tidsskr. norske Landbruk **70** (1963) Nr. 11. S. 359-410. – 42 Abb., 3 Tab., 34 Lit.

Einer Besprechung der chem. Grundlagen der Färbung von Haar und Haut folgt eine Übersicht über die Phänotypen der Pferdefarben. Dabei wird zwischen den Grundfarben und modifizierten Farben unterschieden. Weiße Abzeichen sind beim Pferd seltener als beim Rindvieh. Außer bei der braunen Farbe sind sie meist scharf abgegrenzt. Zusammenstellungen von Gensymbolen wurden von Sturtevant (1912), Walther (1912), Wentworth (1914), Winge (1920), Crew u. Smith (1930), Tuff (1954), Odriozola (1951) und Castle u. a. (1954-1961) gegeben. Die Grundauffassungen zeigen weitgehende Übereinstimmung. Für die Schwarzfärbung wird das Vorliegen von 3 Allelserien angenommen. Rotfärbung kann in sehr verschiedener Form, von dunkelrot bis rotfalb auftreten und dem Einfluß zahlreicher modifizierender Gene unterliegen. Die Wildfärbung Falb tritt beim Fjordpferd in großer Verschiedenartigkeit auf, dabei auch in Verbindung mit Aalstrich und Zebrastreifen. Das zugrunde liegende Gen ist dominant über alle anderen Farbgene. Das Gen für Wildfärbung beim Przewalsky-Pferd ist nicht mit dem beim Fjordpferd identisch. Ob die Braunfaktoren Allele der Agutifaktoren sind, ist unsicher. Von der Graufärbung wird angenommen, daß ihr eine Kombination von Schwarzfaktoren mit Agutigenen zugrunde liegt. Die Braunfärbung zeigt Ähnlichkeit mit der Wildfärbung, wenn auch die von Mähne, Schweif und Gliedmaßen ausgehende Abschwächung der Färbung weniger ausgeprägt ist. Die verantwortlichen Farbgene stehen im dominant-rezessiv-Verhältnis oder zeigen unvollständig epistatisches Verhalten. Das Verhalten der modifizierenden Gene, die ein Aufhellen von Falb-, Grau- und Rotfärbung bewirken, ist im Einzelnen nicht völlig geklärt. Auch die Manifestation des rezessiven Faktors, der in homozygoter Form Hellfüchse entstehen läßt, ist unsicher. Eine gleichzeitige Beeinflussung der Körperfarbe geht in Richtung einer Aufhellung. Echte Albinos gibt es bei Pferden nicht. Albinistische Gene kommen vor, und zwar entweder als Allele oder als verschiedenartige Genpaare. Sie kommen auch in heterozygoter Form zur Wirkung. Apfelschimmelung auf rötlichschwarzer Unterlage kommt bei Shetlandponys vor. Isabellen (Palominos) sind ein heterozygoter Farbtyp, zu dessen Zustandekommen aber bestimmte Genotypen für Fuchsfärbung notwendig sind. Wenn der albinistische Aufhellungsfaktor in homozygoter Form auftritt, können sich Pseudo-Albinos, Gelbe oder Isabellen ergeben. Die dominanten Schimmel werden erwähnt. Die Tigerfärbung, also dunkle Flecken auf hellgeschimmeltem Untergrund, ist sehr selten. Es scheint keine Verbindung zu dem Gen für Schimmelung zu bestehen. Die Aufhellung der schwarz, braun, grau oder als Füchse geborenen Schimmel kann sich bis zum 11. Lebensjahr hinziehen. Das zugrunde liegende Gen ist über Nicht-Schimmelfarbe dominant. Es ist nicht identisch mit dem ebenfalls dominanten Gen für nicht aufhellende Schimmelung (engl. roan), bei der kein Unterschied zwischen Homo- und Heterozygoten besteht. Bei der Kombination von Schimmelgenen miteinander und mit anderen Genen können schwer einzuordnende Farbtypen entstehen.Das Vorkommen von Stichelhaar kann auf bes. dominante Faktoren zurückgeführt werden. Sehr selten ist die auch vom Rind bekannte gestromte Zeichnung mit abwechselnd dunklen und hellen Parallelstreifen. Eine Beziehung zu den durch das Agutigen verursachten Zebrastreifen besteht nicht. Kleinere und größere Abzeichen sind außer am Kopf bei Pferden verhältnismäßig selten. Sie werden unabhängig von der Grundfarbe vererbt und zeigen eine starke Variation. Ihre Verteilung unterliegt bes. Faktoren. Das Dominanzverhalten ist nicht einheitlich. Ein bei Fjordpferden früher häufiger vorkommendes Abzeichen, ein sich tief herunterziehender weißer Streifen an der Schulter, ist wahrscheinlich auf ein dominantes Gen zurückzuführen.

J. K. Hinrichsen. 3270.

3-64/09-0188 *Detkens, S.* **Koń śląski.** (Das schlesische Pferd.) Kraków. 1961. (124 S. m. 25 Abb. u. 45 Tab.) = Wyd. własne Instytutu zootechniki Nr. 131. (PRL/CBR)

3-64/09-0189 *Klimke, Reiner.* **Die Organisation der Pferdeleistungsprüfungen und ihre rechtliche Bedeutung für das Körwesen in Nordrhein-Westfalen.** Diss. Rechts- u. Staatswiss. Fak. Münster. 1963. (VIII, 93 S.) 8°. (Diss. 9525)

C. RINDER

3-64/09-0190 Santner, Thomas; Salzburg, Kammer für Land- und Forstwirtsch. **Bedeutsame wirtschaftliche Entwicklungen im alpinen Raum.** Förderungsdienst [Wien] **12** (1964) Nr. 2. S. 37-40. — 2 Tab.
Die Abwanderung von Arbeitskräften zwingt im Zuchtgebiet des Pinzgauer Rindes, dem $^1/_6$ des Rinderbestandes und der rinderhaltenden Betriebe Österreichs zuzuzählen sind, zur Aufgabe und Wiederbewaldung wirtschaftsabweisender Flächen, von kleineren, intensiver bewirtschafteten Flächen und weniger Einzeltieren höhere Ernten zu erzielen. Seit 1950 hat sich der Absatz von Schlachtkühen auf dem Salzburger Markt verdoppelt, der an Stieren fast verdreifacht. Es wurden auch doppelt soviele Zuchtrinder verkauft als 1951. 21,1% aller Kühe stehen in Leistungskontrolle, 5148 Herdbuchbetriebe sind in 4 Zuchtverbänden zusammengeschlossen. Trotzdem 60% aller Kühe gealpt werden beträgt die Leistung ⌀ 3597 kg Milch mit 3,99% und 143 kg Fett.
E. Höpler. 3410.

3-64/09-0191 Gordienko, M. und Golovatjuk, N. Skot porody pincgau. **(Das Pinzgauer Rind.)** Moločnoe i mjasnoe skotovodstvo, Moskva 8 (1963) Nr. 10. S. 28-32. — 4 Abb., 6 Tab.
Für die Gebirgs- und Vorgebirgsgebiete der Karpaten mit rauhem Klima und spez. Futterbedingungen ist das Pinzgauer Rind bes. geeignet. Die durchschnittl. Milchleistung der Kühe liegt bei 3328 kg mit 4,06% Fett. Das Pinzgauer Rind besitzt gute Masteigenschaften und Fleischqualitäten. Die Ausbeute an Fleisch und Fett beträgt bei erwachsenen Tieren 55,9%, bei Jungtieren 53,4%. Der Knochenanteil beträgt 16-19%. Bei der Mast werden durchschnittl. Tageszunahmen von 850 g erzielt. Für die Vervollkommnung der Rasse wird bes. Wert auf die Jungviehaufzucht gelegt. Die Färsen werden im Alter von 17-18 Mon. zum ersten Mal besamt. Die Futterversorgung ist noch mangelhaft. Bei Sicherung der ausreichenden Futtermengen kann die Milch- und Fleischleistung etwa um das Doppelte erhöht werden. Für die Vervollkommnung der Rasse wurden aus Österreich 7 Zuchtbullen der Klasse Elite bis Elite-Rekord importiert, da die einheimichen Bullen den Anforderungen nicht entsprechen. Es ist die Nachkommenschaftsprüfung der Bullen und die Schaffung von Linien hochleistungsfähiger Tiere vorgesehen.
K. Witt. 3480.

3-64/09-0192 Strazdas, A. und Strolis, K.; Litau. Forsch.-Inst. für Tierzucht. Puti soveršenstvovanija krasnogo litovskogo skota. **(Die Wege der Vervollkommnung des Roten Litauischen Rindes.)** Moločnoe i mjasnoe skotovodstvo, Moskva 8 (1963) Nr. 10. S. 32-34. — 3 Abb.
Das Rote Litauische Rind hat eine feste Konstitution und ein für Milchrassen typisches Exterieur. Die durchschnittl. Milchleistung liegt bei 3568 kg Milch mit 3,9% Fett und 139,3 kg Milchfett. Das Lgw. der Kühe beträgt 502 kg, das der Bullen 824 kg. Der mangelhafte Fettgehalt der Milch, einige Exterieurfehler und geringer Fleischertrag sollen durch die weitere Zuchtarbeit verbessert werden. Zu diesem Zweck wird die KB der Kühe mit Sperma bester Bullen durchgeführt. Die Bullen werden nachkommengeprüft. Es ist die Schaffung von Milchfettlinien auf dem Wege der Anwendung mäßiger und entfernter Verwandtschaftspaarung der hervorragendsten Tiere vorgesehen. Vf. führt Ergebnisse der Nachkommenschaftsprüfung einzelner Zuchtbullen an.
K. Witt. 3480.

3-64/09-0193 Olsson, Börje. **Neuentwicklung in der schwedischen Milchkontrolle.** Tierzüchter **15** (1963) Nr. 13. S. 461-462. — 2 Abb.

Offiziell gibt es in Schweden seit 1898 Milchkontrolle. 1951 waren 27% des schwedischen Rinderbestandes angeschlossen. Trotz verschiedener Rationalisierungsmaßnahmen war es in den letzten Jahren unmöglich, die Kostenentwicklung abzufangen. Produktionswirtschaftliche Überlegungen zwangen zu einer Neuregelung, da der Leistungsunterschied zwischen kontrollierten und nicht kontrollierten Betrieben bei 2000 kg Milch liegt. Im Ergebnis der Umorganisation wurde das sog. B-System für verbindlich erklärt, wonach das Probemelken einschließlich Verantwortung beim jeweiligen Besitzer liegt. Ausgebaut wurde das System der überraschenden verlängerten Kontrolle durch Kontrollassistenten. Auf Grund der vom Besitzer entnommenen Milchprobe werden Fettgehalts- und Qualitätsbestimmungen in zentralen Labors durchgeführt. Buchführung und Auswertung erledigt eine einzige Zentrale mit elektronischer Datenverarbeitung (Typ RCA 301). Mit Alfa-Laval wurde eine selbstregistrierende Waage entwickelt, der sog. „Milkograf", der automatisch die Milchmenge jeder Kuh registriert und gleichzeitig die Melkbarkeitseigenschaften sowie die Arbeitsweise des Kuhstallpersonals festhält. Der gesamte Melkvorgang wird somit 100%ig überwacht. Ab 1.10. 1962 wurden zunächst 150000 Kühe im Großversuch auf die neue Kontrollform umgestellt. Mitglieder Berater, Zucht- und Besamungsvereinigungen erhalten laufend von der Zentralstelle in der Nähe von Eskilstuna die neuesten Zusammenstellungen. Zusätzlich erfolgen bez. Alter und Herdenproduktionsniveau korrigierte Ergebnisse der Nachkommenschaftsprüfung. Auf der gleichen Anlage werten die Besamungsvereinigungen ihr Material über Besamungen, Trächtigkeitsuntersuchungen, Sterilitätsbehandlungen usw. aus, so daß ein direkter Zusammenhang mit Leistung, Abstammung und sexualphysiologischen Eigenschaften eines jeden Tieres hergestellt werden kann. Durch diese Umorganisation konnten die Kosten der Kontrolle für den einzelnen Tierhalter um 50-70% gesenkt werden. E. Kieslinger. 3520.

3-64/09-0194 Zavertjaev, B. Novoe v kontrole moločnoj produktivnosti. **(Neues in der Milchleistungskontrolle.)** Moločnoe i mjasnoe skotovodstvo, Moskva **9** (1964) Nr. 3. S. 16. — 2 Tab.
Vf. begründet den mangelhaften Zustand der Milchleistungskontrolle in vielen Betrieben damit, daß das z.Z. in der SU gültige Kontrollsystem zu kompliziert und zu zeitaufwendig sei. Die Milchmenge wird in Abständen von 10 Tagen festgestellt, während der Fettgehalt monatl. kontrolliert wird. In der Mehrzahl der europäischen Länder, die über hochleistungsfähiges Zuchtvieh verfügen, wird die Milchkontrolle nur einmal monatl. durchgeführt, was sich dort gut bewährt hat. In 3 Betrieben wurden deshalb die Ergebnisse der 10tägigen Milchkontrolle mit denen der monatl. verglichen, wobei keine bedeutenden Unterschiede festgestellt werden konnten. Der max. Unterschied bei einzelnen Kühen betrug nur 4-5%. Im Herdendurchschnitt betrug der größte Unterschied zwischen beiden Methoden nicht mehr als 1%.
H. Schwiderski/Dummerstorf. 3520.

3-64/09-0195 Eibl, K. **Über aktuelle Fragen aus der Bullenprüfung.** Zuchtwahl u. Besam. **1963** Nr. 29. S. 1-4. — 1 Tab.
Die KB ermöglicht eine sichere Zuchtauslese auf Grund großer Nachkommenzahlen sowie eine gezielte Paarung über weite Entfernungen. Mit der Zahl zuchtwertgeprüfter Besamungsbullen wächst die Chance, beste Vererber herauszufinden. Die zur Nachkommenschaftsprüfung kommenden Bullen werden auf den Absatzveranstaltungen ausgewählt und innerhalb von 3-4 Mon. mit 500-1000 EB, davon mindestens 300 in Betrieben, die der Milchleistungsprüfung (MLP) angeschlossen sind, eingesetzt, damit später mindestens 50 unter Leistungsprüfung stehende Töchter vorhanden sind. Als Anreiz für die Freigabe zur Bullenprüfung werden privaten Züchtern und Zuchtgenossenschaften Prämien bzw. Ankaufsbeihilfen gewährt; an MLP-Betriebe erfolgt die Abgabe

des Samens kostenlos. Nach dem Prüfungseinsatz gehen die Bullen in den natürlichen Deckakt zurück. Die staatliche Bullenprüfstelle greift von 100 weibl. Kälbern einen unselektierten Sektor heraus und verfolgt die Tier bis zum Abschluß der 1. Laktation (Entwicklung, Exterieur, Einsatzleistung, Milch- und Mastleistungsprüfung). Die Einstellung der Prüfungsbullen bedeutet für die Besamungsstationen eine bes. Belastung. Während einer Quarantänezeit von mehreren Wochen werden die Tiere auf Tbc, Deckseuchen, MKS, Hautflechten usw. sowie hinsichtlich ihres Deck- und Befruchtungsvermögens untersucht. Insbesondere erfolgt eine Beurteilung der Decklust, des Ausschachtungsvermögens, des Samenbildes und der Befruchtungsergebnisse. — Von 304 in den Jahren 1952-63 zum Prüfungseinsatz angebotenen bzw. eingestellten Fleckviehbullen wurden 14 (= 4,6%) ausgeschieden bzw. beanstandet. Die Bullen nahmen während des 3mon. Prüfungseinsatzes ∅ 71,4 kg zu. Von 279 untersuchten Gelbviehbullen wurden 15 (= 5,3%) beanstandet oder schieden vorzeitig aus. Die durchschnittl. Gewichtszunahme dieser Bullen betrug 69,3 kg.

G. Herrmann. 3550.

3-64/09-0196 Nielsen, Ejner. Afkomsprøver med tyre. XVIII. **(Nachkommenschaftsprüfungen bei Bullen. 18. Mitt.)** Beretn. Forsøgslab. [Statens Husdyrbrugsudvalg] **1964** Nr. 342. S. 1-122. 140-237. — 3 Abb., 115 Tab. Zus. in Engl. 17. Mitt. vgl. LZ. Abt. III 8 (1963) Nr. 8. S. 1633.

1962/63 wurden auf 28 Prüfstationen 83 Gruppen geprüft, womit seit Beginn der Prüfungen im Jahre 1945 ingesamt 1111 Gruppen erfaßt wurden, davon 68,1% Rotes Dänisches Milchvieh (RDM), 18,7% Schwarzbuntes Dänisches Milchvieh (SDM), 12,7% Jersey (J) und 0,5% Shorthorn (Sh). Die 1962/63 geprüften Färsen hatten folgende Leistungen: RDM: 4776 kg Milch, 4,54% Fett, 217 kg Fett, 3,80% Protein; SDM: 4651 — 4,32 — 201 — 3,66; J: 3513 — 6,51 — 229 — 4,38. Von den geprüften Bullen waren 44,6% bei Prüfungsbeginn älter als 5 Jahre. Während der Prüfung schieden 8% der Färsen aus, davon 4,0% wegen Eutererkrankungen und 1,3% wegen Schwergeburten und Gebärmutterschäden. Ca. 1/3 der Tiere kalbte außerhalb der vorgeschriebenen Zeitspanne von 1. Okt. bis 15. November ab. Von den RDM-Färsen wurden 94,4%, von den SDM 94,3% und von den J 93,5% tragend. Die Persistenz der Leistung wird für die einzelnen Nachkommengruppen durch Gegenüberstellung der Leistung in den ersten drei 100-Tage-Abschnitten ausgedrückt. Die Melkbarkeitsuntersuchungen ergaben eine durchschnittl. Melkzeit von 4,0 Min. bei RDM, 3,5 Min. bei SDM und 3,7 Min. bei J. Das Nachgemelk betrug bei allen Rassen 0,6 kg. Die Vorderviertel brachten bei RDM 44,4%, bei SDM 44,3% und bei J 47,1% des Gesamtgemelkes. 4 Nachkommengruppen wurden auf 2 verschiedene Stationen aufgeteilt. Es ergab sich hinsichtlich der Butterfettleistung kein signifikanter Unterschied zwischen den Stationen. Dagegen führt ein Austausch der Melker zu signifikanten Differenzen hinsichtlich der Melkbarkeitszahl und des Nachgemelkes. Die Melkbarkeit zeigt innerhalb der Laktation signifikante Unterschiede bei Aufteilung in Vierwochenabschnitte.

J. K. Hinrichsen. 3550.

3-64/09-0197 Nielsen, Ejner, Nielsen, Axel, Drensgaard, J. und Wismer-Pedersen, J. Trivelighedsundersøgelser med tyrekalve. **(Mast- und Schlachtleistungsprüfungen an Bullenkälbern.)** Beretn. Forsøgslab. [Statens Husdyrbrugsudvalg] **1964** Nr. 342. S. 123-139.

Nachkommengruppen aus 6-8 Bullenkälbern (6 RDM, 2 SDM, 1 Rotbunt) wurden gemästet und mit 200 kg geschlachtet. Die Zunahmen lagen zwischen 906 und 974 g bei einer Futterverwertung von 3,05 bis 3,29. Die Unterschiede zwischen den Rassen waren gering. In der Lebendbeurteilung vor der Schlachtung schnitten die SDM- besser als die RDM-Kälber ab. In der Schlachtbeurteilung bestätigte sich die Überlegenheit der SDM-Kälber und der Rotbunten.

Bei der Zerlegung ergab sich bei den RDM-Kälbern ein etwas geringerer Fleischanteil, aber ein höherer Fett- und Knochenanteil als bei den SDM- und Rotbunten Kälbern. In der Bewertung der Zartheit des Fleisches waren die RDM- den SDM-Kälbern überlegen. Allgemein läßt sich bei der Fleischqualität eine durch die Jahreszeit bedingte Variation erkennen und ebenso ein Einfluß der Väter. J. K. Hinrichsen. 3550.

3-64/09-0198 Wilk, J. C., Young, C. W. und Cole, C. L. Genetic and phenotypic relationships between certain body measurements and first lactation milk production in dairy cattle. **(Genetische und phänotypische Beziehungen zwischen bestimmten Körpermaßen und der ersten Laktationsleistung beim Milchvieh.)** J. Dairy Sci. **46** (1963) Nr. 11. S. 1273-1277.
Zwischen 6 Körpermaßen (Körperlänge, Brusttiefe, Brustumfang, Bauchumfang, Widerristhöhe und Lgw.) von Holstein-Friesian und Guernsey auf 5 Altersstufen einerseits und der alterskorrigierten 305-Tage-Milchmengenleistung der 1. Laktation andererseits wurden phänotypische und genetische Korrelationen berechnet. Die Korrelationskoeffizienten wurden über die Töchter-Mütter- und über die Halbgeschwistermethode geschätzt. Bei den phänotypischen Korrelationskoeffizienten ergaben sich keine signifikanten Abweichungen von Null. Auch für die genetischen Korrelationen ergaben sich rel. zu ihren Streuungen nur kleine oder doch sehr unsichere Werte. Vff. schließen daraus, daß eine Selektion auf Körpermaße kaum zu einer Verbesserung der Milchleistung führt. D. Rasch/Dummerstorf. 3560.

3-64/09-0199 Mitchell, R. G., Corley, E. L. und Tyler, W. J. Heritability, phenotypic and genetic correlations between type ratings and milk and fat production in Holstein-Friesian cattle. **(Heritabilität, phänotypische und genetische Korrelationen zwischen Typ und Milch- und Fettleistung beim Holstein-Friesian-Rind.)** J. Dairy Sci. **44** (1961) Nr. 8. S. 1502-1510. — 6 Tab., 17 Lit.
14727 Holstein-Friesian-Kühe und deren Mütter dienten Vff. als Untersuchungsmaterial. Ergebnisse: Die Heritabilitätsermittlungen ergaben für die Milch- und Milchfettleistung einen Wert von $h^2 = 0{,}20$. Für den Milchtyp betrug $h^2 = 0{,}03$ und für den Körperbau 0,31. Die Berechnung der phänotypischen Korrelation zwischen Typ und Milch- bzw. Milchfettleistung ergab Werte von +0,02 bis 0,25 ohne Signifikanz. Die genetischen Korrelationen zwischen Milchtyp und Milchleistung waren signifikant ($r = 0{,}61$ bis 0,82). Der genetische Fortschritt in der Milchleistung kann bei Selektion auf Milchtyp 35-50% von dem betragen, was bei ausschließlicher Selektion auf Leistung erreicht wird. D. Stolzenburg. 3560.

3-64/09-0200 Jenni, E. und Rüegsegger, A. **Bericht über die weibliche Zuchtfamilienschauen pro 1963.** Mitt. schweiz. Fleckviehzuchtverb. **1964** Nr. 1. S. 35-46. — 4 Abb., 11 Tab. 3560.

3-64/09-0201 Searle, S. R. Genetic studies of dairy production early in lactation. **(Genetische Untersuchungen der Milchproduktion im frühen Laktationsstadium.)** J. Dairy Sci. **46** (1963) Nr. 11. S. 1266-1272.
An ca. 11000 Laktationsleistungen von Jersey in Neuseeland führte Vf. genetische Untersuchungen korrigierter Teilleistungen durch. Die Korrekturen wurden bez. des Laktationsstandes und des Alters durchgeführt. Als Standardlaktation wurde eine Laktation gewählt, die im Aug. eine Dauer von 5-14 Tagen aufweist. Es wurden genetische und phänotypische Korrelationskoeffizienten zwischen den korrigierten Kontrollergebnissen der einzelnen Monate berechnet. Der Wert der genetischen Korrelationskoeffizienten erscheint nach der Töchter-Mütter-Methode sehr zweifelhaft. Die Halbgeschwistermethode führt zu Werten nahe 1 für die genetische Korrelation zwischen den monatl. Kontrollen. Die Heritabilität der Laktationsleistung innerhalb der

Herden wurde nach der Töchter-Mütter-Methode auf 0,12 (4465 Paare), nach der Halbgeschwistermethode auf 0,36 (6960 Halbgeschwister) geschätzt. Für die monatl. Leistungen ergeben die entspr. Schätzungen Werte von 0,10 bzw. 0,25. D. Rasch/Dummerstorf. 3578.

3-64/09-0202 Vanvleck, L. D. und Bahr, G. R. Genotype and variability in dairy lactation records. **(Genotyp und Variabilität von Laktationsleistungen.)** Genetics **48** (1963) Nr. 11. S. 1441-1443.

Die Variation von Individuen innerhalb genetischer Gruppen wird meist der Umwelt zugeschrieben. Für die einfache Anwendung der Selektionsindextheorie ist es erforderlich, daß die Varianzen innerhalb der genetischen Gruppen gleich sind. Vff. prüften an 32468 Erstlaktationsleistungen von 39 Bullen und an 27922 Zweitlaktationsleistungen von 44 Bullen nach, ob diese Voraussetzung für die Milchleistung erfüllt ist, wenn die Bullennachkommen die genetischen Gruppen sind. Als Merkmale wurden die alterskorrigierten 305-Tageleistungen der 1. bzw. 2. Laktation rel. zu ihren Herdendurchschnitten betrachtet. Die Hypothese: „Homogenität der Varianzen" wurde mit dem Bartlett-Test geprüft, der für beide Laktationen zur Ablehnung dieser Hypothese bei einer Irrtumswahrscheinlichkeit $\alpha < 0{,}005$ führte. Vff. versuchen, eine Erklärung dieses Sachverhaltes durch den Hinweis auf das mögliche Vorhandensein eines multiplikativen genetischen Systems zu geben.
D. Rasch/Dummerstorf. 3578.

3-64/09-0203 Kahoun, J. Předpoklady zušlechťování persistence laktace usměrněnou selekcí plemeníku. **(Voraussetzungen für die Verbesserung der Laktationspersistenz durch zielbewußte Selektion der Zuchtbullen.)** Sborník Vysoké Školy zemědělské Brně, Řada A **1963** Nr. 3. S. 313-320. — 2 Tab., 22 Lit.

An insgesamt 136 Laktationen von 45 Milchkühen des Tschechischen Rotfleckviehs wurde unter Ausschaltung des Einflusses der verschiedenen Jahreszeit der Kalbung der Kühe eine Wiederholbarkeit von $0{,}80 \pm 0{,}03$ berechnet. Diese hohe Wert beweist, daß die Form der Laktationskurve mit Ausnahme der ersten Laktation eine bestimmte, beständige Größe, welche bes. durch die unterschiedliche Ernährung der Kühe während des Jahres beeinflußt wird, darstellt. Dieser Einfluß muß eliminiert werden. Bei der allg. verbreiteten KB bieten sich Möglichkeiten einer durchgreifenden Verbesserung der Laktationskurve durch entspr. Auswahl der Zuchtbullen. Unter gleichen Haltungsbedingungen und bei gleichen Kalbungszeiten konnte ein bedeutender Unterschied in der Form der Laktationskurven der Töchter verschiedener Bullen festgestellt werden. ČSSR/ÚVTI. 3616.

3-64/09-0204 Lasley, J. F., Day, B. N. und Comfort, J. E. Some genetic aspects of gestation length, and birth and weaning weights in Hereford cattle. **(Einige genetische Gesichtspunkte zur Trächtigkeitsdauer, zum Geburtsgewicht und zum Mastendgewicht beim Hereford-Rind.)** J. Animal Sci. **20** (1961) Nr. 4. S. 737-741. — 1 Abb., 2 Tab., 19 Lit.

351 Kälber, die von 8 verschiedenen Vätern abstammten und in der gleichen Jahreszeit geboren waren, wurden zu den Untersuchungen herangezogen. Weder Geschlechtsfunktion, Alter der Mutter noch Geburtsdatum hatten einen signifikanten Einfluß auf die Trächtigkeitsdauer, wohl aber auf Geburts- und Mastendgewichte (210-Tage-Gewicht). Heritabilitätsschätzungen ergaben für die Trächtigkeitsdauer 54%, für das Geburtsgewicht 67% und für das Mastendgewicht 11%. Für das intrauterine Wachstum betrug die Heritabilität 63% und für den Wachstumsabschnitt von der Geburt bis Mastende 3%. Vff. berechneten außerdem die genetische Korrelation für folgende Beziehungen: Trächtigkeitsdauer-Geburtsgewicht: $0{,}44 + 0{,}28$, Trächtigkeitsdauer-Mastendgewicht: $0{,}41 \pm 0{,}42$, Geburtsgewicht Mastendgewicht: $0{,}99 \pm 0{,}01$, in-

trauterine Zunahme — Zunahme von der Geburt bis Mastende: 0,93 ± 0,07. Vff. ziehen u.a. aus den Ergebnissen den Schluß, daß die gleichen Gene, die für die intrauterinen Zunahmen verantwortlich sind, auch die Zunahmen von der Geburt an beeinflussen. D. Stolzenburg. 3578.

3-64/09-0205 Savinov, A. Obnovljaetsja stado. **(Reproduktion einer Rinderherde.)** Moločnoe i mjasnoe skotovodstvo, Moskva **9** (1964) Nr. 3. S. 34-36. — 4 Abb., 1 Tab.

Um die Qualität des im Timirjasew-Sowchos (Krim) gehaltenen Viehs der Roten Steppenrasse schneller zu verbessern, wurde beschlossen, jährl. 20% der mehr als 2000 Kühe zählenden Herde zu erneuern. Das erfordert eine intensive Jungviehaufzucht. Im Alter von 3 Mon. kommen die Färsenkälber in eine Spezialfarm für Jungviehaufzucht. Sie werden zunächst in Gruppen zu je 5 Tieren gehalten, jedoch individuell mit Magermilch (6 l je Tier und Tag) getränkt. In diesem Alter nehmen sie bis zu 10 kg Silage oder Grünmasse auf und erhalten zusätzlich 0,5 kg Kraftfutter. Im Alter von 6 Mon. werden die Gruppen bis auf 25 Tiere vergrößert und erhalten statt Magermilch ein Getreideschrotgetränk, welches 6 Std. vor dem Verbrauch mit heißem Wasser angesetzt wird. Die durchschnittl. Tageszunahmen betragen in dieser Periode 700-900 g. Im Alter von 1 Jahr wiegen die Tiere 230-240 kg. Die Erstbesamung erfolgt mit Erreichung eines Lgw. von 300 kg. Für Färsen, die nicht bis zum Alter von 22 Mon. belegt wurden, werden dem verantwortlichen Viehpfleger für jeden Monat Überschreitung dieser Frist 10% der für die erfolgreiche Bedeckung angesetzten Lohnsumme abgezogen.

H. Schwiderski/Dummerstorf. 3604.

3-64/09-0206 Alexander, G. I. und Bogart, Ralph. Effect of inbreeding and selection on performance characteristics of beef cattle. **(Der Einfluß von Inzucht und Selektion auf die Merkmalsänderung bei Fleischrindern.)** J. Animal Sci. **20** (1961) Nr. 4. S. 702-707. — 4 Tab., 10 Lit.

An 280 Kälbern aus 4 Inzuchtlinien des Hereford- und Angusrindes untersuchten Vff. die kombinierte Wirkung von Selektion und Inzucht auf Geburtsgewicht und die bekannten Masteigenschaften. D. Stolzenburg. 3606.

3-64/09-0207 Flower, A. E., Brinks, J. S., Urick, J. J. und Willson, F. S. Comparisons of inbred lines and linecrosses for performance traits in Hereford range cattle. **(Vergleiche von Inzuchtlinien und Linienkreuzungen hinsichtlich ihrer Leistungen bei Hereford-Weiderindern.)** J. Animal Sci. **22** (1963) Nr. 4. S. 914-918. — 5 Tab., 8 Lit.

Das Ziel der Untersuchungen bestand darin, 1. den rel. Einfluß verschiedener Umwelteinflüsse auf die Leistungen zu ermitteln, 2. verschiedene Inzuchtlinien mit ihren Kreuzungen zu vergleichen und 3. Informationen über eine Vorhersage der Leistungen von Linienkreuzungen an Hand der Leistungen der Linien zu gewinnen. Verwendet wurden 4 Inzuchtlinien, eine davon als Testlinie. Die Untersuchungen umfassen einen Zeitraum von 10 Jahren. Die statistische Auswertung ergab, daß die Jahresunterschiede in hohem Maße signifikante Ursachen der Variation der Leistungen waren. Untersucht wurden: Geburtsgewicht, Absatzgewicht, tägl. Zunahmen nach dem Absetzen. Das Alter der Kuh, die verschiedenen Linien und das Geschlecht des Kalbes waren weitere Faktoren, die einen signifikanten Einfluß auf diese Leistungen ausübten. Die Leistungsvergleiche zwischen den Linien und den Linienkreuzungen ergaben, daß die Endgewichte, welche die Linienbullen erreichten, in hohem Maße mit den untersuchten Leistungen ihrer Kreuzungsnachkommen korrelierten. Aus diesen Leistungsvergleichen errechnet sich folgende hybridative Verbesserung bei den Kreuzungen: Geburtsgewicht um 0,1%, Absatzgewicht um 4,6%, tägl. Zunahmen nach dem Absetzen um 4,3% und Endgewicht um 4,7%. K. Damm. 3606.

3-64/09-0208 Kvitko, A. Z. Povyšenie žirnomoločnosti korov alatauskoj porody. **(Die Erhöhung des Milchfettgehaltes beim Alatau-Rind.)** Životnovodstvo, Moskva **25** (1963) Nr. 8. S. 52-59. — 4 Abb., 4 Tab.
Bei Reinzucht der Alatau-Rasse ist der Milchfettgehalt nur von 3,74 auf 3,85% gestiegen. Deshalb wird seit 1961 die Kreuzungszucht angewendet. In verschiedenen Versuchen haben F_1-Kühe (Alatau-Kuh × Jerseybulle) einen um 1,02% höheren Fettgehalt aufgewiesen als reinrassige Alatau-Kühe, während er bei den R_1-Tieren (F_1-Kuh × Alatau-Bulle) noch um 0,06% gestiegen ist. Der hohe Milchfettgehalt wird vor allem von kräftigen Alatau-Kühen erworben und vererbt, die lange vor der Kreuzung und bes. im Kreuzungsjahr bei reichlicher Fütterung höchste Milchleistungen und große Kälber bringen. Außerdem sollen sie bei besten Fütterungs- und Haltungsbedingungen möglichst kurz nach dem Abkalben befruchtet werden. Außer dem hohen Milchfettgehalt weisen die F_1- und R_1-Tiere auch eine sehr gute Futterverwertung auf. Neben dem Fettgehalt steigen auch Eiweiß-, Vitamin- und Mineralstoffgehalt der Milch. Um das Dominieren des erblichen hohen Milchfettgehaltes zu sichern, sollen die neuen Zuchtherden nach einem in 3 Etappen gegliederten Schema geschaffen werden, das ausführlich erläutert wird.
B. Schenk. 3606.

3-64/09-0209 Lenschow, J., Tilsch, K., und Heinrich, K.-H.; Dummerstorf, Inst. für Tierzuchtforsch. der Dtsch. Akad. der Landwirtsch.-Wiss. zu Berlin. **Ergebnisse der Kreuzung von Deutschen schwarzbunten Rindern mit Jersey-Rindern. 5. Mitt. Die Futterverwertung von Milchkühen.** Arch. Tierzucht 7 (1964) Nr. 4. S. 291-300. — 11 Tab., 12 Lit. Zus. in Russ. Engl. — nach Zus. 4. Mitt. vgl. 3-64/01-0195.
In einem Futterverwertungsversuch wurde im Winterhalbjahr 1961/62 der Nährstoffverbrauch zur Erzeugung von 1 kg FCM und 1 kg Milchfett bei reinrassigen schwarzbunten Kühen, Jersey-Kühen sowie Kreuzungs- und Rückkreuzungsnachkommen dieser Rassen ermittelt. Der Verzehr an Rauh- und Kraftfutter je 100 kg Körpergewicht war bei allen genotypischen Gruppen etwa gleich. Demgegenüber war jedoch der Saftfutterverzehr der Jersey- und F-Kühe wesentlich höher als bei den schwarzbunten und R-Kühen. Der Nährstoffverbrauch je kg FCM und je kg Milchfett wurde stark durch Lebendgewichtsveränderungen beeinflußt. Zur Erzeugung von 1 kg FCM benötigten die schwarzbunten Kühe ca. 10% mehr Nährstoffe als die Jersey-, F- und R-Kühe. Der Nährstoffverbrauch zur Erzeugung von 1 kg Milchfett war bei den Jersey-, F- und R-Kühen um 22%, 18% und 17% geringer als bei den schwarzbunten Kühen. Statistisch gesicherte Unterschiede konnten nur hinsichtlich des Nährstoffverbrauches je kg Milchfett festgestellt werden.
3606.

3-64/09-0210 Streljučenko, I. Čto dalo skreščivanie bestuževskogo skota s moločnymi šortgornami. **(Ergebnisse der Kreuzung von Bestushew-Rindern mit Milch-Shorthorn.)** Moločnoe i mjasnoe skotovodstvo, Moskva 8 (1963) Nr. 9. S. 29-33. — 4 Abb., 3 Tab.
Durch die Kreuzung der Bestushew-Rinder mit Milch-Shorthorn wurden die Exterieurfehler der Bestushew-Rinder korrigiert, die Fleischeigenschaften verbessert und die Milchleistung und der Milchfettgehalt erhöht. Es wurde vorwiegend die Kombinationskreuzung mit nachfolgender Züchtung der F_1-Generation „in sich" angewendet. Diese Tiere hatten eine Milchleistung von 4154 kg bei 3,90% Fett und 153,3 kg Milchfett sowie ein Lgw. von 599,4 kg. Bei den reinrassigen Bestushew-Rindern lag die Milchleistung bei 3402 kg mit 3,88% Fett und 128,1 kg Milchfett (Lgw. 524,2 kg). Der Schlachtertrag an Fleisch beträgt bei den Kreuzungstieren der I. Generation 56%, bei den reinrassigen Bestushewrindern 51%. Durch sorgfältige Auswahl der Tiere, Züchtung nach Linien und Familien, biol. vollwertige Fütterung und gute Jungvieh-

aufzucht wurde der Fettgehalt erhöht. Er stieg in den Jahren von 1954-61 von 3,82% auf 4,15%. Damit verbesserte sich auch die Zusammensetzung der Milch. Zur weiteren Vervollkommnung der Bestushew-Shorthornrinder wird die Nachkommenschaftsprüfung der Zuchtbullen durchgeführt.
K. Witt. 3606.

3-64/09-0211 Bogatyrev, N. I. Resul'taty promyšlennogo skreščivanija černo-pestrogo skota s gerefordami i aberdin-angusami v Sibiri. **(Über Resultate einer Gebrauchskreuzung von Schwarzbunten Rindern mit Hereford- und Aberdeen-Angus-Rindern in Sibirien.)** Životnovodstvo, Moskva **26** (1964) Nr. 4. S. 65-69. – 5 Abb.
235 Kühe der Schwarzbunten Rasse, die ein durchschnittl. Lgw. von 348 kg und eine Milchleistung von 1853 kg mit 3,7% Fett aufwiesen, wurden in 3 Gruppen eingeteilt. Eine Kontrollgruppe wurde mit schwarzbunten Bullen belegt und die beiden anderen Gruppen mit Hereford- bzw. Aberdeen-Angus-Bullen. Die Kreuzungsnachkommen der Fleischrassen hatten ein um 3 kg geringeres Geburtsgewicht, jedoch um 100-150 g größere Tageszunahmen, eine bessere Futterverwertung und einen höheren Fleischanteil als die reinrassigen Kontrolltiere, wobei die Herefordnachkommen den Aberdeen-Angus-Kreuzungen überlegen waren. Weitere Daten über die Ergebnisse der Kontrollschlachtung sowie die chem. Zusammensetzung des Fleisches zeigen die Überlegenheit der Kreuzungstiere gegenüber den reinrassigen Schwarzbunten. Allein hinsichtlich Hautqualität waren die Angus-Kreuzungen nicht besser als die Schwarzbunten. H. Schwiderski/Dummerstorf. 3606.

3-64/09-0212 Ivanov, P. Simpozium po proizvodstvu mjasa ot skota moločnych porod. **(Ein Symposium über Fleischerzeugung von Rindern der Milchrassen.)** Životnovodstvo, Moskva **26** (1964) Nr. 4. S. 88-92. – 2 Tab.
Ende August 1963 fand in Rom ein Symposium über die Möglichkeiten zur Erhöhung der Fleischerzeugung durch Kreuzung der Milchviehrassen mit Bullen der englischen Mastrassen und der Charollais-Rasse statt. Vf. berichtet ausführlich über das auf dem Symposium dargelegte Material. In England werden z.Z. bis zu 45% aller Kühe mit Sperma von Bullen der Mastrassen besamt. Die Resultate sind zufriedenstellend. Als bes. geeignet erweisen sich die Nachkommen aus der Kreuzung Charollais × Milchviehrassen. Sie weisen ein höheres Geburtsgewicht und eine größere Wachstumsintensität auf. Es folgt eine Besprechung der auf dem Symposium gehaltenen Vorträge.
H. Schwiderski/Dummerstorf. 3606.

3-64/09-0213 Mácha, J. Příspěvek k průzkumu nejvýhodnějšího stáří a živé váhy pro zapouštění jalovic červenostrakatého skotu. **(Beitrag zum Problem des geeignetsten Alters und Lebendgewichtes für das Zulassen von Färsen der Rotfleckviehrasse.)** Sborník Vysoké Školy zemědělské Brně, Řada A **1963** Nr. 3. S. 297-311. – 4 Abb., 3 Tab., 52 Lit. Zus. in Russ., Dtsch.
Aus den angeführten Ergebnissen geht hervor, daß in der 1. Laktation höhere Leistungen bei Kühen anzutreffen sind, welche zum erstenmal etwas später als üblich zugelassen wurden. ČSSR/ÚVTI. 3608.

3-64/09-0214 Zajančkovskij, I. F. Profilaktikta zaderžanija posleda u korov. **(Zur Prophylaxe des Nachgeburtverhaltens bei Kühen.)** Životnovodstvo, Moskva **26** (1964) Nr. 4. S. 33-38. – 3 Abb., 4 Tab.
Vf. geht ausführlich auf die Ursachen und Folgen des Nachgeburtverhaltens bei Kühen ein. Von 5739 Kühen bei denen es beobachtet wurde, erkrankten 47,8% an akuter Endometritis, und 20,9% blieben güst. Der durch diese Krankheit hervorgerufene jährl. Gesamtschaden wird für das Gebiet der UdSSR auf 150-180 Mill. Rubel geschätzt. Als Hauptursache für das Entstehen der Krankheit wird unzureichende und falsche Fütterung angesehen. Als Normalzeit für das Abscheiden der Nachgeburt sind 4-5 Std. anzusehen. Auf Grund seiner

Forschungen kommt Vf. zu dem Schluß, daß ein verspätetes Abscheiden schon von der 7.-8. Std. an als Warnungszeichen angesehen werden muß, bes. wenn es bei mehreren Tieren im Bestand beobachtet wird. Eine Verminderung des Auftretens der Krankheit wird durch eine verbesserte Fütterung, bes. durch ausreichende Vitamin- und Mineralstoffzufuhr erreicht. Vitamininjektionen (Vit. A und D) bei tragenden Kühen sind rel. teuer, falls jedoch die Futterrationen unzureichend sind, durchaus berechtigt. Ein Ablecken des Kalbes durch die Kuh sowie das Tränken der Kuh mit Biestmilch oder Fruchtwasser sollen das Abscheiden der Nachgeburt günstig beeinflussen. H. Schwiderski/Dummerstorf. 3610.

3-64/09-0215 Pop, E., Sălăjan, G. und Nichita, S. Contribuţii la verificarea unor metode privind diagnosticul precoce al gestaţiei la taurine. **(Beiträge zur Untersuchung einiger Methoden bezüglich der frühen Trächtigkeitsdiagnose beim Rind.)** Inst. agronom. „Dr. Petru Groza" Cluj, Lucrări ştiinţ. **18** (1963) S. 205-212. — 2 Abb., 2 Tab., 3 Lit. Zus. in Russ., Engl.

Vff. haben die auf der Altgausen-Reaktion (I) und auf dem spez. Gew. des Cervix-Schleimes (II) begründeten Diagnosemethoden an 46 Simmentaler und 32 Braunvieh-Kühen untersucht. Bei den Simmentalern erzielte man eine Präzision von 80% mit I und von 47% mit II, während beim Braunvieh die Zahlen entspr. 100 bzw. 91% erreichten. V. Velican. 3612.

3-64/09-0216 Anonym. Improvement in dairy cow production through artificial breeding. **(Leistungsverbesserung bei Milchkühen durch die künstliche Besamung.)** New Zealand J. Agric. **107** (1963) Nr. 3. S. 229-236. — 3 Abb.

Das bekannte Ruakura-Züchtungs-Fütterungsexperiment verleitet zu dem Schluß, daß eine Leistungsverbesserung durch Züchtung lediglich eine schöne Hoffnung sei. Herdendurchschnittsleistungen sagen in der Regel nichts über die genetische Veranlagung aus. Die Leistungsdifferenzen dagegen, welche zwischen den Töchtern eines Bullen in einer Herde bestehen, dürften zum großen Teil genetisch bedingt sein. Ruakura-Experimente haben die große ökonomische Bedeutung unterstrichen, welche der Züchtung hochveranlagter Kühe zukommt. Ausgangspunkt der züchterischen Leistungsverbesserung ist der Bulle. Jungbullen sollten nur aus den Spitzenkühen einer Herde stammen, ungeachtet des Herdendurchschnitts. Ebenfalls ist die Höhe des Töchterdurchschnitts eines Bullen uninteressant, die Stellung der Töchter zu den Gefährten ist entscheidend. Eine Selektion der Elterntiere nach solchen Gesichtspunkten garantiert keine tatsächliche genetische Verbesserung, aber sie erhöht die Chancen einer solchen. Einzig realer Maßstab für die Vererbungsleistung eines Jungbullen kann die Stellung seiner Töchter sein. Alle Besamungsbullen sollten nach ausreichendem probeweisem Einsatz über Verwahrstationen gehen, bis die Töchterleistungen vorliegen. Z.Z. werden ca. 10000 Herden mit 750000 Kühen künstlich besamt. Es stehen 135 geprüfte und 750 ungeprüfte Bullen zur Verfügung. $^2/_3$ der geprüften Bullen wurden erst im Alter von 6-9 Jahren für die KB verwendet. 750 Besamungen sind meistens erforderlich, um einen Jungbullen prüfen zu können. Der Ankauf im natürlichen Deckakt bereits bewährter Bullen und der Einsatz von Bullen, die mittels der KB überprüft wurden, wird als erste Stufe der züchterischen Arbeit der KB angesehen. Künftig wird durch ein Bullenprüfverfahren die Zahl der in der KB selbst geprüften Bullen wesentlich ansteigen. Es werden jetzt unterschiedliche Gebühren für die Besamung mit Jungbullen und geprüften Bullen erhoben, um die Verwahrung zu finanzieren. Durch die Verbesserung der Besamungstechnik findet die Zuchtarbeit in dem neuen Verfahren weitere Unterstützung. So wurde die Konzeptionsrate durch Verringerung des Spermaanteils je Besamung von 1 cm^3 auf 0,5 cm^3 nicht beeinflußt. 1960 wurden letztmalig Besamungen mit 1 cm^3

durchgeführt. 1960 lag die Konzeptionsrate bei 62%, 1962 dagegen bei 66%. Damit wird der Anteil ungeprüfter Bullen weiter vermindert.

K. Damm. 3618.

3-64/09-0217 Mysjutkina, M. V.; Dubrowizy, Gebiet Moskau, Unions-Inst. für Tierzuchtforsch. Povyšenie skorospelosti moločnogo skota putem intensivnogo vyraščivanija molodnjaka. **(Die Steigerung der Schnellwüchsigkeit von Milchvieh durch die Intensivaufzucht des Jungviehs.)** Životnovodstvo, Moskva **25** (1963) Nr. 7. S. 68-71. — 3 Tab.

Im Versuchsbetrieb „Dubrowizy" wurde mit Jungochsen der Cholmogoryer Rasse von der Geburt bis zum Alter von 18-20 Mon. ein Fütterungsversuch durchgeführt, wobei während der ganzen Periode verfüttert wurden: 3 dt Vollmilch; 3,67 (Gruppe I) und 8,16 (Gruppe II) dt Magermilch; 3,78 (I) und 9,38 (II) dt Kraftfutter; 88,5 (I) und 62,9 (II) dt Saftfutter sowie 6,6 (I) und 6,4 (II) dt Rauhfutter. Für 1 kg Zunahme wurden 7,1 FE und 0,687 kg verd. E. (I) bzw. 7,3 FE und 0,694 kg verd.E. (II) benötigt. Die Verdauungskoeffizienten der org. Subst. lagen zwischen 66 und 73,3. In beiden Gruppen wurden etwa die gleichen Mengen verdaulicher Nährstoffe benötigt, und die verdaulichen N-haltigen Stoffe wurden zu 25% aufgenommen. Mit 18-20 Mon. wogen die Tiere ∅ 434 (I) und 438 kg (II); die Tagesdurchschnittszunahmen betrugen entspr. 684 und 696 g. Bei dieser Intensivaufzucht wiesen die Tiere der Cholmogoryer Rasse fast die gleichen Fleischeigenschaften und das gleiche Hautgewicht auf wie Tiere von Fleischrassen. Andere Versuche mit der Intensivaufzucht von Jungrindern brachten ähnliche Ergebnisse. B. Schenk. 3634.

3-64/09-0218 Sewell, Homer B., Comfort, James E., Day, Billy N. und Lasley, John F.; Columbia; Univ. of Missouri, Coll. of Agric. Genetic and environmental factors influencing the weaning weight of beef calves. **(Genetische und Umweltfaktoren, die das Absatzgewicht von Fleischkälbern beeinflussen.)** Univ. Missouri, Coll. Agric., agric. Exp. Stat., Res. Bull. **1963** Nr. 823. S. 1-41. — 2 Abb., 18 Tab., 40 Lit.

Die 1951-61 in einer Privatherde gesammelten Daten über die Gewichtsentwicklung von 1066 Hereford-Absatzkälbern werden hinsichtlich ihrer Beeinflussung durch das Geschlecht des Kalbes, Alter der Kuh, Jahreszeit der Geburt und das Geburtsjahr ausgewertet. Das 180-Tage-Absatzgewicht der männl. Kälber war 24,12 lb. höher als das der weibl. Tiere. Kühe zwischen 6 und 10 Jahren produzierten die schwersten Kälber, die im Febr.-März geborenen Tiere waren beim Absetzen am schwersten. Das Geburtsjahr hatte von allen Umweltfaktoren den nachhaltigsten Einfluß. Wurden die Absatzgewichte hinsichtlich des Einflusses der genannten genetischen und Umweltfaktoren korrigiert, reduzierte sich die Varianz um 40%, der Variationskoeffizient verringerte sich von 0,166 auf 0,177 und die Differenz zwischen dem höchsten und niedrigsten Jahresdurchschnittsgewicht von 129 auf 31 lb. Die Wiederholbarkeit des Absatzgewichtes wird mit 0,52 geschätzt, wenn alle Einflüsse berücksichtigt werden. Die Heritabilität des Gewichtes ist niedrig (0,082). Der zu erwartende Einfluß der Selektionsquote bei den Kühen wurde bei einem Abgang von jährl. ∅ 17,61% der überwinterten Kühe, davon 47,5% aus verschiedenen Gründen und der Rest infolge Leistungsselektion, mit 0,76 lb. Gewichtsverbesserung jährl. geschätzt. Die in den untersuchten Jahren erblich bedingte Leistungserhöhung wird mit 15 lb. angegeben. K. Damm. 3634.

3-64/09-0219 Tyleček, J. Výzkum typových krmných dávek pro plemenné býky. **(Untersuchungen an Futterrationen für Zuchtbullen.)** Sborník Vysoké Školy zemědělské Brně, Řada A **1963** Nr. 3. S. 331-340. — 7 Tab., 9 Lit. Zus. in Russ., Dtsch.

Die Ergebnisse der beschriebenen Untersuchungen an 57 Bullen aus 3 Besamungsstationen im Niederungs- und submontanen Gebiet Mährens ergeben, daß den Hauptanteil der Futterrationen bei Zuchtbullen das wirtschaftseigene Futter ausmacht. Deshalb ist es zweckmäßig, die Wirtschaftsfläche der Besamungsstationen derart zu ergänzen, daß die Erzeugung des gesamten benötigten Saftfutters und Heus ermöglicht wird. Die Grünfütterung der Zuchtbullen ist um 1-2 Mon. kürzer als bei anderen Rindergruppen desselben Produktionsgebietes. Das Grünfutter hat nach den Beobachtungen des Vf. keinen ungünstigen Einfluß auf die Leistung der Bullen. Im Winter sollen die Futterrationen auch Silofutter enthalten. In die Futterrationen von Zuchtbullen (Lgw. 1000 kg) sollen je 100 kg Lgw. 1 kg Heu im Winter und 0,5-0,7 kg Heu im Sommer, ferner 1,5-2 kg Grünfutter im Sommer, 1 kg Futterrüben im Winter und 0,4-0,6 kg Kraftfutter eingereiht werden.

ČSSR/ÚVTI. 3644.

3-64/09-0220 Dudin, S. Ja. und Ryndin, G. L. Intensivnoe vyraščivanie i otkorm molodnjaka Kalmyckoj porody. **(Intensive Aufzucht und Mast von Jungrindern der Kalmükenrasse.)** Živodnovodstvo, Moskva **26** (1964) Nr. 4. S. 17-23. — 3 Abb., 4 Tab.

In einem Wirtschaftsversuch mit 2 Ochsengruppen zu je 15 Stck. sollte die für die Wirtschaft günstigste Mastmethode gefunden werden. Die Aufzucht erfolgte auf der Weide, so daß die Tiere bis zum Alter von 8 Mon. nichts außer Muttermilch und Weidefutter erhielten. Die Kastration erfolgte im Alter von 6 Mon. In der Versuchsgruppe erhielt eine Gruppe tägl. 4 kg Gerstenschrot, während an die Tiere der anderen Gruppen nur 1 kg tägl. verabreicht wurde. Beide Gruppen erhielten 3 kg Heu je Tier und Tag, während Gerstenstroh und Maissilage ad libitum gefüttert wurden. Die Tiere wurden im Freien gehalten und nur während Regenwetter oder Schneesturm in eine Scheune getrieben. Kontrollschlachtungen wurden im Alter von 12, 15 und 18 Mon. durchgeführt. Die Kraftfuttergabe von 4 kg erwies sich bis zum Alter von 12 und 15 Mon. als zweckmäßig, da diese Tiere bessere Zunahmen und einen höheren Fleischanteil aufwiesen als die mit 1 kg Gerstenschrot gefütterten. Im Alter von 15-18 Mon. wurden die Tiere geweidet. Hier holten die mit wenig Kraftfutter gefütterten Tiere sehr stark auf, so daß für diese Mastmethode der Kraftfutteraufwand ungerechtfertigt ist. Demnach müssen die Kastraten entweder bis zu 15 Mon. mit einer größeren Kraftfuttermenge auf ein Gewicht von 350-375 kg gebracht oder mit wenig Kraftfutter bis zur Sommerweideperiode gehalten und dann auf der Weide bis zu einem Endgewicht von 385 kg gemästet werden, um sie im Alter von 18 Mon. schlachten zu können.

H. Schwiderski/Dummerstorf. 3652.

3-64/09-0221 Dudin, S. Ja. O nagule skota. **(Über die Weidemast von Rindern.)** Moločnoe i mjasnoe skotovodstvo, Moskva 8 (1963) Nr. 6. S. 3-6. — 1 Tab.

Vf. gibt Hinweise, wie bei rationeller Nutzung der Weidefläche (Umtrieb) in rel. kurzer Zeit eine max. Gewichtszunahme des Viehs erreicht werden kann. Er weist auf die Wichtigkeit einer Vorbereitung des Jungviehs auf die Weidemast hin. Dabei muß das Gewicht der verfütterten Konzentrate nach und nach verringert und das des Grob- und Saftfutters erhöht werden. Beim Weiden kommt es darauf an, daß die Tiere tägl. eine Grasmenge zu sich nehmen, die eine durchschnittl. tägl. Gewichtszunahme von 900-1000 g (ohne Zusatzfutter) gewährleistet. Eine zusätzliche Verfütterung von Kraftfutter ist nur dann erforderlich, wenn die Weiden nicht ertragreich genug sind. Ausschlaggebend ist nicht die prozentuale, sondern die abs. Gewichtszunahme. Weiterhin muß gewährleistet sein, daß die Tiere 3- bis 4mal tägl. (an heißen Tagen öfter) getränkt werden können. Zur Appetitanregung wird Salz gegeben. Eine geregelte Tageseinteilung ist ebenfalls wichtig, da das Vieh anderenfalls unruhig wird. I. Montag. 3652.

3-64/09-0222 Ryndin, G. L. Ot ėkstensivnogo nagula k kruglogodovomu otkormu. **(Von extensivem Hüten zu ganzjähriger Mast.)** Moločnoe i mjasnoe skotovodstvo, Moskva **9** (1964) Nr. 3. S. 11-14. — 4 Abb.

Das Simownikowsker Gestüt liegt in der östlichen Steppenzone des Rostower Gebiets. Mit der Urbarmachung von 22852 ha Neuland vergrößerte sich die Ackerfläche auf 37237 ha. Durch den Umbruch der Steppenweiden ging der Viehbestand jedoch nicht zurück, sondern konnte vergrößert werden, und zwar bei Rindern um das 5,3fache. An Getreide wurde 1963 das 7,4fache des Jahres 1953 produziert. Es werden 1265 Pferde und 6450 Rinder, darunter 2600 Kühe, und 34346 Schafe gehalten. Die Hauptproduktionsrichtungen der Wirtschaft sind Feinwollschafzucht und Rindermast auf der Grundlage der Kalmükischen Fleischrasse. Diese Rasse ist unter den Bedingungen der Donsteppen vortrefflich für die Mast geeignet und zeichnet sich durch hohe Fleischqualität und große Widerstandsfähigkeit aus. Als zweckmäßigste Abkalbezeit wird März-April angegeben. Die Kälber bleiben bis zum 7. bis 8. Lebensmonat bei ihren Müttern und erreichen ein Absatzgewicht von 180 bis 200 kg. Die Winterhaltung erfolgt in größeren Herden von 250-350 Tieren. Je Viehpfleger werden bis zu 250 Tiere betreut. Die durchschnittl. Tageszunahmen in der Winterfutterperiode betragen bei Maissilagefütterung 600 g. Der Kraftfutteranteil in der Ration beträgt 12 bis höchstens 17%. Im folgenden Sommer werden die Tiere dann wieder geweidet und im Herbst im Alter von 16-17 Mon. mit einem Endgewicht von 365-385 kg geschlachtet.
H. Schwiderski/Dummerstorf. 3652.

3-64/09-0223 Brumby, P. J. The causes of differences in production between dairy herds. **(Die Ursachen für die Leistungsunterschiede zwischen den Milchviehherden.)** Animal Product. **3** (1961) Nr. 3. S. 277-294. — 3 Abb., 14 Tab., 19 Lit.

Vf. wählte aus 40 Herden 240 Kälber aus, die an neutralem Ort unter gleichen Bedingungen aufgezogen wurden. Außerdem wurden 120 eineiige Zwillinge auf die 40 Herden mit hohen und niedrigen Leistungen verteilt und dort aufgezogen. Die Tiere blieben bis zur 2. Laktation im Versuch. Die Ergebnisse zeigten, daß generell keine genetischen Unterschiede in der Körpergröße, der Fruchtbarkeit, der Milchleistung und der Laktationsdauer zwischen Rindern aus Herden mit hoher und niedriger Leistung bestehen. Für die Milchzusammensetzung konnten jedoch genetische Unterschiede nachgewiesen werden. Genetische Leistungsunterschiede zwischen den Herden wurden nur innerhalb der Hochleistungsgruppe gefunden, nicht aber in der Herdengruppe mit niedriger Produktion. D. Stolzenburg. 3662.

3-64/09-0224 Suchánek, B. Vztah mezi mléčnou užitkovosti a živou váhou krav. **(Beziehungen zwischen der Milchleistung und dem Lebendgewicht der Kühe.)** Živočišná Výroba **8(36)** (1963) Nr. 7. S. 389-398. — 1 Abb., 5 Tab., 16 Lit. Zus. in Russ., Franz., Dtsch.

In 6 Zuchtherden des Tschechischen Rotfleckviehs mit einer durchschnittl. jährl. Milchleistung von 3312-4069 kg FCM wurden die Beziehungen zwischen der Milchleistung und dem Lgw. untersucht. Aus den Ergebnissen geht hervor, daß das Lgw. die Milchleistung der Kühe wesentlich nur in der 1. Laktation beeinflußte. Bei erwachsenen Kühen war der Einfluß nur gering. Die auf 100 kg Lgw. bezogene Milchleistung änderte sich ähnlich wie die abs. Milchleistung während der Laktation infolge der hohen Korrelation zwischen beiden Merkmalen ($r = +0{,}892$). Eine geringere Abhängigkeit wurde festgestellt im Verhältnis der rel. Milchleistung zum Lgw. der Kühe ($r = -0{,}280$). Bei Steigerung der rel. Milchleistung verringerte sich der Nährstoffverbrauch je 1 kg Milch (FCM). Zur Bewertung des Exterieurs ist die Tatsache von Bedeutung, daß Kühe mit unterschiedlicher rel. Milchleistung durchschnittl. gleiche Körpermaße aufwiesen. ČSSR/ÚVTI. 3662.

3-64/09-0225 Erb, R. E. und Ashworth, U. S.; Pullman, Washington State Univ. Within breed variations in milk composition and estimating the average composition of milk for the lactation from partial records. **(Variationen innerhalb einer Rasse hinsichtlich der Milchzusammensetzung und die Schätzung der Durchschnittszusammensetzung der Milch während der Laktation aus Teilleistungsabschnitten.)** J. Dairy Sci. **46** (1963) Nr. 11. S. 1228 bis 1235.

Im Verlaufe von 4 Jahren wurde in monatl. Abständen die Milchzusammensetzung von 178 Milchkühen der Universitätsherde untersucht, um Variationen bei den Milchkomponenten zu vergleichen. Die Standardabweichungen betrugen jeweils 0,26%, 0,20%, 0,14% und 0,12% für Milchfett, SNF, Protein und Laktose, wenn die Durchschnittszusammensetzung eines Leistungsabschnittes zur Grundlage für die Schätzung der Leistung des nächsten Abschnittes genommen wurde. Ähnliche Wiederholungsvergleiche gaben Abweichungen von jeweils 0,76%, 0,72%, 0,67% und 0,65%. Aus dem Vergleich der Durchschnittszusammensetzung der Milch von Teillaktationen mit der Vollaktation wurden lineare Regressionsgleichungen errechnet. Der durchschnittl. SNF-, Protein- und Laktosegehalt einer 305tägigen Laktationsperiode ließ sich befriedigend aus Teilergebnissen schätzen, die kumulative Durchschnittswerte aus 3 oder mehreren monatl. Folgeuntersuchungen darstellten. W. Gimmler. 3662.

3-64/09-0226 Laben, R. C.; Davis, Univ. of California. Factors responsible for variation in milk composition. **(Für die Variation der Milchzusammensetzung verantwortliche Faktoren.)** J. Dairy Sci. **46** (1963) Nr. 11. S. 1293 bis 1301.

Die Arbeit des Vf. beruht auf einer umfangreichen Literaturzusammenstellung über die die Milchzusammensetzung beeinflussenden Faktoren nach neuesten wissenschaftlichen Erkenntnissen der letzten Jahre. W. Gimmler. 3662.

3-64/09-0227 Bogner, H. und Ritter, H. Ch. **Untersuchungen über die Haltung, die Mastleistung und den Schlachtwert von jungen Mastrindern der Milch-Fleisch- und Spezialmastrassen.** Bayer. landwirtsch. Jb. **40** (1963) Nr. 8. S. 952-963. — 6 Abb., 7 Tab., 7 Lit.

Zwecks Feststellung von Haltung, Mastleistung und Schlachtwert bei jungen Mastrindern der Milch-Fleisch- und Spezialmastrassen wurden in Grub eine Reihe von Untersuchungen aufgenommen, die z. T. schon abgeschlossen sind. Hierbei werden folgende Ergebnisse ermittelt: Kühe des Deutschen Fleckviehs sind für die Ammenkuhhaltung gut geeignet, wobei in einer Zeitspanne von 6 Mon. 2,5 Kälber/Kuh aufgezogen wurden. Weidegang ist bei Jungmastbullen der Zweinutzungs-Höhenviehrassen im Alter von 5-14 Mon. möglich. Bei der Endmast (auf ca. 600 kg) empfiehlt sich allerdings Aufstallung. Hier hat sich der Kurzstand mit großer Futterkrippe und Jaucheabfluß in der Standmitte bewährt. Als ausgesprochen arbeitsextensiv erwies sich die Mutterkuhhaltung (Form der Fleischrinderhaltung, wo Kühe mit Kälbern und zeitweilig auch mit dem Zuchtbullen auf Weide bzw. im Laufstall gehalten werden). Hierfür geeignet erwiesen sich sowohl Bullen der Zweinutzungs- als auch Spezialmastrassen. Im Vergleich zu Fleckvieh und Gelbvieh hatten Kreuzungen mit Aberdeen-Angus im Gewicht von 400 kg ein ungünstigeres Fett-Fleisch-Verhältnis. Bez. des Schlachtwertes schnitten die Spezialmastrassen Charollais und Limousin vergleichsweise zu Fleckvieh und Gelbvieh günstiger ab, im Hinblick auf die Mastleistung waren die deutschen Zweinutzungsrassen mindestens ebenbürtig. Ob der spezielle Schlachtwert der Mastrassen in Deutschland einen Abnehmerkreis findet, der bereit ist, durch höhere Preise diese Rassen wirtschaftlich interessant zu machen, erscheint fraglich. E. Kieslinger. 3664.

3-64/09-0228 Schmitter, W., Stolzman, M., Burgkart, M. und Völkl, H. **Untersuchungen über Mastleistung und Schlachtwert von Jung-**

bullen der Limousin-Rasse im Vergleich mit Nachkommenschaftsgruppen des Deutschen Gelbviehs. Bayer. landwirtsch. Jb. **40** (1963) Nr. 8. S. 964-978. — 5 Abb., 1 Tab., 11 Lit.
Eine in den vergangenen Jahren verstärkt geführte Diskussion um die Bedeutung von Spezialmastrassen ließ es zweckmäßig erscheinen, Jungbullen der Limousin im Vergleich zu Deutschem Gelbvieh auf Mast- und Schlachtleistung zu prüfen. Charakteristische Rassemerkmale der Limousin werden ebenso wie die Versuchsdurchführung eingehend beschrieben. Z. B. zeigten sich im Futterverbrauch keine wesentlichen Unterschiede zwischen beiden Rassen. Die Ausschlachtung ergab in der Zweihälftenausbeute, in der Rückenmuskelfläche und im Keulenanteil eine gewisse Überlegenheit der Linousin. Die unterschiedliche tägl. Zunahme (Mastbeginn bis Schlachtung: Limousin 949 g und Gelbvieh 982 g) konnte statistisch nicht gesichert werden.
E. Kieslinger. 3664.

3-64/09-0229 Brumby, P. J., Walker, D. K. und Gallagher, R. M.; Hamilton, Ruakura Animal Res. Stat. Factors associated with growth in beef cattle. **(Mit dem Wachstum in Zusammenhang stehende Faktoren bei Fleischrindern.)** New Zealand J. agric. Res. **6** (1963) Nr. 6. S. 526-537. — 7 Abb., 8 Tab., 4 Lit.
Die statistischen Auswertungen umfassen Daten über das Wachstum von 1072 Aberdeen-Angus-Jungbullen aus 7 Herdbuchherden und solche von 900 Ochsen und Färsen aus einer sog. Selektionsherde. Die untersuchten Herden sind in einen züchterischen Großversuch der Ruakura-Station einbezogen. Die Herdengröße liegt zwischen 60 und 500 Kühen. Alle Tiere wurden unter den üblichen Weidebedingungen des Landes gehalten. Die Kälber werden mit ∅ 180 Tagen abgesetzt. Das günstigste Schlachtgewicht liegt bei 1000-1100 lb., es wird in den kommerziellen Herden mit ca. 21 Mon. erreicht. Der Korrelationskoeffizient zwischen dem 21-Monategewicht und dem Absatzgewicht für die Jungbullen betrug 0,68, zwischen dem Absatzgewicht und den Zunahmen vom Absetzen bis zu 21 Mon. 0,02. Für die Färsen waren die entspr. Werte 0,51 bzw. −0,20, für die Ochsen 0,56 bzw. −0,18. Daraus ist die große ökonomische Bedeutung des Absatzgewichtes ersichtlich. Das Wachstum von Fleischrindern sollte daher in 2 Phasen, vor und nach dem Absetzen, unterteilt und die beeinflussenden Faktoren entspr. untersucht werden. So wurde zwischen Absatzgewicht und Milchleistung der Kühe eine Korrelation von 0,7 ermittelt. Zwischen den Zunahmen im Sommer und Winter in der Periode nach dem Absetzen scheinen keine Beziehungen zu bestehen. Die Heritabilität der tägl. Zunahmen nach dem Absetzen wird mit 0,4 angegeben. Weiterhin wurden die Beziehungen zwischen den Zunahmen nach dem Absetzen und verschiedenen Schlachtkörpermerkmalen untersucht. Höhere Zunahmen scheinen günstig zu wirken.
K. Damm. 3664.

3-64/09-0230 Bertl, John. **Untersuchungen über Mast- und Schlachtleistungen österreichischer Rinderrassen.** Diss. Wien **1963** 157 S. — 137 Lit.
1954/55 wurden auf 2 Betrieben 138 Ochsen von 5 Höhenviehrassen unter Kontrolle gemästet, geschlachtet und mast- und schlachtleistungsmäßig ausgewertet. Nach 4,5 Mon. entsprachen schon 53% der Tiere den derzeitigen optimalen Qualitätsanforderungen, womit nachgewiesen war, daß die neuzeitlichen Marktansprüche eine Verkürzung der Mast um mindestens 1,5 Mon. ermöglichen. Der Mittelwert der tägl. Zunahme betrug 1037 (669-1405) g, die Ermittlung der Futterumwandlungsquote verliert beim Einsatz von hochwertigen, billigen wirtschaftseigenen Futtermitteln (Rübenblattsilage, Trokkenschnitzeln und Melasse) an wirtschaftlicher Bedeutung. Das Hautgewicht betrug 7,6 (6,3-9,9)% vom Lgw. Die Hautgewichte der Pinzgauer waren höher ($P < 0{,}001$) als die bei Murbodnern, Waldviertlern und Kärntner

Blondvieh. Das Nierenfett macht 30% des ablösbaren Talganteiles aus, der ⌀ 45 (25,7-64,3) kg betrug. Da das Zwischenmuskelfett in der Spätmast wesentlich an der Größe der Rostbratenfläche ($r = +0{,}89$; $P < 0{,}001$) beteiligt ist sowie zwischen der Fläche des M. long. dorsi und der Rostbratenfläche eine negative Beziehung ($r = -0{,}35$; $P < 0{,}001$) besteht, kann von der sicht- bzw. palbierbaren Mächtigkeit der Rückenpartien nicht mit Sicherheit auf die Mächtigkeit des M. long. dorsi geschlossen werden. Die Fleckviehochsen lieferten die größten Schnittflächen des M. long. dorsi mit 91,2 (55,3 bis 123,5) cm^2. Die Marmorierung wird nur zu 33% von der Mastdauer beeinflußt, sie ist vor allem genetisch bestimmt. Die Unterschiede in den Leistungsmerkmalen der Mastleistungsprüfung sind zwischen Tieren der gleichen Rasse größer als zwischen den Rassenmitteln. Ein Einsteller wird durch Rassen mit kombiniertem Zuchtziel billiger erzeugt als durch Fleischrassen. Anzustreben ist die Vorselektion der Kuhfamilien auf Milch- und Milchfettleistung, die Typselektion nach Milch-Fleisch, die Zuwachsleistung in Form der Nachkommenschaftsprüfung, die Hauptselektion durch Nachkommenschaftsprüfung von Jungtierens bis 500 und von Ochsen bis 600 bis 650 kg, um die Eignung des Höhenviehs für die Fleischerzeugung weiter zu verbessern. E. Höpler. 3664.

3-64/09-0231 Bronsch, K. **Die Gesunderhaltung unserer Rinderbestände bei hohen Leistungen.** Züchtungskunde **35** (1963) Nr. 9/10. S. 443-453. — 3 Abb., 1 Tab., 11 Lit. Zus. in Russ., Engl., Franz.
In den vergangenen 27 Jahren wurde in der BRD der Milchmengenertrag um 38%, der Fettertrag um 55% erhöht. Unabhängig hiervon stieg während der letzten 10 Jahre die Rindfleischproduktion um fast 70%. Der wachsende Bedarf an Milch kann innerhalb der EWG im wesentlichen über die Leistungsverbesserung gedeckt werden. Die Lebens- und Nutzungsdauer der Kühe betrug 1962 im Bundesdurchschnitt nur 5,7 Jahre. Die hauptsächlichsten Abgangsursachen sind auf Umweltmängel zurückzuführen, die zu den verschiedensten Funktionsstörungen beitragen. Die wichtigste Voraussetzung zur Gesunderhaltung der Rinder ist eine sorgfältige und gewissenhafte Kälberaufzucht. Weiterhin besteht die Möglichkeit der Gesunderhaltung der Rinderbestände über die Produktion eines qualitativ hochwertigen wirtschaftseigenen Futters, mit dem eine Tagesmilchleistung von 12-15 kg erreicht werden kann. Die Beifütterung eines mit Vit. A angereicherten Mineralfutters und von Kraftfutterkonzentraten bei steigenden Leistungen dienen dem gleichen Zweck. Als hygienische Maßnahmen zur Verbesserung der Rinderhaltung werden die Einrichtung von Abkalbeboxen und die Weidehygiene angeführt. Herbert Winkler. 3671.

3-64/09-0232 Himmel, U. **Untersuchungen verschiedener Haltungsformen bei der Jungbullenmast.** Tierzucht **17** (1963) Nr. 11. S. 496-499.
Die Jungrindermast, die sich auf selektierte weibl. Tiere und auf anfallende Jungbullen erstrecken sollte, ohne die Futterbereitstellung für die Aufzucht weibl. Tiere zu beeinträchtigen, ist mit arbeitssparenden Methoden in Altbauten durchzuführen. Es werden 3 Haltungsgruppen von je 5 Fleckviehbullen hinsichtlich Zunahme und Futterverbrauch verglichen. Gruppe I wurde in einer Laufbox mit Kotrosten, Futterautomat und Selbsttränke, Gruppe II in einer Laufbox mit tägl. Einstreu bei freier Futter- und Wasseraufnahme aus Trogschalen und Gruppe III bei rationierter Einzelfütterung im Anbindestall gehalten. Die Anzahl der Lebenstage bis zum Mastendgewicht von ca. 420 kg war bei allen 3 Gruppen annähernd gleich. Der Verbrauch an StW je kg Zuwachs war bei den angebundenen Mastbullen mit Einzelfütterung am niedrigsten. Mastbullen sollten daher angebunden und auf Spaltenböden mit Unterflurentmistung oder Kotlagerung gehalten und rationiert gefüttert werden. K. Pilz. 3673.

3-64/09-0233 Dietsch, R. **Ökonomische Fragen bei der Spezialisierung der Rinderhaltung im Mittelgebirge.** Tierzucht 17 (1963) Nr. 9. S. 395-397.
In Mittelgebirgslagen mit ca. 50% Grünland, das nur zu 50% mechanisiert bearbeitet werden kann, sind Jungviehaufzuchtbetriebe in Kooperation mit Flachland-LPG einzurichten. Von den Jungviehaufzuchtbetrieben sind für Pensionsweidetiere bis zum Alter von 27 Mon. je kg Gewichtszunahme 1,25 DM zu erheben. Bei einer Abrechnung nach dem Auftriebsgewicht können je Weidetag für Tiere von 150-240 kg 0,80 DM, 241-300 kg 0,90 DM und über 300 kg 1,10 DM veranschlagt werden. Je älter und je schwerer die Jungrinder beim Weideauftrieb sind, desto höher sind die tägl. Zunahmen.
K. Pilz. 3675.

3-64/09-0234 Admin, E. I. Doenie korov na ustanovkach „eločka". **(Das Melken von Kühen im Fischgrätenmelkstand.)** Životnovodstvo, Moskva **26** (1964) Nr. 4. S. 26-33. — 2 Abb., 4 Tab.
Auf Grund dessen, daß beim Melken im FGM z. Z. noch viele methodische Fehler begangen werden, bringt Vf. ein Beispiel für die rationelle Arbeitsorganisation und richtige Durchführung aller Arbeitsgänge bei dieser Melkmethode. Auf der Milchviehfarm der Versuchswirtschaft des Forsch.-Inst. für Tierzucht des Waldsteppen- und Polessje-Gebietes der UdSSR werden in 3 Laufställen 1000 Kühe und 135 tragende Färsen gehalten. Die Ställe sind in Sektionen zu je 100 Tieren unterteilt. Das Melken erfolgt in 2 sechzehner und 2 zwanziger FGM, die paarweise an der Ost- und an der Westseite der Anlage angeordnet sind. Das Melken einer Gruppe (= 100 Tiere) in 2 Fischgrätenmelkständen dauert 35-40 Min. Vf. spricht sich für tägl. 2maliges Melken aus, da von ihm durchgeführte Versuche zeigten, daß hierdurch gegenüber 3maligem Melken die Nachgemelksmenge bedeutend gesenkt werden kann, weil der Milchejektionsreflex besser zur Geltung kommt. So betrug die Nachgemelksmenge bei 3maligem Melken 5,8% der Gesamtmilch und beim 2maligen Melken der gleichen Kuhgruppe 1,7%.
H. Schwiderski/Dummerstorf. 3677.

3-64/09-0235 Walser, K. und Ritter, H. Ch. **Über die Bedeutung des Anrüstens beim Maschinenmelken.** Bayer. landwirtsch. Jb. **40** (1963) Nr. 8. S. 913-922. — 6 Tab., 3 Lit.
Es wurden 3 Gruppen zu je 11 Kühen in einer 15wöchigen Versuchszeit nach vorheriger 3wöchiger Beobachtungszeit auf die Wirkung des Anrüstens beim Maschinenmelken untersucht. Eine Gruppe enthielt Tiere in der 1. Laktation. Es konnte nicht nachgewiesen werden, daß durch Wegfall oder eine Verkürzung des Anrüstens die Milchleistung nachteilig beeinflußt wurde, auch der Milchfettgehalt veränderte sich nicht negativ. Klar trat aber eine Verlängerung der Melkdauer hervor, der Milchfluß verringerte sich um 0,25 kg pro Min. Der Arbeitszeitbedarf stieg also trotz der Ersparnis durch das Nichtanrüsten an. Die Erstlingskühe zeigten auch einen erhöhten Zellgehalt, so daß man sagen kann, ein Unterlassen des Anrüstens führt bes. bei diesen Kühen zu einer erhöhten Infektionsbereitschaft. H. Senger. 3677.

3-64/09-0236 Bogner, H., Burgkart, M. und Laub, A. **Untersuchungen über den Ausfall einer Melkzeit innerhalb einer Woche bei Weidegang und Stallhaltung.** Tierzüchter **15** (1963) Nr. 17. S. 627-629. — 1 Tab.
Mit Rücksicht auf die Bedeutung der Einsparung von Feiertagsarbeit im Kuhstall wurden bereits Untersuchungen von Petersen (1951), Witt (1955) und Kleinhessling (1963) dahingehend angestellt, wie sich der Ausfall einer Melkzeit bei einer verspäteten Morgenmelkzeit auf die Gesamtmilchmenge je Kuh innerhalb einer Woche auswirkt. Es ergaben sich Leistungsrückgänge bei Stallhaltung um 22,4%, bei Weidehaltung um 18,4% bei sich wieder ausgleichenden Fettprozenten. — In Grub ergaben Versuche der Vff. mit 20 und 43 Kühen ein Absinken der Milchleistung am 1. Tag um 30%, am 2. Tag stieg

die Milch wieder etwas an, am 3. Tag fiel sie nochmals geringfügig ab und erreichte am 4. Tag die am Kontrolltag festgestellte Ausgangsleistung. Der durchschnittl. Ausfall je Tier betrug auf der Weide 1,9 kg, im Stall 2,3 kg Milch. H. Senger. 3677.

3-64/09-0237 Röhrer, H. **Zum Maul-und-Klauenseuche-Geschehen in der Deutschen Demokratischen Republik im Jahre 1962/63.** Mh. Veterinärmed. **19** (1964) Nr. 6. S. 201-208. 3680.

3-64/09-0238 Baier, W. und Walser, K. **Beiträge zur tierärztlichen Forensik der Euterstörungen. I. Gewährschaftsfragen bei Mängeln des Euters.** Berliner Münchener tierärztl. Wschr. **77** (1964) Nr. 4. S. 80-82. 3680.

3-64/09-0239 Herrnhold, U. und Steinhardt, M. **Kann durch Anwendung von Mastitis-Schnelltesten die Galtsanierung beschleunigt werden?** Mh. Veterinärmed. **19** (1964) Nr. 4. S. 121-131.
Es werden Vorschläge gebracht, wie durch eine koordinierte Zusammenarbeit von Tierhaltern, praktischen Tierärzten, Milcherzeugerberatungsdienst und dem milchhygienischen Dienst der VUTGÄ die Galtmastitiden möglichst ökonomisch bekämpft werden können. Die Schnell-Teste, deren allg. Einführung befürwortet wird, dienen der Orientierung und Überwachung, die Therapie sollte auf dem Ergebnis der bakteriol. Untersuchungen beruhen. Die Eliminierung chronischer rezidivierender und therapie-resistenter Galtkühe, die Attestierung der Eutergesundheit bei Umsetzungen nach entspr. bakteriol. Untersuchung und die Qualitätsbezahlung der Milch werden gefordert. W. Kötsche. 3680.

3-64/09-0240 Baier, W. **Der Schalm-Mastitis-Test in der planmäßigen Euterkontrolle.** Wiener tierärztl. Mschr. **51** (1964) Nr. 1. S. 11-17. — 4 Tab., 16 Lit. Zus. in Engl., Franz., Ital.
Es wird über 3jährige Erfahrungen mit dem Schalm-Mastitis-Test (SMT) berichtet. Über 6000 Viertelgemelkproben wurden vergleichend mittels SMT und Zellzählung untersucht; der SMT gestattet eine Beurteilung des Zellgehaltes mit einer für praktische Verhältnisse völlig ausreichenden Sicherheit Bakteriell bedingte Mastitiden sind dagegen durch den SMT nur indirekt zu erfassen, sofern ein erhöhter Zellgehalt besteht. Ca. 30000 Viertelgemelksproben wurden in dieser Richtung untersucht. Der SMT ist andererseits geeignet, die abakteriellen Sekretionsstörungen besser als die bakteriol. Untersuchung zu erfassen. Der SMT sollte bes. als Orientierungsprobe zur Ermittlung sekretionsgestörter Herden dienen. W. Kötsche. 3680.

3-64/09-0241 Ebenbauer, F. **Mitteilungen des Alpenfleckviehzuchtverbandes Steiermark-Kärnten.** Mitt. Alpenfleckviehverb. Steiermark Zuchtverb. Kärntner Fleckvieh **12** (1963) Nr. 13. 32 S.
Die Veröffentlichung enthält an die Mitglieder gerichtete Fachaufsätze über Fütterung, Zuchtauslese, Melkbarkeit, Berichte über Mitgliederversammlungen, Schauen und Absatzveranstaltungen. 1952 zählte der Verband 327 Mitglieder, 1962 bereits 1656. Die Milchleistungen von 1788 Kontrollkühen lagen 1952 bei ∅ 2771 kg Milch mit 4,06% Fett, die von 971 Hb-Kühen bei 3085 bis 4,02. 1962 ergaben sich die folgenden Zahlen: 9318 kontrollierte Kühe mit 3674 — 4,06 und 5693 Hb-Kühe mit 4010 — 4,09. 1952 wurden 125 Zuchttiere abgesetzt, 1962 bereits 1614. E. Höpler. 3690.

3-64.09-0242 *Boelcke, Christa.* **Kritische Betrachtung zur Rindertuberkulosebekämpfung in den Jahren 1957—61 im Kreise Anklam (unter besonderer Berücksichtigung der Neuinfektionen tuberkulosefreier Jungrinderbestände durch Fütterung von Rücklieferungsmilch).** Diss. Leipzig. 1963. (92 S.) 4°. (Diss. 9318)
3-64/09-0243 *Conev, P.* und *Vasilev, At.* **Rodopskoto kusorogo govedo i rezultati ot krustosvaneto mu süs sofijskoto kafjavo govedo.** (Das Kurzhorn-Rhodopenrind und die Ergebnisse seiner Kreuzung mit dem Sofioter Braunvieh.) Sofija: Zemizdat. 1962. (123 S.) 8°. (1963 A 1426)

3-64/09-0244 *Kruglov, Aleksandr Ivanovič* und *Muchačev, Aleksandr Semenovič*. **Jaroslavskij skot.** (Das Jaroslawler Vieh.). Moskva: Izd. sel'skochoz. lit., žurnalov i plakatov. 1963. (342 S.) 8°. (1963 A 1585)

3-64/09-0245 *Maissen, Alexander*. **Die Braunviehzuchtgenossenschaft Brigels-Dorf.** Diss. Veterinärmed. Fak. Bern. 1961. (50 S.) 8°. (Diss. 9033)

3-64/09-0246 *Quittet, E.* **Races bovines françaises.** Cartes dressées par J. Lavaillotte. 2. ed. Paris: La Maison Rustique. 1963. (78 S. m. Abb. u. 2. Kt.) 4° = Collection: Les races d'animaux domestiques. (1963 B 249)

3-64/09-0247 *Schreiter, M.* **Die Entwicklung der genossenschaftlichen Rinderhaltung in den LPG Typ I des Bez. Karl-Marx-Stadt und Vorschläge für die künftige Einrichtung der genossenschaftlichen Rinderhaltung.** Karl-Marx-Stadt. 1963. (35 S.) 8° = Schriftenreihe des Instituts zur Einführung des wissenschaftlich-techn. Fortschritts. H. 10. (DA 1670)

3-64/09-0248 *Zimmermann, G.* **Taschenbuch für Kälberpfleger.** Hohenzieritz: Inst. f. Landw. d. Rates d. Bezirkes Neubrandenburg. 1963. (23 S.) 8° = Schriftenreihe zur Einführung des wissenschaftlich-technischen Fortschrittes in der Landwirtschaft. 1963. H. 6. (SR 3111, 1963, 6)

3-64/09-0249 *Zipper, Josef.* **Untersuchungen über den Einfluß der Rasse auf Fortpflanzungsleistungen, die Lebensdauer und Abgangsursachen von Kühen des schwarzbunten Niederungsviehs, Höhenfleckviehs und Frankenviehs.** Diss. Veterinärmed. Fak. Berlin. 1963. (154 S.) 4°. (Diss. 9405)

3-64/09-0250 **The national dairy herd of England and Wales.** Results of a census carried out by the Milk Marketing Board in June 1960. Thames Ditton: Milk Marketing Board. 1961. (44 S.) 8°. (1963 A 1047)

D. SCHWEINE

3-64/09-0251 Trulsson, Gunnar. Svinskötseln under 1963. **(Schweinezucht 1963 in Schweden.)** Svinskötsel **54** (1964) Nr. 2. S. 35-39. — 1 Abb., 6 Tab.
Die Zahl der Schlachtschweine ist 1963 gegenüber 1962 zurückgegangen. Für 1964 wird eine Erhöhung des Exportüberschusses erwartet. Zuchtarbeit, Fütterung und die anderen Umweltbedingungen müssen zusammenwirken, um die Qualität zu verbessern. In den Mastleistungsprüfungen wurden 10 g höhere Zunahmen erreicht als im Vorjahr. Sie liegen damit bei der Landrasse in Schweden höher als in Dänemark. Die Futterverwertung war mit 2,97 FE in beiden Ländern gleich. Der Export von Zuchttieren ist zurückgegangen. Hauptabnehmer waren Japan, die Philippinnen, die BRD und Österreich, Die Getreidepreise und die Fleischpreise sind angestiegen. Eine bes. starke Erhöhung ergab sich bei den Ferkelpreisen. J. K. Hinrichsen. 3710.

3-64/09-0252 Glodeck, P. **Verschiedene Wege führen zum Deutschen Fleischschwein.** Tierzüchter **15** (1963) Nr. 21. S. 782-784. — 3 Abb., 3 Tab.
Als Wege zum Deutschen Fleischschwein gibt Vf. die Selektion unter dem vorhandenen veredelten Landschwein, den Ersatz der deutschen durch holländische Tiere und Selektion unter diesen und die Kombinationszüchtung mit bewährten deutschen und vielversprechenden holländischen Landschweinen an. Die Selektion unter den einheimischen Tieren führte nicht schnell genug zum Ziel, so daß heute nur die beiden letztgenannten Wege beschritten werden. Bei der Methode der Reinzüchtung importierter Tiere sind die wesentlichsten Fehler inzwischen verschwunden, nur bereitet die häufig beobachtete schlechte Fleischbeschaffenheit durch erhöhte Empfindlichkeit gegenüber ungünstigen Umweltverhältnissen direkt vor der Schlachtung Sorge. Bei der Kombination deutscher und holländischer Schweine dürfte der Mindestanteil von $^3/_4$ holländischen und höchstens $^1/_4$ deutschen Ahnen zu suchen sein. Die propagierte $^5/_8$-Generation erwies sich als unzureichend. Es wird darauf hingewiesen, daß die einzelnen Werteigenschaften nicht nacheinander, sondern nebeneinander erzüchtet werden müssen. Werner Schlegel. 3740.

3-64/09-0253 Snick, G. van, Vergote de Lantsheere, W. und Lejeune, A. Étude comparative des qualités d'élevage des truies des races „Porc Belge“ et „Piétrain“. **(Vergleichende Untersuchungen über die Zuchteigenschaften von Sauen der Rassen „Belgisches Schwein“ und „Piétrain“.)** Rev. Agric. [Bruxelles] **16** (1963) Nr. 12. S. 1731-1794. — 32 Abb., 25 Tab.
Zur Erhärtung der Ergebnisse einer früheren Arbeit (1959) vergleichen Vff. die Zuchtleistungen des Belgischen Landschweines (*A*) und der Piétrain (*B*)

an größerem Material aus den Jahren 1960 und 1961. Danach liegt die Trächtigkeitsdauer beider Rassen bei 115 Tg. und wird durch das Alter der Sau nicht beeinflußt. Die Zahl lebend geborener Ferkel ist bei beiden Rassen 9,7, die Gesamtzahl der geborenen Ferkel je Wurf (lebend und tot) bei *A* etwas höher (10,2 und 10,4) als bei *B* (10,0 und 10,2). Die Zahl lebend geborener Ferkel steigt bis zum 4.-5. Wurf, die Totgeburten erhöhen sich bei beiden Rassen mit dem Alter der Sau. Die Aufzuchtverluste (bis 3 Wochen) betragen bei *A* 11% und 10,1%, bei *B* 14,1% und 12,6%; die Ferkelgewichte liegen bei *A* höher (6,5 und 6,7) als bei *B* (6,0 und 6,1). Die Langlebigkeit und Zuchtbenutzung ist bei *A* etwas höher (+10 Ferkel), so daß *A* im ganzen eine geringfügige Überlegenheit erkennen läßt. Der jeweilige Einfluß der Wurfnummer auf die Merkmale wird erörtert. A. Schaaf. 3817.

3-64/09-0254 Trulsson, Gunnar. Svinstamkontrollen, kontrollåret 1. 10. 1962 —30. 9. 1963. **(Mastleistungsprüfungen, Kontrolljahr 1. 10. 1962—30. 9. 1963 in Schweden.)** Sviskötsel **54** (1964) Nr. 2. S. 41-43. — 2 Tab.
Die Prüfungen wurden in 6 Anstalten mit 415 Buchten durchgeführt, die zu ca. 85% ausgenutzt waren. Sie erfaßten 3277 Landrasse- und 970 Yorkshire-Schweine. 2,1% der Landrasse- und 1,8% der Yorkshire-Schweine schieden während der Prüfung aus. Wegen des geringen Eiweißgehaltes des Getreides aus dem Jahre 1962 wurden 4% Gerste gegen Sojamehl in der Ration ausgetauscht. Mit 2,97 FE wurde die bisher beste Futterverwertung erreicht. Die Zunahmen sind mit 715 bzw. 718 g bei beiden Rassen um 10 g höher als im Vorjahr. Die Empfehlung, keine zu langen Schweine zu halten, hat sich in einem leichten Rückgang der Körperlänge ausgewirkt. Gleichzeitig ist bei beiden Rassen die Rückenspeckdicke um ca. 1 mm zurückgegangen. Bei den Punktierwerten der Schlachtbeurteilung erhielt der Fleischansatz eine höhere durchschnittl. Punktzahl. Ebenso erreichte die Querschnittsfläche des Rückenmuskels mit 28,9 cm^2 einen höheren Wert als im Vorjahr. In Wiad laufen Untersuchungen mit dem Ziel, jüngere Zuchttiere mit Hilfe von Ultraschall vorzuprüfen, um dann die besseren in die Mastleistungsprüfung zu geben.
J. K. Hinrichsen. 3820.

3-64/09-0255 Georgiev, I., Angelov, A. und Vangelov, K. Ugoitelna sposobnost i klanični kačestva na bŭlgarskata bjala poroda svine ot stadoto na Instituta-Kneža. **(Masteignung und Schlachtleistung von Schweinen der Bulgarischen Weißen Rasse aus der Herde des Institutes in Knesha.)** Izvestija na Instituta po carevicata — Kneža, Sofija **5** (1963) S. 149-162. — 4 Abb., 5 Tab., 15 Lit.
Die Ergebnisse der Mastleistungsprüfung von 134 Ferkeln der Bulgarischen Weißen Rasse und 24 Kreuzungstieren (Bulgarische Weiße Rasse × Landrasse) mit Futterrationen aus Kraftfuttergemisch ad lib. (Maisschrot 29-40%, Gerstenschrot 36-48%, Haferschrot 6-0%, Erbsenschrot 8-3%, Weizenkleie 7-2,5% Sonnenblumenschrot 7-2,5%, Tierkörpermehl 5-2%, Kreide 1%, Kochsalz 1%), 1 kg entrahmter Milch und 50 g Luzernemehl je Tier und Tag waren (Ergebnisse bei Kreuzungstieren in Klammern): durchschnittl. Tageszunahme 608 (692) g, Futteraufwand je kg Gewichtszunahme 4,560 (4,908) FE mit 437 (460) g verd. E., Schlachtgewicht 69,3 (77,4) kg, Länge der Bacon-Schlachthälfte 76,6 (77,8) cm, Breite 34,8 (35,8) cm, Speckdicke zwischen der 6. und 7. Rippe 3,1 (3,4) cm, Dicke des Kotelettauges am 7. Lendenwirbel 5,2 (5,8) cm. NRB/ZSNTI. 3820.

3-64/09-0256 Rudakov, A. I. Ocenka svinej četyrech porod i ich pomesej pri kontrol'nom otkorme. **(Mastleistungsprüfung bei vier Schweinerassen und ihren Kreuzungsprodukten.)** Životnovodstvo, Moskva **26** (1964) Nr. 4. S. 57 bis 61. — 6 Abb., 2 Tab.
Vf. berichtet über die Prüfung der Großen Weißen und der Schwedischen Landrasse sowie des Breitowoer und Urshumer Schweins hinsichtlich ihrer Mast-

leistung in einer neu organisierten Mastprüfungsstation nach der offiziellen vom VIZ bestätigten Methodik. Die Mastdauer von 30-90 kg Lgw. betrug bei den Tieren der einzelnen Rassen: Große Weiße — 112, Breitowoer — 120, Urshumer — 118 und Schwedische Landrasse — 104 Tage; die tägl. Zunahmen entspr. 542; 516; 513; 584 g und der Futterverbrauch 4,56; 4,63; 4,94 und 4,31 sowj. FE je kg Zunahme. Der Fleischanteil war bei den Tieren der Schwedischen Landrasse am höchsten, während die Breitowoer Schweine die größte Speckdicke aufwiesen. Kreuzungsprodukte zwischen den genannten 4 Rassen zeigten sich sowohl hinsichtlich der Mastdauer und der Futterverwertung als auch des Fleischanteils den Ausgangsrassen überlegen.

H. Schwiderski/Dummerstorf. 3820.

3-64/09-0257 Siegl, O.; Knau, Inst. für Tierhalt. der Dtsch. Akad. der Landwirtsch.-Wiss. zu Berlin. **Untersuchungen zur Möglichkeit der Verkürzung des Mastabschnittes in den Mastprüfungsanstalten für Schweine.** Arch. Tierzucht 7 (1964) Nr. 6. — 4 Tab., 2 Lit. Zus. in Russ., Engl. — nach Zus.

An den Ergebnissen von ca. 850 in den Jahren 1956-62 in der Mastprüfungsanstalt Knau in Einzelmast geprüften Schweinen wurden in umfangreichen Korrelationsberechnungen die Zusammenhänge bez. Mastdauer und Futterverwertung zwischen verschiedenen Gewichtsabschnitten und dem bisherigen Gesamtprüfungsabschnitt von 40-110 kg untersucht. Dabei ergaben sich folgende Resultate: 1. Mastdauer und Futterverwertung in den verschiedenen 10-kg-Gewichtsabschnitten korrelierten mit der gleichen Position im Gesamtabschnitt von 40-110 kg mit $r = +0{,}3$ bis $+0{,}7$. Die 10-kg-Abschnitte bei höheren Gewichten waren mit dem Gesamtabschnitt in der Regel auch höher korreliert. 2. Wurden bei Mastdauer und Futterverwertung im Standardabschnitt von 40-110 kg die gleichen Kriterien von z. B. 40-50, 40-60, 40-70 kg usw. gegenübergestellt, so ergaben sich in gleicher Richtung bis zu $r = +0{,}85$ zunehmende Korrelationswerte. 3. Nennenswerte Unterschiede zwischen den 3 geprüften Rassen Deutsches Veredeltes Landschwein, Deutsches Weißes Edelschwein und Deutsches Sattelschwein ergaben sich nicht. 4. Auf Grund dieser nachgewiesenen Zusammenhänge sollte eine Verkürzung des Prüfungsabschnittes in den staatlichen Mastprüfungsanstalten von bisher 40-110 kg auf 40-100 kg ernsthaft in Erwägung gezogen werden. 3820.

3-64/09-0258 Alexandrowicz, S., Ratajszczak, M. und Ręka, J. Uproszczona kontrola użytkowości rzeźnej knurów na terenie zaplecza bekoniarni. **(Vereinfachte Kontrolle der Mastleistungsprüfung der Eber im Bereich der Baconmästereien.)** Gospodarka Mięsna **15** (1963) Nr. 2/3. S. 30-34. — 2 Abb., 3 Tab., 1 Lit.

Die vereinfachte Kontrolle, die in den Mastbetrieben angewendet wird, beruht in der Auswertung der standardisierten Bewertung der Mastschweine nach dem Schlachten. Sie gestattet, die Selektion der Eber im Mastbetrieb durch Aussuchen der schlechtesten und der besten Tiere zu steigern. Zur Analyse darf man nur Mastschweine mit bekannter Abstammung väterlicherseits auswählen. Das zu analysierende Material muß von einer möglichst großen Anzahl Muttersauen und aus einer möglichst großen Zahl Betriebe stammen, um den Einfluß der Umweltbedingungen zu reduzieren. Bei der Bewertung der Eber genügt es, die durchschnittl. Schlachtkörperlänge und die Speckstärke der Nachkommenschaft nur aus derselben Fütterungsperiode (Winter oder Sommer) zu analysieren. Die Punktskala für die Durchschnittslänge des Schlachtkörpers muß ziemlich differenziert sein. Vergleicht man den Wert der kontrollierten Eber untereinander nur auf Grund des arithmetischen Mittels, müssen die entspr. min. Unterschiede berücksichtigt werden, über die hinaus erst die berechneten Unterschiede für das betreffende Merkmal statistisch gesichert sind. PRL/CBR. 3820.

3-64/09-0259 King, J. W. B. A genotype-environment interaction experiment with bacon pigs. **(Ein Versuch mit Baconschweinen zur Untersuchung der Genotyp-Umwelt-Wechselbeziehungen.)** Animal Product. **5** (1963) Nr. 3. S. 283-288. — 3 Tab., 8 Lit.
Vf. berichtet über einen Mast- und Ausschlachtungsversuch mit 140 Schweinen, die aus der Paarung je eines Inzuchtebers der Rassen Large White, Landrasse und Wessex-Saddleback mit Large-White-Sauen stammten und in zweierlei Intensität gemästet wurden: konventionell bzw. hochintensiv unter Verwendung von 10% Fett und wachstumsbeschleunigenden Zusätzen. Der Versuch wurde als Spaltanlage ausgewertet. Die Intensivration erhöhte die tägl. Zunahme um 34% (von 1,31 lb. auf 1,76 lb.), verbesserte die Futterverwertung um 26-% und gab eine höhere Schlachtausbeute, bewirkte aber kürzere und fettere Schlachtkörper. Signifikante Genotyp-Umwelt-Wechselbeziehungen ergaben sich nur für die Bauchdicke, nicht aber für Zunahme, Futterverwertung, Schlachtlänge und Speckdicke. A. Schaaf. 3820.

3-64/09-0260 Grymel, F. und Stefanowicz, J. Wpływ okresu magazynowania i żywienia podczas magazynowania na straty wagowe i wydajność rzeźną u trzody chlewnej. **(Der Einfluß der Dauer der Anlieferungsperiode und der Fütterung während dieser Zeit auf Gewichtsverluste und Schlachtleistung der Schweine.)** Zeszyty naukowe wyższej Szkoły rolniczej Wrocławiu **10** (1963) Nr. 45. S. 203-214. — 3 Tab., 3 Lit.
Dauer und Intensität der Fütterung während der Anlieferungsperiode haben auf die Gewichtsverluste der Tiere in dieser Zeit einen erheblichen Einfluß. Die Verlängerung der Anlieferungsperiode über 1,5-2 Tage hinaus hatte deutliche Steigerungen der Verluste zur Folge. Auch wenn die Schweine während dieser Zeit weder gefüttert noch getränkt wurden, entstanden Gewichtseinbußen, selbst wenn die Anlieferungsperiode nur kurz war. Zwischen den Verlusten in dieser Zeit und der Klasse der Schweine besteht eine deutliche Abhängigkeit. Bei normaler Dauer der Anlieferungsperiode und richtiger Fütterung sind die Verluste um so größer je niedriger die Klasse der Schweine ist. Bei übermäßig verlängerter Anlieferungsperiode und mangelnder Fütterung weisen die unterste und die höchste Klasse die größten Verluste auf. Die Schlachtleistung im Verhältnis zum Annahmegewicht der Schweine und zum Gewicht vor dem Schlachten hat gezeigt, daß zwischen den einzelnen Versuchsgruppen keine statistisch erfaßbaren Unterschiede bestehen. Diese Unterschiede sind jedoch zwischen den Klassen innerhalb der einzelnen Gruppen vorhanden. PRL/CBR. 3820.

3-64/09-0261 Braude, R., Townsend, M. Jill und Harrington, G. A comparison of litter-mate pigs slaughtered at 200 and 260 lb. live weight. **(Ein Vergleich von Wurfgeschwistern bei Schweinen, die bei 200 bzw. 260 lb. Lebendgewicht geschlachtet wurden.)** J. agric. Sci. **61** (1963) Nr. 2. S. 209 bis 220. — 15 Abb., 1 Tab., 34 Lit.
Vff. berichten über einen an 8 verschiedenen Orten koordiniert durchgeführten Versuch zum Leistungsvergleich gruppengefütterter Schweine, die entweder bei 200 lb. (Bacongewicht) oder bei 260 lb. geschlachtet wurden. Die Baconschweine wurden entweder ad lib. oder eingeschränkt gefüttert, alle anderen ad lib., abgesehen von einer Gruppe, die bei 140 lb. den Eiweißzusatz entzogen bekam. Aus den Mast- und Schlachtergebnissen wird gefolgert, daß zur Fleischerzeugung vom Standpunkt der Leistung und der Ökonomik das Schlachtgewicht um 200 lb. dem schwereren vorzuziehen ist. A. Schaaf. 3820.

3-64/09-0262 Leventul', L. Ch. Vlijanie vozrasta matok na produktivnost' otkormočnogo molodnjaka. **(Der Einfluß des Bedeckungsalters der Sauen auf die Mastleistung der Nachkommenschaft.)** Životnovodstvo, Moskva **26** (1964) Nr. 4. S. 23-25. — 5 Tab.

Vf. untersuchte beim Großen Weißen sowie beim Grauen Omsker Schwein den Einfluß des Bedeckungsalters auf die Masteigenschaften der Nachzucht. Dabei konnten hinsichtlich der Zunahme keine wesentlichen Unterschiede festgestellt werden. Die von jüngeren Sauen abstammenden Tiere wiesen bei der Ausschlachtung einen höheren Fleischanteil auf (um 5,5%), während die von ausgewachsenen Sauen stammenden mehr Fett (um 14%) angesetzt hatten und weniger gut entwickelte innere Organe aufwiesen. Angaben über die Futterverwertung fehlen. H. Schwiderski/Dummerstorf. 3825.

3-64/09-0263 Otto, E.; Dummerstorf; Inst. für Tierzuchtforsch. der Dtsch. Akad. der Landwirtsch.-Wiss. zu Berlin. **Der Schlachtwert von Schweinen im Gewicht von 110 kg.** Arch. Tierzucht **7** (1964) Nr. 4. S. 335-363. — 3 Abb., 20 Tab., 104 Lit. — nach Zus.
Von 188 gemästeten und im Gewicht von 110 kg geschlachteten Tieren der Rassen Deutsches Edelschwein und Deutsches Veredeltes Landschwein konnten 143 ausgewertet werden, da von einem Eber wenigstens 2 Gruppen (8 Tiere) vorhanden sein sollten, um den Aussagewert zu erhöhen. Die Tiere wurden in die Teilstücke und diese in Fleisch und Knochen zerlegt. Eingehend wurden das Rückenstück und der Schinken analysiert. Die Fleischbeschaffenheit prüfte man objektiv durch Feststellung der Helligkeit, der Wasserbindung, der Muskelfaserstärke und des Bratverlustes. Die Unterschiede zwischen den Geschlechtern, Vätern, Müttern, Rassen und Jahreszeiten wurden untersucht. Zahlreiche Korrelationen zwischen den einzelnen Faktoren konnten erstmalig berechnet werden. Bedeutsam sind die Geschlechtsunterschiede, und die Unterschiede zwischen den Nachkommengruppen der Väter und Mütter sind meist signifikant. Für die züchterische Arbeit ergeben sich damit wirkungsvolle Aussichten. 3825.

3-64/09-0264 Trulsson, Gunnar. Avelns och utfodringens betydelse för muskelfibrerna hos svin. **(Die Bedeutung der Zucht und der Fütterung für die Muskelfasern beim Schwein.)** Svinskötsel **53** (1963) Nr. 11. S. 261-264. — 3 Abb., 3 Tab.
Von den 164 Versuchstieren verschiedener Rassen wurden am Tage nach der Schlachtung im Gewicht von 95-100 kg aus dem M. long. dorsi hinter der letzten Rippe Muskelproben von $3 \times 3 \times 4$ cm genommen. Diese wurden mindestens 3 Wochen in 10% Formalin fixiert. Dann wurden mit dem Gefriermikrotom Schnitte hergestellt, bei denen an je 10 Stellen die Zahl der Muskelfasern je 0,1675 mm^2 festgestellt wurde. Der Durchmesser der Muskelfasern wurde in 0,2 mm dicken Schnitten gemessen, die in verdünntem Glyzerin gewässert worden waren. Deutsche Edelschweine und Deutsche Veredelte Landschweine hatten mit 77 μm größere Faserdurchmesser als Yorkshire, Piétrain, Duroc-Jersey, Dänische Landrasse und Kreuzungsschweine aus Landrasse $\times$ Piétrain. Die größte Faserzahl je cm^2 hatten mit 36925 Fasern die Tiere der Landrasse, gefolgt von den Kreuzungstieren und den Duroc-Jersey. Der Durchmesser der Muskelfasern wird durch Alter und Gewicht beeinflußt, während die Zahl der Fasern während des Wachstums unverändert bleibt. Dies wurde durch einen Versuch mit insgesamt 81 Schweinen bestätigt, die mit Gewichten von 30,60 bzw. 90 kg geschlachtet wurden, sowie bei 9 Tieren, die bereits mit 15 kg geschlachtet wurden. Außerdem wurden 3 verschiedene Rationen gefüttert. Der Faserdurchmesser steigt im Gewichtsabschnitt 15-30 kg am stärksten an. Von 60-280 kg ist die Zunahme mit ca. 0,1 μm je kg Gewichtszunahme sehr gleichmäßig. Die Fütterung wirkt sich auf den Faserdurchmesser und die Faserzahl je cm^2 in starkem Maße aus. Die Durchmesser steigen mit der Höhe der Proteingabe und fallen bei steigender Futterintensität. Bei der Faserzahl je cm^2 ist es umgekehrt. J. K. Hinrichsen. 3825.

3-64/09-0265 Blin, P.-C., Labie, Ch., Cuq, P. und Jost, Ph. Bases anatomiques de la diagnose de provenance régionale des côtelettes de porc. **(Anato-**

mische Grundlagen zur Feststellung der örtlichen Herkunft der Schweinekoteletts.) Recueil Méd. vétérin. **139** (1963) Nr. 9. S. 733-751. — 10 Abb., 22 Lit. Zus. in Engl., Span.

Die Muskellehre des Schweines wurde bisher vom Standpunkt der vergleichenden Anatomie und dabei meist auf den Erfahrungen von Sektionen abgemagerter Schweine beruhend bearbeitet. Zur Anwendung auf die Praxis des Fleischverkaufs sind diese Unterlagen nicht zu gebrauchen. An auf —18 °C gefrorenen Schweinehälften wurden die Art der Entnahme der Koteletts, die anatomischen Grundlagen und die Nutzanwendung auf die Praxis studiert. Nach Meinung der Vff. reicht das Kotelettstück vom Atlantooccipitalgelenk bis zum Schwanzansatz, zentral von dieser Linie bis zu einer Horizontalen durch die Mitte der 1. Rippe bis zu einem Lot von Lumbasacralgelenk und von dort quer durch die Darmbeinsäule zum Schwanzansatz. Durch eine Senkrechte zwischen 5. und 6. Rippe wird das Kotelettstück in das vordere Rückenstück (échine) und den hinteren Filetanteil (filet) geteilt. Das Filet selbst wird wieder durch je eine Senkrechte im vorletzten Zwischenrippenraum und im letzten Lendenwirbelzwischenraum in das Filetquadrat (vorn, ab 6. Rippe) das Mittelfilet und die Filetspitze (hinten) geteilt. Die Filetspitze wird knochenfrei als Braten ebenso wie die Schulter verwendet. Rückenstückanteil, Filetquadrat und Mittelfilet werden als Koteletten verkauft. Die Art der Anordnung der Muskulatur im vorliegenden Kotelett läßt den Ursprungsort erkennen, da sie im Rückenstück aus mehreren (Hals) Muskeln, im Mittelfilet nur aus einem Muskel besteht. Im Filetquadrat sieht man den Übergang zwischen beiden Extremen. In bezug auf die knöcherne Grundlage unterscheidet man Koteletts mit und ohne Rippenteil. Die ohne Rippenteil stammen vom Hals oder von der Lende und werden an den betr. Wirbeln erkannt. Koteletts mit Rippenteil sind je nach Zahl der Brustwirbel 14-16 vorhanden. An den Mm. iliospinales, rhomboidei, trapezii, longissimi cervicis und psoas wird gezeigt, wie deren Ausdehnung in bezug auf die Wirbel und Zwischenrippenräume zwar nicht ganz regelmäßig ist, aber doch zur Ursprungserkennung des Koteletts heranzuziehen ist. Die Koteletten sind also hinsichtlich ihrer regionalen Herkunft durch den Wirbeltyp, das Vorhandensein einer Rippe oder nicht sowie durch die Merkmale der Muskulatur bestimmbar. Die Erhöhung der Zahl der Brustwirbel (bis 16) beeinflußt nur die Zahl der Koteletts des Filetquadrats, so daß dessen Fixierung mit 7 Rippen den Vff. unrichtig erscheint. Da als einziger fester Punkt sich der M. iliospinalis am 10. Brustwirbel teilt, wird eine gewerbsmäßige Aufteilung des Kotelettstückes an dieser Stelle vorgeschlagen, wobei dann vor dem 10. Brustwirbel die Muskulatur des Koteletts zusammengesetzt wäre (M. longissimus spinalis, M. longissimus dorsi) und danach aus einem Muskel (M. iliospinalis) bestehen würde. K. Preißler. 3825.

3-64/09-0266 Cox, D. F. Breed and sex effects on the relationship between weight and fatness measured at a constant age in swine. **(Einfluß von Rasse und Geschlecht auf die Beziehungen zwischen Gewicht und Fettanteil, festgestellt bei konstantem Endgewicht von Schweinen.)** J. Animal Sci. **22** (1963) Nr. 4. S. 1091-1092. — 2 Tab., 4 Lit.

Die Ermittlungen wurden 1960-62 an 7642 reinrassigen Duroc- und Hampshire-Schweinen durchgeführt. Die männl. Tiere wurden im Alter von 1-3 Wochen kastriert, alle Ferkel nach 6 Lebenswochen abgesetzt. Eine komplette krümelige Futterration erhielten die Tiere in Automaten ad libitum bis zum Alter von 154 Lebenstagen. Zu diesem Zeitpunkt maß Vf. nach der Methode von Hazel und Kline die Fettauflage, und zwar 1,5 in. von der Rückenmittellinie hinter der Schulter, in der Mite des Rückens und über der Lende der Tiere. Die Beziehungen zwischen Gewicht und Fettauflage waren bei den zu verschiedenen Jahreszeiten gehaltenen Schweinen gleich. Folgende durchschnittl. Speckdicke wurde in der Reihenfolge Schulter — Rücken — Lende festgestellt: Duroc männl. Tiere bei 186 lb. Gewicht: 1,68 – 1,14 – 1,20 in., weibl. Tiere bei 176 lb. Gewicht: 1,43 – 0,97 – 1,04 in.; Hampshire männl. Tiere bei 166 lb. Gewicht: 1,28 – 0,85 – 0,88 in., weibl. Tiere bei 157 lb. Gewicht: 1,14 – 0,76 – 0,80 in. Die Standardabweichungen betrugen 33 lb. bez. Gewicht und 0,34 in. hinsichtlich Speckauflage. In einer weiteren Tab. sind die Regressionskoeffizienten zwischen Rückenspeckdicke und Gewicht aufgeführt. Die Korrelation zwischen Fettauflage und Gewicht variierte zwischen $r = 0{,}69$ und $r = 0{,}74$. Die Fettmengen über Schulter, Rücken und Lende repräsentierten jeweils 42; 28 bzw. 30% des nachgewiesenen Gesamtfettes. Das Verhältnis der Höhe der Fettauflage über den 3 Körperteilen war zwischen den Endgewichten von 125 und 225 lb. proportional ungefähr gleich. Gegenüber den Duroc wiesen die Hampshire über der Schulter mehr und über der Lende weniger Fett auf. Bei schweren Schweinen war die Fettauflage über der Lende ein sicherer Maßstab für den Gesamtfettanteil. Aus den angeführten Werten sind auch die Geschlechtsunterschiede erkennbar. Es wurde ferner festgestellt, daß bei gleichem Gewicht die jüngeren Tiere proportional weniger Fett als ältere Tiere aufwiesen. O. Siegl. 3825.

3-64/09-0267 Smith, Charles. Genetic change of backfat thickness in the Danish landrace breed of pigs from 1952 to 1960. **(Genetische Veränderung der Speckdicke beim dänischen Landrasseschwein von 1952-1960.)** Animal Product. **5** (1963) Nr. 3. S. 259-268. — 6 Tab., 7 Lit.
Vf. verwendete Daten aus den Berichten über die dänischen Nachkommenprüfungen bei Schweinen zur Schätzung der genetischen Veränderung der Speckdicke bei der Dänischen Landrasse von 1952-60. In dieser Zeit verminderte sich die durchschnittl. Speckdicke von 34,2 mm auf 28,5 mm, d. h. um 2 Standardeinheiten. Der genetische Anteil der Veränderung wurde als Differenz zwischen der relativen, für Selektionseinflüsse korrigierten Leistung der ersten Nachkommengruppen und der relativen Leistung folgender Nachkommengruppen bestimmter Väter oder Mütter geschätzt. Die für jede der 3 Stationen berechneten Ergebnisse für väterliche bzw. mütterliche Nachkommengruppen schwankten zwischen –0,05 mm und –0,45 mm und betrugen in der Gesamtschätzung –0,15 + 0,10 mm pro Jahr. Ca. 1/5 der beobachteten Differenz ist also genetisch bedingt. A. Schaaf. 3825.

3-64/09-0268 Zoellner, K. O., Lasley, J. F., Tribble, L. F. und Day, B.N. Selection for thinner backfat in swine. **(Selektion nach dünnerem Rückenspeck beim Schwein.)** Univ. Missouri, Coll. Agric., agric. Exp. Stat., Res. Bull. **1963** Nr. 831. S. 1-58. — 43 Tab., 74 Lit.
An Hand von 679 Schweinen aus den ersten beiden Jahren eines Selektionsexperimentes nach dünnerem Rückenspeck untersuchten Vff. den Einfluß der Inzucht auf Absatzgewicht, tägl. Zunahme und Gesamtwert, die Wirksamkeit der Selektion, genetische Korrelationen und Heritabilitäten. Die Inzucht stieg von 0% auf 6,5% bei den 326 Schweinen der 2. Generation; sie hatte keinen Einfluß auf die untersuchten Merkmale. Das effektive Selektionsdifferential für Speckdicke war –3,7 mm (Frühling) bzw. –4,5 mm (Herbst), die realisierte Reaktion entspr. –3,28 mm bzw. –2,8 mm. Mit der verminderten Speckdicke schienen sich die Zunahmen zu verringern, die Zuchtleistung blieb unbeeinflußt. Die hohen Heritabilitäten für Speckdicke (0,74 bis 1,01) deuten darauf hin, daß durch Massenselektion und passende Paarungen die Speckdicke reduziert werden kann. Die Heritabilitäten für tägl. Zunahme (0,17 bis 0,22), Absatzgewicht (–0,17 bis –0,05), Gesamtwert (0,17 bis –0,10) und Futterverwertung (0,10 bis 0,15) waren niedrig. Die Speckdicke war genetisch positiv korreliert mit der Zunahme (0,70), negativ mit der Gesamtnote (–0,93) und der Futterverwertung (–0,46). Signifikante Genotyp-Umwelt-Wechselbeziehungen wurden nicht gefunden. Der Schlachtwert zeigte keine signifikanten Differenzen zwischen beiden Generationen. A. Schaaf. 3825.

3-64/09-0269 Jełowicka, J. Przyżyciowe pomiary grubości słoniny trzody chlewnej przy użyciu ultradźwięków. **(Das Messen der Speckschicht an lebenden Schweinen mittels Ultraschall.)** Gospodarka Mięsna **15** (1963) Nr. 6. S. 9-11. — 1 Abb., 1 Tab., 25 Lit.
Das erstmalige Messen der Dicke der Speckschicht erfolgte durch B. L. Dumont (1955) in Frankreich mit Hilfe des Apparates Metallorada Typ L 2 bei einer Frequenz von 5 MHz. Der Versuch wurde mit 50 Mastschweinen im Gewicht von 110 kg angestellt. Gegenwärtig werden Versuche in vielen Ländern durchgeführt. Alle Autoren bestätigen, daß die Ergebnisse der Messungen befriedigend sind und das Verfahren in der Praxis angewendet werden kann. In Polen sind die seit 1958 in der Anstalt für Versuchszüchtung der Polnischen Akademie der Wissenschaften angestellten Untersuchungen gegenwärtig eingestellt worden. Ihre Fortsetzung erscheint zweckmäßig.
PRL/CBR. 3825.

3-64/09-0270 Laanmjae, V. E.; Tartu, Estn. Forsch.-Inst. für Tierzucht und Veterinärmed. Rezul'taty kontrol'nogo otkorma svinej v Ėstonii. **(Ergebnisse von Nachkommenschaftsprüfungen auf Mastleistung bei Schweinen in Estland.)** Svinovodstvo, Moskva **18** (1964) Nr. 3. S. 32-34. — 4 Abb., 2 Tab.
Es wurden die Nachkommen von 14 Ebern der Estnischen Baconrasse und von 12 Ebern der Großen Weißen Rasse auf Mastleistung geprüft. Die 5 Besten jeder Gruppe werden angegeben. Die Nachkommen des Ebers „Pirat 4765" (Estnische Bacon-Rasse) hatten Tageszunahmen von ⌀ 723 g bei einem Futteraufwand von 3,87 FE, aber die Schlachtkörperlänge war nicht ausreichend. „Pirat 797" (Sohn des o. a.) hat seinen Nachkommen bes. gute Masteigenschaften vererbt (tägl. Zunahmen ⌀ 798 g bei 3,67 FE; mittlere Kotelettfläche 30,8 cm^2). Von den Ebern der Großen Weißen Rasse kam „Vil'gas 8741" auf den 1. Platz. Seine Nachkommen erreichten mit 188 Tagen ein Lgw. von 100 kg und verbrauchten je kg Zunahme im Durchschnitt 3,79 FE (tägl. Gewichtszunahme ⌀ 674 g). I. Scholz/Dummerstorf. 3827.

3-64/09-0271 Romanjuk, N. A., Gumnenkov, P. A. und Jeršova, A. I. Važnyj rezerv povyšenija produktivnosti svinovodstva. **(Eine Reserve zur Steigerung der Produktivität in der Schweinezucht.)** Svinovodstvo, Moskva **18** (1964) Nr. 2. S. 35-37. — 3 Tab.
Vff. berichten über die Ergebnisse der Nachkommenschaftsprüfung von Ebern der Großen Weißen Rasse, wobei durch Mastprüfungen und anschließende Kontrollschlachtungen bes. solche Tiere erkannt werden sollten, die Schnellwüchsigkeit und gute Futterverwertung vererben.
I. Scholz/Dummerstorf. 3827.

3-64/09-0272 Schumm, H.; Dummerstorf, Inst. für Tierzuchtforsch. der Dtsch. Akad. der Landwirtsch.-Wiss. zu Berlin. **Probleme der Jungviehaufzucht beim Schwein.** S.-B. dtsch. Akad. Landwirtsch.-Wiss. Berlin **13** (1964) Nr. 1. S. 1-17. — 20 Lit. Zus. in Russ., Engl. — nach Zus.
Die Zielsetzung einer ständigen Steigerung der Produktionsergebnisse in der Schweinehaltung setzt voraus, daß den Maßnahmen zur Reproduktion des Bestandes mindestens die gleiche Aufmerksamkeit geschenkt wird wie der Erzeugung von Schlachtschweinen. Da die Steigerung der Leistungen der Sauenhaltung einen der wesentlichsten Faktoren für den Nutzeffekt der Aufzucht darstellt, muß die Erhöhung der Aufzuchtergebnisse von gegenwärtig 10-11 Ferkeln auf 16 Ferkel je Sau und Jahr im Mittelpunkt aller Maßnahmen stehen. Von vorrangiger Bedeutung für die Erhöhung der Aufzuchtergebnisse sind die Maßnahmen zur Gewährleistung einer einwandfreien Übersicht im Produktionsablauf, wie die Aufgliederung in Arbeitsbereiche, die Einführung eines systematischen Bedeckungs- und Abferkelrhythmus und die Kennzeichnung. Für die Erhöhung der Fruchtbarkeit und die Verringerung

der Wurfabstände sind in allen Betrieben leistungsfähige reinrassige Sauenbestände aufzubauen und systematisch zu reproduzieren. Es wird ein dafür geeignetes Kennzeichnungssystem vorgeschlagen. Von vorrangiger Bedeutung sind die optimale Gestaltung der Umweltverhältnisse und u. a. die Anwendung fortgeschrittener Methoden der Ferkelfütterung mit vollwertigen Aufzuchtfuttergemischen in Trockenfutterautomaten. 3902.

3-64/09-0273 Hofmann, F. und Holke, R. **Aufwand und Leistungen in den Produktionsabschnitten Läuferaufzucht und Schweinemast.** Dtsch. Landwirtsch. **15** (1964) Nr. 4. S. 200-203. — 5 Tab., 2 Lit. — nach Zus.
In 2 Thüringer VEG wurden die Kosten für die Aufzucht eines Läufers von 35 kg mit 109 DM und die Kosten für die Zuwachsleistung im Maststall von 80 kg mit 205 DM ermittelt; die Gesamtkosten eines Mastschweins von 115 kg betragen also ca. 314 DM. Für den Läufer erhält der Betrieb im Schlachtschwein nur 98 DM zurück, so daß die Mast mit 11 DM und beim Zukauf von Läufern sogar mit 32 DM je Schlachtschwein durch anteilige Läuferkosten belastet wird. Zur Erzielung eines hohen Nutzeffekts wird empfohlen, schon bei der Planung nach den gegebenen betrieblichen Bedingungen in den Produktionsabschnitten der Läuferaufzucht und Mast die entspr. Mastgewichte festzulegen. An Hand eines Kostenmodells wurde gezeigt, wie die Produktionskosten eines Mastschweins durch eine Verminderung des Futteraufwandes im Maststall auf 5,40 GE/dt Zuwachs um ca. 10% auf 288 DM gesenkt werden können. 3904.

3-64/09-0274 Georgiev, I., Sjarov, J. und Beremski, S. Alternativno krŭstosvane na svine ot porodata bŭlgarska bjala s nerezi ot porodnata grupa pŭstra dermanska. **(Die Wechselkreuzung von Sauen der Bulgarischen Weißen Rasse mit Ebern der Rassengruppe Buntes Dermanzi-Schwein.)** Naučni trudove. Visš selskostopanski institut "Georgi Dimitrov" — Kostinbrod, Sofija **13** (1963) S. 7-19. — 9 Tab., 5 Lit.
Fünf Sauen der Bulgarischen Weißen Rasse und fünf Kreuzungstiere, Bulgarisches Weißes × Buntes Dermanzi-Schwein, wurden von Ebern der Bulgarischen Weißen Rasse gedeckt. Die Ergebnisse betrugen im Mittel von 4 Würfen (in Klammern Gruppen der Kreuzungstiere): Fruchtbarkeit 9,86 (10,22) Ferkel; Lgw. der Ferkel bei Geburt 1,500 (1,480) kg, im Alter von 30 Tagen 7,080 (7,060) kg, im Alter von 60 Tagen 15,590 (15,800) kg; Milchleistung der Sauen 67,130 (68,660) kg. Die Ergebnisse von 3 Mastversuchen mit 2 Gruppen bis zum Erreichen eines Lgw. von 105-110 kg: (Gruppe I Bulgarische Weiße Rasse, Gr. II bestand im Versuch 1 aus Kreuzungstieren $^3/_4$ Bulgarische Weiße und $^1/_4$ Bunte Dermanzi, in Versuch 2 aus der F_1 und in Versuch 3 aus Kreuzungstieren $^3/_8$ Bulgarische Weiße und $^5/_8$ Bunte Dermanzi) betrugen (in o. a. Reihenfolge der Versuche, Ergebnisse der jeweiligen Gr. II in Klammern): tägl. Durchschnittsgewichtszunahme 538 (553), 466 (472) und 514 (516) g; Futterverbrauch je kg Gewichtszunahme 5,3 (5,4), 5,6 (5,4) und 5,2 (5,2) FE; Schlachtausbeute 74,1 (73,4), 74,1 (78,2) und 80,3 (81,4)%; Speckdicke zwischen der 6. und 7. Rippe 3,6 (3,6), 3,6 (4,7) und 3,9 (4,7) cm. NRB/ZSNTI. 3906.

3-64/09-0275 Stupak, I. I. Trechporodnoe skreščivanie svinej. **(Dreirassenkreuzung bei Schweinen.)** Životnovodstvo, Moskva **26** (1964) Nr. 4. S. 62-65. — 5 Abb., 3 Tab.
Es wurden die Rassen Große Weiße, Mirgoroder und Schwedisches Landschwein in einer Dreirassen-Rotationskreuzung miteinander gekreuzt, wobei die Eber immer von derjenigen Rasse ausgewählt wurden, deren Blutanteil bei den mit ihnen zu paarenden Sauen am geringsten war. Für die Kontrollgruppe wurden reinrassige Tiere der Großen Weißen Rasse gewählt. Hierbei erwies sich, daß der Erfolg der Kreuzung in hohem Maße von den individuellen Qualitäten der Elternpaare und ihren Passereigenschaften abhängt. Bei

der Rückkreuzung der dreirassigen Sauen mit reinrassigen Ebern der Ausgangsrassen zeigten sich nur die von den Ebern der Großen Weißen Rasse abstammenden Nachkommen den Vergleichstieren überlegen. Die von den Landrasse-Ebern stammenden Tiere erwiesen sich als zu anspruchsvoll gegenüber der Fütterung, während die von den Mirgoroder Ebern stammenden Kreuzungsprodukte eine zu geringe Wachstumsenergie besaßen.

H. Schwiderski/Dummerstorf. 3906.

3-64/09-0276 Cyplakov, A. V. Vyraščivaem porosjat bez podkormki molokom. **(Ferkelaufzucht ohne Kuhmilch.)** Svinovodstvo, Moskva **18** (1964) Nr. 4. S. 18-19.

In der Sowchose „Toroschino" wurde den Saugferkeln bereits ab 4. Lebenstag ein Brei aus Knochenmehl, Kreide, geröstetem Getreide, Holzkohle und rotem Lehm gereicht, der auch geringe Mengen Eisen- und Kupfersulfat enthielt. Ab 8. Tag erhielt ein Wurf Ferkel einen Kraftfutterbrei; dann wurden einzelne Tiere anderer Würfe dazugesetzt, die sich infolge des Nachahmungstriebes schnell an das neue Futter gewöhnten. — Statt Kuhmilch wurde ein Gemisch vertränkt, das folgendermaßen zubereitet wurde: 100 l kochendes Wasser läßt man auf 80 °C abkühlen, fügt 6 kg Heumehl, 20 kg Hafermehl, 1 kg Kreide und 0,5 kg Kochsalz hinzu, rührt sorgfältig um und läßt das Gemisch 3 Std. stehen. Dann werden noch 0,5 kg Fischmehl, 0,5 kg Zucker, 4 Eier, 3 l natives Biomycin und 1 Tablette Kobaltchlorid zugesetzt. Nach dem Vermischen können die Ferkel sofort damit getränkt werden. Nach der 3. Lebenswoche wird dem Ferkelfutter zerkleinertes Gras (im Sommer) bzw. Heumehl und Rüben (im Winter) zugefügt, d. h. anfangs 10 g je Tier und Tag. Allmählich wird der Anteil an Saftfutter und Heumehl gesteigert. Nach 8 Wochen werden die kräftigeren Ferkel zuerst abgesetzt, die schwächeren Tiere bleiben noch 1 Woche länger bei der Sau. Die Absatzferkel erhalten noch ca. 2 Wochen dasselbe Futter wie als Saugferkel. Erst dann wird die Ration erhöht und zur 3maligen Fütterung übergegangen.

I. Scholz/Dummerstorf. 3936.

3-64/09-0277 Voûte, E. J. und Grimbergen, A. H. M. (unter techn. Mitarb. von Dijk, H. van und Kuiken, E. J. van). De voeding van ziektekiemvrije biggen. **(Die Fütterung krankheitskeimfreier Ferkel.)** Tijdschr. Diergeneeskunde 88 (1963) Nr. 19. S. 1207-1214. — 1 Abb., 2 Tab., 19 Lit. Zus. in Engl., Franz., Dtsch.

Ferkel wurden unmittelbar bei der Geburt in sterilen Plastiksäcken aufgefangen und in einem isolierten Raum künstlich aufgezogen. Die Temperatur wurde in der 1. Woche konstant auf 32 °C gehalten und dann allmählich auf 20 °C im Alter von 3 Wochen gesenkt. Die Fütterung erfolgte tägl. 6mal in Plastikschalen. In den ersten 4 Wochen wurde ausschließlich künstliche Milch, von der 5. Woche ab zusätzlich Trockenfutter und nach 5 Wochen ausschließlich Trockenfutter gegeben. Im 1. Versuch erhielten 15 Ferkel in der 1. Woche künstliche Milch aus 420 g kondensierter Milch, 2,4 g Lösung verschiedener Salze, 57,6 ml Wasser und Ascorbinsäure. Das Wachstum der Tiere war zufriedenstellend. In dem 2. Versuch erhielt ein Teil eines Wurfes „Basismilch" aus 355 g Vollmilchpulver (28% Fett), 100 ml Wasser, 5 ml Lösung verschiedener Salze, 500 mg Ascorbinsäure, 1 mg Nicotinsäure, 3600 IE Vitamin D_3 und 500 mg Glycerinmonostereat. Dieses Gemisch wurde vor Zusatz der Ascorbinsäure bei ca. 50 °C homogenisiert und 15 Min. auf 100 °C erhitzt. Die übrigen Ferkel des Wurfes erhielten diese „Basismilch", nachdem ihr Eiweißgehalt durch Zusatz von aus Magermilchpulver gewonnenem Casein erhöht worden war. In diesem 2. Versuch wurden ebenfalls gute Zunahmen erreicht. Bes. in der 1. Woche wuchsen die Ferkel, die zusätzlich Casein in der „Basismilch" erhalten hatten, signifikant schneller als die nur mit „Basismilch" gefütterten. W. Wittig. 3936.

3-64/09-0278 Doktorovič, M. A.; Poltawa, Inst. für Schweinezucht. Spermaprodukcija molodych chrjakov, vyraščennych na raznom urovne proteinovogo pitanija. **(Spermaproduktion von Jungebern, die mit unterschiedlichem Eiweißanteil in der Ration aufgezogen wurden.)** Svinovodstvo, Moskva 18 (1964) Nr. 2. S. 33-34. — 2 Tab.

60 Jungeber der Großen Weißen Rasse wurden ab 3. Lebensmonat in 3 Gruppen (je 20 Tiere) gehalten und mit unterschiedlichem Eiweißanteil (Gr. I — entspr. der Norm, Gr. II — 15% über der Norm, Gr. III — 15% unter der Norm) in der Ration aufgezogen. Das Grundfutter bestand im wesentlichen aus Zuckerrüben und Mais, der Eiweißausgleich erfolgte mit Erbsen, Fischmehl und Magermilch. Die durchschnittl. tägl. Gewichtszunahmen (I — 445, II — 475 g, III — 446 g) und der Futteraufwand je kg Gewichtszunahme (5,7; 5,4; 5,7 FE) zeigen, daß eine Senkung des Eiweißanteils um 15% keinen negativen Einfluß auf das Wachstum der Jungeber ausübt. Nach Erreichen der Geschlechtsreife wurde jeden 2. Tag einmal mittels künstlicher Vagina Sperma entnommen und qualitativ und quantitativ untersucht. Es wurden keine wesentlichen Unterschiede hinsichtlich Anzahl und Aktivität der Spermien zwischen den einzelnen Gruppen festgestellt. I. Scholz/Dummerstorf. 3942.

3-64/09-0279 Höpler, E. **Stallfragen und Kosten der Schweinehaltung.** Förderungsdienst [Wien] 12 (1964) Nr. 2. S. 55-58. — 11 Lit.

Unter Hinweis auf einschlägige Lit. werden Klimaansprüche, Stallraumbedarf, Arbeitsaufwand in der Mast, Futterkosten, Automaten- und Trogfütterung, Fasttage und Trinkwasserversorgung in ihrer Auswirkung auf den Masterfolg besprochen. E. Höpler. 3978.

3-64/09-0280 Untersuchungen über die Haltung von Schweinen in landwirtschaftlichen Großbetrieben, besonders der Klimaeinflüsse, des Tierverhaltens und der Versuchsbauten. Knau, Inst. Tierhalt. Dtsch. Akad. Landwirtsch.-Wiss. Berlin Plan-Nr.: 1701 18 h 3-01/8. 38 S. Teil-Abschlußber. (3/4. 1964).

Entspr. den einzelnen Versuchsergebnissen können zur Einführung in die Praxis empfohlen werden: Die Verwendung von Mastställen mit ehemals dänischer Aufstallung zur Großgruppenhaltung; die Verwendung von gitterartigen Trogabschlüssen auf Vorratströgen; die nicht zu starke Bewertung des Lichtfaktors in Schweinemastställen bei Beachtung der anderen stallhygienischen Forderungen; die Kotrostaufstallung von Mastschweinen und die Klimatisierung von Abferkelställen durch Beheizen. 3978.

3-64/09-0281 Schumm und Richter. **Untersuchungen über die zweckmäßige Buchtengröße und Tierzahl je Gruppe.** Dummerstorf, Inst. Tierzuchtforsch. Dtsch. Akad. Landwirtsch.-Wiss. Berlin Plan-Nr.: 1701 16 h-3-10. Abschlußber. (21/4. 1964).

Ziel der Untersuchungen war die Auffindung von Wegen für eine geeignete Form der Großgruppenhaltung hinsichtlich Gruppengröße, Fütterungsform und Aufstallungsweise. Aufbauend auf den Erkenntnissen aus den Vorversuchen in der LPG Jahnsdorf wurde die Konzeption für einen neuen Großgruppenstall erarbeitet und in der LPG Schönhausen realisiert. Verhaltensstudien erbrachten wichtige Grundlagen für die Weiterentwicklung der Großgruppenhaltung. Gruppen von 50-100 Schweinen erwiesen sich in der Leistung als gleichwertig, so daß die Tierzahl je Gruppe durch die Anwendung geeigneter Technologien bestimmt werden kann. Die Unterteilung in Liegeplatz und Kot-Freßgang mit Vorratstrog erwies sich für die Aufstallung als zweckmäßig, wobei nicht mehr als 2 Tiere auf einen Freßplatz entfallen dürfen. 3978.

3-64/09-0282 Standal, Nils und Lynch, George. Effect of pen size on the performance of fattening pigs. **(Die Auswirkung der Stallgröße auf die Mast**

junger Schweine.) Acta Agric. scand. **13** (1963) Nr. 4. S. 334-340. — 2 Abb., 2 Tab.
Zu den Versuchen wurden 386 Würfe mit insgesamt 2962 Ferkeln herangezogen. Die Tiere gehörten der Landrasse, der Großen Weißen Rasse und Kreuzungen der genannten Rassen an. Bei zunehmender Zahl von Tieren in einer Bucht (6-12) verbesserte sich die Futterverwertung. Dies wird dadurch erklärt, daß die Tiere bei geringer Besetzung lebhaftere Bewegungen ausführen können und der Wärmeverlust durch Abgabe an die Umgebung und den Fußboden größer als im stark belegten Stall ist. Auf die tägl. Gewichtszunahme hatte die Stallgröße keinen wesentlichen Einfluß. Der Rückenspeck wurde etwas dicker bei stärkerer Belegung des Stalles.
Werner Schlegel. 3978.

3-64/09-0283 Janetschke, P. **Über die Tuberkulose beim Schwein.** Mh. Veterinärmed. **18** (1963) Nr. 22. S. 860-864. — 4 Tab., 35 Lit.
Unter 14588 Schlachtschweinen wurde anläßlich der Fleischbeschau 1000mal Tbc ermittelt. Von den aus Kleinbetrieben angelieferten Schweinen waren 4,4%, von den aus Großbetrieben angelieferten 1,1% betroffen. Die Dünndarmlymphknoten waren in 66% und die Kopf-Halslymphknoten in 46% der Fälle verändert, während es zu einer Organmanifestation — kenntlich teilweise nur an den Veränderungen der zugehörigen Lymphknoten — ca. in 26% der Fälle gekommen war. Knochentuberkulose im Gefolge einer Generalisation lag 2mal vor. Bei 18 veränderten Buglymphknoten konnten in den zugehörigen Knochen tuberkulöse Veränderungen niemals gefunden werden. Eine genaue Aufschlüsselung der verändert gefundenen Organe und Lymphknoten wird gegeben. W. Seffner. 3985.

3-64/09-0284 Poznański, W., Kotliński, J. und Korniewicz, A. Wpływ zapobiegania anemii u prosiąt ssących na późniejsze wyniki tuczu. **(Der Einfluß prophylaktischer Maßnahmen gegen Anämie bei Saugferkeln auf die späteren Mastergebnisse.)** Zeszyty naukowe wyższej Skoły rolniczej Wrocławiu **10** (1963) Nr. 45. S. 97-110. — 5 Tab., 21 Lit.
Der Versuch erfolgte in 2 Zyklen. Der 1. Zyklus dauerte vom 4. Lebenstag der Ferkel bis zum Absetzen (56 Tage). Bei 24 Ferkeln wurde die Wirkung einer peroral verabfolgten Mineralstoff-Mischung, von Waldboden sowie infraroten Strahlen untersucht. Nach 4; 21; 31 und 56 Lebenstagen wurden Lgw., Hb-Spiegel und Erythrocytenmenge untersucht. Der 2. Zyklus währte von der 10. Woche bis zum 182. Lebenstag der Läufer bei individueller Ernährung. Alle Tiere wurden regelmäßig gewogen. Die Versuche ergaben, daß der Zusatz der Mineralstoff-Mischung und von Waldboden oder beider Mittel zusammen in den ersten Lebenswochen einer Verringerung des Hb und der Erythrocytenmenge im Blut vorbeugt und sich günstig auf die Erhöhung des Zuwachses während der Säugezeit auswirkt. Die Erwärmung der Ferkel durch Infrarotbestrahlung von der Geburt bis zum 21. Lebenstag beugt dem Auftreten von akuter Anämie lediglich bei den Tieren vor, die keinen Eisenzusatz in irgendeiner Form erhielten. Der Zusatz von Mineralstoff-Mischung oder Waldboden während der Säugezeit wirkt sich auch günstig auf einen höheren Zuwachs im späteren Alter der Tiere (bis zu 6 Mon.) aus.
PRL/CBR. 3985.

3-64/09-0285 Chwalibog, J. und Bartosz, B. Choroba obrzękowa prosiąt w tuczarni przemysłowej. **(Geschwulstkrankheit der Ferkel in Großmästereien.)** Med. weteryn. **19** (1963) Nr. 2. S. 75-76. — 7 Lit.
Auf Grund von Schweineerkrankungen in einer Mästerei werden Symptome, Verlauf und Behandlung der Geschwulstkrankheit geschildert. Sie betraf Läufer im Alter von 10-14 Wochen, wobei meist Tiere in guter körperlicher Verfassung befallen wurden. Die ersten Symptome waren Schwellungen der Augenlider, die später auf Backen und Wamme sowie auf die Gelenke der

Extremitäten übergingen. Zur Bewegung gezwungene Läufer zeigten Steifheit des Nackens sowie starke Atemnot. Solche Tiere fielen meist. Schwerer erkrankte Tiere wurden notgeschlachtet. Leichtere Formen wurden mit Detereomycin, Suiforin und Kardiamid behandelt. Detereomycin wurde prophylaktisch mit dem Futter verabfolgt. Bei der Sektion von gefallenen oder getöteten Schweinen konnten Schwellungen des Kopfes und der Extremitäten, eine vergrößerte Menge an Flüssigkeit in der Bauchhöhle, Entzündung des Magens und Darmes sowie eine fibrinöse Entzündung des Bauchfells festgestellt werden. Bakterienkulturen aus inneren Organen gefallener Schweine zeigten in der Mehrzahl der Fälle das Vorhandensein von *E. coli hämolit.* Auf Grund von Antibiogrammen ließ sich die Empfindlichkeit dieser Mikroorganismen lediglich gegenüber Chloromycetin und Streptomycin nachweisen. Da diese Antibiotica nur in rel. frühem Krankheitsstadium Erfolge zeitigten, wird die Vermutung ausgesprochen, daß die Geschwulstkrankheit den Charakter einer Colitoxikose und nicht Colibacteriose trägt. PRL/CBR. 3985.

3-64/09-0286 *Bache, David, Kadlec, John E.* and *Morris, W. H. M.* **An economic evaluation of swine growing and finishing facilities.** Lafayette: Purdue Univ. 1963. (2 S. m. 1 Tab.) 4°. (E B 1180)
3-64/09-0287 *Haeleterman, E. O.* **Clinical observations of swine reared in various housing systems.** Lafayette: Purdue Univ. 1963. (2 S.) 4°. (E B 1182)
3-64/09-0288 **Aufzucht und Fütterung der Ferkel.** Hrsg. i. Auftr. des Ministeriums für Volksbildung. Berlin: Dtsch. Landwirtschaftsverl. 1963. (31 S.) 8° = Lehrbogen für die berufliche Qualifizierung der Werktätigen. Schweinehaltung. 11/02/004 A. (SR 2918, 11/02/004 A.)
3-64/09-0289 **Literatur über Schweinezucht und -haltung.** Hrsg. Instn.: Dtsch. Bücherei, Abt. Auskunft, Leipzig. (Lit.-Nr.: 361. Titelanzahl: 65. Ber.-Zeit: 1959—1962.)

E. SCHAFE

3-64/09-0290 Altenkirch, W. **Die Deutschen Merinofleischschafe in der Volksrepublik Bulgarien.** Tierzucht **17** (1963) Nr. 11. S. 519-522. — 8 Abb.
In Bulgarien werden 10,2 Mill. Schafe gehalten. Zur Durchführung der Haltungs-, Fütterungs- und Melkarbeiten dieses Bestandes stehen 96000 Schäfer zur Verfügung. Es werden Deck-, Lamm- und Schurzeit sowie die Sommer- und Winterfütterung beschrieben. Um die Fruchtbarkeit und Wolleistung spez. vom grobwolligen zum feinwolligen Typ beim Bulgarischen Landschaf zu erhöhen, wird seit Jahren eine Kombinationskreuzung mit 3 Rassen erfolgreich durchgeführt. Es wurden in den besichtigten Betrieben als 1. Rasse das Deutsche Merino-Fleischschaf und als 2. verbessernde Rasse die feinwolligen sowjetischen Merinos, Askanija- und Stawropol-Schafe oder in Gebirgsgegenden das Zigaja-Schaf verwendet. Diese züchterischen Maßnahmen zeigen, daß zunächst die Körperform und die Milchleistung verbessert und durch die sowjetischen Feinwollrassen die angestrebte Wollfeinheit erzielt wurde. Vf. berichtet von den Ergebnissen aus 5 Betrieben mit Schafhaltung hinsichtlich Ablammergebnis, Geburts- und Lebendgewicht sowie Woll- und Milchleistungen. Es wird festgestellt, daß sich der Einsatz der Deutschen Merino-Fleischschafe in Bulgarien günstig auf die Leistungsverbesserung der einheimischen Landschafrassen ausgewirkt hat. S. Mertins. 4010.

3-64/09-0291 Donald, H. P., Read, J. L. und Russell, W. S.; Edinburgh A. R. C., Animal Breeding Res. Organisation. Heterosis in crossbred hill sheep. **(Heterosis bei Kreuzungs-Bergschafen.)** Animal Product. **5** (1963) Nr. 3. S. 289-299. — 10 Tab., 10 Lit.
Auf einer Versuchsfarm wurden 1951-60 Kreuzungsversuche in einer Herde mit 120 Schafen durchgeführt, indem in einer Herde mit Schwarzkopf- und Swaledale-Schafen, zwei nahe verwandten Rassen, Böcke beider Rassen eingesetzt wurden. Die F_1-Schafe wurden auf Swaledale rückgekreuzt. Die Swaledale brachten weniger, aber schwerere Lämmer als die Schwarzkopfschafe, die wiederum in der Gewichtsentwicklung überlegen waren und höhere Schurgewichte hatten. Bei etwa intermediärer Vererbung im Geburtsgewicht

und im Absatzgewicht zeigten die Kreuzungstiere im Gewicht als Schaf, im Schurgewicht und beim Absatzgewicht ihrer Lämmer eine deutliche Heterosis. Die Rückkreuzungsschafe zeigten eine schwache Überlegenheit im Schurgewicht im Vergleich zu den Swaledales und gegenüber den F_1-Kreuzungen in den Zuchteigenschaften. Der Grad der Heterosis schwankte bei den einzelnen erfaßten Eigenschaften zwischen 0 und 9,5%. Wesentlich ist die Feststellung, daß Heterosis auch bei der Kreuzung einander nahe stehender Rassen erzielt werden kann. J. K. Hinrichsen. 4164.

3-64/09-0292 Balevska, R., Antonova, V. und Genova, G. Mesodajnost i kačestva na kožite ot krŭstoski meždu karnobatski ovce i litovski kočove. **(Fleischleistung und Felleigenschaften von Kreuzungstieren aus Karnobater Schaf und Böcken des Litauischen Schafes.)** Izvestija na selskostopanskija naučnoizledovatelski institut – Karnobat, Sofija **3** (1963) S. 109 bis 124. – 10 Tab., 10 Lit.

Je 10 Lämmer aus 2 Gruppen zu je 20 Tieren – Gr. I Kreuzungen aus Karnobater Schaf × Litauischer Bock, Gr. II reine Karnobater – wurden im Alter von 3 Mon. (beim Absetzen) geschlachtet, die übrigen im Alter von 6 Mon. Es wurden die Fleisch- sowie die Felleigenschaften untersucht. Die Ergebnisse (in Klammern die Angaben für die Gr. II) waren folgende: Geburtsgewicht 4,235 (3,990) kg, im Alter von 3 Mon. 22,22 (19,80) kg, im Alter von 6 Mon. 29,12 (25,16) kg; Schlachtausbeute im Alter von 3 Mon. 46,1 (42,2%), im Alter von 6 Mon. 43,1 (42,3)%; Verhältnis von Fleisch und Knochen entspr. 2,3:1 (3,8:1) und 3,8:1 (4,6:1); Dicke der Haut 1,10 (1,23) mm und 1,06 (1,21) mm; Reißfestigkeit 1,41 (1,52) kg/mm^2 und 1,34 (1,31) kg/mm^2; Felle mit Kutten 100(50)% und 40(50)% aller Felle. Felle mit feinerer Wolle zeichnen sich auch durch bessere phys.-mechan. Eigenschaften aus. NRB/ZSNTI. 4164.

3-64/09-0293 Rajčev, S. Proučvane na krŭstoskite II pokolenie ot mestnite ovce v Srednegorieto s kočove ot fermata na Zootechničeskija fakultet. **(Untersuchung der Tiere aus der II. Generation der Kreuzung von Schafen der Lokalrasse des Sredna-Gora-Gebirges mit Böcken von der Farm der Zootechnischen Fakultät.)** Naučni trudove. Visš selskostopanski institut „Georgi Dimitrov" – Kostinbrod, Sofija **13** (1963) S. 373-387. – 1 Abb., 25 Tab., 3 Lit.

Bei einer folgerichtigen Kreuzung der Schafe der Lokalrasse des Sredna-Gora-Gebirges mit Merino-Böcken wurden in der II. Generation folgende Ergebnisse erzielt (in Klammern die Angaben für die Schafe der Lokalrasse): Geburtsgewicht ♀ 3,560 (2,948), ♂ 3,810 (3,007) kg, Gewicht beim Absetzen im Alter von 65-70 Tagen ♀ 15,94 (11,61), ♂ 19,00 (11,80) kg; Lgw. der ausgewachsenen Schafe im Frühjahr nach dem Scheren 36,3 (30,5) kg, im Herbst vor der Paarungskampagne 42,5 (35,4) kg; Milchleistung in der Laktationsperiode 96,15 (73,80) l; Schurertrag 2,591 (1,443) kg, durchschnittl. Faserdicke 24,4 (29,3) μm, -länge 8,76 cm, -festigkeit 11,87 g, -dehnbarkeit 38,2%; Fettgehalt der Wolle 11,8% (im Verhältnis zur gewaschenen Wolle); Rendement 55,1%. NRB/ZSNTI. 4164.

3-64/09-0294 Kragovaja, L. G., Sokol, A. I. und Alekseev, A. I. Pravil'noe kormlenie – osnova rentabel'nosti ovcevodstva. **(Richtige Fütterung – Grundlage für die Rentabilität der Schafzucht.)** Ovcevodstvo, Moskva **10** (1964) Nr. 3. S. 26-28. – 4 Tab.

Eine Analyse von 5 Zuchtbetrieben in der Ukraine ergab, daß mit ständiger Erhöhung des Viehbestandes die Wolleistung je 100 ha gesunken war. Die Futtermittelerzeugung war hinter den Bedürfnissen zurückgeblieben. In allen Wirtschaften lag die Arbeitsproduktivität niedrig, die Selbstkosten für Wolle waren dem Fütterungsniveau angemessen unterschiedlich. Durch Fütterung von

Saftfutter, u. a. Maissilage, mit Bohnen und Erbsen angereichert, konnten die Gewichtszunahmen und die Wolleistung um 40% gesteigert werden.
M. Giske/Dummerstorf. 4192.

3-64/09-0295 Rajčev, S. Rastež na vŭlnata na ovcete ot Srednogorieto. **(Das Wollwachstum bei Schafen des Sredna-Gora-Gebirges.)** Naučni trudove. Visš selskostopanski institut „Georgi Dimitrov" – Kostinbrod, Sofija **13** (1963) S. 225-233. – 2 Abb., 3 Tab., 13 Lit.
Im Laufe eines Jahres (vom 3. 5. bis 2. 5.) wurden 25 Schafe der Lokalrasse und 24 Kreuzungstiere aus Lokalschaf × mittelfeinwolligem Bock und 21 Kreuzungsschafe aus Lokalschaf × feinwolligem Bock überprüft. Die wahre Länge der Wollfaser betrug (in der Reihenfolge der Gruppen): 55 Tage nach der Schur 2,12; 2,34 und 1,82 cm, 132 Tage nach der Schur 4,283; 4,452 und 3,950 cm; 189 Tage nach der Schur 5,600; 5,675 5,450 cm, 285 Tage nach der Schur 7,820; 7,738 und 7,688 cm, nach 323 Tagen 9,226; 9,030 und 8,998 cm, nach 365 Tagen 10,983; 10,445 und 10,458 cm. Der tägl. Durchschnittslängenzuwachs in den entspr. Perioden betrug in der I. Periode (Laktation) 0,038; 0,042 und 0,035 cm, in der II. (Laktation) 0,028; 0,027 und 0,026 cm, der III. (Trächtigkeit) 0,023; 0,021 und 0,026 cm, der IV. (Trächtigkeit) 0,023; 0,021 und 0,023 cm, der V. (Laktation) 0,037; 0,034 und 0,034 cm, der VI. (Laktation) 0,042; 0,034 und 0,035 cm. Die festgestellten Veränderungen in der Wachstumsintensität im Laufe des Jahres erklärt Vf. aus der in den einzelnen Perioden unterschiedlichen Fütterung. NRB/ZSNTI. 4222.

3-64/09-0296 Savov, Todor. Vŭlnata ot tŭnkorunnite ovce krŭstoski kato surovina za tekstilnata promišlenost. **(Die Wolle der feinwolligen Kreuzungsschafe als Rohstoff für die Textilindustrie.)** Selskostopanska nauka, Sofia **2 (8)** (1963) Nr. 2. S. 243-249. – 7 Lit.
Vf. verallgemeinert Untersuchungsergebnisse über die phys.-mechan. und technol. Eigenschaften der Wolle von Kreuzungstieren aus einheimischen Schafen und feinwolligen Böcken in 4 Bezirken des Landes. Die Wolle der Qualität 60 und bes. der Qualität 64 ist hinsichtlich der Feinheit rel. gut ausgeglichen, während die Wolle der Qualität 58 völlig unausgeglichen ist; hinsichtlich der Variation der Faserlänge besteht kein wesentlicher Unterschied zwischen den mittelfein- und feinwolligen Schafen, jedoch ist die Variation selbst bedeutend; die Abweichungen hinsichtlich der Festigkeit und Dehnbarkeit der Wolle sind beträchtlich. Bei der Verarbeitung der Wolle erhält man 3,5-6,9% Kämmabfall und 12-19,5% ausgekämmte Wolle, die Wolle zeichnet sich durch eine beträchtliche Menge deformierter Wollfasern aus. Die negativen Eigenschaften der Wolle verringern die Festigkeit des Garnes bis auf 527 Risse je 1000 Spindeln in der Std. und verhindern, Garn einer höheren Nummer – über Nr. 36/2 – Wollqualität 60 – zu erhalten. Die Ursachen (Züchtung, Fütterung, Temperatur- u. a. ökologische Bedingungen, Lammzeit usw.), die die Wollqualität bedingen, werden analysiert und entspr. Maßnahmen zur Verbesserung der Wollqualität empfohlen.
NRB/ZSNTI. 4222.

3-64/09-0297 Tumuržaev, M. Razvitie šerstnych volokon u nekotorych porod ovec, razvodimych v Mongol'skoj Narodnoj Respublike. **(Entwicklung der Wollfasern bei einigen Schafrassen in der Mongolischen Volksrepublik.)** Ovcevodstvo, Moskva **10** (1964) Nr. 3. S. 30-32. – 3 Tab.
Von 35 Schafen aus der Waldsteppenzone [5 örtliche grobwollige Schafe (**I**), 5 feinwollige Altai-Schafe (**II**), 5 mittelfeinwollige Orchonsker Schafe (**III**), 10 Kreuzungstiere von **I** und **II** (**IV**) und 10 Kreuzungstiere von **I** und **III** (**V**)] wurden bei der Geburt beim Absetzen und bei der Hauptbonitierung (1,5 Jahre) Proben entnommen und analysiert. Die Entwicklung der Haarfollikel und Wollfasern wird wie folgt charakterisiert: Bei **I** erzeugen 8,7% der Follikel mit 1,5 Jahren noch keine Wollhaare. Die Haarzwiebeln der Primär-

follikel sind kräftiger als bei anderen Rassen und erzeugen kräftige Wollhaare. **IV** zeichnet sich durch hohe Ausgeglichenheit der Wollhaare aus. Bei **III** werden mit 1,5 Jahren von allen Haarfollikeln Wollhaare geschoben; charakteristisch ist ein schnelles Wachstum des Vlieses. Die F_1-Tiere **IV** und **V** übertreffen die einheimische Rasse sowohl in der Dichte als auch in der Entwicklung des Vlieses. M. Giske/Dummerstorf. 4222.

3-64/09-0298 Rajčev, S. Sravnitelno ugojavane na šileta-krŭstoski ot Srednogorieto. **(Vergleichsmast von Kreuzungsjährlingen aus dem Gebiet des Sredna-Gora-Gebirges.)** Naučni trudove. Visš selskostopanski institut „Georgi Dimitrov" – Kostinbrod, Sofija **13** (1963) S. 319-329. – 2 Abb., 13 Tab., 8 Lit.

10 junge Hammel der Lokalrasse, 8 Kreuzungslämmer (Lokalrasse × mittelfeinwolliger Bock), 8 Kreuzungslämmer (I) (Lokalrasse × feinwolliger Bock) und 9 Kreuzungslämmer dreier Rassen (II) (Lokalrasse × mittelfeinwolliger × feinwolliger Bock) im Alter von 9 Mon. wurden 45 Tage lang mit Rationen aus Wiesenheu, Futterrüben und einem Kraftfuttergemisch auf Vergleichs-Stallmast gestellt (Heu und Futterrüben nach Belieben, Kraftfuttergemisch durchschnittl. je 186 g tägl.). Die Ergebnisse (in der Reihenfolge der Gruppen) waren folgende: Tagesdurchschnittsgewichtszunahme 122, 129, 108 und 112 g; Futterverbrauch je kg Gewichtszunahme 7,0, 6,6, 7,8, 7,6 FE mit 740, 700, 830 und 820 g verd. Protein; Schlachtausbeute 43,6, 46,2, 48,3 und 45,4%; Verhältnis von Fleisch und Knochen der Hinter- und Vorderviertel 78,2:21,8, 80,6:19,4, 81,2:18,8 und 80,8:19,2; Fett im Fleisch der Lokalrasse-Lämmer 13,2%, der Kreuzungslämmer I 14,6% und der Dreirassen-Kreuzungslämmer 14,1%. NRB/ZSNTI. 4224.

3-64/09-0299 Tanev, S. und Georgiev, I. Vlijanie na masažiraneto na vimeto vŭrchu količestvoto i kačestvoto na ostatŭčnoto mljako pri kontrolnite doenija na ovcete. Vtoro sŭobštenie. **(Der Einfluß der Eutermassage auf Menge und Qualität der Restmilch beim Kontrollmelken der Schafe. 2. Mitt.)** Naučni trudove. Visš selskostopanski institut „Georgi Dimitrov" – Kostinbrod, Sofija **13** (1963) S. 185-194. – 4 Tab., 17 Lit.

Die Milchergiebigkeit von 10 feinwolligen Kreuzungsschafen wurde alle 14 Tage kontrolliert. Die Schafe wurden in üblicher Weise gemolken, darauf wurde das Euter massiert und nachgemolken. Die beim gewöhnlichen Melken erhaltene Milch betrug im Laufe der Säugezeit (3,5 Mon.) ⌀ 77,8% und im Laufe der Melkperiode (3,5 Mon.) 83,0% des Gesamtgemelkes (vor und nach dem Massieren). Nach dem Massieren wurden durchschnittl. je 22,2% (im Laufe der Säugezeit) und 17 % (im Laufe der Melkperiode) der Gesamtmilch erhalten. Die durchschnittl. Zusammensetzung der Milch während der Säugeperiode, die auf die übliche Weise erhalten worden war, und der nach der Massage ermolkenen (in Klammern) war folgende: Tr.-Subst. 14,8 (18,8)%, Fett 3,9 (8,5)%, Eiweiß 5,2 (5,0)%, Casein 4,2 (3,9)%, Albumin und Globulin 1,0 (1,0)%, Milchzucker 4,73 (4,45)%, Mineralstoffe 0,91 (0,85)%; während der Melkperiode lagen die Verhältnisse wie folgt: Tr.-Subst. 18,9 (22,7)%, Fett 6,7 (11,4)%, Eiweiß 7,3 (7,0)%, Casein 5,9 (5,8)%, Albumin und Globulin 1,3 (1,1)%, Milchzucker 3,92 (3,96)%, Mineralstoffe 1,09 (0,99)%. NRB/ZSNTI. 4226.

3-64/09-0300 Achmedov, K. Izmenenie vesa karakul'skich ovec raznych konstitucional'nych tipov i okrasok po sezonam goda. **(Jahreszeitliche Veränderung des Gewichts bei grauen und schwarzen Karakulschafen.)** Ovcevodstvo, Moskva **10** (1964) Nr. 3. S. 22-23. – 1 Tab.

Untersuchungen an schwarzen und grauen Karakullämmern mit kräftiger (**I**), grober (**II**) und feiner (**III**) Konstitution ergaben eine unterschiedliche Reaktion auf Weideverhältnisse und auf die Lammzeit. **I** und **II** hatten in allen

Jahreszeiten geringe Schwankungen, während bei **III** starke Veränderungen auftraten, bes. in der Lammzeit (25% Gewichtsverlust bei schwarzen und 20% bei grauen Lämmern). Graue Karakulschafe reagieren auf ungünstige Weideverhältnisse empfindlicher als schwarze. Das wurde auch in der Lammzeit beobachtet. Das Gewicht bei **I** und **II** war im Gegensatz zu den schwarzen 4% niedriger, bei **III** um 8,6%. M. Giske/Dummerstorf. 4274.

3-64/09-0301 Andrews, E. D. und Sinclair, D. P. Goitre and neonatal mortality in lambs. **(Kropf und Neugeborenen-Sterblichkeit bei Lämmern.)** Proc. New Zealand Soc. Animal Product. **22** (1962) S. 123-132. – 2 Abb., 5 Tab., 13 Lit.

Die experimentelle Auslösung und Verhinderung des Kropfes bei neugeborenen Lämmern von Muttertieren, die auf Rosenkohl, Futterrüben sowie Weiden mit überwiegendem Weidelgras- bzw. Kleebestand während der Trächtigkeit geweidet wurden, steht zur Erörterung. Bei sämtlichen Futterarten verminderte sich die Größe der Schilddrüse der Lämmer, wenn die Muttertiere während der Trächtigkeit zusätzlich Jod erhielten. Die Jodbeifütterung verhinderte auch die hohe Sterblichkeitsrate bei den neugeborenen Lämmern, wie sie manchmal bei Kohlfütterung zu beobachten ist. Bei anderen goitrogenen Futtermitteln als Kohl bestand scheinbar keine Möglichkeit, die Sterblichkeitsziffer mit Hilfe des Jodes zu vermindern. Daß es gelegentlich zu einer über das Normalmaß hinausgehenden Sterblichkeitsrate in Verbindung mit der Nutzung goitrogener Kleegrasgemische kommt, ist aus anderen Unterlagen ersichtlich. Möglicherweise sind die von der Weide herrührenden Faktoren in beträchtlichem Maße am Zustandekommen der Kropfbildung beteiligt. Die tatsächlichen Ursachen liegen aber noch im Bereich des Mutmaßlichen. H. Busse. 4280.

3-64/09-0302 *Altenkirch, Walter.* **Einzüchtungsversuche mit sowjetischen Feinwollschafrassen zur Prüfung ihrer Eignung für die Leistungsverbesserung in der Merinofleischschafzucht.** Berichterstattung über die Studienreise in die Sowjetunion. Dummerstorf: 1963. (38 S.) 4°. (G 51)
3-64/09-0303 *Bartyś, Julian.* **Nizinna hodowla owiec w II połowie XVIII i w i połowie XIX wieku na przykładzie dóbr ordynacji Zamojskiej.** (Die Niederungsschafzucht in der 2. Hälfte des XVIII. Jahrhunderts und in der 1. Hälfte des XIX. Jahrhunderts am Beispiel der Güter des Majorats Samojski.) Wrocław; Zakład Narodowy imienia Ossolinskich wyd. Polskiej Akad. nauk. 1963. (202 S.) 8°. (1964 A 328)

SPEZIELLE KLEINTIERZUCHT

B. ZIEGEN

3-64/09-0304 Devendra, C. Upgrading of local goats by the Anglo-Nubian at the Federal Experiment Station, Serdang. **(Leistungssteigerung der einheimischen Ziegen durch Anglo-Nubische Tiere in der Bundes-Versuchsstation Serdang, Malaya.)** Malayan agric. J. **43** (1962) Nr. 4. S. 265-280. – 4 Abb., 9 Tab.

Bereits 1947 wurde durch das Landwirtschaftsministerium in Serdang begonnen, die Landziegenrassen durch Saanen-, Toggenburger- und Britische Alpenziegen zu verbessern. Es zeigte sich jedoch, daß diese Tiere unter den örtlichen Gegebenheiten Nachteile aufweisen. Seit Betonung verstärkter Fleischproduktion wurde beschlossen, Anglo-Nubische Ziegen in größerem Umfange einzusetzen. Diese Rasse zeichnet sich durch gute Milch- und Fleischleistung aus. Die verschiedenen Kreuzungen mit Anglo-Nubischen Ziegen brachten höhere Körpergewichte und bessere Milchleistungen und darüber hinaus zeigten die Tiere während des ganzen Jahres Brunsterscheinungen. Im Gegensatz dazu waren die Ziegen europäischer Herkunft vorzugsweise in den Mon. Sept. -Nov. brünstig. Vf. weist darauf hin, daß eine Züchtung und Leistungsverbesserung nur Hand in Hand mit Fütterungsversuchen und Untersuchungen über die Futterproduktion vor sich gehen kann. K. Löhle. 4508.

3-64/09-0305 Couturier, M. und Schultze Westrum, T. **Brunft- und Setzzeiten von Capra aegagrus Erxleben, 1777.** Säugetierkundl. Mitt. **12** (1964) Nr. 1. S. 19-20. 4509.

3-64/09-0306 Gall, Christian. **Messungen an Milchziegen zur Darstellung von Beziehungen zwischen Körperbau und Milchleistung.** Arb. Inst. Tierzucht, Vererb.- u. Konstitutionsforsch. Univ. München **1963** Nr. 5. S. 1-65. — **13** Abb., 12 Tab.

Zur Bestimmung des Volumens von Körperabschnitten und Organen am lebenden Tier wird eine neue Methode beschrieben. Ein formbares Drahtgeflecht ist der Körperoberfläche angeschmiegt worden; das Volumen des so erhaltenen Abdruckes konnte nach Abnehmen vom Körper durch Auffüllen von Wasser in einem Plastikbeutel im Inneren des Gerätes bestimmt werden. Die Wiederholbarkeit der auf diese Weise ermittelten Volumenwerte betrug beim Euter 0,986 und bei einem Abdominalabschnitt 0,976. An Hand der Analysenwerte von 312 Milchproben werden Formeln zur Errechnung des Energiegehaltes der Milch angegeben. Die Ergebnisse der Körpermessungen und Volumenbestimmung zeigen, daß das Eutervolumen den größten Einfluß auf die Bestimmung der Milchleistung hat; es folgen das Volumen des Abdomenabschnittes und das Körpergewicht. Stirnlänge und Alter haben nur geringen Anteil, der außerdem mit fortschreitender Laktation stark abnimmt. Insgesamt 60% der Variation der Milchleistung (FCM) war bei dem untersuchten Material durch die gemeinsame Variation der gemessenen Körperbaumerkmale bedingt. K. Löhle. 4545.

3-64/09-0307 *Ocetkiewicz, Jadwiga.* **Chów kóz.** (Ziegenhaltung.) Warszawa: Państ. wyd. roln. i leśne. 1963. (55 S. m. Abb.) 8°. (DA 1705)

C. GEFLÜGEL

Hühner

3-64/09-0308 McDonogh, S., O'Conell, J. und Aylmer, T. The work of the Broiler Breeding Unit at Ballyhaise Agricultural School. Progress report No. 1. **(Die Arbeit der Broiler-Zuchtanstalt der Landwirtschaftsschule Ballyhaise. Fortschrittsbericht Nr. 1.)** J. Dep. Agric. [Dublin] **59** S. 5-25. 4608.

3-64/09-0309 McDonogh, S., O'Connell, J. und Aylmer, T. The work of the Broiler Breeding Unit at Ballyhaise Agricultural School 1961. Progress report No. 2. **(Die Arbeit der Broiler-Zuchtanstalt der Landwirtschaftsschule Ballyhaise im Jahre 1961. Fortschrittsbericht Nr. 2.)** J. Dep. Agric. [Dublin] **60** S. 38-43. — 1 Abb., 1 Tab. 4608.

3-64/09-0310 Trail, J. C. M.; Entebbe, Uganda, Livestock Exp. Stat. Upgrading the indigenous poultry of Uganda. I. The growth rates and feed conversion from hatching to maturity of indigenous poultry crossed with four imported breeds. **(Verbesserung des einheimischen Geflügels in Uganda. 1. Mitt. Wachstumsraten und Futterverwertung vom Schlupf bis zur Reife des einheimischen Geflügels, das mit vier importierten Zuchtlinien gekreuzt wurde.)** J. agric. Sci. **60** (1963) Nr. 2. S. 211-215. — 4 Abb., 1 Tab.

Von 1200 Tieren (von jeder Kreuzung 150 männl. und 150 weibl. Tiere) wurden Wachstum und Futterverbrauch bei Hühnchen bis zum Alter von 20 Wochen und bei Hähnchen bis zu 24 Wochen untersucht. Die besten Ergebnisse zeigen die Kreuzungen von einheimischen Tieren mit Hellen Sussex gefolgt von der Kombination einheimisches Huhn × Rhodeländer. Die Kreuzungen mit Schwarzen Australorp wiesen einen bedeutend höheren Futterverbrauch auf als die einheimischen Tiere. Die ungünstigsten Ergebnisse zeigte die Kreuzung mit Weißen Leghorn. B. Rempel. 4608.

3-64/09-0311 Trail, J. C. M.; Entebbe, Uganda, Livestock Exp. Stat. Upgrading the indigenous poultry of Uganda. II. Fertility, hatchability and

chick mortality. (**Verbesserung des einheimischen Geflügels in Uganda. 2. Mitt. Fruchtbarkeit, Schlupfergebnis und Kükensterblichkeit.**) J. agric. Sci. **60** (1963) Nr. 2. S. 217-220. — 7 Tab. 1. Mitt. vgl. vorst. Ref.
Einheimische Hühner aus Uganda wurden mit Hähnen von 4 Importrassen (Helle Sussex, Rote Rhodeländer, Weiße Leghorn, Schwarze Australorp) gekreuzt und Fruchtbarkeit, Schlupffähigkeit und Kükensterblichkeit bei den Nachkommen unter Verwendung von Import- und Kreuzungshähnen im Vergleich zu reinen Roten Rhodeländern geprüft. Im Fruchtbarkeitsprozentsatz waren auch bei Einsatz von Kreuzungshähnen die Kreuzungen überlegen, am besten schnitt die Kombination Helle Sussex × einheimische Rassen ab. Auch die Schlupfergebnisse lagen höher, signifikant allerdings nur bei Verwendung von Kreuzungshähnen. Die besten Ergebnisse wurden hier mit Schwarzen Australorp × einheimische Hühner erzielt. Die Sterblichkeit bis zur 20. Lebenswoche schwankte zwischen 15,7 und 20% bei den 4 Kreuzungskombinationen. B. Rempel. 4608.

3-64/09-0312 Trail, J. C. M.; Entebbe, Uganda, Livestock Exp. Stat. Upgrading the indigenous poultry of Uganda. III. Shell and egg interior quality. (**Verbesserung des einheimischen Geflügels in Uganda. 3. Mitt. Schalen- und innere Eiqualität.**) J. agric. Sci. **60** (1963) Nr. 2. S. 221-224. — 6 Tab. 2. Mitt. vgl. vorst. Ref.
Eier der 4 Kreuzungskombinationen wurden hinsichtlich Eiweißqualität, Schalendicke und des Auftretens von Blut- und Fleischflecken im Vergleich zu denen reiner Rhodeländer untersucht. Die Proben wurden im 12. Lebensmonat der Tiere während einer 5-Tage-Periode bei hohen Außentemperaturen gezogen. Die Eiweißqualität war bei den Eiern aus Kreuzungen ebenso signifikant besser wie die Schalendicke. Die höchsten Haugh-Einheiten zeigten die Australorp-Kreuzungen, hinsichtlich der Schalendicke schnitten die Sussex-Kreuzungen am besten ab. Im Auftreten von Blut- und Fleischflecken waren die reinen Rhodeländer allen Kreuzungen, allerdings nicht durchweg signifikant, unterlegen. Am günstigsten lagen die Ergebnisse bei den Leghornkreuzungen. B. Rempel. 4608.

3-64/09-0313 Trail, J. C. M.; Entebbe, Uganda, Livestock Exp. Stat. Upgrading the indigenous poultry of Uganda. IV. Egg production. (**Verbesserung des einheimischen Geflügels in Uganda. 4. Mitt. Die Eierproduktion.**) J. agric. Sci. **60** (1963) Nr. 2. S. 225-227. — 1 Abb., 1 Tab. 3. Mitt. vgl. vorst. Ref.
Im Vergleich zu den einheimischen Tieren erbrachten die Kreuzungstiere einen 61% höheren Eierertrag bei einem 34% niedrigeren Futterverbrauch pro 1 lb. Eier, bei 15% höherem Eigewicht, einer 30%igen Verminderung der Sterblichkeit und einem 23%igen Anstieg des Körpergewichtes sowie einer Abnahme der Brutfreudigkeit. Weiße Leghorn und Helle Sussex erscheinen zur Verbesserung der Legeleistung als am besten geeignet. B. Rempel. 4608.

3-64/09-0314 Die Herauszüchtung der White Rocks als Masthuhn bei befriedigender Legeleistung und Nachkommenzahl. Leipzig, Inst. Kleintierzucht Karl-Marx-Univ. Leipzig Plan-Nr.: 2154 71 2-23/3. 15 S. Abschlußber. (3/4. 1964). — 1 Anhang.
Die Rasse White Rock wurde zur Verbesserung der Mastfähigkeit 3 Jahre züchterisch bearbeitet bei gleichzeitiger Beachtung der übrigen Nutzungseigenschaften, die für eine wirtschaftliche Erzeugung von Mastküken bedeutsam sind. Die Durchschnittslegeleistung der einjährigen Hennen betrug 161 Eier/Henne bei einer Durchschnittsmasse je Ei von 59,8 g. Im Winterabschnitt legten die einjährigen Hennen ∅ 57 Eier. Die durchschnittl. 10-Wochen-Masse stieg je männl. Tier von 883 g auf 1206 g und je weibl. Tier von 727 g auf 985 g. Sowohl mit reinrassigen Tieren als auch mit Gebrauchs-

kreuzungen von White Rock wurden gute Mastergebnisse erzielt. Bei der Kreuzung Cornish × White Rock betrug die durchschnittl. 10-Wochen-Masse pro Tier 1250 g und die Rohverwertung 1:2,8. Das durchschnittl. Schlupfergebnis der HB-Stämme lag bei 66% und das der Vorbuchherde bei 75% der eingelegten Eier. 4624.

3-64/09-0315 Anonym. **Braune Italiener, ein gutes Leistungshuhn.** Geflügelhof [Zollikofen-Bern] **27** (1964) Nr. 14. S. 240-242. – 2 Abb. 4630.

3-64/09-0316 Nieschulz. **Legeleistung der Hennen und Eiererzeugung 1963 in der BRD.** Dtsch. Geflügelwirtsch. **16** (1964) Nr. 11. S. 157-158. 160. 162. – 10 Tab.
An Hand monatl. Meldungen der Hennenzahl und des Eieranfalles von 4500 Betrieben wurde, gestaffelt nach Bestandsgrößengruppen, eine durchschnittl. Jahreslegeleistung je Henne von 178,6 Eiern errechnet. Das bedeutet eine Leistungssteigerung von 29,4 Eiern je Huhn innerhalb von 5 Jahren. Die Eizahl steigt mit der Bestandsgröße von 142,1 Eiern (1-9 Hennen) stetig auf 216,4 Eier (250 und mehr Hennen). Die Bestandsgrößengruppen haben folgende Verteilung:

	Hennen	Betriebe
1-9 Hennen	11,0%	49,4%
10-19 Hennen	11,3%	23,4%
20-49 Hennen	23,1%	19,4%
50-99 Hennen	12,7%	4,7%
100-249 Hennen	11,7%	2,0%
250 und mehr	30,2%	1,1%

Der Leistungsfortschritt wird auf zunehmende Konzentrierung der Hennenbestände, Verwendung besseren Zuchtmaterials, sachgemäßere Haltung und Fütterung sowie günstige Witterungsverhältnisse zurückgeführt. Die monatl. Legeleistung schwankt – ausgeglichener als in früheren Jahren – zwischen 12,6 und 18,4 Eiern; in Kleinbetrieben sind die Schwankungen größer als in Großbetrieben. Die Gesamterzeugung an Eiern im Berichtsjahr wird mit 9997 Mill. angegeben. A. Schaaf. 4656.

3-64/09-0317 Anonym. The problem of broodiness. **(Das Problem der Brütigkeit.)** Agric. Gaz. New South Wales **74** (1963) Nr. 10. S. 574-576. 585.
In den Geflügelfarmen von Neu-Süd-Wales hat die Brütigkeit an Bedeutung gewonnen, nachdem in verstärktem Maße Kreuzungszuchten zur Eierproduktion gehalten werden. Das Ergebnis der vermehrten Brütigkeit ist ein geringerer Eierertrag. Häufig werden auch Eier von den Glucken zerbrochen oder andere Hennen sind gezwungen, außerhalb des Nestes zu legen. Zur Lösung dieses Problems wird vorgeschlagen: 1. Haltung von Weißen Leghorn, 2. Züchtung nicht brütiger Stämme, 3. Kontrolle der brütigen Hennen durch geschickte Behandlung. Noch problematischer ist die Brütigkeit in den wärmeren Monaten, weil mehr Hühner dem natürlichen Trieb folgen. Es wird angeregt, einen Hühnerkorb zu bauen, der ideale Bedingungen bietet, die Brütigkeit in möglichst kurzer Zeit zu beenden. Die Tiere während dieser Zeit hungern zu lassen, wird abgelehnt, da es nur eine längere Periode bis zur erneuten Eierproduktion notwendig machen würde. E. Lippmann. 4667.

3-64/09-0318 Löhle, K., Neumann und Löbel. **Das rechtzeitige Merzen kranker Hennen ist wichtig für den Erfolg in der Geflügelhaltung.** Garten u. Kleintierzucht, Ausg. B **3** (1964) Nr. 3. S. 4.
Vff. untersuchten in der HLP-Altenberga von 1954-62 die Legeleistung von 80 verendeten Hennen und vergleichen diese mit ihren Vollschwestern

(Weiße Leghorn und Rebhuhnfarbige Italiener). Bei Vergleichen des Körpergewichtes sowohl zu Prüfungsbeginn als auch zum Zeitpunkt des Verendens konnten keine statistisch zu sichernden Unterschiede festgestellt werden. Die im Laufe des Jahres verendeten Hennen brachten zu ihren Vollschwestern geringere Legeleistungen, ∅ 71,4% der Eier ihrer Schwestern. Nur 15% aller verendeten Tiere brachten eine höhere Leistung. 4 Wochen vor dem Verenden brachten sie nur 35,6% der Schwesternleistung. Nur 3,75% der verendeten Hennen hatten in dieser Zeit eine höhere Leistung. G. Hahn. 4668.

3-64/09-0319 Džabieva, S. A. Vlijanie radioaktivnogo fosfora na process inkubacii kurinych jaic, nachodjaščichsja na različnych stadijach razvitija. **(Einfluß von radioaktivem Phosphor auf den Bebrütungsprozeß der Hühnereier, die sich in verschiedenen Entwicklungsstadien befinden.)** Doklady Akademii nauk Azerbajdžanskoj SSR, Baku **19** (1963) Nr. 9. S. 85-87. — 3 Tab., 2 Lit. Orig.: aserbaidshan., Ausz.: russ. 4674.

3-64/09-0320 Cooper, D. M.; Houghton, Huntingdon, Houghton Poultry Res. Stat. Modern trends in animal health and husbandry. Artificial insemination of poultry. **(Die moderne Entwicklung in der Tiergesundheit und -haltung. Die künstliche Besamung beim Geflügel.)** Brit. veterin. J. **119** (1963) Nr. 5. S. 194-210. — 1 Tab., 122 Lit.
In einer umfangreichen Übersichtsarbeit wird die KB des Hausgeflügels behandelt. Im 1. Kapitel wird auf die Problematik eingegangen und auf die Schwierigkeiten der Praxiseinführung hingewiesen. Ferner werden die Technik der Insemination, der Einfluß von Nahrung und Jahreszeit auf die Spermaproduktion, die Zusammensetzung des Spermas und die Behandlung sowie die Probleme der Hygiene und der Gesundheitsüberwachung erörtert. Breiten Raum nimmt die Diskussion der Spermaverdünner und der Spermahaltbarkeit ein. M. Richter. 4677.

3-64/09-0321 Rommel, W. **Die künstliche Besamung bei Haushuhn und Truthahn.** Mh. Veterinärmed. **18** (1963) Nr. 11. S. 403-411. — 13 Abb., 30 Lit. Zus. in Engl.
Auf Grund der Erfahrungen mehrerer Länder (Australien, Israel, tropische und subtropische Länder — Hühnerzucht; USA und England — Putenzucht) bringt die KB allein oder in Kombination mit der natürlichen Paarung beträchtlichen Nutzen in der Wirtschaftsgeflügelzucht. Als wesentliche Gründe für die Anwendung der KB werden angeführt: Einsparung von Vatertieren, schnelle Verbreitung bestimmter Erbanlagen, Art- und Rassenkreuzungen, Erbwert- und Zuchtwertprüfungen mit laufenden Kontrollen, Bekämpfung nicht erblicher Fortpflanzungsstörungen, Auswechseln von Zuchthähnen in der Brutsaison und Verhinderung von Seuchenübertragungen und parasitären Erkrankungen. Anschließend wird auf die Technik der KB und die Samengewinnung eingegangen sowie das Einführungsverfahren und die Verdünnungsmethoden behandelt. M. Richter. 4677.

3-64/09-0322 Splittgerber, H.; Unna-Königsborn, Lehr- und Versuchsanst. für Kleintierzucht. **Fütterungsfehler in der Geflügelhaltung vermeiden!** Mitt. Tierhalt. **1963** Nr. 82. S. 18-22.
Eine optimale Fütterung setzt eine optimale Haltung voraus, wozu auch eine strenge Hygiene gehört. Die Fütterung der Henne, die Bruteier liefert, ist genau so wichtig wie die der Küken nach dem Schlupf. Für die ersten 14 Lebenstage wird die Verabreichung eines Starterfutters empfohlen. Versuche mit 6000 Küken über das Füllen der Tröge ergaben folgende Futterverluste: bei voller Füllung 29%, 2/3 Füllung 7,4%, 1/2 Füllung 2,1% und bei 1/3 Füllung 0,8%. Die Freßzeit für Mastküken beträgt allg. 20-24 Std. Für Junghennen sollte von der 8.-22. Woche eine Beleuchtung von 9 Std. gewährleistet sein. Gut isolierte Ställe und entspr. Stalltemperaturen helfen Futter sparen.

Bei Verwendung von Futterbändern sollten die verschiedenen Systeme von Futterbändern vorher hinsichtlich der Futterverluste geprüft werden. Vf. bespricht eingehend die Probleme der Jung- und Legehennenhaltung und gibt Hinweise, wie Fehler in Fütterung und Haltung vermieden werden können.
U. Hofmann. 4681.

3-64/09-0323 Ermolaeva, A. L. und Patrik, I. A.; Zentr. Forsch.-Inst. für die Geflügelverarb. Ind. Vysokopitatel'nye raciony dlja mjasnych cypljat. **(Nährstoffreiche Rationen für Mastküken.)** Sbornik rabot molodych učenych. Doklady na naučnoj konferencii aspirantov. Vsesojuznyj naučnoissledovatel'skij institut pticevodstva, Moskva **4** (1961, hrsg. 1962) S. 104 bis 112. — 4 Abb., 4 Tab., 6 Lit.
Vff. verglichen 5 Futtermischungen mit jeweils hauptsächlich einer Getreideart (Gr. I — Mais, II — Gerste, III — Hirse, IV — Weizen, V — übliche Mischung in der Geflügelfabrik Tomilino)bei der Mast von Küken der Russischen Weißen Rasse in Gruppen zu je 216 Tieren. Die Futtermischungen waren Bestandteil der Ration, in die außerdem noch Weichfutter (3mal tägl.) einging. Die Mast dauerte bis zum 80. Tag, wobei alle Gruppen vom 61.-80. Tag ein einheitliches Mastfutter erhielten. In alle Versuchsmischungen (I-IV) wurden 4,5% tierisches Fett gegeben, und der Rohfasergehalt überstieg nicht 5%. Die besten 8-Wochen-Gewichte erreichte Gr. IV mit 1141 g, die schlechtesten Gr. I — 1035 g. In der Futterverwertung lag Gr. IV mit 5,17 GE/kg Zuwachs ebenfalls am günstigsten, während I und II mit 5,76 und 5,77 den höchsten Verbrauch aufwiesen. Ökonomischen Berechnungen zufolge waren Gr. III und IV die besten. W. Bonitz. 4681.

3-64/09-0324 Swart, L. G.; Stellenbosch-Elsenburg, Coll. of Agric. Feeding battery hens. **(Die Fütterung von Batteriehennen.)** Farming South Africa **39** (1963) Nr. 1. S. 25. 27. 30. — 2 Abb., 1 Tab.
Die isolierte Haltung der Hennen in Batterien erfordert die Fütterung mit einer genau ausbalancierten Ration. Unbedingt muß das Futter ausreichend Vit. D_3 enthalten. Um eine dunkle Dotterfarbe zu erzielen, sind dem Futter 7-10% gutes Luzernemehl zuzusetzen. Die ausreichende Kalkversorgung gewährleisten 5-6% Austernschalen oder Kalksteingrit. Durch Verfütterung eines gepreßten Alleinfutters könnte die Vergeudung verringert werden.
H. Pingel. 4688.

3-64/09-0325 Burckhardt. **Betriebswirtschaftliche Möglichkeiten zur Kostensenkung in der Eierproduktion.** Geflügelhof [Zollikofen-Bern] **27** (1964) Nr. 1. S. 3-9.
Vf. beschreibt die Verhältnisse auf dem Gebiet der Hühnerhaltung in der BRD. Es wird betont, daß unter den gegenwärtigen Bedingungen nur noch diejenigen Legehennenhaltungen förderungswürdig sind, die einen vollwertigen Betriebszweig darstellen. Bei den betriebs- und arbeitswirtschaftlichen Gegebenheiten kann etwa die Größenordnung von ca. 1000 Legehennen oder 4000 Masthähnchen mit 5maligem Umschlag als solcher angesehen werden. Im einzelnen werden Kapitalbedarf, Spezialisierung, Futterkosten, -verbrauch und -verluste, Tier-, Gebäude- und Arbeitskosten sowie die Nutzungsdauer erörtert. Wichtige Voraussetzungen für eine wirtschaftliche Produktion sind die Kenntnisse und die ständige Überprüfung von Leistung und Kosten.
K. Löhle. 4700.

3-64/09-0326 Georgiev, I., Tomov, V. und Kozovski, I. Izpitvane vlijanieto na specialen silaž za kokoški vŭrchu noslivostta im i ljupimostta na jajcata. **(Der Einfluß einer Spezialsilage für Legehennen auf Legeleistung und Schlupf der Eier.)** Izvestija na Instituta po carevicata — Kneža, Sofija **6** (1963) S. 171-176. — 6 Tab., 3 Lit.
Zur Kraftfutterration erhielt die Versuchsgruppe, bestehend aus 49 Hennen und 5 Hähnen der New-Hampshire-Rasse, je 30 g einer Spezialsilage (70%

grüne Luzerne, 29% Maisschrot und 1% Melasse), die Kontrollgruppe, bestehend aus der gleichen Zahl Hennen und Hähne, erhielt je 30 g Futterrüben. Der Versuch dauerte vom 1. 1.-20. 4. 1961. Ergebnisse (in der Reihenfolge der Gruppen): Legeleistung Ø 63,47 und 61,12 Eier; durchschnittl. Lgw. der Hennen zu Beginn des Versuches 2,738 und 2,738 kg, am Ende 2,782 und 2,788 kg; Befruchtung der Eier 84,4 und 87,9%; Schlupf der befruchteten Eier 75,7 und 68,5%. NRB/ZSNTI. 4700.

3-64/09-0327 Pigarev, N. V. und Lanting, E. O. Produktivnost' kletočnych nesušek pri različnych režimach kormlenija. **(Produktivität von Legehennen in Käfigen bei unterschiedlicher Fütterungstechnik.)** Tr. Centr. n.-i. in-t pticepererabat. prom-sti **9** (1962) S. 79-83. — Aus: Referativnyj žurnal Moskva. Životnovodstvo, veterinarija **1963** Nr. 12. 58. 175. S. 26.

Von 700 Junghennen (5 Mon. alt) der Russischen Weißen Rasse wurden 300 Tiere (Gr. I) in Einzelkäfigen einer nichtmechanisierten 5stöckigen Batterie und 400 Tiere (Gr. II) in einer mechanisierten Batterie gehalten. Legeleistung und durchschnittl. Eigewicht unterschieden sich zwischen den beiden Gruppen nur unwesentlich. Der Futteraufwand je Legehenne war in Gr. II um 6,2% niedriger als in Gr. I, je kg Eimasse um 3,7%. Hennen der Gr. II wogen etwas mehr als die aus Gr. I. Hennen in Käfigen der mechanisierten Batterie, die nahe am Füllort der Futtertröge lagen, fraßen 8,5-8,6% mehr Futter und legten intensiver als Hennen in entfernteren Käfigen. Bei Umsetzen der Hennen aus den nichtmechanisierten Käfigen in die mechanisierten sank die Legeleistung stark. 4700.

3-64/09-0328 Mostert, G. C.; Stellenbosch-Elsenburg, Coll. of Agric. What about the quality of battery eggs? **(Die Qualität von Batterieeiern.)** Farming South Africa **39** (1963) Nr. 1. S. 29-30. — 2 Abb.

Eier von Batteriehennen hatten ein Gewicht von 60,71 g und waren 1,76 g schwerer als Eier von Bodenhennen. Die Schalenqualität wird vor allem durch Temperatur und Ca-Gehalt des Futters beeinflußt. Bei Temperaturen unter 75 °F muß die Ration 3,5-3,7% Ca und bei Temperaturen über 75 °F zwischen 4,0-4,5% Ca enthalten. Bei Eiern von Batteriehennen ist der Anteil zähflüssigen Eiweißes geringer, die Dotterhöhe demzufolge niedriger, die Dotterfarbe intensiver und das Auftreten von Blutflecken häufiger als bei Eiern von in Legeställen gehaltenen Hennen. H. Pingel. 4700.

3-64/09-0329 Siddiqui, S. M. und Fry, Jack L.; Manhattan, Kansas State Univ. Studies with warfarin on the incidence of blood spots and in relation to prothrombin time, egg quality and mortality in laying hens. **(Untersuchungen mit Warfarin über das Vorkommen von Blutflecken und Beziehung zur Blutgerinnungszeit, Eiqualität und Sterblichkeit bei Legehennen.)** Poultry Sci. **42** (1963) Nr. 5. S. 1125-1130. — 5 Tab., 16 Lit.

Vff. untersuchten den Einfluß von Warfarin als Zusatz zum Legehennenfutter auf die Sterblichkeit, die Blutgerinnungszeit, das Vorkommen von Blutflecken und weitere Eiqualitätsmerkmale. Warfarin wurde entweder als 0,025%iger Bestandteil im Legehennenfutter oder in gleicher Konzentration als Bestandteil von Pellets zur beliebigen Aufnahme neben der Kontrollration verabreicht. Ein Anteil von 0,025% Warfarin erhöhte sowohl bei der Ration mit als auch ohne Luzernegrünmehl nicht das Vorkommen von Blutflecken. Die Blutgerinnungszeit wurde nur bei Verabfolgung von Warfarin als Bestandteil im Legehennenfutter verlängert. Die Eiweißqualität blieb unbeeinflußt. Die Masse je Ei, die Schalendicke und die Legeleistung wurden geringfügig herabgesetzt. Die Eier der behandelten Hennen enthielten meßbare Werte an Warfarin. Auf Grund der geringen Verluste erwies sich eine 0,025%ige Gabe von Warfarin nicht als toxisch.

H. Jeroch. 4700.

3-64/09-0330 Untersuchungen über die Einwirkung wichtiger Umweltfaktoren auf die Aufzucht von Zucht- und Mastküken verschiedener Rassen und Kreuzungen. Rottenau, Inst. Geflügelzucht Dtsch. Akad. Landwirtsch.-Wiss. Berlin Plan-Nr.: 2680 75-4-01/3. 22 S. Teil-Abschlußber. (21/4. 1964). — 2 Anlagen
In 6 Versuchsreihen werden die Umweltfaktoren „Freßseitenlänge" und „Besatzdichte" während der intensiven Aufzuchtperiode bis zum 56. bzw. 70. Lebenstag bei verschiedenen Rassen und Kreuzungen untersucht. Bei Verwendung geeigneter Futtergeräte kann eine Freßseitenlänge von 3 cm an Automaten und Trögen empfohlen werden. Für die Aufzuchtperiode bis zum 56. Lebenstag ist für die Rasse White Rock eine Besatzdichte von 15 Tieren/m² Stallgrundfläche vertretbar. 4707.

3-64/09-0331 Erasmus, J. E.; Stellenbosch-Elsenburg, Coll. of Agric. The best breeds for batteries and how to breed suitable hens. **(Die beste Rasse für Batteriehaltung und die Züchtung geeigneter Hennen.)** Farming South Africa **39** (1963) Nr. 1. S. 22-23.
Für die Batteriehaltung hat sich die Kreuzung Leghorn × Australorp gut bewährt. Bei der Wahl der Rasse spielt die Futterverwertung eine Rolle. Den geringsten Erhaltungsfutterbedarf haben die Leghorn. Z. Z. ist die Nachfrage nach guten Suppenhennen noch stark, so daß schwereren Hennen in der Batteriehaltung der Vorzug gegeben wird. Das für Batteriehaltung vorgesehene Tiermaterial muß unter diesen Bedingungen erzüchtet werden. Bei der Kükenproduktion mit Batteriehennen wird die KB angewendet. Mit dem Sperma eines Hahnes können wöchentl. 70 Hennen besamt werden. H. Pingel. 4707.

3-64/09-0332 Butkovskij, I. N. Sravnitel'noe izučenie raznych sposobov soderžanija kur-nesušek. **(Vergleichende Untersuchung verschiedener Methoden zur Haltung von Legehennen.)** Naučnye trudy. Kievskaja opytnaja stancija životnovodstva 8 (1962) S. 67-70. — Aus: Referativnyj žurnal Moskva. Životnovodstvo, veterinarija **1963** Nr. 5. 58. 133. S. 16.
Hühner der Russischen Weißen Rasse (4 Gruppen zu je 100 Stck.) wurden in Einzelkäfigen (Gr. I), auf Tiefstreu (Gr. II) und in transportablen Sommerhäuschen (Gr. III) gehalten, die im Winter geheizt wurden (Gr. IV). Alle Gruppen erhielten gleiches Futter. Bei den Hennen der Gr. I und II trat nach 3-4 Mon. die "Käfigmüdigkeit" auf. Außerdem wurde die Futteraufnahme schwächer, die Legeleistung sank (bis zu 10%), die Hennen wurden fett und konnten nicht mehr laufen. Die besten Kennziffern wurden in Gr. III erzielt, wo die Legeleistung nach 3 Mon. 45-48% betrug, dieselben Ergebnisse wurden auch in Gr. IV erhalten. Die größten Eier legten die Hennen der Gr. III, die kleinsten die der Gr. I. Hinsichtlich Festigkeit und Dicke unterschieden sich die Eierschalen bei den unter verschiedenen Bedingungen gehaltenen Hennen nicht. Um eine hohe Legeleistung in Käfigen zu erzielen, ist eine gute Organisation der Aufzucht von Jungvieh zum Auffüllen des Geflügelbestandes erforderlich. 4707.

3-64/09-0333 Erasmus, J. E. und Swart, L. G.; Stellenbosch-Elsenburg, Coll. of Agric. Batteries and battery houses. **(Batterien und Batterieställe.)** Farming South Africa **39** (1963) Nr. 1. S. 15. 17. — 4 Abb.
Die einetagige Batterie, bei der der Kot auf den Fußboden fällt, ist die billigste Konstruktion, nimmt aber den meisten Platz in Anspruch, so daß die gesamten Einrichtungskosten nicht niedriger sind als bei Verwendung von teureren mehretagigen Batterien. Sehr gut hat sich die Pyramidenbatterie bewährt, bei der von den 4 Käfigreihen die beiden mittleren höher und die beiden seitlichen niedriger angeordnet sind. So kann der Kot aus allen Käfigen auf den Fußboden bzw. Naturboden fallen. Für die Unterbringung der Batterien werden Ställe mit einer offenen Längsfront verwendet, die lediglich

zum Schutz gegen Regen und Sonneneinstrahlung dienen. Z. T. wird auf feste Fußböden verzichtet, zumindest dort, wo der Kot hinfällt.
H. Pingel. 4707.

3-64/09-0334 Schmidt, L. **Batterien — einmal aus Holz.** Dtsch. Geflügelwirtsch. **16** (1964) Nr. 15. S. 225-226. — 5 Abb. 4707.

3-64/09-0335 Liebenberg, C. R. und Erasmus, J. E. Pros and cons of laying batteries. **(Die Gründe für und wider die Legebatterien.)** Farming South Africa **39** (1963) Nr. 1. S. 11. 13.
Der Kapitalaufwand für die Einrichtung einer Batteriehaltung ist durch die Verbilligung der Batteriekonstruktionen und deren Aufstellung in Offenställen nicht mehr höher als für die Bodenhaltungen. Das hat zur starken Ausbreitung der Käfighaltung geführt. Der Preis je Käfig liegt zwischen 75 und 150 Cents. Als Hauptvorteil der Käfighaltung wird die genaue Leistungskontrolle angesehen. Weitere Vorteile sind die Einschränkung der Krankheitsausbreitung sowie die Verhinderung der durch die Rangordnung und durch Brütigkeit bedingte Leistungsminderung. Die schwächeren Hennen haben in Käfigen eine größere Chance, eine hohe Leistung zu bringen als in der Bodenhaltung. H. Pingel. 4707.

3-64/09-0336 Schmidt, Ludwig. **Liegt die Zukunft in den Legekäfigen?** Mitt. dtsch. Landwirtsch.-Ges. **78** (1963) Nr. 50. S. 1582-1584. 1586.
Vf. stellt die betriebs- und arbeitswirtschaftlichen Vorteile der Käfighaltung heraus. Er ist der Auffassung, daß sich die Käfighaltung in vollautomatischer Form nur in großen Ablegebetrieben ab 3000 Hennen durchsetzen wird. Bei den hohen Kosten für Dungförderung und -lagerung lohnen sich erst Anlagen mit 30-40 m Länge. Weniger kostspielig sind für kleinere und mittlere Betriebe Käfiganlagen, die mit einer nichtautomatischen Entmistung arbeiten und deshalb nur einstöckig eingesetzt werden können. Der Besatz je m^2 Stallfläche wird dadurch geringer. E. Lippmann. 4707.

3-64/09-0337 Bamberger, K. und Janzsó, J. Összefüggés a tyukok kora és a csibék elhullásának aránya között. **(Korrelationen zwischen dem Alter der Hühner und der Verlustrate der Küken.)** Magyar Állatorvosok Lapja [Ung. veterinärmed. Bl.] **18** (1963) Nr. 4. S. 149-151. — Aus: Ung. Agrar-Rdsch. **1964** Nr. 1.
Verglichen wurden die Aufzuchtergebnisse von 3 Kükenbeständen vom Ein-Tage- bis zum Sechs-Monate-Alter. Bis zum Sechs-Monate-Alter verursachten die Leukose und die Atmungskrankheiten bedeutend geringere Verluste bei Küken, die von älteren Hennen abstammten als bei Küken von jüngeren Hennen. Die Unterschiede erwiesen sich als signifikant. Vff. folgern daraus, daß in Beständen, die mit Leukose und Atmungskrankheiten verseucht sind, die Resistenz der Nachkommen durch Bebrüten der Eier älterer Hennen verstärkt wird. Falls aber die Eier jüngerer Hennen zur Brut verwendet werden, kann eine Steigerung der Empfänglichkeit gegenüber diesen Krankheiten beobachtet werden. Der jährl. Austausch des Zuchtbestandes darf nur dort erfolgen, wo die entspr. Bedingungen vorhanden sind und wo die Möglichkeiten durch eine bes. gründliche Selektion gegeben sind. 4710.

3-64/09-0338 Raszewska, H. Choroby kur spowodowane niewłaściwym żywieniem. **(Hühnerkrankheiten, hervorgerufen durch falsche Ernährung.)** Drobiarstwo **11** (1963) Nr. 11. S. 10-11. PRL/CBR. 4710.

3-64/09-0339 Kuniyasu, Chikara und Watanabe, Shota. Effect of furazolidone on experimental pullorum disease in chicks. **(Der Einfluß von Furazolidon auf die experimentelle Pullorumseuche der Küken.)** Jap. J. veterin. Sci. **25** (1963) Nr. 6. S. 337-346. — Orig.: jap., Ausz.: engl. 4710.

3-64/09-0340 Long, P. L. Coccidiosis of chickens in Great Britain 1960-62: Changes in the incidence of different forms of the disease. **(Coccidiose der Hühner in Großbritannien in den Jahren 1960-62: Veränderungen im Auftreten unterschiedlicher Formen der Krankheit.)** Brit. veterin. J. **120** (1964) Nr. 3. S. 110-116. — 4 Tab., 9 Lit. 4710.

Gänse

3-64/09-0341 Lühmann. **Die Dichte der Gänsebestände in der Bundesrepublik.** Dtsch. Geflügelwirtsch. **16** (1964) Nr. 10. S. 143-144. 146-148. — 3 Tab. 4722.

3-64/09-0342 Koplik, E. A ludak mesterséges termékenyitéséről. **(Über die künstliche Besamung von Gänsen.)** Baromfiipar [Geflügelindustrie] **10** (1963) Nr. 2/3. S. 45-49. — Aus: Ung. Agrar-Rdsch. **1964** Nr. 1.
Nach Ergebnissen mehrjähriger Versuche an 90 Gänsen und 36 Gantern unterscheidet sich die KB der Gänse in mancher Hinsicht von der der Truthühner. Die entspr. Haltungs- und Fütterungsbedingungen der zur Besamung geeigneten Ganter sowie ihre Unterbringung in ständigen Quartieren muß 2-3 Mon. vor Beginn der Zuchtperiode gewährleistet sein. Die Tiere müssen an die Massage systematisch gewöhnt werden. Das unverdünnte Sperma ist weniger haltbar als das in einer 0,65%igen kochsalzhaltigen Ringer-Lösung verdünnte. Bei der Anwendung konnte mit einem im Verhältnis 1:3 verdünnten Sperma — gegenüber dem Durchschnittsergebnis der Versuche von 64,5% — ein Befruchtungsergebnis von 85,7% erzielt werden. Mit einem Ejakulat können 3-12 Brutgänse befruchtet werden. 4810.

3-64/09-0343 Bielinski, K. Tucz mlodych gesi. **(Die Mast junger Gänse.)** Drobiarstwo **11** (1963) Nr. 8. S. 5-6. — 2 Abb., 1 Tab. PRL/CBR. 4842.

3-64/09-0344 Merritt, E. S. und Lemay, J. A. Age and performance in geese. **(Alter und Leistung bei Gänsen.)** Wld. Poultry Sci. J. **19** (1963) Nr. 3. S. 191-201. — 1 Abb., 3 Tab., 7 Lit.
Zu klären war, bis zu welchem Alter Zuchtgänse wirtschaftlich gehalten werden können. In 10 Stämmen zu je 1,5 Tieren blieb die Verpaarung 5 Jahre lang unverändert. Weder eine Auslese noch Tierersatz im Falle des Abganges erfolgte. Die Gänse weideten vom 15. 7.-1. 12., während der Legezeit stand ihnen ein mit Sand bedeckter Auslauf zur Verfügung und Futter für Zuchttiere zur beliebigen Aufnahme. Die Tiere wurden jedes Jahr am 1. 12., 1. 4. und 30. 6. gewogen. Nur 65% der Zuchtgänse überlebten das Ende des 5. Legejahres. Bei den Gantern war nur ein Tier als Verlust zu verzeichnen. Die Abgänge ereigneten sich in den 3, 4 und 5 Jahre alten Gruppen meist kurz vor Ende der Legezeit (Ausgang Juni bzw. Anfang Juli). Eine spez. Ursache konnte nicht festgestellt werden. Sämtliche Beobachtungen zeigten eine Altersbeeinflussung. Die Legetätigkeit nahm im 2. Jahr um 65% zu. Obgleich sie anschließend sank, war sie im 5. Legejahr höher als im ersten. Das Eigewicht blieb nach dem 2. Jahr rel. beständig. Die Gänse legten im 2. und 3. Jahr früher, jedoch im 5. Legejahr etwas später als im ersten. Die Zahl der Tage bis zum letzten gelegten Ei zeigte nach dem 2. Jahr wenig Unterschied. Der fortschreitende Rückgang in der Fruchtbarkeit vom ersten Jahr an wurde nicht erwartet. Die ungewöhnlich niedrige Fruchtbarkeit von 29, 14 und 13% in den letzten 3 Jahren würde eine scharfe Einschränkung der Jahre für die Zuchtbenutzung bedeuten. Dagegen zeigte die Schlupffähigkeit eine Zunahme und später nur ein leichtes Absinken. Trotz des Anstiegs der Legeleistung und der Schlupffähigkeit ging die Zahl der Gössel je Zuchtgans im 3. Jahr und den folgenden Jahren im Vergleich zum ersten als Folge der abnehmenden Fruchtbarkeit zurück. In allen Altersstufen nahm das Lgw. bei beiden Geschlechtern von Dez.-Apr. zu. Die Gänse verloren dann an

Gewicht bis Juni, während die Ganter entweder weiter zunahmen oder wie in den letzten beiden Jahren bis Apr. das Maximalgewicht erreichten. Die Unterschiede im Apr.-Lgw. der Ganter entsprachen in den 5 Jahren einer Zunahme von etwas über 40%. Das ungewöhnliche Gewicht der Ganter und die beengte Haltung der Stämme während der Legezeit verursachten z. T. das starke Absinken der Fruchtbarkeit. Die Selektion nach Eizahl im 1. und 2. Legejahr hätte augenscheinlich Wert für die genetische Verbesserung des Zuchtstammes. W. Greiner-Petter. 4860.

3-64/09-0345 Forenbacher, S., Srebočan, V., Carević, Olga und Maržan, B. Investigations in fatty infiltration of the liver in fattened geese. Preliminary report. **(Untersuchungen über die Fettinfiltration der Leber bei Mastgänsen. Vorl. Bericht.)** Veterin. Arh. [Zagreb] **33** (1963) Nr. 1/2. S. 32 bis 36. — Zus. in Franz., Serb.
Aus einer Reihe von biochemischen Untersuchungen und der Größe und Beschaffenheit der Leber von Mastgänsen läßt sich schließen, daß unter den Bedingungen der künstlich erhöhten Eiweißsynthese der Proteingehalt der Leber steigt, ohne daß sich die Leber größenmäßig von der mit normalem Eiweißgehalt unterscheidet. Durch toxische Mittel zur Hervorrufung einer fettigen Degeneration ist die erwünschte Größenzunahme nicht zu erreichen, da sie atrophische Zirrhosen nach sich ziehen können; mittels biol. aktiver Mittel mit Leberzellen protektiver Wirkung konnte das Lebergewicht um 108% erhöht werden. P. Schmidt. 4860.

Enten

3-64/09-0346 Staško, Jozef und Mardiak, Ján. Striedavé užitkové kríženie kačíc plemena pekinského s plemenom Khaki-Campbell. I. Rast a spotreba krmiva. **(Wechselweise Gebrauchskreuzung von Peking-Enten mit Khaki-Campbell-Enten. 1. Mitt. Wachstum und Futterverbrauch.)** Živočišná Výroba **8 (36)** (1963) Nr. 6. S. 343-352. — 12 Abb., 6 Tab. Zus. in Russ., Dtsch.
In 3jährigen Versuchen mit der Wechselkreuzung von Enten der angeführten Rassen wiesen in 63 Masttagen die Khaki-Campbell-Enten die niedrigsten Zunahmen auf. Die Kreuzungsprodukte A_1 (♂ Pekingente × ♀ Khaki Campbell) erreichten die Durchschnittszunahmen der Eltern nicht, und zwischen den Kreuzungsprodukten A_2 (♂ Khaki Campbell × ♀ Pekingente) und den reinrassigen Pekingenten als Kontrolle waren mit 63 Tagen keine wesentlichen Unterschiede feststellbar. Die Rückkreuzungsprodukte B_2 (A_2 × ♂ Pekingente) hatten höhere Zunahmen als die Pekingenten. Die Kreuzungsprodukte B_1 (A_1 × ♂ Khaki Campbell) dagegen hatten geringere Zunahmen als die Pekingenten. Im Futterverbrauch je kg Zunahme war zwischen den Kreuzungsprodukten A_1 und A_2 auf der einen Seite und den Pekingenten auf der anderen Seite kein wesentlicher Unterschied. Die Rückkreuzungsprodukte B_2 verbrauchten um 2,4-9,6% weniger Futter je kg Zunahme als die Pekingenten. Die Produkte der Kreuzung B_1 dagegen verbrauchten 10,1-11,1% mehr Futter. Beste Schlachtqualität wiesen die Kreuzungsprodukte A_2, B_2 und C_2 auf. ČSSR/ÚVTI. 4965.

3-64/09-0347 Sommerfeld, Werner. **Die Auswirkungen verschiedener Schlupfzeiten auf Wachstum, Legeleistung und Fruchtbarkeit der amerikanischen Peking-Ente.** Berlin, Inst. Geflügel- u. Pelztierzucht Humboldt-Univ. Plan-Nr.: 4503/2/2/3-01. Abschlußber. (25/2. 1964).
Die Untersuchungen wurden unter den Bedingungen eines Großbetriebes der Entenzucht in der Praxis durchgeführt. Die Ergebnisse zeigen, daß Apr.- und Mai-Schlüpfe 146-169 Eier/Ente legten und 88-104 Küken/Ente erreicht wurden. Später geschlüpfte Gruppen (Sept.-Dez.) zeigten unter dem Einfluß des natürlichen Lichttages gleichbleibendes Absinken der Reproduktionsleistungen. Der Futteraufwand lag bei den Frühschlüpfen trotz der längeren

unproduktiven Phase (9. Woche bis Legereife) am niedrigsten. Die Verschiebung der Legekurve blieb bei den zu verschiedenen Jahreszeiten geschlüpften Enten bei natürlicher Tageslänge gering. Ein Trockenhaltungsstall für Zuchtenten wurde entwickelt. 4965.

3-64/09-0348 Sochocka, A. Żywienie kaczek jesienia. **(Die Fütterung der Enten im Herbst.)** Drobiarstwo **11** (1963) Nr. 10. S. 13-14. — 1 Abb., 2 Tab. PRL/CBR. 5000.

3-64/09-0349 But'janov, D. D. Sinusit utjat i gusjat. **(Sinusitis bei jungen Enten und Gänsen.)** Veterinarija, Moskva **40** (1963) Nr. 7. S. 40-41. 5030.

Perlhühner

3-64/09-0350 Szuman, J. Odmiany i genetyka perlicy. **(Sorten und Genetik des Perlhuhns.)** Drobiarstwo **11** (1963) Nr. 7. S. 6-9. — 4 Abb.
Die bestehenden Perlhuhnrassen unterscheiden sich eigentlich nur nach der Farbe. Es gibt 6 Sorten, und zwar stahlgraue, helle bzw. blaue, kremfarbene, violettblaue, albinotische weiße sowie teilweise albinotische mit weißen Flecken auf dem Untergrund einer anderen Farbe. Die Zugehörigkeit zu den einzelnen Sorten läßt sich bereits bei den Küken feststellen. Bei Sortenkreuzungen dominiert grau über hell und violettblau. In der F_2 treten Individuen mit rezessiven Merkmalen in normalem Zahlenverhältnis auf. Kreuzungen mit der weißen Sorte ergeben eine mehrfarbige Nachkommenschaft, wobei weiß in verschiedener Menge auftritt. Mehrfarbige Individuen mit weißen Homozygoten gekreuzt liefern 50% weiße und 50% mehrfarbige Individuen. Aus der Kreuzung der hellen mit der violettblauen Sorte geht eine gesprenkelte stahlgraue Nachkommenschaft hervor. In der F_2 können lasurfarbene Individuen ohne weiße Flecken auftreten. Diese neue Sorte erweist sich bei Kreuzung mit violettblauen Perlhühnern als rezessiv. Ausgewachsene Perlhühner sind frostresistent. Sie bauen ihre Nester und brüten die Eier nur in Freiheit aus. Sie können nicht gemästet werden, bei ihrer großen Beweglichkeit vertragen sie den Aufenthalt in geschlossenen Räumen nur schlecht. PRL/CBR. 5130.

3-64/09-0351 *Hampl, J.* **Speciálni chov drubeže.** (Spezielle Geflügelzucht.) Praha: Státní zemědělské naklad. 1963. (365 S.) 8°. (1964 A 331)

3-64/09-0352 *Hilbrich, Paul.* **Krankheiten des Geflügels unter besonderer Berücksichtigung der Haltung und Fütterung.** Schwenningen am Neckar: Kuhn. 1963. (211 S. m. 272 Abb. u. 39 Tab.) 4°. (1964 B 46)

3-64/09-0353 *Schnapperelle, Hermann.* **Zur Kartoffelsortierung und -lagerung.** Zwischengenossenschaftliche Hühnerhaltung. Karl-Marx-Stadt: Inst. f. Landw. 1963. (43 S.) 8° = Schriftenreihe des Instituts zur Einführung des wissenschaftlich-technischen Fortschritts. 1963. H. 11. (DA 1688)

3-64/09-0354 *Severin, V.* **Organizarea si tehnica selectiei la pasari.** (Die Organisation der züchterischen Arbeit bei Geflügel.) Bucureşti: Edit. agro-silvică. 1963. (119 S.) 8° (DA 1701)

3-64/09-0355 *Sondermann, Hans Jürgen.* **Vergleichende Untersuchungen in verschiedenen Formen der Legehennen-Intensivhaltung unter besonderer Berücksichtigung der Produktionskosten.** Diss. Hochschule für Landwirtsch. Bernburg. 1963. (141, 14 S. m. Abb.) 4°. (Diss. 9494)

3-64/09-0356 *Urban, Elisabeth.* **Erfahrungen der Broiler-Produktion und der ganzjährigen Brut im Zusammenhang mit der Intensivhaltung der Jungtiere bei unterschiedlicher Fütterung in der VR Ungarn.** Rottenau. 1963. (15 S.) 4°. (G 49)

3-64/09-0357 **A nagyüzemi pulykatartás és takarmányozás néhány kérdése.** (Einige Fragen der Großbetriebsputenhaltung und Fütterung.) Budapest: Orszagos mezög. könyvtar és dok. központ. 1963. (75 S.) 8°. (1963 A 1539)

D. KANINCHEN

3-64/09-0358 Pogodin, M. S. Utverždena novaja poroda krolikov. **(Bestätigung der neuen Kaninchenrasse Sowjetische Chinchilla.)** Krolikovodstvo i zverovodstvo, Moskva **6** (1963) Nr. 12. S. 10-11. — 3 Abb. 5258.

3-64/09-0359 Vol'f, Ju. K. Russkij gornostaevyj. **(Das russische Hermelinkaninchen.)** Krolikovodstvo i zverovodstvo, Moskva **6** (1963) Nr. 11. S. 28. — 1 Abb. 5258.

3-64/09-0360 Latimer, Homer B. und Sawin, Paul B. Bar Harbor, Me., Roscoe B. Jackson Memorial Lab. Morphogenetic studies of the rabbit. XXXIV. Weights and linear measurements of the bones of small race X rabbits compared with large race III. **(Morphogenetische Untersuchungen am Kaninchen. 34. Mitt. Gewichte und Längenmaße der Knochen einer kleinen Rasse X von Kaninchen verglichen mit einer großen Rasse III.)** Amer. J. Anatomy **113** (1963) Nr. 2. S. 235-243. — 6 Tab., 18 Lit.
Nachdem Vff. in einer früheren Arbeit das Skelett einer großwüchsigen (ca. 4 kg) Kaninchenrasse III untersucht hatten, legten sie Gewichte und Längenmaße des Skellettes von Kaninchen einer kleinwüchsigen (ca. 2 kg) Rasse X vor. Die Tiere der Rasse X gehören einem Stamm an, in dem ein recessives Gen für Zwergwuchs übertragen wird; die hier untersuchten Tiere sind die nach dem Mendelerbgang homozygotnormalen Tiere, die das besagte Gen nicht übertragen. — Sowohl die Gewichte als auch die Längenmaße des gesamten Skelettes sowie die einzelner Knochen sind jeweils bei weibl. Tieren größer als bei männl. Größere Variabilität sowohl im Gewicht als auch bei den Längenmessungen ist dagegen für die männl. Tiere charakteristisch. — Alle an der kleinwüchsigen Rasse X ermittelten Werte für Gewicht und Längenausdehnung der Knochen werden mit den entspr. Maßangaben der früher beschriebenen großwüchsigen Rasse III verglichen.
H. Freye. 5260.

3-64/09-0361 Voronina, N. P. Mežporodnoe skreščivanie krolikov. **(Zwischenrassenkreuzung der Kaninchen.)** Krolikovodstvo i zverovodstvo, Moskva **6** (1963) Nr. 9. S. 6-9. — 8 Abb., 4 Tab.
Die aus der Kreuzung Chinchilla × Graue Riesen hervorgegangenen Jungtiere hatten bis zum Alter von 180 Tagen ein wesentlich höheres Lgw. als beide Ausgangsrassen. Es betrug 3845 g. Bei allen anderen Verbindungen hatten die Jungtiere ein höheres Gewicht als die reinrassigen Chinchilla- und Babotschka-Jungtiere, im Exterieur ähnelten sie den Grauen und Weißen Riesen. Die Fruchtbarkeit der Chinchilla- und Babotschka-Häsinnen, die mit Rammlern der Grauen und Weißen Riesen gedeckt wurden, war höher als bei reinrassiger Züchtung. Bes. hohe Fruchtbarkeit hatten die Babotschka-Häsinnen, die von Weißen Riesen gedeckt wurden, sie brachten ⌀ 11,2 Jungtiere pro Wurf. Die Mischlinge aus der Kreuzung Babotschka × Weiße und Graue Riesen hatten bei einem normalen Verhältnis von Flaum- und Grannenhaaren das dichteste Haarkleid. Alle Kreuzungstiere hatten eine hohe Lebensfähigkeit, verbrauchten weniger Futter pro Gewichtszunahme und brachten höhere Schlachterträge als die reinrassigen Tiere. Bei diesen Kreuzungen erfolgte eine Aufspaltung in der Haarfärbung. Für die Festigung der gewünschten Chinchilla- und Babotschka-Färbung wurde die Rückkreuzung angewendet. Dabei wurden die Chinchillakreuzungstiere mit Chinchillarammlern und die Babotschkakreuzungstiere mit Babotschkarammlern gedeckt. Dadurch konnte in der F_2 die gewünschte Haarfärbung gefestigt werden, wobei die verbesserten produktiven Eigenschaften der Tiere erhalten blieben. Die Arbeiten werden fortgesetzt. K. Witt. 5262.

3-64/09-0362 Venge, Ole. The influence of nursing behaviour and milk production on early growth in rabbits. **(Der Einfluß der Säugegewohnheiten und Milchproduktion im Hinblick auf frühes Wachstum der Kaninchen.)** Animal Behaviour **11** (1963) Nr. 4. S. 500-506. — 3 Abb., 5 Tab.
Als Versuchsmaterial standen 23 Häsinnen von 3 verschiedenen Rassen zur Verfügung, deren Jungtiere sofort nach der Geburt einzeln gewogen und mit

Ohrmarken gekennzeichnet wurden. Die Gewichtsfeststellungen erfolgten bis zum 7. Tag im Abstand von 4 Std., danach einmal tägl. bis zum Alter von 30 Tagen. Im Verlauf der Untersuchungen konnte festgestellt werden, daß die Häsinnen gewöhnlich ihre Jungtiere das 1. Mal 16-24 Std. nach dem Werfen säugen. Bis zum Alter von 22-25 Tagen werden die Jungtiere mindestens einmal am Tag gesäugt. Ein Jungkaninchen einer schweren Rasse muß in der ersten Woche ca. 90-100 g Milch zu sich nehmen; anfangs beträgt die Milchaufnahme 5-6 g, sie steigert sich auf 15-16 g bis zum 7. Säugetag. Tiere kleiner Rassen nehmen weniger zu sich, die Milchaufnahme sollte jedoch nicht unter 10 g tägl. im Durchschnitt der 1. Woche betragen. Wenn die Kaninchen künstlich aufgezogen werden, genügt es, die Milch einmal tägl. zu verabreichen, sofern ihre Zusammensetzung weitestgehend natürlicher Kaninchemilch entspricht. Eine große Variationsbreite in der Milchaufnahme zwischen einzelnen Wurfgeschwistern konnte beobachtet werden. Statistisch gesicherte Unterschiede in der Milchleistung bestehen zwischen verschiedenen Häsinnen, z. T. waren sie durch die Verschiedenheit der Wurfgrößen bedingt. Die Wachstumskurve von der Geburt bis zu dem Alter, in welchem die Jungtiere begannen, zusätzliches Futter aufzunehmen, verlief gradlinig.
K. Löhle. 5262.

E. PELZTIERE

3-64/09-0363 Perel'dik, N. Š. Pravil'no kormit' zverej. **(Richtige Fütterung der Pelztiere.)** Krolikovodstvo i zverovodstvo, Moskva **6** (1963) Nr. 12. S. 18-21. 5301.

3-64/09-0364 Kirk, R. J. Milk protein substitutes for reproduction and growth. **(Der Einsatz von Milchprotein für die Wurf- und Wachstumszeit.)** Amer. Fur Breeder **36** (1963) Nr. 10. S. 10-11. — 6 Tab., 2 Lit.
Unter dem Namen „Lactocase" kam ein lösliches Protein in Trockenform auf den Markt, das Lactalbumin, Casein, extrahiertes Sojabohnenlecithin enthält. Die Aminosäurenzusammensetzung gleicht der einer Mischung aus Leber, Innereien, Lungen und Rindfleisch. 30 lb. Trockengewicht an „Lactocase" entsprechen 100 lb. an Fleischprodukten. „Lactocase" enthält 55% Rohprotein, 0,5% Rohfett, 2,5% Rohfaser, 21% N-freie E. und 6% Asche. Im Febr. wurde ein Versuch angesetzt, um „Lactocase", Casein und die gleiche Menge in Form von Pferdefleisch und Fleischabfällen in Hinsicht auf Fortpflanzung, Säugezeit und schnelles Wachstum zu prüfen. Pferdefleisch und Fleischabfälle wurden zu je 10% verfüttert, und „Lactocase" und Casein wurden zu 20% Naßgewicht verfüttert. Während des Versuches zeigten alle Nerze eine ausgezeichnete Kondition. Welpenverluste waren bei der Geburt sehr gering. Das durchschnittl. Gruppengewicht und der Wurfdurchschnitt lagen bei „Lactocase" unter dem der 2 anderen Futtermittel. Trotzdem erzeugte es ab 8 Wochen ein ausgesprochen schnelles Wachstum. Unter den Bedingungen dieses Versuches erscheint trockenes Milchprotein zweckvoll als Ersatz für rotes Muskelfleisch und Fleischabfälle im Aufzucht- und Wachstumsfutter junger Nerze. Casein scheint einsetzbar für rotes Fleisch (außer Leber) im Zuchttierfutter der Nerze. G. Bendrat. 5302.

3-64/09-0365 Slugin, V. S. Propomicelin i PABK kak stimuljatory rosta i razvitija norok. **(Propomycellin und PABK als Wachstums- und Entwicklungsstimulatoren für Nerze.)** Krolikovodstvo i zverovodstvo, Moskva **6** (1963) Nr. 9. S. 27-28. — 2 Tab.
Propomycellin ist ein komplexes Vitamin-Antibiotica-Präparat und enthält in 1 l über 200 μg Vit. B_{12} und über 500000 Einh. Colimycin. Das Präparat PABK ist eine gemischte Kultur von propionsauren und acidophilen Bakterien und enthält Vit. B_{12}, B_2 und B_1, Pantothen- und Nikotinsäure. In 1 l sind über 1000 μg Vit. B_{12} enthalten. PABK wird für die Prophylaxe und

Heilung von Hypovitaminosen der Gruppe B, Magen-Darmstörungen und alimentärer Anämie verwendet. Beide Präparate üben einen positiven Einfluß auf Entwicklung und Wachstum später geborener und kleinerer Jungtiere aus. Jungtiere im Alter von 2-2,5 Mon. erhielten 5 Tage lang 0,3 ml/1 kg Lgw., dann folgte eine 3tägige Ruhepause. Dieser Zyklus wurde im Verlauf von 2 Mon. wiederholt. Die Versuchstiere hatten höhere Zunahmen als entspr. Kontrolltiere. Erkrankungen traten in weit geringerem Maße auf. Die Wirksamkeit der Präparate sinkt bedeutend, wenn sie zu einem späteren Zeitpunkt angewendet werden, wenn die Jungtiere schon recht stark und entwickelt sind. Die Methoden der Anwendung der Präparate müssen noch weiter bearbeitet werden. K. Witt. 5302.

3-64/09-0366 Milovanov, L. V. Značenie aminokislot v racione molodnjaka norok. **(Die Bedeutung der Aminosäuren in der Futterration von Jungnerzen.)** Krolikovodstvo i zverovodstvo, Moskva **6** (1963) Nr. 9. S. 18-22. — 2 Abb., 4 Tab.

Es wird der Einfluß verschiedener Gaben von S-haltigen Aminosäuren auf Wachstum und Entwicklung der Nerze und die Qualität des Pelzes untersucht. Bei einem hohen energetischen Stand der Futterration sind für das normale Wachstum der Jungtiere 0,18-0,26 g Methionin und Cystin pro 100 kcal im verd. E. ausreichend. Für die Gewinnung hochqualitativer Felle ist eine Einbeziehung von 0,38-0,40 g Methionin und Cystin pro 100 kcal und 18-23 g Fett pro 100 g Tr.-Subst. in die Ration der Nerze zu empfehlen. Von der Menge an S-haltigen Aminosäuren im Futter hängt die Qualität des Pelzkleides ab (Dichte der Grannen und Flaumhaare, Elastizität und Festigkeit des Haares, Ausgeglichenheit der Behaarung und Glanz des Felles). Der Zusatz von synthetischen Aminosäuren hat keinen Einfluß auf die Fellgröße, aber auf die Fellqualität, wenn der Aminosäurengehalt im natürlichen Futter gering ist. Die Wirksamkeit des Zusatzes von synthetischen S-haltigen Aminosäuren sinkt bei Fehlen anderer Aminosäuren (Thryptophan und Isoleucin). Das Fehlen von Methionin und Cystin in der Futterration ruft im Organismus der Nerze eine Störung des Cholin- und Fettstoffwechsels hervor. Bei Verwendung von nicht vollwertigen Eiweißfuttermitteln ist es notwendig, die Aminosäurenzusammensetzung zu untersuchen und danach die Normen der Fütterung festzusetzen. Die Kombination von vollwertigen und nicht vollwertigen Eiweißen, aber auch die Anwendung synthetischer Aminosäurenpräparate werden zur Erhöhung der Fellqualität bei gleichzeitiger Senkung des Futteraufwandes beitragen. K. Witt. 5302.

3-64/09-0367 Jørgensen, Gunnar, Hillemann, George und Clausen, Hjalmar. Foring av minkhvalper uten og med 24 prosent alm. slakteavfall samt forskjellige mengder fjaerfeavfall alene og i kombinasjon med alm. slakteavfall. **(Fütterung von Nerzwelpen ohne und mit 24% gewöhnlichem Schlachtabfall sowie verschiedenen Mengen Geflügelabfall allein und zusammen mit gewöhnlichem Schlachtabfall.)** Norsk Pelsdyrbl. **38** (1964) Nr. 5. S. 154 bis 157. — 6 Tab.

In 5 Versuchsgruppen mit je 23 Tieren wurde gewöhnlicher Schlachtabfall und Geflügelabfall in Mengen bis zu 24% der Gesamtration gefüttert, die als Hauptbestandteile Fisch (Kleindorsch und Petermann) und Fischabfälle (Scholle) enthielt. In der Futter- und Energieaufnahme zeigten sich nur geringe Unterschiede zwischen den Gruppen. Bei den männl. Tieren ergaben sich höhere Zunahmen und auch eine bessere Bewertung der Felle in den Gruppen, die nicht nur Fisch erhielten. Für sie wurden auch höhere Preise erzielt. Insgesamt ergibt sich, daß die Aufnahme von Schlachtabfällen und Geflügelabfällen oder von beiden in einer Fischration sich günstig auf Zunahmen und Fellqualität auswirkt. J. K. Hinrichsen. 5302.

3-64/09-0368 Slobodenjuk, N. D. O kačestve škurok norki. **(Über die Qualität der Nerzfelle.)** Krolikovodstvo i zverovodstvo, Moskva **6** (1963) Nr. 10. S. 18-20.
Vf. führt Mengen- und Qualitätsangaben von Nerzfellen an, die von einzelnen Pelztierzuchtbetrieben bestimmter Gebiete und Republiken abgeliefert wurden. Die meisten Felle weisen grobe Fehler auf. Die Hauptfehler waren 1962 Bißstellen, Gelbfärbung und Verschmutzung, die vor allem auf Haltungsfehler zurückzuführen sind. Die Primärbehandlung der Felle (Trocknen und Richten) ist unzulänglich. Es ist notwendig, in den Betrieben die Haltungsbedingungen zu verbessern und die Primärbehandlung der Felle sorgfältiger durchzuführen. K. Witt. 5302.

3-64/09-0369 Anonym. Litt om „stress" og stressbetingende sykdommer. **(Etwas über „Stress" und stressauslösende Krankheiten.)** Norsk Pelsdyrbl. **38** (1964) Nr. 5. S. 150-151. 157.
Der Begriff „stress" wird erklärt. Die Fähigkeit eines Organismus, den Stresseinwirkungen entgegenzutreten, wird als Adaptationsfähigkeit bezeichnet. Mit ihrer Hilfe versucht der Körper, das biol. Gleichgewicht aufrechtzuerhalten, was aber nur bis zu einer bestimmten kritischen Grenze möglich ist. Die Theorien von Selye werden erwähnt. Wenn ein Lebewesen einem Stress ausgesetzt wird, erfolgt die Alarmierung des betr. Gehirnabschnittes durch das Nervensystem, dann die Weitermeldung an die Hypophyse. Sie kontrolliert eine große Zahl lebenswichtiger Funktionen. Das adrenocorticotrope Hormon (ACTH) kommt mit dem Blut zu den Nebennieren und löst die Bildung von Hormonen in der Nebennierenrinde aus (Nebennierenrindensteroide), von denen Cortison das wichtigste ist. Seine Wirkungsweise ist im einzelnen nicht bekannt, aber es ermöglicht jedenfalls die Wiederherstellung des biol. Gleichgewichtes. Bei 200 Nerzfähen wurde ein bei Schweinen erprobtes ACTH-Präparat verwendet. Die Zeitspanne, in der Würfe anfielen, wurde abgekürzt. Die behandelten Fähen und ihre Welpen hatten höhere Zunahmen als die Vergleichstiere.
J. K. Hinrichsen. 5302.

3-64/09-0370 Bieniek, H., Martens, E. und Thiel, W. **Zur Diagnose der Aleutenkrankheit der Nerze.** Berliner Münchener tierärztl. Wschr. **76** (1963) Nr. 24. S. 497-504. 5302.

3-64/09-0371 Parunakjan, E. A. Istorija i perspektivy razvitija nutrievodstva v Armenii. **(Geschichte und Perspektiven für die Entwicklung der Nutriazucht in Armenien.)** Izvestija Akademii nauk Armjanskoj SSR. Biologičeskie nauki, Erevan **16** (1963) Nr. 12. S. 53-58. — 3 Tab., 8 Lit. Orig.: russ., Ausz.: armen. 5310.

3-64/09-0372 Chronopulo, N. P. Oplodotvorjaemost' i plodovitost' nutrij v zavisimosti ot sezona goda i techniki razvedenija. **(Befruchtung und Fruchtbarkeit der Nutria in Abhängigkeit von der Jahreszeit und Züchtungstechnik.)** Naučn. tr. N.-i. in-t pušn. zverovodstva i krolikovodstva **4** (1963) S. 51-61. — Aus: Referativnyj žurnal Moskva. Životnovodstvo, veterinarija **1963** Nr. 16. 58.178. S. 25.
Bei Bildung der Herde vor der Ranz wurden die schwachen Tiere von den Freßtrögen verdrängt und nahmen an Gewicht ab. In der Herde, die sich rechtzeitig gebildet hatte, wurden 70% der Jungmetzen innerhalb von 30 Tagen während der Frühjahrsranz befruchtet. Die Verlängerung des Lichttages brachte keine höhere Fruchtbarkeit der Tiere. Von den Metzen, die bei der Paarung ein größeres Gewicht hatten, fielen mehr Jungtiere an. Bei 2maligem Werfen der Metzen war die Anzahl Jungtiere nicht geringer als bei Würfen das ganze Jahr über, jedoch war die Ausbeute an großen Fähen höher. Die Böcke müssen vom 1.-3. Tag nach dem Werfen (1. Ranz) und vom

50.-59. Tag (3. Ranz) zu den Metzen gelassen werden. Beim Decken der Metze in der 3. Ranzperiode erhöhte sich ihre Fruchtbarkeit, wenn die Jungtiere 40 Tage nach der Geburt abgesetzt werden. Dabei betrug das Gewicht dieser Jungtiere im 5. Mon. 2109 g ♀ und 2335 g ♂ und der Jungtiere, die nach 60 Tagen abgesetzt wurden, entspr. 1808 und 2077 g. 5310.

3-64/09-0373 Kladovščikov, V. F. Potrebnost' vzroslych nutrij v proteine, ka'cii i fosfore. **(Der Protein-, Calcium- und Phosphorbedarf ausgewachsener Nutria.)** Naučn. tr. N.-i. in-t pušn. zverovodstva i krolikovodstva **4** (1963) S. 62-73. — Aus: Referativnyj žurnal Moskva. Živótnovodstvo, veterinarija **1963** Nr. 16. 58.179. S. 25.
Geprüft wurden an drei 1,5jährigen Nutria, 7 Winter- und 3 Sommerrationen. Am besten verwerteten die Tiere Eiweiß, Ca und P aus den Sommerfutterrationen, da in diesen überwiegend Grünfutter enthalten war; im Winter verwerteten sie Eiweiß, Ca und P aus den Rationen mit wenig Kraftfutter mit Zusatz von Tierkörpermehl gut. Es ist zweckmäßiger, das Korn roh als gedämpft zu verfüttern; die Kartoffeln verabreicht man besser gekocht, da auf solche Weise ein Gemisch zubereitet werden kann (Futter tierischer Herkunft hinzugefügt werden kann). Es wurde festgestellt, daß ausgewachsene Nutria einen Bedarf (in g) von 20-27 Eiweiß, 0,8-1,0 P und 1,3-1,7 Ca pro Tier haben. 5310.

3-64/09-0374 Sulimov, K. T. K izučeniju nasledovanija povedenija u serebristo-černych lisic. **(Zum Studium der Vererbung des Verhaltens von Silberfüchsen.)** Sb. naučno-techn. inform. Vses. n.-i. in-t životn. syŕja i pušniny **1962** Nr. 4. S. 53-57. — Aus: Referativnyj žurnal Moskva. Živótnovodstvo, veterinarija **1963** Nr. 17.58.47. S. 7.
Auf einer Pelztierfarm des Bezirkes Chatanga (Kreis Tamyr) wurden 19 Paar 2 bis 3jährige Füchse und deren Nachkommenschaft, bestehend aus 77 Tieren im Alter von 7 Mon., untersucht. Eine Analyse des Verhaltens der ausgewachsenen Füchse und deren Nachkommenschaft zeigte, daß die Paarung von Füchsen innerhalb einer Gruppe eine Nachkommenschaft liefert, deren Verhalten vorwiegend für die betr. Gruppe charakteristisch ist. Bei der Paarung von Füchsen aus verschiedenen Gruppen üben die mütterlichen Erbanlagen einen großen Einfluß auf die Nachkommenschaft aus. Die gleichartige Zuchtwahl der Elternpaare ermöglicht es, meist schon in der F_1 Tiere mit bekanntem Verhalten zu bekommen und diese recht rasch in der gewünschten Richtung zu verändern. 5315.

3-64/09-0375 Schmidt. **Die wilde Chinchilla — heute.** Dtsch. Pelztierzüchter **37** (1963) Nr. 11. S. 212-214.
In ihrer ursprünglichen Heimat Chile leben noch Tausende von Chinchillas in den Anden, die *Chinchilla brevicaudata* in Höhen von 2700-3900 m, die *Ch. lanigera* in 360-2250 m Höhe. Gewisse Unterschiede der Fellfarbe und Beinlänge bei der *Ch. lanigera* sind nicht so stark ausgeprägt, daß sie eine Aufstellung von Unterarten in den verschiedenen Zonen gerechtfertigt hätten. Die wildlebenden Lanigera besitzen eine große Widerstandskraft und ertragen große Temperaturschwankungen, da in ihrem Lebensraum die sommerlichen Tagestemperaturen von 30 °C im Schatten bis auf 10 °C in der Nacht fallen. H. Zimmermann. 5318.

3-64/09-0376 Schmidt, Fritz. **Erläuterungen für die praktische Arbeit beim Bewerten nach dem ECB-System.** Dtsch. Pelztierzüchter **38** (1964) Nr. 3. S. 46-52.
Die Bewertung der Chinchillas erstreckt sich auf Körpergröße (10 Punkte), Körperbau (5 Punkte), Ausbreitung und Muster des Schleiers (10 Punkte), Breite und Gleichmäßigkeit des Bandes (10 Punkte), Farbe des Bandes (5 Punkte), Farbe der Unterzone (5 Punkte), Gesamtfarbe (20 Punkte), Gleich-

mäßigkeit der Behaarung (10 Punkte), Rauche (20 Punkte), Breite der Wamme (5 Punkte). Die Grundlage der Gesamtbewertung sind 90-100 Punkte für vorzüglich, 80-89 Punkte für sehr gut, 70-79 Punkte für gut, 60-69 Punkte für befriedigend und unter 60 Punkte für nicht befriedigend.
H. Zimmermann. 5318.

3-64/09-0377 Kunert, Sigrid. **Das Pelletfutter in der Zuchtpraxis.** Dtsch. Pelztierzüchter **38** (1964) Nr. 4. S. 70-72. – 1 Abb. 5318.

G. BIENEN

3-64/09-0378 Smith, F. G.; South Perth, Western Australia, Dep. of Agric. Beekeeping in Western Australia. **(Bienenzucht in Westaustralien.)** Bee Wld. **45** (1964) Nr. 1. S. 19-31. – 2 Abb., 14 Lit.
Die Honigbiene kam 1846 nach Westaustralien. 1962 gab es ca. 700 Imker mit ca. 42000 Völkern. Die Durchschnittserträge liegen sehr hoch und steigen mit der Größe der Imkerei. 1961/62 ernteten Imker mit 5-25 Völkern 43 lb. pro Volk, Imker mit 500-600 Völkern 304 lb. pro Volk. Das ist bedingt durch intensiveren Betrieb und häufigere Wanderungen. Die Spitze hält ein Imker mit 450 Völkern, der 1953/54 pro Volk 784 lb. erntete. – Die meist vertretene Bienenrasse ist *A. m. ligustica.* Einige Imker halten Kaukasische Bienen. Die Karnika wurde zwar eingeführt, konnte sich aber nicht durchsetzen. – Die schwerwiegendste Krankheit ist die bösartige Faulbrut. Nosema tritt wenig in Erscheinung. Eine gewisse Rolle spielen Wachsmotten und Ameisen. Im tropischen Norden können bienenfressende Vögel schädlich werden. – Gearbeitet wird in 10 oder 8 rahmigen Langstroth-Magazinen. Bei den großen Imkern besteht ein Bienenstand gewöhnlich aus ca. 90 Völkern = einer vollen Lastwagenladung. – Westaustralien exportiert jährl. 2400 t Honig. Das sind 77% der Produktion und 31% des gesamten australischen Exportes. – Die gesetzlichen Grundlagen der Bienenhaltung werden dargelegt. – Es bestehen zwei Imkereiorganisationen, die eine für Berufs- oder Teilberufsimker, die andere für alle, die an Bienenhaltung interessiert sind. Der Schwerpunkt der Forschung ist die Bienenweide. – Geographie und Klima werden erläutert. Der größere Teil ist tropisch, der Südwesten mediterran. Die Tracht ist stark von der Menge der Niederschläge abhängig. – Abschließend wird die Vegetation und Bienenweide dargestellt. Die wichtigsten Honigpflanzen sind *Eucalyptus* in zahlreichen Arten, ferner Vertreter der Proteaceae, Myrtaceae und Leguminosae. M. Biedermann. 5406.

3-64/09-0379 Bretschko, J. **Die Carnica und ihre Pflege.** Bienenpflege **1964** Nr. 2. S. 33-34.
Die Carnica ist eine Bienenrasse, die durch wechselvolle Umwelteinflüsse geprägt worden ist. Sie paßt sich wechselnden Einflüssen schnell an. Wichtig ist, daß Trachtpausen durch Fütterung überbrückt werden und den Bienen genügend Raum für die Entwicklung zur Verfügung steht. Die Carnica ist nosemaanfälliger als andere Bienenrassen. Man sollte der Krankheit durch rechtzeitige medikamentöse Behandlung Ende März bis Anfang April vorbeugen. R. Bährmann/Tälermühle. 5410.

3-64/09-0380 Renner, M. und Baumann, Margot; München, Univ., Zool. Inst. **Über Komplexe von subepidermalen Drüsenzellen (Duftdrüsen?) der Bienenkönigin.** Naturwissenschaften **51** (1964) Nr. 3. S. 68-69. – 1 Abb.
Vff. beobachteten, daß z. Z. der Hochzeitsflüge die Königinnen einen deutlich wahrnehmbaren, angenehmen, aromatischen, „weichen" Duft ausströmen. Da der Königin eine dem Duftorgan der Arbeiterin homologe Duftdrüse fehlt, untersuchten Vff. Längs- und Querschnitte des Abdomens begattungsbereiter Königinnen, von dem der Duft ausgeht. Sie fanden rundliche Zellen (ca. 35 μm) im schmalen Spaltraum zwischen dem rückwärtigen Bereich der 2., 3. und

4. Abdominaltergite und der jeweiligen Intersegmentalhaut. Sie liegen subepidermal und münden über lange Ausfuhrungskanälchen von 1 μm Dmr nach außen. Bei stark duftenden Königinnen füllen die Drüsen – Vff. schlagen die Bezeichnung „Tergittaschendrüsen" vor – die mit der Leibeshöhle kommunizierenden Räume fast vollständig aus. Die Drüsenzellen sind auch bei eierlegenden Königinnen noch gut ausgebildet, ihre Kerne sind aber kleiner. Sie sezernieren zeitlebens. Der Duftstoff dient zweifellos als Sexuallockstoff. Vff. halten es für möglich, daß das Drüsenprodukt an der Zusammensetzung der Stoffe beteiligt ist, die als Königinnensubstanz bezeichnet wird. G. Droege. 5425.

3-64/09-0381 Louis, J. Étude de la translation du point disvoidal (Discoidalverschiebung) de l'aile de l'abeille (A. mellifica L.). **(Studium der Discoidalverschiebung des Bienenflügels [Apis mellifica L.].)** Ann. Abeille **6** (1963) Nr. 4. S. 303-320. – 5 Abb., 5 Tab., 20 Lit. 5425.

3-64/09-0382 Bährmann, Rudolf. **Über eine Gehirnanomalie bei der Honigbiene (Apis mellifica L.).** Z. Bienenforsch. **7** (1964) Nr. 2. S. 34-37. – 2 Abb. 5425.

3-64/09-0383 Jay, S. Cameron. The development of honeybees in their cells. **(Die Entwicklung der Honigbienen in ihren Zellen.)** J. apicult. Res. **2** (1963) Nr. 2. S. 117-134. – 3 Abb., 5 Tab., 165 Lit.
Bisherige Experimente und Ergebnisse über die Entwicklung der Honigbiene werden zusammengefaßt. Besprochen werden 1. bei der Larvalperiode vor der Verdeckelung: Wachstum, Häutungen, Stoffwechsel, das Überleben der Larven bei unterschiedlich niedrigen Temperaturen, die Bewegung der Larven, Nahrung und Nahrungsaufnahme, die Auswirkung von Nahrungsmangel; 2. nach dem Verdeckeln der Brutzellen: Futterversorgung und Nahrungsaufnahme beim Verdeckeln der Zellen, der Vorgang des Einspinnens, Form und Zusammensetzung des Kokkons, Defaekation, die Lage der Larve nach dem Einspinnen, das Praepuppenstadium (letztes Larvenstadium). Schlüpfvorgang und Schlüpfgewicht werden dargestellt. Die Brutentwicklung ist von der Brutnesttemperatur abhängig, die nicht nur innerhalb eines Brutnestes, sondern auch von Volk zu Volk schwanken kann, ferner bezieht sich die Abhängigkeit auf Fütterung, Ammenbienen und Weisellosigkeit bzw. Weiselrichtigkeit. Das Schlüpfgewicht der Bienen wird bestimmt durch: Zellengröße, Ammenbieneneinfluß, Volksstärke, Temperatur, Gesundheitszustand des Volkes, Jahreszeit. R. Bährmann/Tälermühle. 5425.

3-64/09-0384 Jordan, R.; Wien, Bundesanst. für Bienenkunde. **Vom Reagieren der Bienen und Drohnen im Fluge auf Marken von Königinnenduft-Extrakt (KDE).** Bienenvater [Wien] **84** (1963) Nr. 12. S. 344-349. – 7 Abb.
Vf. setzte seine Versuche mit KDE fort (vgl. LZ. Abt. III **6** [1961] Nr. 11. S. 1947.) Er untersuchte das Verhalten von Arbeitsbienen aus weiselrichtigen Völkern, die beim Sammelflug auf Duftmarken begatteter und unbegatteter Königinnen stoßen. Es waren mit KDE bestrichene Blechscheiben auf 7 m hohen Bambusstangen 10 m vom Stock entfernt angebracht worden. Die Duftmarken werden immer angesteuert, aber nur die von begatteten Königinnen längere Zeit beachtet. Drohnen beachten nur die von unbegatteten Königinnen. Der Extrakt des Kopfes ist nicht so attraktiv wie der der ganzen Königin. Synthetischer KDE ist wirkungslos. Die Versuche wurden im Hinblick auf die praktische Verwendbarkeit von KDE zur Testung der Drohnensicherheit von Belegstellen und möglicherweise zur Fernhaltung unerwünschter Drohnen unternommen. KDE wird folgendermaßen gewonnen: Königinnen werden nach dem Schlupf zwei Tage im Schlüpfkäfig gehalten oder brünstig am Flugloch abgefangen und mit einer 2%igen chem. reinen Lanolin-Schwefeläther-Lösung übergossen (je Königin 2 cm^3). Nach 14 Tagen wird die Königin

entfernt und das Fläschchen erst fest verschlossen, wenn der Äther verdampft ist. Der KDE ist lange haltbar und braucht nur in geringsten Mengen verwendet zu werden. G. Droege. 5425.

3-64/09-0385 Haydak, M. H. Age of nurse bees and brood rearing. **(Das Alter der Ammenbienen und die Brutaufzucht.)** J. apicult. Res. **2** (1963) Nr. 2. S. 101-103. — 2 Tab., 7 Lit.
Sind die Ammenbienen älter als 5-16 Tage, liegen die Schlüpfgewichte der von den alten Pflegebienen als Larven aufgezogenen Bienen unter dem normalen Schlüpfgewicht. Die Stabilität der Gewebe dieser Bienen ist verhältnismäßig gering, der Darm z. B. ist brüchig. Je älter die Ammenbienen sind, um so eher sterben die von ihnen als Larven ernährten Bienen.
R. Bährmann/Tälermühle. 5430.

3-64/09-0386 Rembold, H.; München, Max-Planck-Inst. für Biochem. **Die Kastenentstehung bei der Honigbiene, Apis mellifica L.** Naturwissenschaften **51** (1964) Nr. 3. S. 49-54. — 4 Abb., 3 Tab.
Vf. gibt eine Übersicht der verschiedenen Arbeiten über die Kastenentwicklung der Honigbiene. Die Untersuchungen zeigten, daß die Futtersäfte von Arbeiterinnen und Königinnen sehr ähnlich zusammengesetzt sind. Die wenigen quantitativen Unterschiede erlauben den Schluß, daß es sich dabei um die determinierenden Substanzen handelt. Vergleichende Analysen sprechen dafür, daß der Weiselzellenfuttersaft ein „veredelter" Arbeiterinnenfuttersaft ist. Entweder durch das Vorhandensein einer echten Determinationssubstanz veredelt, also eines echten Termons, oder durch eine Erhöhung der Konzentration essentieller Nahrungsstoffe. Es muß eine labile Substanz sein, deren Fehlen eine Imaginalentwicklung der Larve zur Arbeiterin nicht verhindert. Entscheidendes kann erst gesagt werden, wenn es gelingt, die Qualität des Weiselfuttersaftes so zu verändern, daß man nach Entfernung einer oder mehrerer Komponenten im Aufzuchtversuch nur noch zu Arbeiterinnen, nach deren Zugabe aber wieder zu Königinnen kommt.
G. Droege. 5430.

3-64/09-0387 Rizvanov, K. und Bižev, B. Opit za ustanovjavane vlijanieto na Bact. acidi propionici vŭrchu jajcenosnata dejnost na pčelnite majki prez proletta. **(Versuch zur Feststellung des Einflusses von Bact. acidi propionici auf die Legetätigkeit der Bienenköniginnen im Frühjahr.)** Naučni trudove. Visš selskostopanski institut „Georgi Dimitrov" — Kostinbrod, Sofija **13** (1963) S. 361-371. — 4 Tab., 6 Lit.
Zwei ausgeglichene Gruppen zu je 6 Bienenvölkern erhielten vom 4. 4.-5.5. ein Beifutter, bestehend aus 100 g Zuckerlösung (1:1); zu dieser Lösung der Versuchsgruppe wurden je 30 ml einer Kultur von *Bact. acidi propionici*, die zuvor autolysiert worden war, mit einem Gehalt von 58% Vit. B_{12} zugesetzt. Die Ergebnisse (Kontrollgruppe in Klammern) waren folgende: verdeckelte Brut zu Beginn des Versuches (4. 4.) insgesamt 2487,5 cm^2 (2425,0 cm^2), nach 12 Tagen 7300 (7700), nach 24 Tagen 18175 (14175), nach 36 Tagen 17675 (15000), nach 48 Tagen 18650 (17250), nach 60 Tagen 21975 (16950) cm^2. Die Königinnen legten im Tagesdurchschnitt Eier: im Laufe der ersten 12 Tage 813 (807); im Laufe der nächsten 12 Tage 2313 (2499), der dritten — 6057 (4530), der vierten 5891 (5000), der fünften — 6216 (5450) und im Laufe der sechsten 12 Tage 7265 (5650). Die besseren Ergebnisse der Versuchsgruppe erklärt Vf. durch die Wirkung von Vit. B_{12}, das mit der Propion-Bakterienkultur eingebracht wurde. NRB/ZSNTI. 5455.

3-64/09-0388 Pfalzgraf, W. **„Aufzuchtschäden" bei der Königinnenzucht.** Dtsch. Bienenwirtsch. **15** (1964) Nr. 3. S. 51-54. — 8 Abb.
Vf. schildert die Gefahren, die einer Königin bei ihrer Aufzucht drohen. Sie beginnen schon beim Zuchtstoff. Nur die Zucht „ab Ei" entspricht den

natürlichen Verhältnissen. Bei der Zucht aus eintägigen Maden gehen der künftigen Königin 20% der königlichen Pflege verloren. Auch ist die Made empfindlicher als das Ei gegen das Herausnehmen aus dem Brutnest und Unterkühlung. Die Eier sollten 70-72 Std. alt sein, damit sie den Ammenbienen entgegenschlüpfen. Jüngere Eier bieten zuviel Leerlaufzeit. Schwere Aufzuchtschäden entstehen beim Verschulen der unfertigen, sehr empfindlichen Königin. Zur Vermeidung von Aufzuchtschäden darf die Zuchtserie nicht zu groß sein. Mehr als 18 Weiselzellen sind nicht zumutbar. Selbstverständlich muß das Pflegevolk im optimalen Pflegezustand sein, also schwarmbrünstig, weiselpflegewillig und mit ausreichender Ammenbienenzahl. Ein 9 Tage weiselloses Volk hat seinen Pflegewillen bereits abreagiert. Die Königin soll 9 Tage auf 4 Waben im Volk abgesperrt sein und erst 6-8 Std. vor Eingabe des Zuchtstoffes mit ihren Brutwaben, aber ohne die anhaftenden Ammenbienen, entfernt werden. Vf. beschreibt in 8 Bildern die Verwendung des Winkelzuchtrahmens „Modell Korn" für die Königinnenzucht.

G. Dröege. 5465.

3-64/09-0389 Faluba, Z. Az anyanevelés javitása. **(Vervollkommnung der künstlichen Weiselaufzucht.)** Méhészet [Bienenzucht] **11** (1963) Nr. 8. S. 146 bis 147. — Aus: Ung. Agrar-Rdsch. **1964** Nr. 1. 5465.

3-64/09-0390 Örösi-Pal, Z. A petés anyanevelés eredménye 1963-ban. **(Ergebnisse der künstlichen Weiselzucht aus Eiern im Jahre 1963.)** Méhészet [Bienenzucht] **11** (1963) Nr. 8. S. 143-145. — Aus: Ung. Agrar-Rdsch. **1964** Nr. 1. 5465.

3-64/09-0391 Oeser, G.-A. **Königinnenzucht. Warum? Wie? Womit? 5. Folge. Wahl der Zuchtmethode. 6. Folge Schwarmweiselzucht.** Garten u. Kleintierzucht, Ausg. C. **2** (1963) Nr. 11. S. 16.; Nr. 13. S. 16. — 15 Abb., 4. Folge vgl. 3-64/06-0401.

In der 5. Folge beschreibt Vf. die Herstellung eines Durchgangsschlupfkäfigs, dessen Konstruktion noch auf Wankler zurückgeht. Die Wahl der Zuchtmethode hängt von der Größe des Standes und der benötigten Königinnenzahl sowie von vorhandenen Geldmitteln, Zeit, Geschicklichkeit und Geschmack ab. Man züchtet jeweils 50% mehr Königinnen als man benötigt, weil es immer Verluste gibt. In Folge 6 wird die Schwarmweiselzucht beschrieben. Vf. hält sie für die einzige völlig natürliche „Zucht ab Ei", mit den geringsten Eingriffen seitens des Imkers. Hierbei werden die Weiselzellen eines schwarmreifen Volkes verwendet. Entweder gibt man sie einzeln in Ableger und läßt sie dort schlüpfen, oder man läßt sie im Durchgangsschlüpfkäfig im Honigraum eines starken Volkes pflegen. Dieses Verfahren eignet sich allerdings nur für kleine Stände, weil nur ca. 5-7 Königinnen je Volk zu erzüchten sind, bzw. man muß mehrere Völker auf Schwarmhöhe bringen. Auch ist es rel. arbeitsaufwendig, weil die Weiselzellen verschieden alt sind.

G. Droege. 5465.

3-64/09-0392 Oeser, G.-A. **Königinnenzucht. Warum? Wie? Womit? 7. Folge. Der Bogenschnitt. 8. Folge. Zellstreifenmethode. 9. Folge. Zellstanzen.** Garten u. Kleintierzucht, Ausg. C **2** (1963) Nr. 14. S. 8-9.; Nr. 15. S. 16.; Nr. 16. S. 16. — 27 Abb. 6. Folge vgl. vorst. Ref.

Als weitere Zuchtmethode werden in Folge 7 der Bogenschnitt und in Folge 8 die Zellstreifenmethode genau beschrieben. In beiden Fällen vergehen erst einige Stunden, bis die Larven das königliche Futter erhalten. Es geht ihnen deshalb ein beachtlicher Teil der königlichen Pflege verloren. Der Bogenschnitt wird so geführt, daß eben geschlüpfte Larven, die noch in klarem Futtersaft schwimmen, an den Schnittflächen stehen bleiben. Je 2 Maden werden zerdrückt, so daß nur jede 3. zur Entwicklung kommen kann. Bei der Zellstreifenmethode werden von einer Brutwabe mit allerjüngsten Maden oder liegenden Eiern Streifen geschnitten und in einer Klemmleiste befestigt Die Zellen werden zur Hälfte eingekürzt und ebenfalls nur jede 3. Larve am Leben gelassen. Bei beiden Methoden läßt man am besten die Weiselzellen von einem Fegling im Anbrütekasten ausziehen und gibt sie erst dann zwischen 2 Waben mit schlüpfender Brut in den Honigraum des weiselrichtigen Volkes, aus dem der Fegling stammt. Die Königinnen schlüpfen in Durchgangsschlüpfkäfigen. An Stelle von Zellstreifen oder Bogenschnitt ziehen viele vor, die Zellen mit jüngsten Larven gleich einzeln an einem Klemmstopfen zu befestigen, das erleichtert das spätere Verschulen der Weiselzellen. Entweder wird der Zellstreifen gleich zerschnitten oder die Zellen werden mit einer Schneidstanze, die vernickelt, verchromt oder versilbert sein muß, ausgestanzt. Diese Methode wird in Folge 9 beschrieben. G. Droege. 5465.

3-64/09-0393 Oeser, G.-A. **Königinnenzucht. Warum? Wie? Womit? 10. Folge. Vorbereitung zur Umlarvmethode. 11. Folge. Das Umlarven, Anbrüten und Einbringen der Zellen in den Honigraum des weiselrichtigen Volkes. 12. Folge. Planmäßige Weiselvermehrung ab Ei beginnend.** Garten u. Kleintierzucht, Ausg. C 2 (1963) Nr. 17. S. 8-9.; Nr. 18. S. 16.; Nr. 19. S. 16. — 28 Abb. 9. Folge vgl. vorst. Ref.

Um die Zeit zu verkürzen, die der umzustimmenden Larve aus der Arbeiterzelle an königlicher Pflege verlorengeht, wurde die Umlarvmethode entwickelt. Künstliche Weiselnäpfchen, deren Herstellung Vf. genau beschreibt, werden mit Wachs an Zuchtstopfen befestigt. Der Zuchtrahmen wird mit Brutwaben eines starken Volkes, Wasser- und Vorratswaben in den Anbrüter gegeben. In 3 Std. speicheln die Bienen die Weiselnäpfchen ein. Aus dem Zuchtvolk werden dann aus eingekürzten Zellen die allerjüngsten Larven zusammen mit etwas Futtersaft mit Hilfe der in Folge 9 beschriebenen Umlarvfeder herausgehoben und in die Weiselnäpfchen gelegt. Nach 24 Std. wird der Zuchtrahmen mit den angepflegten Zellen zwischen 2 Brutwaben in den Honigraum des Pflegevolkes gegeben. — Ausgehend von der Tatsache, daß bei der natürlichen Königinnenerneuerung die Eier bereits in der Weiselzelle schlüpfen, entwickelte Örösi-Pal seine Methode der Eiumbettung, die in Folge 12 beschrieben wird. Zunächst werden im Anbrüter jüngere Larven in künstliche Weiselnäpfchen umgelarvt, die man königlich pflegen läßt. Dann stanzt man aus Brutwaben des Zuchtvolkes 2 Tage alte Eier mit dem Zellboden aus (die andere Wabenseite wurde bis zur Mittelwand heruntergeschnitten), hebt sie mit der Umlarvfeder heraus und bettet sie in den Futtersaft, der der Larve verabreicht wurde, die man mit einer Pinzette entnommen hat. Nach 24 Std. können die Zuchtrahmen in den Honigraum gegeben werden. G. Droege. 5465.

3-64/09-0394 Oeser, G.-A. **Königinnenzucht. Warum? Wie? Womit? 13. Folge. Die Behandlung der Zellen. 14. Folge. Die Versorgung der Jungköniginnen zwischen Schlupf und Belegstelle. 15. Folge. Das Begattungskästchen. 16. Folge. Vom Entstehen des Dreiwabenkästchens.** Garten u. Kleintierzucht, Ausg. C 2 (1963) Nr. 20. S. 16.; Nr. 21. S. 16.; Nr. 22. S. 4-5.; Nr. 23. S. 16. — 35 Abb., 12. Folge vgl. vorst. Ref.

Vf. rät dazu, bei allen Zuchtmethoden in weiselrichtigen, schwarmreifen Völkern zu züchten, weil weisellose Völker unharmonisch sind, und nur aus Not pflegen. — Nach der Verdeckelung läßt man die Weiselzellen noch 3-4 Tage im Volk und gibt sie dann in Durchgangsschlüpfkäfige (siehe Folge 5), wenn man sie nicht einzeln in Ablegern schlüpfen lassen will. Ist die erste Königin geschlüpft, so wird sie gezeichnet und umlogiert, weil sonst das Schlüpfen der anderen von den Arbeitsbienen verhindert wird. Nach dem Zeichnen kommen die Königinnen in Zanderkäfige unter Holzstopfenverschluß mit der Gazeseite nach innen in das Baurahmenfenster des Honigraumes, in dem sie geschlüpft sind. — In Folge 14-16 wird das Begattungskästchen ausführlich beschrieben und die Vorteile des 3 WK herausgestellt.

Zum Versand zur Belegstelle wird das sorgfältig gereinigte 3 WK mit genügend Futterteig versehen, ein 3 cm breiter Mittelwandstreifen an die 2mal gedrahteten Rähmchen gelötet und eine Schöpfkelle sorgfältig drohnenfrei gesiebte Bienen (ca. 1200 Stck) hineingegeben. Beim Paschke 3 WK entfällt das Sieben. Die Königin läßt man direkt aus dem Zanderkäfig ins Flugloch einlaufen. G. Droege. 5465.

3-64/09-0395 Oeser, G.-A. **Königinnenzucht. Warum? Wie? Womit? 17. Folge. Die Belegstelle, das Fundament jeglicher Zucht und die Quelle guter Honigernten. 18. Folge. Belegstellenpraxis.** Garten u. Kleintierzucht, Ausg. C **2** (1963) Nr. 24. S. 16.; **3** (1964) Nr. 1. S. 16. — 10 Abb. 16. Folge vgl. vorst. Ref.

Vf. macht einige Bemerkungen zum Wert der Belegstellen und zur Belegstellenpraxis. Für die Belegstellenbeschickung weist er auf folgende wichtige Punkte hin: Es sollen nur gezeichnete, gesunde, möglichst reinrassige Königinnen aus hauptgekörten Völkern eingesandt werden. Die Begattungskästchen sollen sauber, drohnenfrei und mit genügend Futterteig versehen sein, der nicht zu dünn sein darf. Die Völkchen sollen schon handtellergroß gebaut haben, bevor sie zur Belegstelle gehen. An den bruchsicher verpackten Begattungskästchen soll die ausgefüllte Belegstellenkarte sorgfältig befestigt und die fertig ausgefüllten Rücksendepapiere beigefügt sein. Vf. hält es für ratsam, daß die Belegstellenwarte 4 Wochen vor Eröffnung der Belegstellen im Verbandsblatt die Postanschrift, Telefon, Kontonummer, Postamt oder Bahnstation, die gewünschte Anlieferungsart, Zuchtrichtung und Einlieferungstermine etc. bekanntgeben. — Die noch nicht auf allen Belegstellen zur Verfügung stehenden Schutzhäuschen für 3 WK könnten von den Zuchtgemeinschaften im Winter selbst gebaut werden. Maße und Bauanleitung werden vom Vf. gegeben. G. Droege. 5465.

3-64/09-0396 Oeser, G.-A. **Königinnenzucht. Warum? Wie? Womit? 19. Folge. Zucht ab „königlichem" Ei.** Garten u. Kleintierzucht, Ausg. C **3** (1964) Nr. 2. S. 16. — 7 Abb. 18. Folge vgl. vorst. Ref.

Ausgehend von der Erkenntnis, daß die besten Königinnen dann entstehen, wenn die schlüpfenden Larven sofort mit dem königinbestimmenden Futtersaft gefüttert werden, andererseits nur im äußersten Notfall künstliche Weiselnäpfchen bestiftet werden, die Eier dann aber von den Arbeitsbienen wieder entfernt werden, entwickelte Runkist eine sehr einfache und natürliche Zuchtmethode. Er schneidet im Herbst alle vorhandenen Weiselnäpfchen (Spielnäpfchen) vorsichtig mit 2-3 mm anhaftendem Bau aus und bewahrt sie luftig und trocken auf. Zur Zuchtzeit werden an 2 bebrütete hellbraune Waben, die bis auf $^1/_3$ eingekürzt und die Wabenkante abgeschrägt wurde, auf jeder Seite je 8 Näpfchen angelötet. Beide Waben kommen mit der Königin des Zuchtvolkes zwischen 2 Absperrgitter mitten ins Brutnest. Nach wenigen Tagen sind sowohl die Arbeiterzellen wie auch die Weiselzellen bestiftet. Zur weiteren Pflege kommen sie in den Honigraum desselben oder eines anderen starken Volkes. G. Droege. 5465.

3-64/09-0397 Oeser, G.-A. **Königinnenzucht. Warum? Wie? Womit? 20. Folge. Körung. 21. Folge. Verwendung der Königinnen.** Garten u. Kleintierzucht, Ausg. C **3** (1964) Nr. 3. S. 16.; Nr. 4. S. 8-9. — 18 Abb. 19. Folge vgl. vorst. Ref.

In Folge 20 beschreibt Vf. die bei der Körung zu beurteilenden Merkmale: Filzbindenbreite, Flankenzeichen, Flügelgeäder, Haarlänge, Hinterleibsform und Rüssellängenmessung mit Hilfe der Tauchtiefenmeßröhrchen. — In Folge 21 werden die Methoden aufgezeigt, die eine sichere Annahme der zugesetzten Königinnen gewährleisten. Die Ursachen für das Abstechen von Jungköniginnen sind fast immer in der Stimmung des zu beweiselnden Volkes zu suchen. Will ein Volk schwärmen oder still umweiseln, wird niemals eine Königin angenommen. Vf. beschreibt das Zusetzen mit einem Kernvolk oder 3 WK bei der Bildung eines neuen Volkes bzw. bei der Beweiselung eines Volkes über den Verstärkerableger. Weiter wird die Methode des Überweiselns dargelegt. (3 WK mit Futterteig zwischen die Brutwaben des entweiselten Volkes, das sich durch die gemeinsame Fütterung mit dem 3 WK-Völkchen zusammenfindet.) Auch das Zusetzen im Fegling ist leicht und sicher. Die Königin wird aus dem Zanderkäfig unter Futterteigverschluß von den Bienen des Feglings ausgefressen. Unbegattete Königinnen kann man auch in einer aus einem Mittelwandstück geformten, mit Luftlöchern versehenen, künstlichen Zelle zusetzen, die nach kurzer Zeit ausgefressen ist. G. Droege. 5465.

3-64/09-0398 Oeser, G.-A. **Königinnenzucht. Warum? Wie? Womit? 22. Folge. Rückblick und Vorschau. 23. Folge. Das Ei im Weiselnapf.** Garten u. Kleintierzucht, Ausg. C **3** (1964) Nr. 5. S. 8-9.; Nr. 6. S. 16. — 13 Abb. 21. Folge vgl. vorst. Ref.
Die beste Aufzuchtmethode ist die, bei der die geringsten Aufzuchtschäden möglich sind. Lebensalter und Leistungsfähigkeit der Königinnen hängen in hohem Maße von ihrer möglichst naturnahen Aufzucht ab. Es werden immer neue Aufzuchtmethoden entwickelt, die den genannten Forderungen immer näher kommen und dabei arbeitsmäßig zu bewältigen sind. Friedrich Schulz entwickelte eine Methode, die auf der Erfahrung aufbaut, daß entweiselte Vor- und Nachschwärme über Eiern in unbebrütetem Wachs Weiselzellen errichten. Schulz klemmt einen in der Mitte gefalteten 5 cm breiten Mittelwandstreifen in eine Klemmleiste. Zwischen diese beiden Vorwachsstreifen wird ein Eiwabenstreifen aus frisch ausgezogener, noch nicht bebrüteter Mittelwand befestigt. Der entweiselte Schwarm bläst bereits über den Eiern die Weiselzellen an, und die Maden werden unmittelbar nach dem Schlupf in königliche Pflege genommen. Die Weiselzellen werden dann in der üblichen Weise weiter behandelt. G. Droege. 5465.

3-64/09-0399 Oeser, G.-A. **Königinnenzucht. Warum? Wie? Womit? 24. Folge. Geschichtliches.** Garten u. Kleintierzucht, Ausg. C **3** (1964) Nr. 7. S. 16. — 5 Abb., 23. Folge vgl. vorst. Ref.
Aus den Schriften des Altertums geht nicht hervor, ob man zu damaliger Zeit Kenntnis von der Nachschaffungsmöglichkeit von Königinnen besaß. Die Italiener machten wahrscheinlich schon im Mittelalter Brutableger, die sich ihre Königinnen selbst ziehen mußten. Auch Schirach berichtete von der Königinnenentstehung aus Arbeiterbrut. Huber weiselte bereits Maden in größere Zellen um und erhielt Königinnen. Wankler baute als erster die planmäßige Weiselerneuerung auf und schuf durch eine Reihe von Erfindungen die techn. Grundlage dafür. Er erfand den Weiselbrutapparat, das Begattungskästchen, ein Rüsselmeßgerät und eine Samenspritze für die KB. Wankler züchtete bereits im Honigraum eines weiselrichtigen Volkes. Zander, Goetze, Gontarski entwickelten die verschiedenen heute gebräuchlichen Zuchtmethoden. Den Schweizer Züchtern haben wir die Erfindung des EWK, der Belegstellen und das Königinnenzeichnen zu verdanken. Es wird ständig nach neuen Wegen gesucht, um unsere Zuchtmethoden zu verbessern. G. Droege. 5465.

3-64/09-0400 Bährmann, R.; Tälermühle, Lehr- und Forsch.-Anst. für Bienenzucht. **Ergebnisse der Körarbeit im Jahre 1963.** Garten u. Kleintierzucht, Ausg. C **2** (1963) Nr. 24. S. 5-6. — 1 Abb., 4 Tab.
1963 wurden 468 Körproben untersucht, davon 15 der N-Rasse. 22 Carnica-Proben mußten, hauptsächlich wegen zu langen Überhaares, abgekört werden, das sind $^2/_3$ weniger als im Vorjahr. Das dürfte auf einer sorgfältigeren Standkörung beruhen. Die Körberichte werden mit zunehmender Sorgfalt bearbeitet. Zur Sicherung der Körergebnisse wird nochmal auf die Notwendigkeit des Geschwisterleistungsvergleiches hingewiesen. Vf. führte seine vergleichenden Untersuchungen über die Wirksamkeit der Belegstellen weiter. Unter-

suchungen an 41408 Drohnen scheinen die Vermutung zu rechtfertigen, daß die Körpermerkmale im Verlauf des Sommers Schwankungen unterliegen. Möglicherweise muß darauf bei der Merkmalsbeurteilung Rücksicht genommen werden. Vf. bittet bei der Einsendung von Körproben folgendes zu beachten: Der Körbericht soll möglichst zugleich mit der Körprobe eingesandt werden. Nachträgliche Einsendung auch dann, wenn die Probe abgekört wurde. Im Körbericht soll der Name der benutzten Belegstelle und des Zuchtrichters angegeben sein. Es sollte keine Standkörung ohne Zuchtrichter vorgenommen werden. Glas und Kunststoff eignen sich nicht zum Versenden der Körprobe. G. Droege 5470.

3-64/09-0401 Butler, C. G., Callow, R. K. und Chapman, J. R.; Harpenden, Herts., England, Rothamsted Exp. Stat.; Mill Hill, London, Nat. Inst. for Med. Res. 9-hydroxydec-trans-2-enoic acid, a pheromone stabilizing honeybee swarms. **(9-Hydroxydec-trans-2-ensäure, ein Honigbienenschwärme stabilisierendes Pheromon.)** Nature [London] **201** (1964) Nr. 4920. S. 733. – 3 Lit.
Ein abgekehrtes Bienenvolk bildet eine Traube wie ein natürlicher Schwarm. Wird die Königin entfernt, löst sich die Schwarmtraube auf. In 16 von 18 Versuchen (4 davon über 16 Std.) schlossen sich derartige Schwarmtrauben, die gerade begannen, sich zu zerstreuen, wieder zusammen, wenn ihnen der Duft (kein direkter Kontakt) von 9 Hydroxydec-trans-2-ensäure geboten wurde. Andere Substanzen aus den Mandibeldrüsen der Königin zeigten keine Wirkung. M. Biedermann. 5492.

3-64/09-0402 Jarmatz, G. **Diskussionsbeitrag zur Winterauffütterung der Bienen.** Garten u. Kleintierzucht, Ausg. C **3** (1964) Nr. 8. S. 9. – 3 Lit. – nach Zus.
Bei der Winterauffütterung der Bienen mit Zuckerlösungen bis zu 50% werden jüngere fermentaktive Bienen in ihrer Leistungsfähigkeit nicht überfordert. Eine schnellere Auffütterung mit hochkonzentrierten Lösungen bringt keinen Vorteil, sie ist nachteilig. Aus hygienischen Gründen sind alle Imker an der Beseitigung der Altbienen im Herbst interessiert. Bei umsichtiger Pflege bleibt eine Frühjahrseignung unter Umständen erspart. Die Völker wachsen im Frühjahr ohne große Altbienenverluste. 5494.

3-64/09-0403 Haydak, M. H. Influence of storage on the nutritive value of pollen for brood rearing by honeybees. **(Der Einfluß der Lagerung auf den Nährwert des Pollens für die Brutaufzucht bei Honigbienen.)** J. apicult. Res. **2** (1963) Nr. 2. S. 105-107. – 1 Tab., 11 Lit.
Es wird die Wirkung frischen Pollens mit derjenigen zwei Jahre alten Pollens bei der Brutaufzucht verglichen. Auch die Aufzuchtergebnisse bei folgenden Zusätzen zu zwei Jahre altem Pollen werden beschrieben: Pantothensäure oder Bierhefe oder vitaminfreies Casein oder vitaminfreies Casein und Pantothensäure. Die Gesamtzahl der verdeckelten Brutzellen ist bei frischer Pollennahrung am größten, bei Verfütterung von zwei Jahre altem Pollen bedeutend geringer. Durch die genannten Beigaben zu altem Pollen kann die Brutaufzucht verbessert werden. R. Bährmann/Tälermühle. 5494.

3-64/09-0404 Wahlin, Bertil; Linköping, Sweden, Nat. Inst. für Plant Protection. The utilization of honey bees in seed production. **(Die Benutzung von Honigbienen in der Saatproduktion.)** Proc. 1. int. Symposium Pollinat., Copenhagen **1960** (hrsg. 1962) Nr. 7. S. 95-97.
Nordost-Götaland ist dank seines reichen Vorkommens an Hummeln ein traditionelles Saatbaugebiet für Schweden- und Rotklee. Mit der Ausbreitung des Ölfruchtbaues lockten Raps und Senf die Bestäubungsinsekten weg. Das Ergebnis waren unvollständige Bestäubung und Rückgang der Samenerträge. Die Anwendung von bienengefährlichen Insekticiden im Ölfrucht-

bau bewirkte einen rapiden Rückgang der Wildinsektenbestände. 1948-52 wurden umfangreiche Zählungen der bestäubenden Insekten an verschiedenen Orten durchgeführt. Schätzungen ergaben, daß im Gebiet ca. 5000 Bienenvölker vorhanden sind. Für die vollständige Blütenbestäubung der Kulturen des Saatbaugebiets werden ca. 20000 Bienenvölker benötigt. Die Insektenzählungen ergaben, daß ca. 0,5 Bieneneinheiten je m^2 zur Verfügung stehen, aber 2 Bieneneinheiten benötigt werden. — Seit vielen Jahren melden sich die an einer Wanderung an Vermehrungsflächen interessierten Imker und die an Bestäubungsbienenvölkern interessierten Saatgutvermehrer bei einer Zentrale, die unter Verwendung eines Standardvertrags nach dänischem Muster den Vertragsabschluß vermittelt. Die Erfolgsaussichten eines Bieneneinsatzes werden durch Anwendung irgendeiner Duftlenkungsmethode verbessert, doch hängt das Ergebnis in hohem Grade von der Witterung ab. Die Arbeitsweise der Bienen hat großen Einfluß auf die Bestäubung. Das Vorkommen von nektarraubenden *Bombus terrestris* hat Nektarraub durch Honigbienen zur Folge. Im trockenen Sommer 1959 ging die Vollblüte des Rotklees vorüber, bevor die Masse der *B. terrestris*-Arbeiterinnen herauskam und die Honigbienen zum Nektarraub übergingen. Erfolg: hoher Samenansatz. 1960 trat der Übergang zum Nektarraub lange Zeit vor dem Ende der Vollblüte ein, und die wenigen Blütenbesucher trugen kaum zur Bestäubung bei. Ergebnis: Fast kein Samenertrag. G. Pritsch. 5496.

3-64/09-0405 Hawkins, R. P.; Cambridge, Great Britain, Nat. Inst. of Agric. Bot. Pollination of red clover by bees. **(Bestäubung von Rotklee durch Bienen.)** Proc. 1. int. Symposium Pollinat., Copenhagen **1960** (hrsg. 1962) Nr. 7. S. 30-37. — 3 Abb., 3 Lit.

Es wurden Korrelationen zwischen den Rotklee-Samenerträgen und der Anzahl der Samen je Blütenkopf sowie zwischen dem Samenansatz und der auf den Blüten festgestellten Häufigkeit bestimmter Hummelarten, wie Agrobombus, Hortobombus und einer geringen Anzahl von Lapidariobombus ermittelt. Die meisten Terrestrisbombus und infolgedessen auch die meisten Honigbienen waren „Nektarräuber". Während der 3 Versuchsjahre wurden keine Korrelationen zwischen der Anzahl der Samen je Kopf und der Anzahl der Honigbienen festgestellt. Bei verschiedenen Rotkleesorten wurden beträchtliche Samenertragsunterschiede ermittelt. Verschiedene Arten von Bestäubern besuchten unterschiedliche Sorten, deren Blütenröhrenlänge je nach Sorte zwischen 8 und 10 mm lag. Terrestrisbombus raubte den Nektar der langröhrigen, aber bestäubte die meisten Blüten der kürzerröhrigen Sorten. — Hummeln sind also in England die hauptsächlichen Rotkleebestäuber. Die Bedeutung der Honigbienen wäre sehr groß, wenn man sie als Bestäuber werten könnte. Vf. empfiehlt, die Hummeln zu schützen und eine jährl. Zählung von Hummeln zu organisieren. G. Pritsch. 5496.

3-64/09-0406 Vestad, Reidar; Vollebekk, Norw. Agric. Coll. Pollination by honey- and bumblebees in diploid and tetraploid red clover. **(Bestäubung von diploidem und tetraploidem Rotklee durch Honigbienen und Hummeln.)** Proc. 1. int. Symposium Pollinat., Copenhagen **1960** (hrsg. 1962) Nr. 7. S. 106-113. — 3 Tab., 8 Lit.

Die skandinavischen Rotkleesorten bringen hohe Grünmassenerträge, doch sind die Samenerträge, hauptsächlich wegen Mangels an blütenbestäubenden Insekten, oft gering. — Mehrjährige Beobachtungen ergaben, daß durchschnittl. nur $^1/_4$ bis $^1/_5$ der erforderlichen Anzahl von Blütenbestäubern vorhanden war. Da die Masse der Hummelarbeiterinnen erst Ende Juli erscheint, ist die Bestäubung des Rotklees in den ersten 3 Blühwochen oft minimal. Es wird deshalb empfohlen, zur Bestäubung Honigbienen einzusetzen, die sich auf Grund von Beobachtungen als gute Bestäuber erwiesen. Ein Problem ist der Nektarraub. Je mehr nektarraubende Hummeln vorhanden sind, desto größer ist auch der Prozentsatz der nektarraubenden Honigbienen. Bei tetraploidem Rotklee sind die Samenerträge gegenüber diploidem noch bedeutend geringer. Dafür sind geringere Blütenanzahl, geringerer Insektenbesuch, störende Einflüsse von haploidem Pollen, geringere Pollenqualität und Störungen während der Embryoentwicklung verantwortlich zu machen. — Hummeln besuchen etwas lieber den tetraploiden, Honigbienen wegen der kürzeren Blütenröhren lieber den diploiden Rotklee. Der Prozentsatz der nektarraubenden Hummeln und Honigbienen ist bei tetraploidem gegenüber diploidem Rotklee etwas höher. G. Pritsch. 5496.

3-64/09-0407 Todd, Frank E. und Crawford, Norris R.; Tucson, Univ. of Arizona. The relation of location of honey bee colonies to alfalfa seed set. **(Der Einfluß der Aufstellung von Honigbienenvölkern auf den Samenansatz von Luzerne.)** Proc. 1. int. Symposium Pollinat., Copenhagen **1960** (hrsg. 1962) Nr. 7. S. 78-85. — 3 Abb., 2 Tab., 3 Lit.
Die Bedeutung der Honigbienen als Luzernebestäuber ist erwiesen. Verschiedene Arten der Aufstellung der Bienenvölker, von einem einzigen großen Bienenstand am oder im Feld bis zur systematischen Verteilung kleiner Gruppen, kommen vor. In Gebieten, wo die Honigbiene Pollen von Luzerne sammelt, genügen 2 Bienenvölker/acre. Wo die Bestäubung von Nektarsammlern abhängt, werden 3-6 Bienenvölker/acre benötigt. — 1956 wurden an einer Ecke eines Versuchsfeldes 30 Bienenvölker aufgestellt. Bis zu einer Entfernung von 225 yd. wurden keine signifikanten Unterschiede im Hülsenansatz der Luzerne ermittelt. 1958 wurden an den beiden östlichen Ecken des Feldes je 30 Völker aufgestellt. Schon ab 100 yd. zeigte sich ein signifikanter Rückgang im Hülsenansatz. Die Versuchsergebnisse lassen erkennen, daß Aufstellung von Bienenvölkern in mehreren Gruppen mit Flugbereichen von 100 yd. höhere Samenerträge durch gründlichere Blütenbestäubung bewirkt. Der Bereich eines 100-yd.-Kreises schließt 6,5 acre ein. Folglich sind bei einer Dichte von 2 Völkern/acre in jeder Gruppe 13 Völker aufzustellen. Vf. stellt ein Muster für die Besetzung eines 80-acre-Feldes dar. Die Bienenvölkergruppen stehen 176 yd. voneinander entfernt. Diese Aufstellungsart entspricht nicht den Wünschen der Imker und der Samenbauer. Die Imker möchten die Bienenvölker möglichst an einer Stelle, die Samenbauer möglichst außerhalb des Luzernefeldes aufgestellt wissen.
G. Pritsch. 5496.

3-64/09-0408 Pedersen, M. W.; Logan, Utah State Univ. An analysis of certain factors associated with pollination and seed production in alfalfa. **(Eine Analyse verschiedener Faktoren in Zusammenhang mit der Blütenbestäubung und dem Samenertrag von Luzerne.)** Proc. 1. int. Symposium Pollinat., Copenhagen **1960** (hrsg. 1962) Nr. 7. S. 64-74. — 3 Tab., 15 Lit.
In Zusammenhang mit der Höhe der Samenerträge von 3 verschiedenen Sorten und 5 hoch samenproduktiven Zuchtstämmen von Luzerne wurden folgende 10 Faktoren untersucht: Nektarzucker je Blüte, Bienenbeflugsdichte je sq. yd., Klappenschorf, Blüten mit ausgelöstem Bestäubungsmechanismus, Selbstfertilität, Anteil an normalem Pollen, Anzahl der Pflanzenstengel je acre, Anzahl der Blüten je Stengel, Anzahl der Blüten je acre und Nektarzucker je acre. Mit dem Samenertrag standen in positiver Wechselbeziehung: Anzahl der Bienen je Flächeneinheit und Blüten mit ausgelöstem Bestäubungsmechanismus je Blütentraube. In negativer Wechselbeziehung standen: Samenertrag und Selbstfertilität; Pflanzenstengel und ausgelöste Blüten je acre. Die Nektarsekretion je Blüte korrelierte positiv mit dem Nektar je Flächeneinheit. In positiver Korrelation zueinander standen ferner der Anteil an normalem Pollen und die Anzahl der Honigbienen je Flächeneinheit; Anzahl der Pflanzenstengel und Anzahl der Blüten je Flächeneinheit: **Blüten** je

Stengel und Nektarmenge je Flächeneinheit. Da alle erzielten Korrelationswerte rel. niedrig waren, kann die große Überlegenheit in der Samenproduktivität der 5 Zuchtstämme keinem der Faktoren voll zugeschrieben werden. Interessant ist die signifikante Korrelation zwischen der Anzahl der Bienen je Flächeneinheit und dem Anteil an normalem Pollen in den Blüten, zumal die Bienen nicht den Pollen, sondern Nektar sammelten. Pflanzen mit einem hohem Prozentsatz an normalem Pollen sind deshalb wünschenswert. G. Pritsch. 5496.

3-64/09-0409 Veselý, V. und Bulánek, F. Vyjádření ekonomické účinnosti opylovací činnosti včel medonosných na hořčici bílé. **(Ausdruck des ökonomischen Nutzeffektes der Bestäubungstätigkeit der Honigbienen auf Weißen Senf.)** Zemědělská Ekonom. **9 (36)** (1963) Nr. 6/9. S. 563-576. — 1 Abb., 4 Tab., 21 Lit. Zus. in Russ., Dtsch.

Die unrichtige ökonomische Bewertung der Bestäubungstätigkeit findet ihren Ausdruck im Verlustgrad der Bienenzucht, deren Entfaltung sie damit hemmt, wobei gleichzeitig die Erreichung der Höchsterträge bei entomophilen Feldfrüchten behindert wird. Der Anteil der Bienenbestäubung an den Erträgen gleicht dem Vielfachen des erzielten Ertrages und des Koeffizienten, der dank der Bienen erhöhten Ernte (k), wo $k \leq 0,5$ ist. Der min. Bienenanflug ist 70 Bienen/100 m^2 Bestand, was 3 Bienenvölker/ha garantieren können, wenn sie in der Nähe des Bestandes aufgestellt sind. Je nach der Ertragshöhe beträgt der finanzielle Effekt der Bestäubung 106,—bis 250,—Kčs/ha. Die Ausdehnung der Erforschung auf mehrere Feldfrüchte wird die richtige ökonomische Einschätzung der Bienenhaltung ermöglichen. ČSSR/ÚVTI. 5496.

3-64/09-0410 Benton, Allen W., Morse, Roger A. und Stewart, Joseph D.; Ithaca, N. Y., Cornell Univ. Venom collection from honey bees. **(Giftgewinnung von Honigbienen.)** Science [Washington] **142** (1963) Nr. 3589. S. 228-229. — 1 Abb., 11 Lit.

Ein mit Elektroschock arbeitendes Verfahren zur Giftgewinnung wird beschrieben. Die Vorrichtung paßt unter die Brutraumzarge eines Magazins und kann schnell von einem Stock zum anderen gewechselt werden. Die Bienen stechen zwischen Metallstäben zum Elektrisieren hindurch in Nylongewebe. Die Maschenweite des Nylongewebes ist so, daß die Bienen in der Lage sind, ihren Stachel wieder herauszuziehen. Pro Volk bleiben selten mehr als 12 Stachel hängen. Unter jedem Volk wird der Apparat 5 Min. eingeschaltet. Durchschnittl. 20 Völker geben 1 g Gift, das unter guten Bedingungen von 10000 Bienen produziert wird. M. Biedermann. 5496.

3-64/09-0411 Koch. **40 Jahre Honigforschung.** Westf. Bienenztg. **77** (1964) Nr. 2. S. 39-45.

Vf. gibt einen großen Überblick über alle Probleme der Honigforschung, die in den letzten 40 Jahren gelöst wurden. Er spricht zunächst über die Entstehung des Nektar- und Honigtauhonigs, weiter über die chem. Zusammensetzung (Honig enthält ca. 100 verschiedene Stoffe, Wasser, Kohlenhydrate, Aminosäuren, Fermente, Eiweiße, org. Säuren, Mineralstoffe, Spurenelemente, Geruchs-, Geschmacks- und Farbstoffe, Vitamine, Inhibine etc.). Vf. geht dann auf die medizinische Bedeutung des Honigs ein und bespricht danach die Honiguntersuchung, grobsinnlich (nach Farbe, Duft, Geschmack), mikroskopisch und die Pollenanalyse. Bez. der Behandlung des Honigs gibt Vf. einige Ratschläge. Danach soll die Tätigkeit der Honigobmänner intensiviert werden und sie mit Geräten zur Wassergehaltskontrolle und Diastasebestimmung ausgerüstet sein. Der Imker sollte das Abfüllen in Einheitsgläser selbst vornehmen. Für einwandfreie Klärung ist zu sorgen. Der Deutsche Imkerbund sollte sich mit der Schaffung deutscher Honighandelsklassen befassen. G. Droege. 5496.

3-64/09-0412 Morse, Roger A.; Ithaca, N. Y., Cornell Univ. Honey production and marketing in the United States. **(Honigproduktion und -absatz in den USA.)** Bee Wld. **44** (1963) Nr. 4. S. 150-157. — 4 Abb., 6 Lit.

1962 gab es in den USA 5598000 Bienenvölker, die 124000 t Honig und 2380 t Wachs erzeugten. Die Honigernte je Volk lag im Durchschnitt der letzten 5 Jahre bei 20,7 kg. 1962 wurden 6200 t Honig vor allem nach Westdeutschland und Frankreich exportiert, während 3231 t Honig bes. aus Mexiko und Argentinien importiert wurden. Bienenwachs wurde nicht exportiert, dagegen wurden 2247 t reinen Wachses aus Angola, Chile, Äthiopien, Brasilien, Mexiko u. a. eingeführt. Die Imker erhalten den Honig unter Berücksichtigung von Farbe und Wassergehalt bezahlt. Der Honig wird meist zu einer einheitlichen Qualität vermischt. Die Wiederverflüssigung des Honigs, seine Aufbereitung und Abfüllung werden beschrieben. Der Honig wird beim Abfüllen bis auf 66 °C erhitzt. 54% des Honigs werden vom Imker in Fässern verkauft. Heller Honig wird als Tafelware, dunkler als Backhonig verkauft. Die Produktion von Wabenhonig ist nur noch selten anzutreffen. Etwa60% des in denUSA abgesetzten Honigs werden in derBackwarenindustrie verbraucht. Honigwein wird von 3 Konzernen hergestellt, die jährl. ca. 50 t Honig verbrauchen. Kaum mehr als 10 t Honig werden für Honiggelee, Honigbonbon und Honigeiscrem verbraucht. H. Kettner. 5496.

3-64/09-0413 Padmore, F. The drying and warming of honey. **(Das Trocknen und Erwärmen von Honig.)** Bee Wld. **45** (1964) Nr. 1. S. 5-6. — 7 Lit.

Verdeckelter Honig enthält zwischen 14 und 22%, in außergewöhnlichen Fällen auch bis 27% Wasser. Je höher der Wassergehalt, um so größer ist die Gefahr der Gärung. Der Standard für den zulässigen Wassergehalt ist unterschiedlich, z. B. in England sind bis 20%, in Kanada (mit trockenerem Sommer) nur bis 17,8% zulässig. In verschiedenen Ländern wurden Verfahren entwickelt, um dem Honig Wasser zu entziehen. Einmal kann der Honig in den Waben, zum anderen der geschleuderte Honig behandelt werden. Vor dem Schleudern gelingt es bei Durchleiten von erwärmter, trockener Luft durch die aufeinandergestapelten Aufsätze, dem Honig in 24 Std. 1-3% Wasser zu entziehen. Der Luftstrom wird öfter mit einem Staubsauger erzeugt. — Weiterhin wird noch auf Verfahren zum Erwärmen von Honig eingegangen. Es wird angewendet beim Sieben und Abfüllen sowie beim Wiederverflüssigen von kristallisiertem Honig. M. Biedermann. 5496.

3-64/09-0414 Oschmann, H. **Untersuchungen zur Wirtschaftlichkeit verschiedener Bienenhaltungen und Entwicklung einer den neuesten Erkenntnissen entsprechenden Bienenhaltung.** Tälermühle, Kreis Stadtroda, VVB Tierzucht Lehr- u. Forsch.-Anst. Bienenzucht Plan Nr.- 83 00 12. Zwischen-Ber. (9/4. 1964).

Der Zwischenbericht beinhaltet 2 Hauptthemen: 1. Wirtschaftliche Untersuchungen; 2. Entwicklung einer wirtschaftlichen Großimkerei. Es werden Vorschläge unterbreitet, wie die bestehenden Imkereien wirtschaftlich gestaltet werden können. Eine weitere bedeutende Annäherung der Arbeitsproduktivität an den Welthöchststand wird unter den derzeitigen Produktionsmethoden nicht für möglich gehalten. Im 2. Hauptthema werden Arbeiten aufgenommen, die geeignet erscheinen, die bisherigen Produktionsmethoden zu verändern, wobei die Entwicklung einer geeigneten Magazinbeute in den Vordergrund rückt. 5502.

3-64/09-0415 Perkiewicz, Ernst. **Beuten und Betriebsweisen. 10. Folge. Eine neue Art Dänischer Trogbeute.** Dtsch. Bienenwirtsch. **14** (1964) Nr. 7. S. 200-201. — 9. Folge vgl. 3-64/02-0353.

Vf. beschreibt die weiterentwickelte Dänische Trogbeute, die sich in Dänemark wachsender Beliebtheit erfreut, weil die großzügige Betriebsweise darin wenig Zeit und Arbeit erfordert und leistungsfähige Völker hervorbringt. Es handelt sich um einen doppelwandigen Oberlader mit 16 Waben liegendes Normalmaß in Warmbaustellung. Als Dach wird ein geschlossener Kasten übergestülpt. In seinem Innenraum finden die 4 halbhohen Honigräume Platz, wovon je 2 nebeneinander die Länge der Beute ausmachen. Bei der Wanderung ist er ein idealer Abtrommelraum. Die Völker überwintern auf 9 Waben, im Frühjahr wird evtl. noch weiter eingeengt. Ende Apr. wird das ganze Brutnest nach hinten gerückt, vorn werden bis zu 8 Mittelwände eingehängt. Zur Wanderung in den Raps kommt ein Honigraum auf das Brutnest. Bei Bedarf kommt der zweite darunter, der dritte nach vorn, der vierte über den dritten. Nach dänischen Angaben laufen die Völker in diesen Beuten schwarmfrei und bringen beachtliche Honigerträge. G. Droege. 5520.

3-64/09-0416 Perkiewicz, Ernst. **Beuten und Betriebsweisen. 11. Folge. Die Alpine Lagerbeute.** Dtsch. Bienenwirtsch. **14** (1963) Nr. 8. S. 222-224. — 10. Folge vgl. vorst. Ref.

Die Alpine Lagerbeute ist aus Hofmanns Lagerbeute nach neuzeitlichen Erkenntnissen weiterentwickelt worden und wird z. Z. in der Bienenwirtschaftlichen Versuchsstation in Marburg erprobt. Es ist ein 20 Rähmchen fassender Oberlader (liegendes Normalmaß, Kuntzsch- oder verkürztes Gerstungmaß). Das Muttervolk überwintert neben dem auf 4-5 Waben sitzenden, im Vorjahr gebildeten Jungvolk, von dem es nur durch ein dünnes Holzschied getrennt ist. Beide bilden, in direktem Kaltbau stehend, eine gemeinsame Winterkugel. Beide Völker wachsen bei zügiger Erweiterung org. in die Beute. Anfang Mai kann meist der erste Honigaufsatz mit Halbrähmchen oder Dickwaben gegeben werden. Zur Frühesthonigernte kann man auch Dickwaben in den Brutraum hängen, die gern vollgetragen werden. Das Jungvolk ist inzwischen in eine eigene Beute umgehängt worden. Anfang Juli wird das Trennschied eingesetzt und ein Brutableger mit je 2 Brut- und Vorratswaben gebildet. Die Alpine Lagerbeute ist für die Wanderung gut geeignet. G. Droege. 5520

3-64/09-0417 Perkiewicz, Ernst. **Beuten und Betriebsweisen. 12. Folge. Die Thüringer Walze.** Dtsch. Bienenwirtsch. **14** (1963) Nr. 9. S. 241-243. — 11. Folge vgl. vorst. Ref.

Vf. beschreibt die Korbbienenzucht in der Thüringer Walze. Ihre lichte Weite betrug 34-39 cm, die Länge 70-90 cm, entweder zusammenhängend oder aus ineinander gesteckten Einzelringen von 15-20 cm Länge. Die Walzen lagen auf je 2 Leisten in 2-3 Reihen übereinander im Bienenhaus. Sie waren aus Roggenstroh geflochten und außen mit Lehm und Kuhmist verschmiert. Innen wurden sie mit Melisse, Thymian oder Wachs ausgerieben. Es wurde darin reine Schwarmimkerei betrieben. In den teilbaren Walzen wurden zur Honiggewinnung jeweils die Ringe mit Honigwaben ausgeschnitten, bei den festen Walzen wurde Ende März/Anfang Apr. zuerst der Wabenbau auf der Fluglochseite ausgeschnitten (bei geöffnetem hinteren Flugloch), und zwar bis auf eine Deckwabe vor der Brut. Mit einer Stricknadel wurde von außen bezeichnet, wieweit der Bau ging. Einige Tage später wurde von der anderen Seite der Bau herausgeschnitten (ca. insgesamt $^2/_3$ des Wabenbaues). Honig in Jungfernbau wurde als Scheibenhonig verkauft, die anderen Waben zerdrückt, erwärmt und geklärt. Heute werden nur noch wenige Waben als Erinnerung an frühere Imkerpoesie besetzt. G. Droege. 5520.

3-64/09-0418 Perkiewicz, Ernst. **Beuten und Betriebsweisen. 13. Folge. Der Kanitzkorb und seine Betriebsweise.** Dtsch. Bienenwirtsch. **14** (1963) Nr. 10. S. 266-270. — 12. Folge vgl. vorst. Ref.

Vf. beschreibt die weltberühmte Schwarmbetriebsweise im Kanitzkorb, der in Ostpreußen, einem Honigparadies, weite Verbreitung fand. Er besteht

aus 2 Strohkränzen von 32 cm Dmr., 21 cm Höhe und 6 cm Wandstärke und 2 Aufsatzkästen mit 9 Halbrahmen im Kanitzmaß (23,8 × 19,2 cm) als Honigraum. Das Bodenbrett wurde mit einer Strohschicht isoliert. Im Winter wurde der Korb auf einen mit Spreu oder Häcksel ausgefüllten Viertelkranz gestellt. Eine Strohhaube reichte bis unters Bodenbrett. Die Honigräume waren doppelwandig, die Ränder wurden gut mit Lehm verschmiert. Starke Schwärme mußten die Haupthonigernte bringen. Größere Stände imkerten nur mit Vorschwärmen, die sie an die Stelle des abgeschwärmten Muttervolkes stellten, damit sie durch deren Flugbienen verstärkt wurden. Sie konnten nach wenigen Tagen den Honigraum bekommen. Nach der Tracht wurden alte Völker abgestoßen, weisellose vereinigt etc. Es wurde auf 11 kg im Verhältnis 1:1 aufgefüttert. Schüsseln mit ca. 3 l Inhalt wurden in einen Viertelkranz gestellt und unter die Beute geschoben. Kleingeschnittenes Stroh in der Zuckerlösung verhinderte das Ertrinken der Bienen. Um auch im Korb mit beweglichen Waben arbeiten zu können, schuf Kanitz später das viereckige Strohmagazin, das in Ost- und Westpreußen große Verbreitung fand.
G. Droege. 5520.

3-64/09-0419 Perkiewicz, Ernst. **Beuten und Betriebsweisen. 14. Folge. Der Gravenhorster Bogenstülper.** Dtsch. Bienenwirtsch. **14** (1963) Nr. 12. S. 300-303. — 1 Abb. 13. Folge vgl. vorst. Ref.
Gravenhorst vereinigte in seinem Mobilkorb die Beweglichkeit der Rähmchen mit der Warmhaltigkeit der Strohbeute. Diese Beute war in Berufsimkereien der Lüneburger Heide sehr beliebt. Die Beutenwände waren aus 6 cm dicken, glatten Strohwülsten gefertigt, die mit spanischem Rohrband verbunden und mit Lehm verschmiert wurden. 10 Rippen standen senkrecht über einer rechteckigen Grundform, 5 bildeten die Bogenform. Außen- und Innenmaße des 16 Rahmen fassenden Stülpers: Länge 70/64 cm, Tiefe 32/24 cm, Höhe 50/43 cm. Die Hufeisenform des Rähmchens wurde durch Sägeeinschnitte an der Innenseite des Rähmchenholzes erreicht. Es war 22 cm breit, seine Höhe bis zum Bogenansatz betrug 30 cm, bis zum Scheitelpunkt 40 cm. Die Rähmchen wurden durch eine Zahnleiste im Bogenscheitel und durch je einen Ringstecker im Rähmchenschenkel im ersten Wulst gehalten. Der Gravenhorster Bogenstülper war stabil und leicht und eignete sich gut zum Wandern, wobei das Flugloch verstopft und über den umgekehrten Korb ein Wandertuch gespannt wurde. Er eignete sich mit 12 Rähmchen gut zur Schwarmbetriebsweise, mit 16 Rähmchen zur schwarmlosen Imkerei.
G. Droege. 5520.

3-64/09-0420 Hoffmann, Günther; Mayen/Rhld., Landes-Lehr- und Versuchsanst. für Imkerei. **Bienengetränke und Höselkasten.** Rhein. Bienenztg. **114** (1963) Nr. 12. S. 358-361. — 1 Abb.
Vf. bespricht verschiedene Tränkeeinrichtungen. Fließendes Wasser ist aus hygienischen Gründen zu bevorzugen, die Bienen ziehen aber abgestandenes vor. Man kennt die Tropftränke, die an eine Wasserleitung oder an ein großes Gefäß angeschlossen ist. Das schräg stehende Rillenbrett muß regelmäßig gereinigt werden, um Nosemaverbreitung zu verhüten. Bei Außenständen können meist nur Tränken mit stehendem Wasser verwendet werden. Entweder werden große Ballons oder Kanister umgestülpt auf gerillte Holz- oder Betonplatten, in der Art der Futterflaschen gestellt, oder man verwendet offene Tränken mit Schwimmrosten, die nicht untersinken können (Korkunterlage). Günstig sind aufgeschnittene Autoreifen, die mit Moos oder Holzwolle ausgefüllt werden, worauf die Bienen sitzen können. Durch Gittergewebe muß verhütet werden, daß Bienen ins Wasser fallen. Vf. hält Plastikfuttereimer mit Absaugdeckel für die ideale Tränke. Die Tränke soll 50-100 m vom Stock entfernt stehen. Kürzere Entfernungen sind möglich. Das Wasser kann bis zum ersten Nektarstrom leicht gesüßt sein, bei Nosema-

gefahr kann eine Heilfuttergabe über die Tränke gegeben werden. – Der Höselkasten enthält Pollenersatz in Pulverform. Außenfütterung hat die beste Reizwirkung. Bei schlechtem Wetter muß der Pollenersatz aber im Stock weitergereicht werden. Der Sonnenwachsschmelzer, waagerecht gestellt und mit einem Rost versehen, auf dessen schmalen, hohen Leisten die Bienen sitzen können, ist gut als Höselkasten zu verwerten. Das Fenster wird ca. 15 cm geöffnet. Der Pollenersatz soll in kleinen Mengen gereicht werden, damit der Kasten regelmäßig gereinigt werden kann.
G. Droege. 5520.

3-64/09-0421 Percival, M. S. Types of nectar. **(Nektartypen.)** Proc. 1. int. Symposium Pollinat., Copenhagen **1960** (hrsg. 1962) Nr. 7. S. 198-203. – 1 Abb. 5530.

3-64/09-0422 Demianowicz, Zofia; Skierniewice, Polen, Inst. Sadownictwa. **Der Bienenbeflug zweier Rotkleesorten.** Proc. 1. int. Symposium Pollinat., Copenhagen **1960** (hrsg. 1962) Nr. 7. S. 15-16.
Die Rotkleesorte „Pulawy", die in einer Entfernung von 500 m vom Bienenstand angebaut wurde, zeigte 3- und 5,5mal stärkeren Bienenbeflug als eine in 60 m Entfernung stehende Rotkleesorte unbekannter Herkunft. Nektaruntersuchungen ergaben, daß der Nektar der Sorte „Pulawy" eine höhere Zuckerkonzentration aufwies. Die Unterschiede in der Zuckerkonzentration schwankten zwischen 0,3 und 19,5% und betrugen ∅ 8,15%. – Der Samenertrag der Sorte „Pulawy" betrug 1953 100 kg/ha, der der unbekannten Sorte 29,03 kg/ha. G. Pritsch. 5530.

3-64/09-0423 Bailey, L. The „Isle of Wight disease": The origin and significance of the myth. **(Die „Insel-Wight-Krankheit": Der Ursprung und die Bedeutung des Mythos.)** Bee Wld. **45** (1964) Nr. 1. S. 32-37. – 15 Lit.
Eingangs schildert Vf. die Geschichte der Krankheit. Als Ursache für große Bienenverluste wird in vielen Ländern immer wieder die Insel-Wight-Krankheit oder Milbenseuche verantwortlich gemacht. Für die Richtigkeit dieser Angaben sind jedoch meist nicht genug Beweise vorhanden. Oft wird nicht bedacht, daß ein und dasselbe Krankheitsbild sowohl durch infektiöse als auch durch nicht infektiöse Erkrankungen oder durch verschiedene Parasiten hervorgerufen werden kann. R. Bährmann/Tälermühle. 5555.

3-64/09-0424 Kresák, M. Májovka včiel. **(Die Maikrankheit der Bienen.)** Vědecké Práce výzkumného Ústavu včelařského v Dole **1963** Nr. 3. S. 53-63. – 1 Tab., 36 Lit. Zus. in Russ., Engl., Franz., Dtsch.
Die nichtansteckende sog. Maikrankheit der Bienen (Morbus maialis oder Pollentoxicosis apis) tritt einerseits als Folge einer Nahrungsvergiftung, andererseits als physiol. Erkrankung mit dem Hauptsymptom einer Verstopfung der Kotblase durch unverdaute Nahrungsreste auf. Als primäre Ursache der Krankheit wurde das Mißverhältnis zwischen der Anzahl der gefütterten Maden und den Ammenbienen festgestellt. Mit Bezug auf die Brutmenge wiesen die gesunden Kontrollvölker um 37-96% mehr Bienen auf als die erkrankten Völker. Dieses Mißverhältnis verursacht einen übermäßigen Pollenkonsum und Überfüllung der Kotblase mit unverdauten Nahrungsresten. Dies wiederum schwächt die Peristaltik, und es zeigen sich in vollem Ausmaß die Krankheitssymptome. Teilweise bewährt sich als präventive Maßnahme die Beifütterung der Bienen mit einer verdünnten Zucker- oder Honiglösung. Es wird vorgeschlagen, die Maikrankheit besser als Verstopfung bzw. als alimentäre Intoxikation der Bienen zu bezeichnen.
ČSSR/ÚVTI. 5565.

3-64/09-0425 Oschmann, H. **Fumagillin gegen Nosema.** Garten u. Kleintierzucht, Ausg. C **3** (1964) Nr. 7. S. 10. – 1 Abb. 5565.

3-64/09-0426 Janči, J. Nová právna ochrana včiel pri poprašování. **(Neue rechtliche Bestimmungen der ČSSR zum Schutz der Bienen bei der Bestäubung von Feldkulturen. u. ä.)** Včelár **37** (1963) Nr. 10. S. 236-237. — 1 Abb. ČSSR/ÚVTI. 5570.

3-64/09-0427 Dallmann, H. **Aus der Arbeit der Bienenschutzstelle der DDR im Jahre 1963.** Garten u. Kleintierzucht, Ausg. C **3** (1964) Nr. 3. S. 3-4. — 5 Abb.

Große Bienenschäden entstanden im vergangenen Jahr durch unsachgemäße Schädlingsbekämpfung vom Flugzeug aus. Insgesamt übersteigen die Bienenvergiftungen noch immer das erträgliche Maß, wenn auch in einigen Bezirken durch gute Zusammenarbeit von Pflanzenschutzamt, Bestäubungskommission und Bezirksfachkommission Imker eine Verringerung der Schäden zu verzeichnen ist. Bei geschädigten Völkern ist der Imker verpflichtet, nach Kräften dafür zu sorgen, daß sich die Völker schnell wieder erholen. Die Bienenschutzstelle hat in Labor-, Käfig- und Großversuchen 10 neue Pflanzenschutzmittel auf ihre Bienengefährlichkeit untersucht. 8 davon waren unschädlich. Versuche mit Bienenrepellents brachten noch kein befriedigendes Ergebnis. Es wurden weiter 7150 Völker auf ihren Gesundheitszustand untersucht. Die Bienenschutzstelle befaßte sich außerdem mit einigen bes. Schadensfällen. Es entstanden erhebliche Schäden durch vergiftete Mittelwände (die Ursache ist z. Z. noch nicht geklärt), bei der Wintereinfütterung von überlagertem, von Mikroorganismen durchsetzten Importzucker und bei der Wachsmottenbekämpfung mit ungeeigneten Mitteln. (Fast alle Kleidermottenbekämpfungsmittel sind bienengiftig.) G. Droege. 5590.

3-64/09-0428 Kettner, H.; Leipzig, Karl-Marx-Univ., Inst. für Kleintierzucht. **Jahresendbericht zum Beobachtungsjahr 1962/63.** Garten u. Kleintierzucht, Ausg. C **3** (1964) Nr. 2. S. 11. 13. — 2 Abb.

Das Beobachtungswesen der DDR kann auf eine 5jährige Tätigkeit zurückblicken. Die Ergebnisse geben den Imkern wichtige Hinweise für ihre Betriebsweise, dienen als Grundlage für die Beurteilung der Schadenshöhe bei Bienenvergiftungen und können den verantwortlichen Stellen einen schnellen Überblick über die Situation der Imkerei vermitteln. Vf. gibt eine Übersicht über das Beobachtungsjahr 1962/63 und stellt einen Vergleich zum Vorjahr an. Aus den Ergebnissen lassen sich folgende Hinweise für die imkerliche Praxis geben: Bei kühlem, regnerischen Wetter im Aug./Sept. muß unbedingt eine Reizfütterung erfolgen, damit die Bruttätigkeit nicht eingestellt wird und die Völker sich noch verjüngen. Kalte Winter werden ohne erhöhte Zehrung gut überstanden. In phänologisch späten Jahren sind meist keine überdurchschnittlichen Erträge zu erzielen. Ausgiebige Regenfälle ab Mitte Juni machen die Waldtracht zunichte. Senf und Futterleguminosen brauchen zum Honigen viel Wärme, ebenfalls Heide, die aber kurz vor Blühbeginn Feuchtigkeit benötigt. Warmes Septemberwetter garantiert eine gute Einwinterung. G. Droege. 5590.

3-64/09-0429 Stute, Karl. **Untersuchungsbericht über die Bienenschäden des Jahres 1963.** Dtsch. Bienenwirtsch. **15** (1964) Nr. 4. S. 69-74. — 2 Tab. 5590.

3-64/09-0430 Dreher, K. **Bericht über die Tätigkeit der Landes-Lehr- und Versuchsanstalt für Imkerei in Mayen vom 1. 1. bis 31. 12. 1963.** Rhein. Bienenztg. **115** (1964) Nr. 4. S. 101-106. 5590.

3-64/09-0431 *Bloedorn, Waldemar.* **Planmäßige Weiselerneuerung.** 3., erg. Aufl. Berlin: Dt. Landwirtschaftsverl. 1964. (118 S. m. 44 Abb.) 8°. (1964 A 434)

3-64/09-0432 *Bornus, L., Curylo, J.* und *Demianowicz, A.* **Hodowla pszcół.** (Die Bienenzucht.) Warszawa: PWRiL. 1963. (907 S. m. 358 Abb. u. 50 Tab.) 8°. (PRL/CBR)

H. SEIDENRAUPEN

3-64/09-0433 Steinbrecht, Rudolph Alexander. **Die Abhängigkeit der Lockwirkung des Sexualduftorgans weiblicher Seidenspinner (Bombyx mori) von Alter und Kopulation.** Z. vergleich. Physiol. **48** (1964) Nr. 3. S. 341-356. – 5 Abb., 3 Tab., 33 Lit. Zus. in Engl. 5656.

3-64/09-0434 Pravdina, N. F.; Moskau, Staatl. Pädagog. Lenin-Inst. Sintez i raspad aminokislot v organizme dubovogo šelkoprjada v period zavivki kokona i rannej kukolki. **(Synthese und Abbau der Aminosäuren in der Raupe des Eichenseidenspinners in der Periode des Einspinnens und des frühen Puppenstadiums.)** Biochimija, Moskva **28** (1963) Nr. 3. S. 395-401. – 1 Abb., 4 Tab., 28 Lit. Zus. in Engl.
In den ersten 3 Tagen vom Beginn des Einspinnens nimmt der Gehalt an den Aminosäuren, die vor allem im Fibroin der Seide enthalten sind, in den Raupen stark ab und in den Kokons zu. Dies gilt vor allem für die Aminosäuren Alanin, Glycin, Serin, Tyrosin und Asparaginsäure. Bei der Untersuchung des Aminosäurengehaltes in Kokon und Raupe zusammen wird während des Einspinnens in den Raupen des Eichenseidenspinners eine Synthese von Alanin (die Zunahme betrug 3,22 g pro 100 Raupen) und eine Tendenz zur Vergrößerung der Menge an Glycin und Serin beobachtet. Der Gehalt an Asparaginsäure, Tyrosin und Cystin bleibt fast unverändert. Gleichzeitig wird ein Abbau der übrigen Aminosäuren (Leucin, Lysin, Valin, Glutaminsäure, Threonin, Cystin, Phenylalanin, Histidin und Arginin) bemerkt. In der Zeit des Einspinnens verringert sich die Glykogenmenge in den Raupen von 7,86 auf 5,87 g pro 100 Raupen. Es wird angenommen, daß das abgebaute Glykogen die Quelle des Kohlenstoffs für die Synthese der genannten Aminosäuren ist, und daß die Eiweiße und Peptide der Raupen die Quelle für den N sind, der für die Synthese der Aminosäuren benötigt wird. Die Aminosäurenzusammensetzung der Eiweiße bleibt in der Periode des frühen Puppenstadiums unverändert. K. Witt. 5656.

3-64/09-0435 Jankov, A. Rezultati ot proučvaneto na promišlenite krŭstoski na podobrenite paškulni tipove Nr. 371 i Nr. 373 ot žŭlta poroda sŭs zlatna kitajska poroda Nr. 31. **(Ergebnisse der Untersuchung der Gebrauchskreuzungen der verbesserten Kokontypen Nr. 371 und Nr. 373 des Gelbspinners mit dem chinesischen Goldspinner Nr. 31.)** Izvestija na Instituta po životnovŭdstvo „Georgi Dimitrov“ – Kostinbrod, Sofija **19** (1963) S. 185-194. – 7 Tab., 6 Lit. Zus. in Russ., Dtsch. NRB/ZSNTI. 5660.

3-64/09-0436 Sotirov, A. und Penkov, I. Sravnitelno izpitvane na njakoi mestni i čuždi černičevi sortove. **(Vergleichsuntersuchung einiger einheimischer und ausländischer Maulbeersorten.)** Selskostopanska nauka, Sofija **2**(8) (1963) Nr. 10. S. 1258-1264. – 4 Tab., 5 Lit. Zus. in Russ., Engl. NRB/ZSNTI. 5685.

TIERERNÄHRUNG

ALLGEMEINES

3-64/09-0437 Lewis, H. E. Nutritional research in the polar regions. **(Ernährungsforschung in den Polarregionen.)** Nutrit. Rev. **21** (1963) Nr. 12. S. 353-356. 7010.

B. CHEMISCHE BESTANDTEILE DES TIERKÖRPERS UND FUTTERMITTEL

3-64/09-0438 Shorland, F. B.; Wellington, New Zealand Fats Res. Lab. The fatty acids of the depot and milk fats of ruminants. **(Die Fettsäuren im Depot- und Milchfett der Wiederkäuer.)** Fette, Seifen, Anstrichmittel **65** (1963) Nr. 4. S. 302-306. – 1 Abb., 43 Lit. Zus. in Dtsch.

Bisher wurde angenommen, daß die Depotfette der Wiederkäuer etwa 25-29% Palmitinsäure, 14-31% Stearinsäure, 40-61% in der Hauptsache Ölsäure und 1-3% Linolen-, Myristin- und hochungesättigte C_{20}-Säuren enthalten. Die Zusammensetzung des Milchfettes weicht davon durch einen geringeren Gehalt Stearinsäure (ca. 12%), eine beachtliche Menge (bis 10%) niederer, geradzahliger, gesättigter Säuren (C_4-C_{12}) und geringer Mengen geradzahlig ungesättigter Säuren (C_{10}-C_{14}) ab. Neue Untersuchungen zeigen jedoch eine Vielfalt der verschiedensten Säuren im Depot- und Milchfett der Wiederkäuer. So treten ungeradzahlige n-Säuren von C_3-C_{25}, ungeradzahlige und geradzahlige Isosäuren von C_{13}-C_{18}; ungeradzahlige Anteisosäuren von C_{13}-C_{17} und eine verzweigte Polymethylfettsäure, die 3,7,11,15-Tetramethylhexadecansäure auf. Am Beispiel des Butterfettes gibt Vf. eine Übersicht über das Vorkommen und die prozentuale Verteilung aller bisher bekannten Säuren. Danach machen die geradzahlig gesättigten Säuren (C_2-C_{26}) etwa 60% und die geradzahlig einfachungesättigten Säuren (C_{10}-C_{24}) etwa 33% der Gesamtsäuren aus. Der Rest verteilt sich auf die für Wiederkäuer-Fette charakteristischen ungesättigten Trans-Säuren, Iso- und Anteisosäuren. Im Depotfett sind die Verhältnisse ähnlich, die niederen Glieder bis C_{13} treten hier jedoch nur in Spuren auf. Das Vorkommen der Trans-Säuren, Iso- und Anteisosäuren wird auf die Tätigkeit und hydrierende Fähigkeit der Pansenmikroorganismen zurückgeführt. Das Auftreten von verzweigtkettigen Fettsäuren ist für den Wiederkäuer als nicht charakteristisch anzusehen.

G. Sternkopf. 7170.

3-64/09-0439 Man, J. M. de und Bowland, J. P.; Edmonton, Univ. of Alberta. Fatty acid composition of sow's colostrum, milk and body fat as determined by gas-liquid chromatography. **(Fettsäurezusammensetzung von Colostrum, Milch und Körperfett der Sau nach Bestimmung mittels Gas-Flüssig-Chromatographie.)** J. Dairy Res. **30** (1963) Nr. 3. S. 339-343. – 2 Tab., 16 Lit.

Die Milchproben wurden zwischen der 4. und 5. Laktationswoche, das Colostrum 5-12 Std. nach dem Abferkeln und das Körperfett durch Biopsie vom Mittelrücken entnommen. Die Technik der Chromatographie wird beschrieben. Das Milchfett enthielt auf Gesamtfettsäuren bezogen: 35,5% Ölsäure, 30,3% Palmitinsäure, 13,0% Linolsäure, 9,9% Palmitoleinsäure, 4,0% Stearinsäure, 3,3% Myristinsäure, 2,5% Linolensäure, 0,7 bzw. 0,5% unbekannte ungeradzahlige, geradkettige und verzweigtkettige Fettsäuren, 0,3% Laurinsäure und 0,2% Capronsäure. Die entsprechende Zusammensetzung des Colestralfettes ist: 41,7% Ölsäure, 22,5% Palmitinsäure, 20,9% Linolsäure, 5,0% Palmitoleinsäure, 5,7% Stearinsäure, 1,4% Myristinsäure, 2,4% Linolensäure, 0,3 bzw. 0,1% unbekannte Fettsäuren. Das Nahrungsfett erhöht den Milchfettgehalt und beeinflußt die Zusammensetzung des Milchfettes. Das Rückenfett ähnelt mehr dem Colestral- als dem Milchfett.

G. Sternkopf. 7180.

3-64/09-0440 Newell, B. und Pont, G. Dal. Ammonia in sea water. **(Ammoniak in Seewasser.)** Nature [London] **201** (1964) Nr. 4914. S. 36-37. – 2 Tab., 3 Lit. 7220.

3-64/09-0441 Booth, V. H. und Bradford, M. P. Tocopherol contents of vegetables and fruits. **(Tocopherolgehalte von Vegetabilien und Früchten.)** Brit. J. Nutrit. **17** (1963) Nr. 4. S. 575-581. – 1 Tab., 14 Lit. 7276.

3-64/09-0442 Creger, C. R., Davies, R. E. und Couch, J. R.; College Station, Texas A & M Coll. Oxidative enzymes in embryos from dams fed synthetic and practical type laying diets. **(Oxydative Enzyme in Embryos von Hühnern, die mit synthetischem und praxisüblichem Legehennenfutter gefüttert werden.)** Proc. Soc. exp. Biol. Med. **113** (1963) Nr. 3. S. 506-508. – 1 Tab., 6 Lit.

Küken wurden vom 1. Lebenstag bis zum Legebeginn mit einem Futter aus Glucose und isoliertem Sojaprotein aufgezogen, das 26% Protein, 1,29% Ca und 0,70% P enthielt. In dem Legehennenfutter wurden in 3 Gruppen von 4 auf Kosten des Grundfutters 64% Mais (I), 20% „Corn steep water" (II) und 46% Mais + 32% Sojaextraktionsschrot (III) verabreicht, dabei wurde auf gleichen Energie- und N-Gehalt der Ration geachtet. Im Prozentsatz der erfolgreich bebrüteten Eier traten zwischen den Versuchsgruppen deutliche Unterschiede auf. 4 Tage alte Embryos der Eier der einzelnen Gruppen wurden homogenisiert in 1,5 m Phosphatpuffer pH 7,4 bei 0° und in diesen Proben die Aktivitäten von 4 Enzymen bestimmt. Ein niedriges Bebrütungsergebnis von 60,3% (Grundfuttergruppe) war in Eiern von Hennen vorhanden, deren Embryos hohe Aktivitäten an Cytochrom c-Reduktase, Bernsteinsäuredehydrogenase und Cytochromoxydase aufwiesen. Die 3 verschiedenen Zulagen verbesserten in allen Fällen das Bebrütungsergebnis (I 83,5%; II 80,0%; III 90,9%) und die dabei erhaltenen Embryos besaßen niedrigere Enzymaktivitäten. Die Brenztraubensäurereduktase-Aktivität der Embryos dagegen wuchs an, wenn das Grundfutter der Hennen durch die Zulagen, die als Quellen unidentifizierter essentieller Nahrungsfaktoren angesprochen werden, ergänzt wurden. Die Embryos von den niedrigen Bebrütungsergebnissen schienen eher an genereller Schwäche zu leiden als an irgendeinem spez. Mangelsymptom. F. Kreienbring. 7300.

C. UNTERSUCHUNGS- UND VERSUCHSMETHODIK

3-64/09-0443 Radhakrishnamurthy, Bhandaru, Chapman, Kenneth und Berenson, Gerald S. A simplified apparatus for vertical gel electrophoresis. **(Eine vereinfachte Apparatur für die Vertikal-Gelelektrophorese.)** Biochim. biophysica Acta [Amsterdam] **75** (1963) Nr. 2. S. 276-279. 7450.

3-64/09-0444 Weisz, Herbert; Freiburg/Br., Univ. **Halbquantitative Analyse durch Messung der Entfärbungszeit von Tüpfelflecken.** Analyt. chim. Acta [Amsterdam] **30** (1964) Nr. 2. S. 163-166. — 1 Abb., 4 Lit. Zus. in Engl., Franz.

Zur halbquantitativen Schnellanalyse mit einer Genauigkeit von ±10% wird eine Methode beschrieben. Prinzip: Ein Tropfen der zu bestimmenden Lösung wird auf einen Papierstreifen aufgetragen, eine geeignete Tüpfelreaktion ausgeführt, die ein gefärbtes, ausreichend stabiles Reaktionsprodukt liefert. Abschließend wird der Streifen in der Lösung eines Reagenzes gebadet, welches mit dem Reaktionsprodukt im Tüpfelfleck in der Weise reagiert, daß der Fleck in eine farblose Verbindung übergeführt wird. Die zur Entfärbung des Fleckes benötigte Zeit wird gemessen. Das sehr einfache Verfahren wird an verschiedenen Beispielen (Ag^+, Pb^{2+}, JO_3^-, Cu^{2+}, CrO_4^{2-}) erläutert. I. Schröder. 7450.

3-64/09-0445 Despaul, John E. und Ezerski, Donald W.; Chicago, Ill. Defense Subsistence Supply Center. Rapid method for determination of moisture in freeze-dehydrated shrimp. **(Eine Schnellmethode zur Bestimmung des Wassergehalts in gefriergetrockneten Garnelen.)** J. Assoc. off. agric. Chemists **46** (1963) Nr. 6. S. 1001-1003. — 2 Tab., 3 Lit.

Die Kontrolle des Wassergehalts (nicht mehr als 2%) in gefriergetrockneten Garnelen bereitet insofern Schwierigkeiten, als das gemahlene Produkt sehr hygroskopisch ist und die Wassergehaltsbestimmung mittels Toluoldestillation infolge des geringen Feuchtigkeitsgehalts ungenau ist. Außerdem macht das flaumig-voluminöse Material eine Modifikation der Toluoldestillationsmethode erforderlich. Die Schwierigkeiten wurden überwunden durch direktes Trocknen ganzer Garnelen in einem Vakuum-Trockenofen. Diese Methode ist schneller und zuverlässiger als verschiedene andere geprüfte Verfahren. Die

vorgeschlagene Methode liefert mit der Toluoldestillation gut übereinstimmende Ergebnisse und ist auch bei anderen Proben (gefriergetrocknetem Fleisch und Fisch) und bei Material nichttierischen Ursprungs anwendbar.
J. Wünsche. 7462.

3-64/09-0446 Dahlberg, Jan und Samuelson, Olof; Göteborg, Sweden, Chalmers Tekn. Högskola. Partition chromatography of sugars on ion exchange resins. **(Verteilungschromatographie von Zuckern an Ionenaustauscher-Harzen.)** Acta chem. scand. **17** (1963) Nr. 7. S. 2136-2138. — 4 Abb., 5 Lit.
Bei der säulenchromatographischen Differenzierung von Sacchariden an Ionenaustauscher-Harzen ist die Korngröße des Füllmaterials von großem Einfluß auf den Trenneffekt. Es wird ein Verfahren angegeben, das mit feinkörnigem Austauscher unter Anwendung hohen Druckes arbeitet. Chromatographierohr: Nylon, Innendurchmesser = 8 mm; Füllung: Dowex 21 K (Sulfatform), 8 × 750 mm; Druck: 15 atü; Durchflußrate: 0,8 ml je cm^2 je Min.; Elutionsmittel: Wäßriger Alkohol unterschiedlicher Konzentration. Mehrere Modellgemische (verschiedene Mono- und Oligosaccharide) werden in die Einzelkomponenten zerlegt. H. Ruttloff. 7485.

3-64/09-0447 Thoma, John A.; Bloomington, Indiana Univ.; Indianapolis, Indiana Univ., School of Med. A quantitative approach to unidimensional multiple chromatography. **(Eine quantitative Betrachtung zur 1dimensionalen Mehrfach-Chromatographie.)** J. Chromatogr. [Amsterdam] **12** (1963) Nr. 4. S. 441-452. — 4 Abb., 4 Tab., 21 Lit.
Es werden Untersuchungen zur Differenzierung von papierchromatographisch schwer voneinander trennbaren Verbindungen mittels der „Mehrfach-Entwicklungs-Technik" (UMC = unidimensional multiple chromatography) angestellt. Die Gleichung $\Delta p = (1 - R_{Fa})^P - (1 - R_{Fb})^P$ gibt die Beziehung zwischen dem R_f-Wert zweier Substanzen und ihrer Trennbarkeit bei mehrfachem Durchlauf des Entwicklers an. (Δp = relative Trennung nach p Durchläufen; p = Anzahl der Durchläufe; R_{Fa} und R_{Fb} = R_f-Werte beider Substanzen nach 1 Durchlauf). Auf dieser Grundlage werden mehrere Tabellen aufgeführt, aus denen sich die minimale Anzahl an Durchläufen ablesen läßt, die für eine vorgegebene bzw. erwünschte Trennung beider Komponenten notwendig ist. Die Vorteile der „UMC-Methode" gegenüber anderen Verfahren (z. B. kontinuierliche Technik bei austropfendem Entwickler) werden herausgestellt. H. Ruttloff. 7485.

3-64/09-0448 Driedger, A., Johnson, L. D. und Márko, A. M.; Saskatoon, Univ. of Saskatchewan; Chalk River, Ontario, Atomic Energy of Canada Limited. Electrophoresis of histones on polyacrylamide gels. **(Elektrophorese von Histonen an Polyacrylamidgelen.)** Canad. J. Biochem. Physiol. **41** (1963) Nr. 12. S. 2507-2516. — 2 Abb., 15 Lit.
Vff. untersuchen die elektrophoretische Auftrennung der aus verschiedenen Rattenorganen (Leber, Niere, Thymus, Milz und Hoden) extrahierten Histone. Die optimalen Trennungsbedingungen liegen wie bei der Stärkegelelektrophorese (I) (vgl. Canad. J. Biochem. Physiol. **38** [1960] S. 355.). Bei Verwendung von Polyacrylamidgelen (II) werden jedoch gegenüber (I) reproduzierbarere Ergebnisse erhalten, da die Gele vor der Elektrophorese auf konstante pH-Werte und Ionenstärken eingestellt werden. Beschrieben werden die Herstellung der (II), die Äquilibrierung der Gele, die Einführung der Probe und die elektrophoretischen Bedingungen. Gefunden wurden bei Leber 2-4 Banden, Niere 4-6, Thymus 12-15, Milz 12-14 und Hoden 2-4.
I. Schröder. 7500.

3-64/09-0449 Horisaka, Kazuyoshi. **Über das aus Hühnerharn isolierte Methylhistidin.** J. Biochemistry [Tokyo] **54** (1963) Nr. 3. S. 253-258. — 1 Tab., 5 Tab., 17 Lit. Orig.: dtsch. 7505.

3-64/09-0450 Coleman, Charles H. Automatic pipet for paper chromatography. **(Automatische Pipette für Papierchromatographie.)** J. Assoc. off. agric. Chemists **46** (1963) Nr. 4. S. 770-771. — 1 Abb. 7505.

3-64/09-0451 Hamilton, Paul B.; Wilmington, Del., Nemours Foundation, Alfred I. du Pont Inst. Ion exchange chromatography of amino acids. A single column, high resolving, fully automatic procedure. **(Ionenaustauschchromatographie von Aminosäuren. Eine einfache Säule, hohes Auflösungsvermögen und vollautomatisches Verfahren.)** Analyt. Chem. **35** (1963) Nr. 13. S. 2055 bis 2064. — 7 Abb., 4 Tab., 24 Lit.
Vf. beschreibt eine quantitative Methode zur Bestimmung von Aminosäuren im Größenbereich von 10^{-8} Mol mit Hilfe der Ionenaustauschchromatographie. Es wird eine Säule (0,636 × 125 cm)) mit Dowex 50 × 8 (Teilchendurchmesser 17,5 $\mu \pm 2 \mu$) benutzt. Die Elution erfolgt mit Puffern folgender pH-Werte: 2,875; 3,80 und 4,30. Die Auftrennung von 186 ninhydrinpositiven Substanzen wird an einem Chromatogramm gezeigt. Die Genauigkeit der Methode beträgt $\pm 5\%$. Die Grenze der Bestimmung liegt bei 10^{-10} Mol. Der Aufbau der vollautomatischen Apparatur wird beschrieben.
H. Kreienbring. 7505.

3-64/09-0452 Hackbarth, H.-J. und Alt, D. **Modifizierte Nitratbestimmung in Pflanzen nach der Methode Varner et al.** Landwirtsch. Forsch. **16** (1963) Nr. 3. S. 237-241.
Es wird vorgeschlagen, beim analytischen Trennungsgang nach Varner neben der Bestimmung von NH_4-N und Amid-N in der gleichen Probe das NO_3-N durch Reduktion mit Devarda-Legierung vorzunehmen. Bei Werten über 1% NO_3 in der Analysensubstanz beträgt die Fehlergrenze gegenüber der Xylenol-Methode 1-2%. 250 g Pflanzensubstanz wird mit 5 ml Boratpuffer (pH 10) versetzt und der NH_4-N bei 50-55° im Vakuum abdestilliert. Nach Zufügen von 15 ml 40%iger NaOH wird der Amid-N überdestilliert. Den Destillationsrückstand überführt man in einen 250 ml Meßkolben, fügt 6 g Aktivkohle zu und füllt nach kräftigem Schütteln zur Marke auf. Ein aliquoter Teil (100 ml) wird mit 50 ml gesättigter Borsäure und 0,5 g Devarda-Legierung versetzt und das zu NH_3 reduzierte Nitrat in eine 1%ige Borsäurelösung überdestilliert. (Titration mit n/50 HCl, Mischindikator 5 „Merck“).
H. Steger/Dummsdorf. 7510.

3-64/09-0453 Dales, R. Phillips; London, Bedford Coll. A colorimetric method for the quantitative measurement of total lipids in tissues. **(Eine colorimetrische Methode zur quantitativen Messung der Gesamtlipoide in Geweben.)** Nature [London] **197** (1963) Nr. 4872. S. 1120-1121. — 1 Lit.
In der Histochemie werden Sudanblau und ähnliche Farbstoffe zum Anfärben von Lipoiden verwendet, mit Fettlösungsmitteln kann dieser Vorgang rückgängig gemacht werden. Vf. entwickelt daraus ein quantitatives Meßverfahren. Als Lösungsmittel für die Farbstoffe wird Triäthylphosphat verwendet. Es bietet den Vorteil, überschüssige Farbstofflösung mit Wasser entfernen zu können ohne die Färbung zu beeinträchtigen. Der ätherische Lipoidextrakt wird in einem kugelförmigen Scheidetrichter vom Äther befreit und mit einer konzentrierten Farbstofflösung in 60%igem Triäthylphosphat geschüttelt. Die entstehende Unterphase wird verworfen. Dieser Vorgang wird so oft wiederholt, bis die Triäthylphosphatlösung keine sichtbare Farbschwächung mehr aufweist, die Lipoide sind dann mit Farbstoff gesättigt. Durch Zugabe von Wasser wird der Farbstoffüberschuß mit der entstandenen Unterphase entfernt. Da sich dabei geringe Mengen eines störenden Niederschlages bilden können, werden der Triäthylphosphat-Farbstofflösung geringe Mengen eines Netzmittels zugegeben. Die abgetrennten, angefärbten Lipoide werden in Aceton gelöst, aufgefüllt und beim Absorptionsmax. des Farbstoffes photometrisch oder spektrophotometrisch ge-

messen. Als besonders geeigneter Farbstoff wird Ölrot O mit einem Absorptionsmax. von 512 mμ angegeben. Die Ergebnisse sind für ein gegebenes Gewebe und bei Einhaltung eines engen Temperaturbereiches mit einem Fehler von 2% bis zu 2 mg Lipoid reproduzierbar. G. Sternkopf. 7515.

3-64/09-0454 Horning, E. C., Ahrens, E. H., Lipsky, S. R., Mattson, F. H., Mead, J. F., Turner, D. A. und Goldwater, W. H. Quantitative analysis of fatty acids by gas-liquid chromatography. **(Quantitative Analyse von Fettsäuren durch Gas-Flüssig-Chromatographie.)** J. Lipid Res. **5** (1964) Nr. 1. S. 20-27.
An 13 verschiedenen Laboratorien wurden 4 verschiedene Testmischungen von Fettsäuremethylestern zur Analysierung verschickt. In der Arbeit werden die Ergebnisse und gewisse Einflüsse, die die Genauigkeit der Resultate beeinträchtigen, besprochen und Hinweise zur Vermeidung allgemein auftretender Fehler gegeben. H. Steger/Dummerstoff. 7520.

3-64/09-0455 Deijs, W. B., Immink, H. J. und Wind, J. Determination of free fatty acids and soaps in faeces from cattle. **(Bestimmung von freien Fettsäuren und Seifen im Kot von Rindern.)** Inst. biol. scheikund. Onderzoek Landbouwgewassen Wageningen, Meded. **1963** Nr. 215. S. 51-54. — 1 Abb., 1 Tab., 3 Lit.
Es werden Vorschriften für die gemeinsame und getrennte Bestimmung der freien Fettsäuren und Seifen im Kot von Kühen nach der Methode von van de Kamer et al. (vgl. Klin. Diagnostik **7** [1956] S. 743.) angegeben. Wegen der dunkel gefärbten Extrakte erfolgte dabei die Bestimmung des Äquivalenzpunktes durch potentiometrische Titration anstatt mit Tymolblau als Indikator. Eine Reihe von Gehaltswerten aus Versuchen mit 3 Kühen werden mitgeteilt. U. Zelck. 7520.

3-64/09-0456 Kuksis, A. und Vishwakarma, P.; Kingston, Ontario, Queen's Univ. Simultaneous determination of Krebs cycle acids by gas-liquid chromatography. **(Gleichzeitige Bestimmung der Säuren des Krebs-Cyclus durch Gas-Flüssig-Chromatographie.)** Canad. J. Biochem. Physiol. **41** (1963) Nr. 11. S. 2353-2362. — 5 Abb., 1 Tab., 19 Lit.
Gaschromatographie (Aerograph 600 B Hy-Fi gas chromatograph) der Methylester von Bernsteinsäure, Fumarsäure, Oxalessigsäure, Äpfelsäure, α-Ketoglutarsäure, trans- und cis-Aconitsäuren und den Citronensäuren erfolgt an einer Teflon 6-Pulversäule (90-100 mesh; 5 ft × $^1/_8$ in.) mit Carbowax 20 M (2-3% w:w) als flüssige Phase in ca. 55 Min. Bis auf das Paar Bernsteinsäure-Fumarsäure werden vollständige Trennungen und symmetrische Gipfel erhalten bei isothermaler (150°) und temperaturprogrammierter (100-160°) Analyse. Wegen der Enolisierung ergeben die α-Ketosäureester mehr als einen Gipfel, deren Größe je nach den Bedingungen verschieden ist. Die trans-Isomeren werden vor den cis-Isomeren eluiert. Zwischen den Flächen der Gipfel und der Menge der Ester besteht im Bereich von 0,01-10 γ ein lineares Verhältnis, der Flächenwert bei gleicher Methylestermenge ist jedoch abhängig vom O_2-Gehalt der Ester. Die Analyse roher Ätherextrakte natürlichen Materials (frische Orangen und Zitronen, Apfelsaft) ergibt für die wichtigsten Säuren Werte, die gut mit Werten aus der Literatur übereinstimmen. Ätherextrakte aus Harn müssen wegen der großen Menge anderen Materials vorfraktioniert werden. F. Kreienbring. 7540.

3-64/09-0457 Garneckij, V. A., Kobazev, E. I., Račinskij, V. V. und Furman, A. O. Variant avtomatičeskoj ustanovki dlja zapisi vychodnych i kolonočnych krivych raspredelenija mečenych veščestv pri chromatičeskom analize. **(Variante der automatischen Einrichtung für die Registrierung auslaufender und säulenartiger Kurven der Verteilung markierter Stoffe bei der chromatographischen Analyse.)** Izvestija Timirjazevskoj sel'skochozjajstvennoj akademii, Moskva **1963** Nr. 4. S. 224-229. — 6 Abb., 4 Lit. Zus. in Engl.

Vff. beschreiben eine Variante der radiochromatographischen Einrichtung (bestehend aus einem beweglichen Spalt-Zähler, einem Verstärker- und Formierungsblock, einem integrierenden Block zur Messung der mittleren Geschwindigkeit der Impulse und einem Schreiber [Messung der der Aktivität proportionalen auslaufenden Spannung]) zur Ermittlung der dynamischen Kurven der Verteilung markierter Stoffe beim Studium dynamischer Prozesse der Sorption. Testversuche zeigten, daß bei scharfer Trennung auslaufender und säulenförmiger Kurven die Ergebnisse mit denen des unstetigen Verfahrens übereinstimmen. A. Chudy. 7540.

3-64/09-0458 Klotz, L. und Hüttenrauch, R.; Jena, VEB Jenapharm. **Die Trennung wasserlöslicher Vitamine an Ionenaustauscherpapieren.** Arch. Pharmaz. **296(68)** (1963) Nr. 11. S. 721-725. — 3 Abb., 4 Tab., 2 Lit.

Es wird die Trennung und Bestimmung von Polyvitaminlösungen an stark und schwach sauren sowie basischen Austauscherpapieren beschrieben. Als Laufmittel verwenden Vff. Wasser. Die Laufzeit beträgt für 25 cm ca. 2 bis 3 Std., für 50 cm 6-7 Std. Nachgewiesen werden: Thiaminhydrochlorid und Riboflavin sowie ihre Cofermente, Pyridoxinhydrochlorid, Nicotinsäureamid, Ascorbinsäure, Folsäure, p-Aminobenzoesäure, Panthenol und Thioctsäure. Für die Bestimmung der dicht hintereinanderliegenden Hauptkomponenten des Vit.-B-Komplexes bevorzugen Vff. ein Durchlaufchromatogramm. H. Ackermann. 7560.

3-64/09-0459 Bieri, J. G. und Andrews, E. L.; Bethesda, Md., Nat. Inst. of Health; Nat. Inst. of Arthritis and Metabolic Diseases. The determination of α-tocopherol in animal tissues by gas-liquid chromatography. **(Gas-Flüssig-Chromatographie des α-Tocopherol in tierischen Geweben.)** Iowa State J. Sci. **38** (1963) Nr. 1. S. 3-12. — 5 Abb., 3 Tab., 9 Lit.

Vff. beschreiben die chromatographische Bestimmung kleinster Mengen (0,25 bis 6,0 μg) α-Tocopherol (**I**) aus reinen Lösungen und tierischen Geweben. Vergleiche mit der Fe-III-Chlorid-Bipyridyl-Methode (nach Emmerie-Engel) ergeben gut übereinstimmende Werte. Außer der rel. Retentionszeit für **I** zu Cholestan, wird diese für Cholesterin, d,α-**I**-Succinat, -Chinon und Acetat sowie für Cholesterylacetat angegeben. Mit Hilfe der Methode ist es möglich den **I**-Stoffwechsel zu verfolgen. H. Ackermann. 7566.

3-64/09-0460 Hüttenrauch, R. und Klotz, L. **Die Trennung neutraler und basischer Cobalamine an Ionenaustauscherpapieren.** J. Chromatogr. [Amsterdam] **12** (1963) Nr. 4. S. 464-468. — 2 Abb., 3 Tab., 9 Lit. 7568.

3-64/09-0461 Toepfer, E. M., Polansky, M. M., Richardson, L. R. und Wilkes, S.; Washington, U. S. Dep. of Agric., A. R. S.; College Station, Texas Agric. Exp. Stat. Comparison of vitamin B_6 values of selected food samples by bioassay and microbiological assay. **(Vergleich der Vitamin B_6-Werte in ausgewählten Futterproben bei biologischer und mikrobiologischer Bestimmung.)** J. agric. Food Chem. **11** (1963) Nr. 6. S. 523-525. — 2 Tab., 9 Lit.

In verschiedenen Futterproben (Rindermuskel, Magermilchpulver, Limabohnen und Weizenvollmehl) wurden der freie und Gesamt-Vit.B_6-Gehalt im Ratten- und mikrobiol. Test bestimmt. Durch chromatographieren eines Teiles der Extrakte über Dowex Ag 50 WX 8 wurden Pyridoxin, Pyridoxal und Pyridoxamin auch getrennt bestimmt. Die mikrobiol. Bestimmung erfolgte mit Saccharomyces carlsbergiensis nach der AOAC-Methode, der Rattentest nach der Vorschrift von Richardson. Bei allen Proben war die Übereinstimmung zwischen beiden Methoden gut. H. Ackermann. 7568.

3-64/09-0462 Phadke, Kalindi und Sohonie, Kamala; Bombay, Inst. of Sci. Nutritive value of field bean (Dolichos lablab). Part V. Nature of possible antigrowth factor. **(Der Nährwert der Feldbohne [Dolichos lablab]: 5. Mitt. Die Natur des möglichen Antiwachstumsfaktors.)** J. sci. ind. Res. [New Delhi], Sect. C **21C** (1962) Nr. 10. S. 272-275. — 6 Tab., 23 Lit. 4. Mitt. vgl. 3-64/04-0693.
Die wachstumshemmende Wirkung der Feldbohne (*Dolichos lablab*) wurde näher untersucht. Aus den mit 35-45 g schweren ♂ Ratten durchgeführten Versuchen wurden folgende Ergebnisse erhalten: Der Antiwachstumsfaktor besteht nicht aus Dihydroxyphenylalanin. Der in der Feldbohne vorhandene Trypsininhibitor hemmt das Wachstum der Ratten nicht. Der Antiwachstumsfaktor ist nicht durch Methanol, Äthanol (70%) und Chloroform extrahierbar. Die aus dem wäßrigen Extrakt der rohen Feldbohne bei pH 4,5 präzipitierte Proteinfraktion und das durch 3%ige wäßrige NaCl-Extraktion aus der rohen Bohne isolierte Protein hemmen das Wachstum der Ratte. Säure- und tryptische Proteinhydrolysate der Bohne verzögern das Wachstum, auch wenn eine Ergänzung mit essentiellen Aminosäuren erfolgte. Vff. schlußfolgern, daß der Antiwachstumsfaktor weder ein Protein noch ein Peptid darstellt, jedoch mit dem Eiweiß in der Feldbohne gekoppelt vorliegt.
I. Schröder. 7580.

3-64/09-0463 McKerns, Kenneth W. und Nordstrand, Egon; Gainesville, Fla., Univ. Coll. of Med. Simple method for tissue extraction and gas chromatographic separation of estrogens. **(Einfache Methode zur Extraktion von Oestrogenen aus Geweben und ihre gaschromatographische Trennung.)** Biochim. biophysica Acta [Amsterdam] **82** (1964) Nr. 1. S. 198-200. — 1 Abb., 1 Tab., 5 Lit.
Es wird eine neue Methode beschrieben, die im wesentlichen in der Extraktion der Steroide aus den Geweben mit Methylendichlorid, Waschen des Extraktes mit H_2O, Verdampfen des Lösungsmittels, Herstellung von Trimethylsilyläther-Derivaten der Steroide in Pyridin und gaschromatographischer Trennung der Ätherderivate in n-Hexan an einer gemischten polaren und nicht polaren Säule besteht. Die Zuverlässigkeit der Methode wird an einem Beispiel gezeigt, in dem bekannte Mengen von Oestrogenen und Androgenen einem Placentahomogenat hinzugefügt wurden. L. Sperling. 7595.

3-64/09-0464 Glavind, J.; Copenhagen, Denmark, Polytechn. Inst. Antioxidants in animal tissue. **(Antioxydantien in tierischem Gewebe.)** Acta chem. scand. **17** (1963) Nr. 6. S. 1635-1640. — 3 Tab., 7 Lit.
Auf der Grundlage der Reaktion mit dem freien Radikal α,α-Diphenyl-β-pikrylhydrazyl werden Methoden zur Bestimmung von Antioxydantien eingehend beschrieben. Nach Anwendung dieser Methoden auf die Untersuchung des Antioxydantien-Gehaltes in Blut und Lebern von Kälbern bzw. Ratten teilt Vf. die in tierischen Geweben auftretenden Antioxydantien in 3 Gruppen ein: 1. Proteine mit Thiol- und anderen aktiven Gruppen; 2. Glutathion, Ergothionein, Ascorbinsäure und andere dialysierbare wasserlösliche Substanzen und 3. Tocopherole und andere fettlösliche Antioxydantien. Alle 3 Gruppen wurden quantitativ bestimmt und das Ergebnis mit Literaturwerten verglichen. U. Zelck. 7610.

3-64/09-0465 Maros, L., Pintér-Szakács, M. und Schulek, E.; Budapest, L. Eötvös Univ., Inst. für Anorg. und Analyt. Chem. **Die analytische Anwendung der Kohlendioxyddestillation. II. Destillations- und Titrationsmethode zur Bestimmung des sich bei der totalen Oxydation von organischen Stoffen bildenden Kohlendioxyds.** Analyt. chim. Acta [Amsterdam] **27** (1962) Nr. 2. S. 169-175. — 1 Abb., 2 Tab., 9 Lit. Zus. in Engl., Franz.
Der Gehalt wäßriger Lösungen an org. Substanzen läßt sich durch Bestimmung des bei der totalen Oxydation gebildeten CO_2 ermitteln. Ergebnisse der

Oxydation mit Bichromat in 50%iger H_2SO_4, Bichromat in 50%iger $HClO_4$ und mit durch Ag katalysierter saurer Persulfatlösung bei einer Zahl org. Verbindungen ergeben, daß Ag-Persulfat die Oxydationsmethode der Wahl ist. Die Reaktion und die Bestimmung des CO_2 erfolgen in einer früher beschriebenen Apparatur (vgl. 1. Mitt.), die an diese Zwecke angepaßt wurde. Der Wasserdampfstrom, der das CO_2 transportiert, passiert 2 elektrisch beheizbare Röhren in der Apparatur, die mit geglühtem Ag-Permanganat und reduziertem CuO beschickt sind, um eventuell gebildetes CO zu oxydieren. Zur Absorption des CO_2 wird 0,1 oder 0,01 n $Ba(OH)_2$ angewandt und der Basenüberschuß mit HCl zurücktitriert. C-Mengen von 6,0-0,06 mg werden mit einer Genauigkeit von $\pm 0,5$-2% bestimmt. F. Kreienbring. 7610.

3-64/09-0466 Rink, Melanie und Herrmann, Sigrid. **Nachweis von Acetessigsäure und Aceton im Harn mit Hilfe der Dünnschichtchromatographie.** J. Chromatogr. [Amsterdam] **12** (1963) Nr. 2. S. 249. — 1 Tab. 7610.

3-64/09-0467 Lisk, Donald J., Gutenmann, Walter H., Bache, Carl A., Warner, Richard G. und Wagner, Donald G.; Ithaca, N. Y., Cornell Univ. Elimination of 2,4-D in the urine of steers fed 4-(2,4-DB) or 2,4-D. **(Ausscheidung von 2,4-D im Harn von mit 4-[2,4-DB] oder 2,4-D gefütterten jungen Ochsen.)** J. Dairy Sci. **46** (1963) Nr. 12. S. 1435-1437. — 1 Abb., 1 Tab., 5 Lit.

Je einem Holstein-Ochsen wurden 5 ppm der Pflanzenschutzmittel 4-(2,4-dichlorphenoxy)buttersäure [4-(2,4-DB)] bzw. 2,4-Dichlorphenoxyessigsäure (2,4-D) mit dem Futter verabreicht (der Zusatz der reinen Herbizide zum Futter erfolgte in äthanolischer Lösung) und die über 7 Tage gesammelten 24-Stundenharne gaschromatographisch auf ihren Gehalt an [4-(2,4-DB)] bzw. (2,4-D) untersucht. Es zeigte sich, daß das [4-(2,4-DB)] nahezu vollständig in Form von (2,4-D) im Harn zur Ausscheidung kommt, während das verfütterte (2,4-D) unverändert ausgeschieden wird (insgesamt wurden 113,5 mg [4-(2,4-DB)] und (2,4-D) an die Tiere verfüttert, wovon 100,65 mg in Form von (2,4-D) zur Ausscheidung kamen). Eine mögliche bakterielle Umsetzung des [4-(2,4-DB)] in der isolierten Probe konnte ausgeschlossen werden. In einem in vitro Versuch mit Rinderleberhomogenat konnte keine β-Oxydation von [4-(2,4-DB)] beobachtet werden. U. Zelck. 7610.

3-64/09-0468 Montag, A.; Münster/Westf., Chem. Landesuntersuchungsamt Nordrhein-Westfalen. **Bestimmung von Caesium-137 in Lebensmittelaschen.** Z. Lebensmittel-Unters. u. -Forsch. **123** (1963) Nr. 4. S. 293-300. — 2 Abb.

Vf. entwickelt eine Bestimmungsmethode, die es ermöglicht, geringe Cs-Mengen von großen K-Mengen abzutrennen und größere Aschemengen (10 bis 20 g) einzusetzen, um eine genügend hohe Aktivität zur γ-spektrometrischen Bestimmung anzureichern. Die Methode beruht auf der Mitfällung von Cs an Kobalthexacyanokobaltat (I). Zur weiteren Abtrennung von K- und Rb-Resten wird der Komplex (I) in die Chloride überführt und anschließend Cs neben Co selektiv als Cs-Wolframatosilikat (II) gefällt. Dieser Niederschlag wird in Meßröhrchen überführt und die Aktivität in einem Bohrloch-Scintillationszähler ausgemessen. An diese Messung schließt sich eine Bestimmung der Cs-Ausbeute an. Diese beruht auf einer photometrischen W-Bestimmung als W-Rhodanid-Komplex nach Hydrolyse von (II). K. Krawielitzki. 7625.

3-64/09-0469 Butler, F. E. Separation of calcium and strontium by liquid ion exchange. **(Trennung von Calcium und Strontium durch Ionenaustausch in flüssiger Phase.)** Analyt. Chem. **35** (1963) Nr. 13. S. 2069-2071. — 2 Abb., 3 Tab.

Vf. beschreibt eine Methode zur quantitativen Bestimmung des ^{89}Sr und ^{90}Sr in Milch, wo das klassische Salpetersäureverfahren und die selektive Rhodizonatfällung wegen der hohen Ca-Gehalte versagen, und gibt die optimalen Bedingungen für die Trennung an. Ca, Sr und andere Kationen der Milch werden durch ein Ionenaustauschverfahren in einer HCl-sauren Lösung konzentriert. Aus diesem Konzentrat werden durch Extraktion mit einer Lösung von Di-2-äthylhexylphosphorsäure (HDEHP) in Toluol unter schrittweiser pH-Änderung der wäßrigen Lösung Ca und Sr durch ein Ionenaustauschverfahren zwischen flüssigen Phasen abgetrennt. Aus der letzten org. Phase werden ^{89}Sr und ^{90}Sr mit HNO_3 entzogen. Nach Zugabe von Träger-Sr erfolgt Weiterverarbeitung nach dem Salpetersäureverfahren. Die Zählprobe enthält bei Einhaltung der vorgeschriebenen Bedingungen nur 2% Ca und 85 ± 5% des Sr der Milchprobe. Die Dekontaminierungsfaktoren für die Störisotope ^{90}Y, ^{137}Cs, ^{40}K, ^{140}La, ^{131}J sind größer als 1000. ^{140}Ba kann nötigenfalls als $BaCrO_4$ abgetrennt werden. Das Verfahren des Ionenaustausches in flüssiger Phase ist auf andere Radioisotope übertragbar.

K. Krawielitzki. 7630.

3-64/09-0470 Corbett, J. R. und Miller, Charles. Determination of carbon-14 in plant material by wafer counting. **(Bestimmung von Kohlenstoff-14 in Pflanzenmaterial durch Auszählung der daraus gepreßten Oblaten.)** Nature [London] **199** (1963) Nr. 4898. S. 1106-1107. — 1 Abb., 1 Tab., 2 Lit.

2 Methoden der Umrechnung der bei der Direktbestimmung von ^{14}C in Pflanzenmaterial (in Form gepreßter Oblaten) erhaltenen rel. Werte auf Absolutwerte wurden unter Verwendung von Baumwollsamen und 2,4-Dichlorphenoxyessigsäure miteinander verglichen. Dabei zeigte sich, daß die abs. quantitative ^{14}C-Bestimmung anhand einer vorher aufgestellten Eichkurve wahrscheinlich genauer ist als die Umrechnung der bei der Intensitätsmessung mit Geiger- oder Proportionalzählern erhaltenen rel. Werte. Letztere Methode benötigt die schwierig zu bestimmende Zählerleistung sowie den Absorptionskoeffizienten der vom ^{14}C herrührenden β-Strahlen für das betreffende Material. Die Bestimmung der Absorptionskoeffizienten in verschiedenen Baumwollsamen-Proben ergab Werte von 0,204-0,316. Die für ^{14}C in Baumwollsamen aufgestellte Selbstabsorptionskurve war der von $BaCO_3$ sehr ähnlich.

P. Stoß. 7650.

3-64/09-0471 Swamy, P. M. und Rao, I. M.; Tirupati, Sri. Venkateswara Univ. Coll. Chromatographic detection of some trace elements in leaves of sunflower (Heleanthus annuus) plant. **(Der chromatographische Nachweis von einigen Spurenelementen in Blättern von Sonnenblumen [Helianthus annuus].)** Current Sci. [Bangalore] **33** (1964) Nr. 3. S. 85-86. — 1 Tab., 3 Lit.

Blätter von 2 Wochen alten Sonnenblumen wurden getrocknet und bei 600° verascht. Nach Extraktion der Asche mit 2n HCl, der Trocknung des Extraktes und der erneuten Behandlung des Rückstandes mit 5 ml konz. HCl wurde mit aqua dest. auf 25 ml aufgefüllt und der Extrakt ohne weitere Behandlung der papierchromatographischen Analyse unterworfen. Es wurde nach der aufsteigenden Methode mit Whatman No. 1 gearbeitet. 0,1%-ige Lösungen von Cu-, Fe-, Al-, Zn- und Mn-Chlorid wurden ständig mitchromatographiert. Die ermittelten R_f-Werte in 3 verschiedenen Laufmitteln werden mitgeteilt. Es wurden bestimmt: Cu mit n-Butanol, gesättigt mit 3 n HCl, Reagens: Dithiozon; Fe und Al mit Eisessig (25% (v/v) trocknen Methylalkohol enthaltend), Reagens: alkoholisches Alizarin mit anschließender NH_3-Behandlung; Mn und Zn mit Aceton, (5% H_2O und 8% konz. HCl enthaltend) Reagens: alkoholisches Alizarin (0,1% Rubeansäure und 1% Salicylaldoxim enthaltend.)

I. Schröder. 7650.

3-64/09-0472 Hartfiel, W.; Bonn, Univ., Inst. für Tierzucht und Tierfütter. **Zur Bewertung von Futtermitteln im Tierversuch mit Hühnern. 4. Mitt. Über zwei „anus praeternaturalis-Operationen" an Hühnern, durch die ein selbständiges Ausscheiden des Kotes über längere Zeiträume ermöglicht wird, sowie die Verwendung solcher Tiere zu Stoffwechseluntersuchungen.** Arch. Geflügelkunde **26** (1962) Nr. 1. S. 2-21. — 12 Abb., 1 Tab. 3. Mitt. vgl. LZ. Abt. III 7 (1962) Nr. 10. S. 2120.

Es wird über 2 neue „anus-praeternalus-Operations"-Methoden berichtet, die es den Versuchstieren gestatten, den Kot über längere Zeiträume selbständig auszuscheiden, ohne daß die Hühner einer Wartung oder einer bestimmten Futterzusammensetzung bedürfen. Zum Auffangen des Kotes wurde ein Geschirr entwickelt, das die Tiere in ihrer Bewegungsfreiheit kaum behindert und ein exaktes Sammeln des Kotes ermöglicht. G. Göbel. 7755.

3-64/09-0473 Ozols, A. Ispol'zovanie rastitel'nych chromogenov v kačestva indikatora pri opredelenii perevarimosti. **(Anwendung der Pflanzenchromogene als Indikator für die Bestimmung der Verdaulichkeit.)** Izvestija Akademii nauk Latvijskoj SSR, Riga **1963** Nr. 7. S. 85-90. — 6 Tab., 15 Lit. Orig.: lett., Ausz.: russ., engl. 7760.

3-64/09-0474 Stevenson, Audrey E. und Clare, N. T.; Hamilton, Ruakura Animal Res. Stat. Measurement of feed intake by grazing cattle and sheep. IX. Determination of chromic oxide in faeces using an AutoAnalyzer. **(Messung der Futteraufnahme durch weidende Rinder und Schafe. 9. Mitt. Bestimmung des Chromoxids im Kot unter Verwendung eines „AutoAnalyzers".)** New Zealand J. agric. Res. **6** (1963) Nr. 1/2. S. 121-126. — 3 Abb., 2 Tab., 4 Lit. 8. Mitt. vgl. 3-64/02-0409.

Nach nasser Veraschung des Cr_2O_3-haltigen Kotes erfolgte die automatische Bestimmung des Chromates colorimetrisch im „AutoAnalyzer" (Technicum Instruments Corporation, Research Park, Chauncey, New York) mittels der Farbreaktion mit Diphenylcarbazid in saurer Lösung. Mit der Apparatur können 40 Analysen pro Std. ausgeführt werden. Der Fehler der Bestimmung wurde zu $\pm 2\%$ (Konzentrationsbereich von 3-12 mg Cr_2O_3 pro g Kot) ermittelt. Die Anwendung des „AutoAnalyzers" zur Routineuntersuchung von Cr_2O_3 im Kot wird empfohlen. R. Schiemann. 7760.

3-64/09-0475 Morrison, A. B. und Sabry, Z. I.; Ottawa, Canada, Dep. of Nat. Health and Welfare. Factors influencing the nutritional value of fish flour. II. Availability of lysine and sulphur amino acids. **(Faktoren, die den Nährwert von Fischmehl beeinflussen. 2. Mitt. Verfügbarkeit von Lysin und S-haltigen Aminosäuren.)** Canad. J. Biochem. Physiol. **41** (1963) Nr. 3. S. 649-655. — 5 Tab., 19 Lit. 1. Mitt. vgl. LZ. Abt. III 8 (1963) Nr. 11. S. 2389.

In Versuchen an wachsenden ♂ Wistar-Ratten wurden das Nettoproteinverhältnis nach Bender und Doell, das Proteinwirkungsverhältnis (PER), die mikrobiol., chemische (nach Carpenter et al.) und biol. Lysin- sowie die Methionin- und Cystinverfügbarkeit von 8 verschiedenen Fischmehlproben bestimmt. Es ergaben sich deutliche Unterschiede zwischen den Proben. Eine offenbar überhitzte Probe enthielt nichtverfügbares Lysin und Methionin. Bei einer weiteren Probe ergaben die in vitro-Bestimmungen zwar eine gute Lysin- und Methioninverfügbarkeit. Bei den in vivo-Versuchen wurde diese Verfügbarkeit jedoch nicht bestätigt. H.-D. Bock. 7780.

3-64/09-0476 Muramatsu, Keiichiro, Sato, Takahiko und Ashida, Kiyoshi; Anjo, Aichi, Japan, Nagoya Univ. Dietary protein level and the turnover rate of tissue proteins in rats. **(Höhe der Proteingabe und Umset-**

zungsgeschwindigkeit der Gewebeproteine in Ratten.) J. Nutrit. [Philadelphia] 81 (1963) Nr. 4. S. 427-433. – 3 Abb., 1 Tab., 26 Lit.

Je 15 Ratten mit 55-60 g Lebendmasse wurden 3 Wochen mit einer synthetischen Diät ad libitum gefüttert, die 0; 10; 25; 40 oder 60% Casein enthielt. Am 21. Tag wurde i. p. ^{35}S-Methionin injiziert. Je 5 Tiere wurden am 22., 25. und 28. Versuchstag getötet und die spez. Aktivität im Protein von Leber, Niere, Blutplasma, Milz, Intestinalmucosa, Herz, Muskel und Hoden bestimmt. Die Umsatzgeschwindigkeit der Körperproteine stieg mit steigender Proteingabe bis zu 25 bzw. 40% Casein in der Diät. Der Kurvenverlauf der Umsatzgeschwindigkeit der Körperproteine war etwa analog den Kurven für die Lebendmassezunahme. R. Schiemann. 7785.

3-64/09-0477 Bensadoun, A., Niekerk, B. D. H. van, Paladines, O. L. und Reid, J. T.; Ithaca, N. Y., Cornell Univ. Evaluation of antipyrine, N-acetyl-4-amino-antipyrine and shrunk body weight in predicting the chemical composition and energy value of the sheep body. **(Auswertung von Antipyrin, N-acetyl-4-amino-antipyrin und des Trockenkörpergewichtes zwecks Voraussage der chemischen Zusammensetzung und des Energiewertes von Schafkörpern.)** J. Animal Sci. 22 (1963) Nr. 3. S. 604-612.

Bei 65 verschieden intensiv gefütterten Schafen, die jeweils gehäckseltes Heu oder pelletiertes Heu oder pelletiertes Mischfutter aus 45% Getreidemehl + 55% Heu erhielten, wurden die Nettoenergiewerte von Schlachtkörpern, Eingeweiden und Skeletten mit Hilfe der Bestimmung des Trockenkörpergewichtes und des Antipyrin-(AP) und N-acetyl-4-aminoantipyrin-Raumes (NAAP) ermittelt und gezeigt, daß die erhaltenen Werte sehr gut und statistisch gesichert mit den effektiven übereinstimmen. 110 Min. nach der Injektion von 15 bis 30 ml AP und NAAP (125 mg AP + 80 mg NAAP/1 l) erfolgte die erste Blutentnahme. AP und NAAP wurde nach Brodie, B. B. (vgl. J. Biol. Chemistry **179** [1949] S. 25.) und Huckabee, W. E. (vgl. J. appl. Pysiol. **9** [1956] S. 157.) bestimmt. Mit einer Sicherung von $P < 0{,}01$ läßt sich nach folgender Gleichung das Leerkörperwasser genauer als durch das Leerkörpergewicht allein bestimmen. $Y = 1.029 + 0.298\,X_1 + 0{,}178\,X_2 + 0{,}222\,X_3$ (X_1 = AP-Wasserraum (l), X_2 = NAAP Wasserraum (l), X_3 Leerkörpergewicht X_3 (kg)). Gleichungen zur Berechnung des Fett-, Eiweiß- und des Kalorienwertes des Leerkörpers werden in der Arbeit angegeben. H. Steger 7820.

3-64/09-0478 Cheek, Donald B. und Holt, A. B.; Baltimore, Md., Johns Hopkins Hospital; Melbourne, Australia, Roy. Children's Hospital. Growth and body composition of the mouse. **(Wachstum und Körperzusammensetzung der Maus.)** Amer. J. Physiol. **205** (1963) Nr. 5. S. 913-918. – 5 Abb., 3 Tab., 27 Lit.

An 20 Gruppen ♂ Mäuse wurde der Wachstumsverlauf in Verbindung mit Tierkörperanalysen ermittelt. Gewicht, Fett- und Wassergehalt der Mäuse ergaben gegen das Alter im Diagramm aufgetragen jeweils eine S-Kurve. Die fettfreie Tr.-Subst. ergab zum Alter 2 lineare Beziehungen mit steilerem Verlauf in der Entwöhnungsperiode und flacherem in der Reifeperiode. Das max. Wachstum erfolgte mit 37 Tagen zum Zeitpunkt der 1. Brunst der ♀ Tiere. Mineralstoffe und Wasser ergaben zur fettfreien Tr.-Subst. 2 lineare Beziehungen in den beiden Entwicklungsabschnitten und insgesamt eine abfallende hyperbolische Kurve. Die Reduktion des K pro fettfreie Tr.-Subst. ist wahrscheinlich mit einer erhöhten Proteinablagerung und einem Verzug in der Vergrößerung des Zellvolumens verbunden und steht wahrscheinlich in Beziehung zur Frühreife. W. Jentsch. 7820.

3-64/09-0479 Osborne, R. V. Plutonium-239 and other nuclides in ground-level air and human lungs during spring 1962. **(Polonium-239 und andere**

Nuclide im Grundpegel der Luft und in menschlichen Lungen während des Frühjahrs 1962.) Nature [London] **199** (1963) Nr. 4889. S. 143-146.
Die Radioaktivität der Luft stammt zu einem großen Teil von α-Strahlern und zwar sowohl von natürlichen z. B. von ^{210}Po, als auch von Produkten der Atomexplosionen. Vf. beschreibt ein Verfahren zur Bestimmung dieser beiden α-Komponenten und vergleicht die zeitlichen Schwankungen der Aktivitätsverhältnisse von Pu-239:Po-210 im Luftstaub und in Lungen von Menschen im Frühjahr 1962. Die Ergebnisse werden mit den gemessenen γ-Aktivitäten der Spaltprodukte Zr-95 und Nb-95 im Staub und im Lungengewebe verglichen. Vf. gibt eine Exponentialgleichung für die retinierten und exhalierten Aktivitäten an und stellt die berechneten Ergebnisse der α-Aktivitäten von Pu-239-Po-210 und der γ-Aktivitäten von Zr-95 + Nb-95 den gemessenen Werten gegenüber, wobei sich gute Übereinstimmung ergibt. K. Krawielitzki. 7830.

3-64/09-0480 Edmondson, L. F., Keeper, D. H., Douglas jun., F. W., Harris, J. Y. und Dodson, E.; Washington, U. S. Dep. of Agric. Comparison of the removal of radiostrontium from in vivo- and in vitro-labeled milk by ion exchange resins. **(Vergleich der Entfernung des Radiostrontiums aus in vivo - und in vitro-markierter Milch durch Ionenaustauschprozesse.)** J. Dairy Sci. **46** (1963) Nr. 12. S. 1362-1366. — 3 Abb., 3 Tab.
Vff. untersuchten die durch Ionenaustauschprozesse austauschbare Menge von Radiostrontium von in vivo und in vitro mit ^{85}Sr bzw. mit ^{89}Sr markierter Milch im pH-Bereich von 6.65 bis 5.2. Die austauschbare Sr-Menge variierte von 95% bei pH 5.25 bis 50% bei pH 6.65 für in vitro-markierte Milch. Für in vivo-markierte Milch waren die entsprechenden Werte bei niedrigen pH-Werten nur geringfügig erniedrigt, bei pH 6.65 etwa 45%. Dabei war es bei in vivo-Markierung gleichgültig, ob die Verabfolgung der Aktivität oral oder i. v. erfolgte. Vff. untersuchten gleichfalls die Verteilung von Radiostrontium und Ca in den durch Zentrifugieren erhaltenen Phasen (Serum, Sediment und Fettschicht) in Abhängigkeit vom pH. Die Sr-Menge im Serum betrug 86% (pH 5,2) bis 15% (pH 6.65), der Ca-Anteil 84 bzw. 33%. Der Rest war im Rückstand enthalten, da die Fettschicht weniger als 1% enthielt.
K. Krawielitzki. 7830.

D. ERNÄHRUNGSPHYSIOLOGIE

Verdauung und Resorption

3-64/09-0481 Müller, Fritz, Beyreiss, Klaus und Strack, Erich; Leipzig, Univ., Physiol.-Chem. Inst. **Die Wirkung von Insulin auf die Resorption der Galaktose beim Kaninchen.** Naturwissenschaften **51** (1964) Nr. 3. S. 65-66. — 1 Abb., 9 Lit.
Mittels Dauerinfusionstechnik wurden die Zusammenhänge zwischen Resorptionsgröße und Glucosespiegel im Blut studiert. Kaninchen wurden durch Duodenalkatheter 24 Std. lang 0,50 g/kg/Std. Galaktose infundiert und in den letzten 6 Std. intrajugular 0,2 I. E./kg/Std. Insulin. Durch Insulin sinkt die Galaktosekonz. im Blut um 42% und die Resorptionsgröße nimmt um 51% ab. Durch zusätzliche i. v. Infusion von 0,50 g/kg/Std. Glucose zur Konstanthaltung der Glucosekonz. im Blut bleibt die Galaktoseresorption gesenkt. Bei intraportaler Infusion von Galaktose wird der Galaktosespiegel im Blut durch Insulin nur kurzzeitig um 15% gesenkt. Der durch Insulin bewirkte, in der Darmschleimhaut lokalisierte Effekt bietet neue Untersuchungsmöglichkeiten der Insulinwirkung auf den Transport von Zuckern.
W. Jentsch. 7852.

3-64/09-0482 Ashworth, C. T. und Johnston, John M.; Dallas, Univ. of Texas, Southwestern Med. School. The intestinal absorption of fatty acid:

a biochemical and electron microscopic study. **(Die intestinale Resorption der Fettsäuren: Eine biochemische und elektronenmikroskopische Studie.)** J. Lipid Res. 4 (1963) Nr. 4. S. 454-460. — 8 Abb., 3 Tab., 31 Lit.

Mittels ^{14}C-markierter Ölsäure werden Resorptionsuntersuchungen an Ratten durchgeführt. Es wird festgestellt, daß durch elektronenmikroskopische Untersuchungen der Fettröpfchen nicht zwischen freien Fettsäuren, Mono-, Di- und Triglyceriden unterschieden werden kann. Chemische und radiochemische Beobachtungen in der Fettsäureresorption deuten darauf hin, daß die Fettsäuren als Triglyceride in den Chylus übergehen, daß der Triglyceridgehalt der Darmwand sich erhöht und daß hier während der Resorption eine beachtliche Überführung von ^{14}C der Fettsäuren in die Triglyceride erfolgt. Diese Beobachtungen zeigen an, daß einige Tropfen, die mit dem Elektronenmikroskop in den intestinalen Epithelzellen bei der Fettsäure resorption gesehen wurden Triglyceride sein mußten. Die Beziehung dieser Beobachtungen zur Triglyceridsynthese aus Fettsäuren während der Resorption und Zellpassage wird diskutiert. W. Jentsch. 7852.

3-64/09-0483 Holder, I. M.; Wollongbar, New South Wales, Agric. Res. Stat. Chemostatic regulation of appetite in sheep. **(Chemostatische Regulation des Appetits der Schafe.)** Nature [London] **200** (1963) Nr. 4911. S. 1074 bis 1075. — 1 Abb., 1 Tab., 13 Lit.

Versuche mit Infusion von Glukose und Na-Acetat beim Schaf von 210-480 Min. Dauer erhöhten den Blutglukosegehalt um ca. 100% bzw. den Gehalt an flüchtigen Fettsäuren um das 3fache. Die Futteraufnahme der Tiere wurde nicht beeinflußt, so daß weder der Blutzucker- noch der Blutacetatgehalt wesentliche Faktoren der Regulierung des Appetits bei Schafen darstellen. W. Jentsch. 7862.

3-64/09-0484 Phillipson, A. T.; Aberdeen, Rowett Res. Inst. The digestive system of the ruminant. **(Das Verdauungssystem des Wiederkäuers.)** J. Roy. agric. Soc. England **123** (1962) S. 89-98.

Übersichtsreferat. Vf. bespricht die Abbauvorgänge im Pansen und weist u. a. darauf hin, daß die Halblebenszeit der Bakterien ca. 9 Std. beträgt. Die Struktur des Futters ist von Bedeutung für die Phasenausbildung. Der pH-Wert übt einen großen Einfluß auf die Resorption der FFS aus. Nicht unerheblich ist für die Verwertung, welcher Anteil an Kohlenhydraten und Proteinen unversehrt in den Labmagen gelangt. Die Bakterienkonz. des Panseninhalts schwankt zwischen 10 Mill.-40 Md./g. Der Nährwert der FFS ist unterschiedlich. So beträgt der Wirkungsgrad, bezogen auf die Verhütung der Fettoxydation bei wachsenden Schafen: C_3 86%, C_4 76%, C_2 59% (Glukose 96%). Bei einer Mischung (10% C_2-Säure) wurde eine solche von 85 bis 87% gefunden. Vf. weist weiterhin auf die Gefahren beim Einsatz zu konzentrierter Rationen und auf die Möglichkeiten einer verbesserten Verwertung nährstoffarmer Futterstoffe hin. B. Piatkowski. 7862.

3-64/09-0485 Chou, K. C. und Walker, D. M.; Sydney, Australia, Univ. The effect on the rumen composition of feeding sheep diets supplying different starches. I. The variation in rumen composition of sheep fed lucerne or wheat as the sole diet. **(Der Einfluß von Futterrationen für Schafe mit verschiedener Stärke auf die Zusammensetzung des Panseninhalts. 1. Mitt. Die Variation in der Zusammensetzung des Panseninhalts von Schafen bei alleiniger Luzerne- oder Weizenfütterung.)** J. agric. Sci. **62** (1964) Nr. 1. S. 7-13. — 11 Tab., 23 Lit.

Bei konstanter Fütterung wurden beachtliche Variationen zwischen den Tieren und zwischen den Proben vom gleichen Tier hinsichtlich Protozoen und Milchsäure gefunden. Die aufgetretenen Differenzen von N, pH, flüchtigen

Fettsäuren sowie die molaren Verhältnisse von Essigsäure: Propionsäure sind durch die Rationen bewirkt worden. Zwei Versuche zeigen eine weniger konstante Zusammensetzung des Panseninhalts, wenn die Ration einen höheren Anteil leicht löslicher Kohlenhydrate enthält. 16 Std. nach der Futteraufnahme war die Zusammensetzung des Pansensaftes noch nicht konstant. B. Piatkowski. 7862.

3-64/09-0486 Cordiez, E., Bienfait, J. M. und Mignon, J. Influence de la nature du régime alimentaire sur le développement de la paroi gastrique du jeune bovin. **(Einfluß der Ernährungsweise auf die Entwicklung der Magenwand des jungen Rindes.)** Ann. Méd. vétérin. [Bruxelles] **107** (1963) Nr. 6. S. 357-382. — 1 Abb., 14 Tab., 40 Lit.

Die Arbeit gibt eine Übersicht über die zu dem Thema erschienenen Veröffentlichungen. Sie werden gegliedert nach dem Einfluß des Milchregimes, der Trockenfutterstoffe sowie der flüchtigen Fettsäuren und anderer Gärungsprodukte auf die Magenwände, unter denen die Mucosa mit ihren Papillen und die Musculosa von Haube und Pansen durch die Ernährungsweise eine signifikant verschiedene Entwicklung erfahren. Die Musculosa wird vornehmlich durch die physikalischen Eigenschaften der Nahrung, besonders durch das Volumen, beeinflußt. Die Entwicklung der Mucosa fordert eine Ernährung mit Trockenstoffen und wird gleichzeitig von der Natur der sich bei der Vergärung entwickelnden Stoffe gelenkt. Die flüchtigen Fettsäuren, besonders die Buttersäure, spielen eine wesentliche Rolle bei der Entwicklung des Pansens, mit der auch höhere Zunahmen der Tiere einhergehen. L. Sperling. 7862.

Intermediärer Stoffwechsel

3-64/09-0487 Viviani, R., Sechi, A. M. und Lenaz, G.; Bologna, Italy, Univ., Ist. di Chim. Biol. Fatty acid composition of portal fatty liver in lysine- and threonine-deficient rats. **(Fettsäurezusammensetzung der Fettleber [portaler Typ] von Ratten bei Lysin- und Threoninmangel.)** J. Lipid Res. **5** (1964) Nr. 1. S. 52-56. — 6 Tab., 24 Lit.

An wachsende Ratten wurde Reis mit niedrigem Proteingehalt gefüttert und die Fettsäurezusammensetzung der Gesamtfette, der Neutralfette und der Phospholipoide der Fettleber bei Lysin- und Threoninmangel bzw. -zugabe gemessen. Bei Lysin- und Threoninmangel wurden mehr Linolensäure und prozentual weniger 20:4, 20:5 und 22:6 Fettsäuren in den Leberfetten gemessen. Der Linolsäuregehalt der Neutralfette stieg prozentual an, der Gehalt an 20:5, 22:5 und 22:6 Fettsäuren der Phospholipoide ging zurück, vermutlich eine Kontrollwirkung des Lysins und Threonins auf den Stoffwechsel mehrfach ungesättigter Fettsäuren. Linolein-, Palmitin- und Ölsäuregehalt in der Fettleber wurden erhöht, bei weiteren Fettsäuren wurden leichte Veränderungen in Abweichung von Angaben anderer Autoren festgestellt. W. Jentsch. 7910.

3-64/09-0488 Stein, Olga und Stein, Yechezkiel; Jerusalem, Hebrew-Univ. Metabolism ot fatty acids in the isolated perfused rat heart. **(Fettsäurestoffwechsel im isolierten durchströmten Rattenherz.)** Biochim. biophysica Acta [Amsterdam] **70** (1963) Nr. 5. S. 517-530. — 10 Tab., 37 Lit.

Vff. berichten über Perfusionsversuche am isolierten Rattenherz mit radioaktiv markierten Fettsäuren zum Studium des Fettsäurestoffwechsels. Das Perfusionsmedium besteht aus Krebs-Henseleit-Carbonatpuffer pH 7,4, 5 mM Glucose, 0,14 mM Rinderserumalbumin und aus 0,14 mM von jeweils 2 ^{14}C- bzw. ^{3}H-markierten Fettsäuren (9,10-^{3}H-Palmitinsäure, 1-^{14}C-Stearinsäure, 1-^{14}C-Ölsäure und 1-^{14}-Linolsäure). In die neutralen Herzlipoide werden über 96% der verwendeten Fettsäuren in die Triglyceridfraktion eingebaut, wobei die Palmitinsäure bevorzugt wird. Bezüglich der Phospholipoide des Herzens enthält die Lecithinfraktion über 70% der eingebauten Fettsäuren wobei Stearin- und Linolsäure bevorzugt werden. Weiterhin wird der Einbau- bzw. Umbaumechanismus der Fettsäuren in das Lecithinmolekül in Bezug auf α- und β-Stellung untersucht. Die Einbaurate der Fettsäuren in die Lipoide ist unabhängig vom Herzschlag. Perfusionsapparat und Perfusionstechnik sowie analytische Verfahren und gaschromatographische Bestimmung der Fettsäuren werden mitgeteilt. G. Sternkopf. 7910.

3-64/09-0489 Howard, B. H.; Bucksburn, Aberdeen, Rowett Res. Inst. Metabolism of carbohydrates by rumen protozoa. **(Der Abbau von Kohlenhydraten durch Pansenprotozoen.)** Biochem. J. **89** (1963) Nr. 3. S. 89P. — 6 Lit.

Während die Holotrichen (*Dasytricha* und *Isotricha*) fast ausschließlich nur lösliche Zucker verwerten, vermögen die Ophryoscoleciden (*Entodinium*, *Ophryoscolex*) nur unlösliche Polysaccharide, auch nicht Amylum solubile, für ihren Stoffwechsel zu nutzen. Alle Pansenprotozoen erzeugen bei der Kohlenhydratverdauung H_2 und CO_2 (molares Verhältnis 1:1 oder 2:1), Butter- wie Essigsäure, geringer jedoch Ameisen- und Propionsäure. Die Holotrichen bilden große Mengen Milchsäure (etwa 50% des Kohlenhydrat-C), *Entodinium* dagegen nur sehr wenig (2%). Alle Pansenprotozoen sind in der Lage, Reservekohlenhydrate zu bilden, die während nahrungsarmer Zeiten angegriffen werden. Vom Kohlenhydratstoffwechsel der Protozoen ist nur bekannt, daß die Holotrichen viel Invertase besitzen, *Entodinium* nur Amylase und Maltase, andere Ophryoscoleciden zusätzlich noch Xylanase und Cellulase. H. H. Budzier. 7910.

3-64/09-0490 Grodsky, Gerold M. und Bennett, Leslie L.; San Francisco, Univ. of California, School of Med. Insulin secretion from the isolated pancreas in absence of insulinogenesis: effect of glucose. **(Insulinsekretion des isolierten Pankreas ohne Insulinbildung: der Einfluß von Glucose.)** Proc. Soc. exp. Biol. Med. **114** (1963) Nr. 3. S. 769-771. — 1 Abb., 1 Tab., 7 Lit.

Im isolierten durchströmten Pankreas der Ratte wurde der Einfluß von Dinitrophenol (**D**) auf die stimulierende Wirkung der Glucose bei der Insulinsekretion gemessen. Durch **D** wurde die am Einbau von ^{14}C-Valin gemessene Proteinsynthese im Pankreas vollständig inhibiert. Die durch Glucose stimulierte Sekretion des Insulins blieb durch **D** unbeeinflußt. Demnach stimuliert Glucose (oder ein Stoffwechselprodukt der Glucose) direkt die Insulinsekretion und eine vorangehende Stimulierung der Insulinbildung durch Aminosäuren ist nicht erforderlich. W. Jentsch. 7910.

3-64/09-0491 Leveille, G. A., Tillotson, J. A. und Sauberlich, H. E.; Denver, Colo., Fitzsimons Gen. Hospital. Fatty acid composition of plasma and liver lipid components as influenced by diet in the growing chick. **(Die Beeinflussung der Fettsäurezusammensetzung von Plasma- und Leberfettkomponenten wachsender Küken durch die Nahrung.)** J. Nutrit. [Philadelphia] **81** (1963) Nr. 4. S. 357-362. — 3 Tab., 21 Lit.

Der Einfluß von Nahrungsprotein und -cholesterin auf Plasma- und Leberfette und ihre Fettsäurezusammensetzung wurde an wachsenden Küken untersucht. Erhöhtes Nahrungsprotein verminderte den Gehalt an Plasmafetten und α-Lipoproteiden und erhöhte den Gehalt an Lebercholesterin. Die Ergänzung von Cholesterin erhöhte den Plasma- und Leberfettgehalt, aber verminderte den α-Lipoproteidgehalt. Proteinarme Fütterung oder Cholesterinergänzung führten zu erhöhtem Öl-, erniedrigtem Arachidonsäuregehalt in den Plasmacholesterinestern, -glyceriden und -phospholipoiden, höherem Ölsäuregehalt der Leberfette und zu niedrigerem Linolensäuregehalt, besonders in der Cholesterinesterfraktion. W. Jentsch. 7910.

3-64/09-0492 Lindsay, D. B. und Ford, E. J. H.; Babraham, Cambridge, Inst. of Animal Physiol. Acetate utilization and the turnover of citric acid-cycle components in pregnant sheep. **(Die Acetatverwertung und der Umsatz von Citronensäurecycluskomponenten in trächtigen Schafen.)** Biochem. J. **90** (1964) Nr. 1. S. 24-30. – 4 Tab., 17 Lit.
Mittels kontinuierlicher Infusion und Isotopenverdünnungsmethode wurde die Acetatverwertung durch trächtige Schafe gemessen. Die Acetatverwertung durch nicht trächtige Schafe entspricht etwa der durch nieder- und hochtragene Schafe bei ausreichender Fütterung, so daß keine besondere Veränderung im Acetatstoffwechsel durch die Trächtigkeit eintritt. Die Acetatverwertung durch trächtige unterernährte Schafe beträgt die Hälfte der normal gefütterten Schafe und der Umsatz im Citronensäurecyclus beträgt ein Viertel vom Umsatz ausreichend gefütterter Tiere. W. Jentsch. 7910.

3-64/09-0493 Musil, F. und Suva, J. **Der Einfluß von Cholin und Orotsäure auf den Lipoidstoffwechsel.** Fette, Seifen, Anstrichmittel **65** (1963) Nr. 10. S. 831-834. – 3 Abb., 2 Tab., 18 Lit. 7920.

3-64/09-0494 Abadom, P. N. und Scholefield, P. G.; Montreal, Quebec, McGill Univ., Montreal Gen. Hospital, Res. Inst. Amino acid transport in brain cortex slices. III. The utilization of energy for transport. **(Aminosäurentransport in Hirnrindenschnitten. 3. Mitt. Energieverwertung zum Transport.)** Canad. J. Biochem. Physiol. **40** (1962) Nr. 11. S. 1603-1618. – 8 Tab., 41 Lit. 2. Mitt. vgl. 3-64/02-0440.
Vff. untersuchten die Aufnahme von Glycin-1-^{14}C (sowie in einer Reihe von Versuchen von markiertem Methionin und Lysin) durch Hirnrindenschnitte von Ratten in Abhängigkeit von verschiedenen energieliefernden Substraten (verschiedene Hexosen, Ketosäuren und C_4-Dicarbonsäuren) unter gleichzeitiger Analyse der Konzentration an Nucleosidpolyphosphaten. Das Ausmaß der ATP-Bildung und die Höhe des aktiven Aminosäurentransportes nahm in der Reihenfolge Glucose, Mannose, Fructose, Galaktose ab, wobei der Transportquotient (Verhältnis der transportierten Menge zum ATP-Gehalt) für die 4 Zucker gleich war. Der Transportquotient der die Glycinaufnahme ebenfalls stimulierenden Ketosäuren Pyruvat, α-Ketoglutarat bzw. Glutamat, Oxalacetat) lag niedriger. Malat, Fumarat und Succinat hatten kaum einen stimulierenden Einfluß auf den aktiven Aminosäurentransport. Die ATP-Bildung aus Pyruvat wurde näher untersucht, da Dinitrophenol, Digoxin und Uranylionen, die die ATP-Bildung aus Glucose stark hemmen, bei Pyruvat keinen inhibierenden Einfluß auf ATP-Bildung und aktiven Aminosäuretransport ausübten. Mögliche Reaktionswege sind diskutiert. R. Schiemann. 7930.

3-64/09-0495 Poort, C. und Sangster, A. N. On the incorporation in vitro of [^{14}C] leucine into rat pancreas. **(Über die Inkorporation von ^{14}C-Leucin in Rattenpankreas in vitro.)** Biochim. biophysica Acta [Amsterdam] **78** (1963) Nr. 4. S. 741-743. – 1 Abb., 1 Tab., 3 Lit. 7930.

3-64/09-0496 Schjeide, O. A. und Wilkens, Myrna. Parameters of oestrogen-stimulated protein synthesis. **(Parameter von oestrogenstimulierter Proteinsynthese.)** Nature [London] **201** (1964) Nr. 4919. S. 42-44. – 3 Abb., 3 Tab., 7 Lit. 7930.

3-64/09-0497 Bähner, Klaus-Jürgen. **Experimentelle Untersuchungen des Serum-Eiweiß-Stoffwechsels beim diabetischen Hund.** Acta biol. med. german. [Berlin] **11** (1963) Nr. 5/6. S. 873-880. 7930.

3-64/09-0498 Clark jun., J. M. und Gunther, Jay Ks.; Urbana, Univ. of Illinois. Gougerotin, a specific inhibitor of protein synthesis. **(Gougerotin, ein spezifischer Inhibitor der Proteinsynthese.)** Biochim. biophysica Acta [Amsterdam] **76** (1963) Nr. 4. S. 636-638. – 3 Tab., 13 Lit.

Das Antibioticum Gougerotin [N^4-Sarcosyl-1-(3'-desoxy-3'-D-serylamido-β-D-allopyranosyluronamid)-cytosin] inhibiert die Übertragung von 1-RNS-Aminosäuren in Proteine, wie Versuche an einem zellfreien System von *E-coli* (nach Nirenberg et al.) mit ^{14}C-Phenylalanin zeigten. Es konnte sichergestellt werden, daß nicht die Bildung des 1-RNS-Phenylalanins, sondern der Einbau in Protein inhibiert wurde. Diese Beobachtung erhärtet die Annahme, daß verschiedene Verbindungen mit Aminoacylnucleosid-Charakter als Inhibitoren der Überträgerreaktion von 1-RNS-Aminosäuren in Proteine wirken. Es wird vermutet, daß die Inhibitorwirkung auf strukturelle Ähnlichkeiten mit dem Aminosäuren-tragenden Ende der 1-RNS zurückzuführen ist. R. Schiemann. 7930.

3-64/09-0499 Carey, N. H. und Goldstein, Avram; Palo Alto, Calif., Stanford Univ. School of Med. Amino acid starvation in an Escherichia coli auxotroph. IV. The incorporation of (^{14}C) leucine into cell fractions and its transfer between them. **(Aminosäuremangel bei einer auxotrophen Escherichia coli. 4. Mitt. Die Inkorporation von ^{14}C markiertem Leucin in den Zellfraktionen und sein Austausch zwischen diesen.)** Biochim. biophysica Acta [Amsterdam] **55** (1962) Nr. 3. S. 346-352. — 1 Abb., 3 Tab., 10 Lit. 3. Mitt. vgl. LZ. Abt. III 8 (1963) Nr. 3. S. 579.

Ein für Leu. und Pro. auxotropher Stamm von *Escherichia coli* (K-12) inkorporierte unter Pro.-mangel (^{14}C)-Leu. in allen Zellfraktionen, selbst schon innerhalb von 3 Min. bei 0°, jedoch 100mal schneller bei 37°. Die weitere Inkubation mit nicht markiertem Leu. ließ die Masse des inkorporierten (^{14}C)-Leu. frei ins Medium überwechseln, wobei anscheinend eine Umlagerung der Aktivität aus Ribosomenprotein (**I**) in die lösliche Proteinfraktion (**II**) erfolgte. Wurde dagegen die weitere Inkubation mit Pro. bei völligem Entzug des Leu. angesetzt, so wechselte nur etwa ein Viertel der Aktivität von **I** nach **II** über, ohne daß ein Aktivitätsverlust des säurelöslichen Pools eintrat. Diese Resultate werden als eine Vorstellung über die in statu nascendi sich befindende Eiweißmolekülsynthese interpretiert und diskutiert, welche Pro.-Reste erfordert. H. H. Budzier. 7930.

3-64/09-0500 Kaji, Hideko, Novelli, G. D. und Kaji, Akira; Oak Ridge, Tenn., Oak Ridge Nat. Lab. A soluble amino acid-incorporating system from rat liver. **(Ein lösliches, Aminosäure-einbauendes System aus Rattenleber.)** Biochim. biophysica Acta [Amsterdam] **76** (1963) Nr. 3. S. 474 bis 477. — 1 Abb., 2 Tab., 5 Lit.

Aus Rattenleberhomogenaten isolierten Vff. ein lösliches System, das ohne Zusatz von Ribosomen sowie ohne GTP in Anwesenheit von ATP, einem ATP-Regenerator sowie 1-RNS Aminosäuren in Protein einzubauen vermag. Das inkorporierende, von Ribosomen bzw. deren Bruchstücken freie System, das besonders den Einbau von ^{14}C-Arginin in Protein katalysiert, während 13 andere Aminosäuren nicht meßbar (bei anderen Fraktionen aber auch Glycin, Glutaminsäure, Methionin und Tryptophan) eingebaut wurden, wurde durch fraktionierte Zentrifugation näher charakterisiert. Es zeigte große Ähnlichkeit mit einem früher von Vff. untersuchten analogen System aus *E. coli.* R. Schiemann. 7930.

3-64/09-0501 Mcfarlane, A. S.; London, Nat. Inst. for Med. Res. Measurement of synthesis rates of liver-produced plasma proteins. **(Messung der Synthesegeschwindigkeiten von in der Leber gebildeten Plasmaproteinen.)** Biochem. J. **89** (1963) Nr. 2. S. 277-290. — 6 Abb., 3 Tab., 31 Lit.

Zur Erarbeitung von Verfahren über die Proteinsynthesegeschwindigkeit der Leber für klinische Untersuchungen führte Vff. Vergleichsuntersuchungen an Kaninchen sowie auch an erwachsenen Menschen mit Injektionen von 6-^{14}C-Arginin bzw. ^{14}C-Carbonat (auch orale Gaben) und Untersuchung der Radioaktivität der verschiedenen Plasmaproteinfraktionen und des Harnstoffs in Abhängigkeit von der Zeit durch. Bei Argininjektion ergab sich eine die Messung der Plasmaalbumin- und der Fibrinogenmarkierung stark störende hohe Markierung der γ-Globuline, die sich bei Carbonatgaben wesentlich weniger auswirkte. Aus diesem und auch anderen Gründen hält Vf. die Verwendung von ^{14}C-Carbonat trotz der wesentlich niedrigeren Einbaurate in die Plasmaproteine im Vergleich mit 6-^{14}C-Arginin für geeigneter zur Bestimmung der Plasmaproteinsynthesegeschwindigkeit der Leber. Kontrolluntersuchungen über den Katabolismus von ^{131}J-markiertem Albumin und ^{125}J-markiertem Fibrinogen ergaben eine befriedigende Übereinstimmung mit den Messungen des Anabolismus dieser Proteine aus den ^{14}C-Versuchen mit Carbonatinjektionen bei Kaninchen. Ferner ergab sich eine gewisse Beziehung zwischen der Harnstoffsynthese und der Synthese von Guanidin-C-Atomen im Plasmaalbumin und Fibrinogen bei erwachsenen Menschen.

R. Schiemann. 7930.

3-64/09-0502 Oaks, Ann; Lafayette, Ind., Life Sci. Building. The control of amino acid synthesis in maize root tips. **(Die Kontrolle der Aminosäuresynthese in Wurzelspitzen von Mais.)** Biochim. biophysica Acta [Amsterdam] **76** (1963) Nr. 4. S. 638-641. — 2 Tab., 9 Lit.

Wurzelspitzen von keimendem Mais wurden mit 2-^{14}C-Acetat mit und ohne Zusatz einer Aminosäurenmischung, die etwa den Syntheseverhältnissen im meristematischen Gewebe entspricht, bebrütet und die Radioaktivität im CO_2, im Rohfett und in den einzelnen Aminosäuren bestimmt. Der Aminosäurezusatz inhibierte die Synthese von Threonin, Valin, Leucin, Lysin, Arginin und Prolin aus Acetat. Die Synthese der anderen Aminosäuren wurde nicht behindert. Vf. sieht in der Endproduktinhibierung eine Repressorwirkung auf die Synthese der entsprechenden biosynthetischen Enzyme und einen autoregulativen Mechanismus im Hinblick auf die ökonomische Verwertung der Glucose, die statt zur Aminosäuresynthese bei ausreichendem Gehalt für andere Reaktionen (z. B. Energiegewinnung, Polysaccharidbildung) herangezogen werden kann. R. Schiemann. 7930.

3-64/09-0503 Bransome jun., Edwin D. und Reddy, William J.; Boston, Mass., Harvard Med. School; Peter Bent Brigham Hospital. The effect of insulin on the incorporation in vitro of amino acids into rat-adrenal protein and nucleic acids. **(Der Einfluß von Insulin auf den in vitro-Einbau von Aminosäuren in Nebennierenproteine und Nucleinsäuren von Ratten.)** Biochim. biophysica Acta [Amsterdam] **76** (1963) Nr. 4. S. 641-644. — 3 Tab., 12 Lit.

Vff. untersuchten den Einbau von $^{14}C_2$-Glycin in Proteine und Gesamtnucleinsäuren sowie von L-$^{14}C_6$-Lysin in Protein der Nebenniere von Ratten nach Bebrütung mit und ohne Zusatz von Insulin und Insulin + ACTH. Auf den Nucleinsäurestoffwechsel hatte der Hormonzusatz keinen signifikanten Einfluß. Dagegen stimulierte Insulin den Einbau beider Aminosäuren in die Nebennierenproteine. ACTH zeigte keine signifikante zusätzliche Wirkung. Glucosezusatz zum Bebrütungsansatz verringerte die stimulierende Wirkung des Insulins auf den Glycineinbau in Protein beträchtlich, woraus vermutet wird, daß Glucose einen wichtigen Konkurrenten gegenüber den nicht essentiellen Aminosäuren als Vorstufe der Proteinsynthese darstellt.

R. Schiemann. 7930.

3-64/09-0504 Kuratomi, Kazuoki und Fukunaga, Keiko; Tokyo, Japan, Juntendo Univ., School of Med. The metabolism of γ-hydroxyglutamate in rat liver. I. Enzymic synthesis of γ-hydroxy-α-ketoglutarate from pyruvate and glyoxylate. **(Der Stoffwechsel des γ-Hydroxyglutamats in der Rattenleber. 1. Mitt. Enzymatische Synthese des γ-Hydroxy-α-ketoglutarats aus Pyruvat und Glyoxalat.)** Biochim. biophysica Acta [Amsterdam] **78** (1963) Nr. 4. S. 617-628. — 6 Abb., 6 Tab., 27 Lit.

Aus Acetontrockenpulver von Rattenlebern reicherten Vff. ein neues Enzym, das die reversible Kondensation von Pyruvat und Glyoxalat zu γ-Hydroxy-α-ketoglutarat (**I**) spez. kondensiert, auf das 120fache an. Außer in Rattenleber wurde das Enzym auch in Niere und Gehirn, nicht dagegen in Herz und Milz nachgewiesen. Die nähere Charakterisierung des Ferments ergab u. a. ein pH-Optimum von 7,5, eine Gleichgewichtskonstante von 0,73, d. h. die Begünstigung der **I**-Bildung, und scheinbare K_m-Werte für Pyruvat, Glyoxalat und **I** von 10 mMol; 0,43 mMol und 1,33 mMol. Es wurde kein spez. Cofaktorbedarf gefunden. **I** konnte als Reaktionsprodukt isoliert und eindeutig identifiziert werden. Die Bedeutung dieser enzymatischen Synthese speziell im Hinblick auf die regulative Rolle des Glyoxalats (resp. des Glycins) für den Tricarbonsäurecyclus ist diskutiert. R. Schiemann. 7930.

3-64/09-0505 Kuratomi, Kazuoki, Fukunaga, Keiko und Kobayashi, Yasuko; Tokyo, Japan, Juntendo Univ., School of Med. The metabolism of γ-hydroxyglutamate in rat liver. II. A transaminase concerned in γ-hydroxyglutamate metabolism. **(Der Stoffwechsel des γ-Hydroxyglutamats in der Rattenleber. 2. Mitt. Eine Transaminase, die beim Stoffwechsel des γ-Hydroxyglutamats beteiligt ist.)** Biochim. biophysica Acta [Amsterdam] **78** (1963) Nr. 4. S. 629-636. — 3 Abb., 5 Tab., 17 Lit. 1. Mitt. vgl. vorst. Ref.

Die in der 1. Mitt. beschriebene enzymatische Synthese von γ-Hydroxy-α-Ketoglutarat (**I**) aus Pyruvat und Glyoxalat konnte unter Verwendung von 2-^{14}C-Pyruvat weiter gesichert werden. Es konnte weiterhin ein Enzym aus Acetontrockenpulver von Rattenleber 15fach angereichert werden, das die Transaminierung zwischen γ-Hydroxyglutamat (**II**) und α-Ketoglutarat katalysiert. Damit ist der folgende reversible Stoffwechselweg erwiesen: Pyruvat + Glyoxalat ⇌ **I** ⇌ **II**. Die möglichen Querverbindungen von **I** und **II** im Stoffwechsel, so die Überführung von **I** in Malat, die Decarboxylierung von **II** oder die Cyclisierung von **II** zu L-Hydroxyprolin, werden erörtert. R. Schiemann. 7930.

3-64/09-0506 Charbonneau, R. und Berlinguet, L. Formation of urea in liver homogenates from citruline and various N-alkyl derivatives of aspartic acid. **(Bildung von Harnstoff in Leberhomogenaten aus Citrullin und verschiedenen N-Alkylderivaten der Asparaginsäure.)** Canad. J. Biochem. Physiol. **41** (1963) Nr. 11. S. 2297-2305. — 4 Tab., 17 Lit.

Über die Bestimmung der umgesetzten Citrullinmenge untersuchten Vff. den Einfluß verschiedener N-Alkyl-Asparaginsäurederivate in Abhängigkeit von der Konzentration (N-Methyl-[I], N-Äthyl- [II], N-Isopropyl- [III], N-Cyclohexyl- [IV] und N-Allyl-[V]-Asparaginsäure) sowie den Einfluß von Aminosäuren (Valin [VI], Leucin [VII], Lysin [VIII], Alanin [IX] und Glycin [X]) und von Aminosäureanaloga (1-Aminocyclopentancarbonsäure [XI] und 1-Amino-2-methylcyclopentancarbonsäure [XII]) auf die Harnstoffsynthese durch Rattenleberhomogenate. Bei niedrigen Konzentrationen hatten I-III keinen Einfluß auf die Harnstoffsynthese, die aber bei höherer Konzentration mit etwa 15% der Wirksamkeit von Asparaginsäure durch I-III stimuliert wurde. IV zeigte einen leichten und V einen starken Inhibitoreffekt. Zusatz von VI-X ergab ebenfalls einen Inhibitoreffekt, der wahrscheinlich darauf zurückzuführen ist, daß andere Stoffwechselwege der Aminosäuren vor der Harnstoffsynthese die Priorität haben. Dies wird dadurch unterstrichen, daß Zusatz von XI und XII keinen Einfluß auf die Harnstoffbildung ausübten. Nach den Untersuchungsergebnissen ist für die Harnstoffsynthese das Vorhandensein einer freien Aminogruppe zur intermediären Bildung der Argininobernsteinsäure unbedingt erforderlich. R. Schiemann. 7930.

3-64/09-0507 Bressani, Ricardo und Marenco, Emelina; Guatemala, Inst. of Nutrit. of Centr. America and Panama (JNVAP). The enrichment of lime-treated corn flour with proteins, lysine and tryptophan, and vitamins.

(Die Anreicherung von kalkbehandeltem Maismehl mit Proteinen, Lysin und Tryptophan sowie Vitaminen.) J. agric. Food Chem. **11** (1963) Nr. 6. S. 517 bis 522. – 1 Abb., 6 Tab., 17 Lit.
Versuche mit Ratten ergaben, daß der Nährwert von kalkbehandeltem Mais in Menge und Qualität signifikant verbessert werden kann, wenn mit einem der nachgenannten tierischen oder pflanzlichen proteinreichen Futterstoffe in den angegebenen Mengen angereichert wird: 3% Fischmehl, 5% Fleischmehl, 3% Volleipulver, 5% Casein, 8% Magermilchpulver, 8% Sojaprotein, 8% Sojabohnenmehl, 9% Baumwollsaatmehl, 9% Kürbismehl oder 3% Futterhefe. Das Ausmaß der Verbesserung hängt vom Lysin-, Tryptophan- und Isoleucin-Gehalt der Supplemente ab, denn diese Aminosäuren sind im kalkbehandelten Maismehl limitierend. Die Korrelation zwischen dem Lysin-Gehalt der Proteinergänzungen und dem PER war hochsignifikant ($r = 0{,}874$). Die größte PER-Erhöhung ist bei einem Supplement zu erreichen, das 0,6 g N, 0,25 g Lysin, 0,045 g Tryptophan, 0,20 g Isoleucin und 0,075 g Methionin enthält. Von den geprüften Vit. bewirkte besonders Riboflavin eine signifikante Verbesserung des Nährwertes von kalkbehandeltem Mais.

J. Wünsche. 7930.

3-64/09-0508 *Bergner, Hans.* **Untersuchungen mit ^{32}P über den Nucleinsäurestoffwechsel und Phosphatumsatz der Leber sowie Leberfunktionsprüfungen mit ^{131}J-Rose bengale unter verschiedenen Ernährungsbedingungen.** Habil.-Schr. Landwirtsch.-Gärtner. Fak. Berlin. 1963. (146 S.) 4°. (Diss. 9569)

Energiewechsel

3-64/09-0509 Aldridge, W. N. und Stoner, H. B. Oxidative phosphorylation in liver mitochondria from cold-acclimatet rats. **(Oxydative Phosphorylierung in Lebermitochondrien von kältebehandelten Ratten.)** Biochim. biophysica Acta [Amsterdam] **78** (1963) Nr. 4. S. 736-739. – 1 Tab., 11 Lit. 8008.

3-64/09-0510 Green, D. E. und Fleischer, S.; Madison, Univ. of Wisconsin, Inst. for Enzyme Res. The role of lipids in mitochondrial electron transfer and oxidative phosphorylation. **(Die Rolle der Lipide bei der mitochondrialen Elektronenüberführung und der oxydativen Phosphorylierung.)** Biochim. biophysica Acta [Amsterdam] **70** (1963) Nr. 5. S. 554-582. – 15 Abb., 5 Tab., 88 Lit.
Vff. entwickeln an Hand eigener und Literaturergebnissen ein Bild über Aufbau und Funktion der Mitochondrien unter besonderer Berücksichtigung der Rolle der Lipide. Aus Fraktionierungen von Mitochondrien, elektronenmikroskopischen Aufnahmen, gekoppelt mit chemischen Untersuchungen, erscheinen die Mitochondrien als Strukturprotein-Phospholipid-Matrix, an die Tausende von Elementarpartikel als Träger der Elektronentransportkette angeheftet sind. Die Notwendigkeit der Phospholipide für den Elektronentransport ergibt sich u.a. daraus, daß Extraktion mit wäßrigem Aceton den Elektronentransport stark inhibiert, wobei die Aktivität durch Zugabe von Phospholipiden plus Coenzym Q (Q) weitgehend restauriert werden kann. Speziell besteht ein Phospholipidbedarf für folgende Reaktionsfolgen der Atmungskette: Succinat $\rightarrow$ Q; $QH_2 \rightarrow$ Cytochrom c; red. Cytochrom c $\rightarrow O_2$. Aus Modellversuchen über die Micellenbildung von Phospholipiden und der Reaktion mit Proteinen, die nach 2 Typen, einem ionogenen zwischen sauren Phospholipiden und basischen Proteinen und einem hydrophoben zwischen dem Strukturprotein der Mitochondrien und allen getesteten Phospholipiden, erfolgen kann, leiten Vff. eine verallgemeinerungsfähige Vorstellung über die Molekularstruktur und die Eigenschaften der Mitochondrienmembranen hinsichtlich Elektronentransport, oxydativer Phosphorylierung und aktivem Ionentransport ab. (Die Arbeit enthält eine Reihe anschaulicher Schemazeichnungen).

R. Schiemann. 8008.

3-64/09-0511 Bligh, J. und Beadle, M.; Kampala, Uganda, Makerere Univ. Coll.; Babraham, Cambridge, A. R. C. Inst. of Animal Physiol. The continuous radio-telemetric recording of deep body temperature of some African mammals. **(Die fortlaufende radiotelemetrische Aufzeichnung der Körpertemperatur einiger afrikanischer Säugetiere.)** Biochem. J. **89** (1963) Nr. 2. S. 72P.

Im Gehege gehaltenen afrikanischen Säugetieren wurde der Thermistor 6-8 cm in die Nackenmuskulatur implantiert und die Körpertemp. radiotelemetrisch gemessen. Diese Messungen stimmten mit den rectalen Körpertemp. überein. W. Jentsch. 8012.

3-64/09-0512 DesMarais, A. und Lachance, P. A.; Ottawa, Canada, Univ. Influence of diet composition and caloric intake on body weight of warm- and cold-acclimated rats. **(Der Einfluß der Nahrungszusammensetzung und der Energieeinnahme auf das Körpergewicht an Wärme und Kälte akklimatisierter Ratten.)** Canad. J. Biochem. Physiol. **41** (1963) Nr. 11. S. 2225-2235. — 9 Tab., 23 Lit. Zus. in Franz.

An Kälte akklimatisierte Ratten setzten bei fettreicher Fütterung ad libitum weniger Gesamtkörperfett an, während die Zunahme an fettfreier Körpersubstanz unbeeinflußt blieb. Bei kohlenhydratreicher Fütterung ad libitum oder bei eingeschränkter fettreicher oder kohlenhydratreicher Fütterung hatte die Kälteexposition keinen Einfluß auf die Körpergewichte, die schon durch die Fütterung niedriger waren. Der Rückgang im Fettansatz wurde durch eine geringe Zunahme der fettfreien Körpersubstanz kompensiert, so daß die Körpergewichtsdifferenzen nicht signifikant waren. W. Jentsch. 8012.

3-64/09-0513 Beaton, John R.; Toronto, Ontario, Defence Res. Med. Lab. Phosphorus metabolism in cold-exposed rats. **(Phosphorstoffwechsel in kälteexponierten Ratten.)** Canad. J. Biochem. Physiol. **41** (1963) Nr. 11. S. 2209 bis 2215. — 1 Abb., 1 Tab., 10 Lit.

207 g schwere ♂ Ratten wurden 7 Tage bei 2-3° gehalten, der Kot und Harn täglich gesammelt und der P-Gehalt bestimmt. Bei Kälteexposition erhöhte sich die P-Ausscheidung im Harn. Durch freie Futteraufnahme kompensierte sich die erhöhte P-Ausscheidung im Harn und die P-Bilanz war normal. Kälteexposition war ohne Einfluß auf die Konzentration an säurelöslichem anorg., org. oder Fett-P im Blut. Die Konzentration von anorg. P der Leber erhöhte sich, die von org. nicht an Fett gebundenem P verminderte sich. Die Beobachtungen lassen den Abbau von org. P zu anorg. vermuten. W. Jentsch. 8012.

Eiweißstoffwechsel

3-64/09-0514 Fisher, Hans, Brush, M. K., Shapiro, R., Wessels, J. P. H., Berdanier, C. D., Griminger, P. und Sostman, E. R. Amino acid balance in the adult: high nitroen — low tryptophan diets. **(Aminosäurebalance bei Erwachsenen: Diäten mit hohem N- und niedrigem Tryptophangehalt.)** J. Nutrit. [Philadelphia] **81** (1963) Nr. 3. S. 230-234. — 3 Tab., 14 Lit. 8042.

3-64/09-0515 Clark, Helen E., Kenney, Mary Alice, Goodwin, Alice F., Goyal, Kamla und Mertz, Edwin T. Effect of certain factors on nitrogen retention and lysine requirements of adult human subjects. IV. Total nitrogen intake. **(Der Einfluß gewisser Faktoren auf die N-Retention und den Lysinbedarf erwachsener Menschen. 4. Mitt. Die gesamte N-Aufnahme.)** J. Nutrit. [Philadelphia] 81 (1963) Nr. 3. S. 223-229. — 4 Tab., 15 Lit. 8042.

3-64/09-0516 Coles, Betty L. und Macdonald, I. The influence of dietary carbohydrates on serum protein levels in rabbits on low-protein diets. **(Der**

Einfluß von Kohlenhydraten im Futter auf den Proteinspiegel des Serums bei Kaninchen mit niedriger Proteinzufuhr.) Proc. Nutrit. Soc. **22** (1963) Nr. 1. S. III. 8042.

3-64/09-0517 Clark, R., Barrett, E. L. und Kellerman, J. H. A comparison between nitrogen retention from biuret and urea by sheep on a low protein roughage diet. **(Vergleich der Stickstoffretention von Biuret und Harnstoff bei Schafen mit einer proteinarmen Rauhfutterration.)** J. South African veterin. med. Assoc. **34** (1963) Nr. 3. S. 419-423.

Über vergleichende Stoffwechselversuche an Schafen mit Biuret (B.) und Harnstoff (H.) wird berichtet. B., ein Kondensationsprodukt von H., erwies sich als ebenso wirksam wie H. bei Untersuchung des N-Stoffwechsels und Stimulierung des Heuverzehrs. Wegen seiner Ungiftigkeit und seines Geschmacks ist B. besser als H. geeignet, als eiweißfreie Ergänzung zum proteinarmen Rauhfutter mit hohem Zellstoffgehalt, nicht zuletzt auch wegen seiner Billigkeit zu dienen. K. Reinhardt. 8050.

Stoffwechsel N-freier Nährstoffe

3-64/09-0518 Anonym. Essential fatty acida requirement of swine. **(Der Bedarf an essentiellen Fettsäuren beim Schwein.)** Nutrit. Rev. **21** (1963) Nr. 8. S. 235-237.

Bei Versuchen mit Oleinsäure, deren C-Atom der Carboxylgruppe aus radioaktivem C besteht, wurde das Acetat an die Carboxylgruppe der Oleinsäure angelagert. Hierauf folgt wahrscheinlich die Abgabe von H. Die Feststellungen Holmans bei der Ratte wurden von Leat bei Schweinen bestätigt. Wenn in den Nahrungskalorien der Linolensäuregehalt sich 1% näherte oder diesen Wert überschritt, verringerte sich der Quotient von Trien- zu Tetraensäure im Serum der Tiere und betrug weniger als 0,4. Bei weiterem Anstiege des Linolensäuregehaltes im Futter kam es jedoch zu keiner weiteren Verringerung des genannten Quotienten. H. Busse. 8066.

3-64/09-0519 Mohrhauer, Hans und Holman, Ralph T.; Austin, Univ. of Minnesota, Hormel Inst. Effect of linolenic acid upon the metabolism of linoleic acid. **(Die Wirkung von Linolensäure auf den Stoffwechsel von Linolsäure.)** J. Nutrit. [Philadelphia] **81** (1963) Nr. 1. S. 67-74. — 2 Abb., 4 Tab., 23 Lit.

An 108 (18 Gruppen) 24 Tage alte ♂ Ratten wurden zu einer fettfreien Nahrung zusätzlich drei verschiedene Mengen Linolat (**I**), kombiniert mit 6 verschiedenen Mengen Linolenat (**II**) 87 Tage verabreicht und die Fettsäurenzusammensetzung des Leber-(**III**), Herz-(**IV**) und des Fettgewebefettes (**V**) gaschrom. bestimmt. Resultate: Gleicher Wuchs, keine Mangelsymptome (nur bei niedrigsten Mengen — schwache Dermatitis); **III** (gleiches bei **IV**, **V**): keine übereinstimmende Veränderung bei Myristin-, Palmitin- und Stearinsäure. Erhöhte Gaben von **I** bewirkte Verminderung von Palmitolein-, Öl- und 5,8,11-Eicosatriensäure; signif. Vermehrung der **I**-Familie und keine signif. Veränderung bei der **II**-Familie. Vff. schließen aus ihren Untersuchungen, daß die Umwandlung von **I** in Arachidonsäure durch **II** in der Nahrung inhibitiert wird. A. Chudy. 8066.

3-64/09-0520 Hopkins, D. T., Witter, R. L. und Nesheim, M. C.; Ithaca, N. Y., Cornell Univ. A respiratory disease syndrome in chickens fed essential fatty acid deficient diets. **(Ein Syndrom der Erkrankung der Atmungsorgane bei Küken, in deren Futter eine essentielle Fettsäure fehlt.)** Proc. Soc. exp. Biol. Med. **114** (1963) Nr. 1. S. 82-86. — 1 Abb., 2 Tab., 13 Lit.

Linolsäure und zum Teil auch Arachidonsäure werden gewöhnlich als essentielle Fettsäuren bezeichnet, die im Futter von Säugetieren enthalten sein müssen. Auch Küken benötigen solche Fettsäuren zum Wachstum. Das Grundfutter enthält mit Alkohol extrahiertes Casein und Sucrose sowie 1% Kokosnußfett. Das letztere weist keine Linolsäure auf. In einer 2. Versuchsserie wird dem Grundfutter 10% Sojabohnenöl zugesetzt. Die Küken werden sonst unter gleichen Versuchsbedingungen gehalten. Nach 10 Wochen zeigen Küken, die nur das Grundfutter bekommen haben, Atmungsstörungen, während die anderen Tiere gesund bleiben. Durch die Sektion werden erhebliche entzündliche Veränderungen der Mesobronchien und Bronchioli und ein dickes weißes Exsudat festgestellt. Nur in besonders schweren Fällen sind auch die Luftsäcke und die Trachea betroffen. Andere Organe weisen keinerlei krankhafte Veränderungen auf. Da die mit 10% Sojabohnenöl gefütterten Küken keinerlei Krankheitserscheinungen zeigen, muß angenommen werden, daß das Sojabohnenöl eine Schutzwirkung entfaltet. E. Tempel. 8066.

3-64/09-0521 Swell, Leon, Law, M. D. und Treadwell, C. R. Dynamic aspects of cholesterol ester metabolism in rabbits with atherisclerosis. **(Dynamische Aspekte des Stoffwechsels von Cholesterolestern bei Kaninchen mit Atherosklerose.)** J. Nutrit. [Philadelphia] 81 (1963) Nr. 3. S. 263-270. — 5 Tab., 17 Lit. 8066.

Mineralstoffwechsel

3-64/09-0522 Wardlaw, Janet M. und Pike, Ruth L.; University Park, Pennsylvania State Univ. Some effects of high and low sodium intake during pregnancy in the rat. IV. Granulation of renal juxtaglomerular cells and zona glomerulosa width. **(Einige Wirkungen einer hohen und niedrigen Natriumaufnahme während der Trächtigkeit bei der Ratte. 4. Mitt. Granulation der die Nierenglomeruli umgebenden Zellen und die Breite der Zona glomerulosa.)** J. Nutrit. [Philadelphia] **80** (1963) Nr. 4. S. 355-364. — 5 Abb., 5 Tab., 31 Lit. 3. Mitt. vgl. 3-64/01-0480.

Der Grad der Granulation in den die Nierenglomeruli umgebenden Zellen wurde signifikant durch die Trächtigkeit erhöht, ebenfalls durch fallende Na-Aufnahme. Durch niedrige Gaben von Na wurde ein Mangelzustand hervorgerufen, welcher sich u. a. in geringerer Futteraufnahme, geringeren Gewichtszunahmen und allgemeiner Hinfälligkeit äußerte. Eine Zunahme der Granulation in den die Nierenglomeruli umgebenden Geweben war verbunden mit einer Zunahme der Breite der *Zona glomerulosa* und des Anteils des in der Niere gespeicherten Nahrungs-Na. Die Gruppe der trächtigen Tiere mit niedrigen Na-Gaben hatte eine geringere Granulation, eine größere Breite der *Zona glomerulosa* und speicherte mehr Na als die entsprechende Gruppe nichtträchtiger Tiere. B. Busch. 8122.

3-64/09-0523 Scholtyssek, S. und Häußermann, W.; Hohenheim, Inst. für Tierzuchtlehre. **Zusammenhänge zwischen Calcium-Stoffwechsel (^{45}Ca) und Legeleistung von Käfighennen bei unterschiedlichem Temperatur- und Vitamin-C-Angebot.** Arch. Geflügelkunde **27** (1963) Nr. 1. S. 5-17. — 2 Abb., 5 Tab., 11 Lit. Zus. in Engl.

Je 8 im Legen stehende Leghornhennen wurden in Einzelkäfigen in einem abgeschlossenen, fensterlosen Raum gehalten, wobei die Temperatur des einen Raumes auf 30 °C und die des anderen auf 15 °C gehalten wurde. Die Tiere erhielten ein Legehennen-Alleinfutter. 4 Hennen je Raum bekamen zusätzlich 0,003% Vit. C. Nach dem Vorversuch (2.10.-3.11. 1961) wurde der tägl. Trinkwassermenge an 4 Tagen je 30/μC ^{45}Ca als $CaCl_2$ mit einer spez. Aktivität von 2,2 mC pro g Ca zugesetzt. Die Futteraufnahme war im warmen Raum um ca. 20 g geringer, dagegen wurden ca. 100 g Wasser mehr verbraucht. Die Verdaulichkeit der Grundnährstoffe war im warmen Raum herabgesetzt, Vit.-C-Zugabe verringerte diese Differenz. In der Legeleistung und Eiqualität konnte kein signifikanter Unterschied ermittelt werden. Das Körpergewicht nahm im kalten Raum zu, in erhöhtem Maße bei der Vit.-C-Gruppe. Die Ausscheidung des ^{45}Ca wurde 38 Tage lang verfolgt. Im wärmeren Raum wurden größere Ca-Mengen im Kot und geringere Ca-Ablagerungen in der Eischale festgestellt. Bei der Messung der Radioaktivität in Knochen, Fleisch und Blut konnten keine signifikanten Unterschiede ermittelt werden.

U. Hofmann. 8123.

3-64/09-0524 Müller, W. A.; Neuherberg bei München, Inst. für Strahlenschutzforsch. **Untersuchungen zum Strontiumstoffwechsel im Säugetierskelett.** Atompraxis **9** (1963) Nr. 10. S. 408-411. — 2 Abb., 2 Tab., 15 Lit.

5 Gruppen von Mäusen wurden mit Rationen, denen $SrCl_2$ (Ca/Sr in der Ration = 1) zugemischt war, 2 bis 25 Tage gefüttert, und nach Wegfall der zusätzlichen Sr-Gaben (Ca/Sr in der Standardration = 3000) wurde in Abhängigkeit v. der Zeit das Ca/Sr-Verhältnis im Skelett bestimmt. Der Verlauf der Ausscheidungskurven läßt auf eine schnellere und eine langsamere Ausscheidungskomponente schließen, wobei mit zunehmender Sr-Anreicherung die Periode der schnellen Ausscheidung immer kleiner wird. Die Sr-Aufnahme der Nagezähne zeigte abweichende Besonderheiten. In einer 2. Versuchsserie wurde die Auswirkung der Verfütterung von stabilem Sr auf die Einlagerung von oral gegebenem ^{90}Sr in die Knochen untersucht. Es ergab sich, daß entgegen den üblichen Vorstellungen des Verdünnungseffektes die Zufuhr von stabilem Sr die Retention von ^{90}Sr im Skelett unter bestimmten Bedingungen noch erhöhen kann.

R. Schiemann. 8123.

3-64/09-0525 Toothill, Joyce; Shinfield, Reading, Nat. Inst. for Res. in Dairying. The effect of certain dietary factors on the apparent absorption of magnesium by the rat. **(Der Einfluß gewisser Nahrungsfaktoren auf die sichtbare Magnesiumresorption bei der Ratte.)** Brit. J. Nutrit. **17** (1963) Nr. 1. S. 125-134. — 6 Tab., 23 Lit.

Entwöhnte ♂ Ratten erhalten eine Mg-arme Grundkost mit 8 oder 16% Eiweiß, der Mg in verschiedenen Salzformen derart zugesetzt wird, daß der Mg-Gehalt 19,5-21,5 mg/100 g beträgt. Den 9 Versuchsdiäten werden in einigen Fällen außerdem noch NH_4-Salze, Phosphate oder $CaCO_3$ zugesetzt. Nach einwöchiger Fütterung werden die Tiere in Stoffwechselkäfige gebracht und in Futter, Harn und Faeces Mg, Ca und P bestimmt. Bei 16% Casein im Futter sind Gewichtszunahme und Mg-Retention gegenüber 8% Casein signifikant erhöht. NH_4-Ionen, gleichgültig ob als Bicarbonat, Citrat oder Mg-Phosphat eingebracht, beeinflussen die Ca-Resorption nicht. Die Mg-Resorption wird gehemmt, wenn der Ca-Gehalt des Futters von 0,34 auf 0,68% oder der P-Gehalt von 0,39 auf 0,79% ansteigen, und geht noch weiter zurück, wenn Ca und P gleichzeitig zugelegt werden. Eine Erhöhung des P-Gehaltes im Futter wirkt sich hingegen auf die Ca-Resorption nicht aus, während umgekehrt bei jedem P-Angebot eine Steigerung des Ca-Verzehrs die P-Resorption herabsetzt.

B. Gaßmann. 8123.

3-64/09-0526 Harrison, F. A., Hill, K. J. und Mangan, J. L. Absorption and excretion of lithium and magnesium in the sheep. **(Resorption und Exkretion von Lithium und Magnesium beim Schaf.)** Biochem. J. 89 (1963) Nr. 3. S. 99P-100P. 8123.

3-64/09-0527 Babin, Ja. A. und Matveeva, N. F. Sintetičeskaja močevina v komplekse s seroj povyšaet nastrig i kačestvo šersti. **(Beifütterung von Carbamid und Schwefel erhöhen den Wollertrag und die Qualität der Wolle.)** Ovcevodstvo, Moskva **10** (1964) Nr. 2. S. 31-33. — 2 Tab.

Der Proteinmangel in der Ration von 10-12 Mon. alten Hammeln wurde in allen 3 Gruppen durch Carbamid ersetzt (31,2% des verd. Proteins). Die 2. Gruppe erhielt zusätzlich eine S-Beifütterung von 3 g je Tier und Tag, die 3. Gruppe zusätzlich 1,2 g Na-Sulfat je Tier. Die tägl. Carbamidnorm wurde mit Maiskörnern (II) und mit Silage (III) verfüttert. Die S-Beifütterung verur-

sachte eine Stimulierung des Stoffwechsels in der Haut und wirkte effektiv auf Wollwachstum (Reinwollertrag, Faserdurchmesser) und Gehalt an Aminosäuren in der Haut. Der Reinwollertrag war bei II am höchsten (38,2%), in den anderen Gruppen durch Fettschweiß gemindert.
M. Giske/Dummerstorf. 8124.

3-64/09-0528 Behrens, H. **Untersuchungen über die parenterale Applikation von Eisenpräparaten bei Saugferkeln.** Dtsch. tierärztl. Wschr. **70** (1963) Nr. 15/16. S. 444-446. — 2 Tab., 8 Lit.
Vf. konnte feststellen, daß von den im Alter von 3-4 Lebenstagen behandelten Ferkeln sowohl die s.c. als auch die i.abd. Injektionen komplikationslos vertragen wurden. Gleichzeitig konnte eine Erhöhung des Hb-Gehaltes und eine bessere Entwicklung als bei den unbehandelten Kontrolltieren beobachtet werden. E. Werner. 8127.

3-64/09-0529 Koetsveld, E. E. van. **Der Jodmetabolismus der Milchkühe.** Wiener tierärztl. Mschr. **51** (1964) Nr. 2. S. 73-82. — 79 Lit. Zus. in Engl., Franz., Ital.
Das vorliegende Übersichtsreferat beschäftigt sich mit neueren Erkenntnissen über den Jodstoffwechsel bei Nutztieren, insbesondere mit Fragen der embryonalen Entwicklung der Schilddrüse, der Biosynthese der Schilddrüsenhormone, der Wechselbeziehung zwischen Schilddrüse und Hypophyse, dem thyroxinbindenden Protein des Plasmas, dem Übergang der Schilddrüsenhormone in den Foetus und dem Thyroxinumsatz. Die Schilddrüsenhormone sind für die Entwicklung und Unterhaltung der Funktion der Milchdrüse von großer Bedeutung. Sera von Rindern und Schafen binden viel mehr Thyroxin als Sera von Menschen. Die Thyroxinsynthese entwickelt sich beim Foetus des Rindes zwischen dem 53. und 70. Tag der Gravidität. Die Thyroxinsekretion der Schilddrüse ist zu Beginn der Laktation am höchsten (0,155 mg/100 lb/Tag), um dann allmählich abzunehmen; sie beträgt nach 9 Mon. 0,132 mg/100 lb/Tag. Der Thyroxingehalt im Blut liegt zu Beginn der Laktation am niedrigsten (2,72 μg%), um nach 6 Monaten den höchsten Wert (mit 3,58 μg%) zu erreichen. In der Milch kommt das Jod hauptsächlich als anorg. Jodid vor. Nach Verabreichung von ^{131}J an Milchkühe wurden 5-10% in der Milch, 15-40% in den Faeces und der größere Teil im Harn ausgeschieden. Hochleistungstiere haben relativ hohe Jodidkonzentrationen in der Milch und verlieren mit dieser auch viel Jodid. Ein Jodmangel kann als limitierender Faktor für die Milchproduktion wirken. Kühe mit Ketose haben niedrige proteingebundene Jodwerte im Plasma. Mit der Galle wird organisch gebundenes Jod ausgeschieden. Auf die Jodausscheidung ist auch das Kotvolumen von Einfluß. Ein hoher Ca-Gehalt im Futter hemmt die Jodaufnahme. Die Resorption von Carotin wird durch Thyroxin gefördert. Bei Vit.-A-Mangel ist die Synthese von Schilddrüsenhormonen herabgesetzt. Goitrogene Pflanzenfamilien sind: Cruciferen, speziell Brassica und Resedaceen. Im Pansen werden inaktive Subst. vielfach erst in die aktive goitrogene Verbindung übergeführt, die auch mit der Milch ausgeschieden werden können. E. Kolb. 8127.

3-64/09-0530 Lengemann, F. W.; Ithaca, N.Y., Cornell Univ. I concentrations in blood, milk, urine and faeces of dairy cows following a single dose of radio-iodine. (**^{131}J-Konzentrationen in Blut, Milch, Urin und Faeces von Milchkühen nach Verabreichung von einzelnen Radiojodgaben.**) J. agric. Sci. **61** (1963) Nr. 3. S. 375-379. — 2 Abb., 2 Tab., 13 Lit.
Jersey-Kühe erhielten in ihrer Ration entweder 3,5 mg (**I**) oder 12-16 mg (**II**) Jod pro Tier und Tag. Zum Versuchszeitpunkt wurden je Tier 5 mC ^{131}J oral oder i.v. verabreicht. Nach i.v.-Injektion war die ^{131}J-Conc. in der Milch in den ersten 8 Stunden höher als nach oraler Verabreichung. In allen Versuchen nahm im Blut das nichtproteingebundene ^{131}J (n.p.) schneller ab als das Gesamt-^{131}J. Die ^{131}J-Ausscheidung in der Milch und im Harn lief parallel zur Elemi-

nierung des n.p.-^{131}J. Die ^{131}J-Ausscheidung über den Kot war bei **I** parallel der ^{131}J-Gesamt-Ausscheidungskurve des Blutes. Bei **II** lief die Kot-^{131}J-Ausscheidung parallel der n. p. ^{131}J-Eleminierung. Die Halbwertzeiten für die isolierten Komponenten werden angegeben und verglichen. Die **I**-Kühe hatten mehr proteingebundenes ^{131}J in Milch und Blut als die **II**-Kühe. Das Verhältnis proteingebundes ^{131}J : n.p. ^{131}J im Blut wurde mit zunehmender Zeit größer. In der Milch dagegen war dieses Verhältnis relativ konstant.
H. Bergner. 8127.

3-64/09-0531 Aschbacher, P. W., Miller, J. K. und Cragle, R. G.; Oak Ridge, Univ. of Tennessee. Metabolism of diiodosalicylic acid in dairy calves. **(Stoffwechsel von Dijodsalicylsäure bei Milchkälbern.)** J. Dairy Sci. **46** (1963) Nr. 10. S. 1114-1117. — 3 Abb., 1 Tab., 16 Lit.
Dijodsalicylsäure (DJS) wird als J-Quelle in Mineralmischungen eingesetzt. Auf Grund von früheren Untersuchungen werden 10 mg DJS als ausreichende Ergänzung für eine Milchkuh angesehen. Weiterhin wurde beobachtet, daß der Anteil an proteingebundenen J bei DJS-Gabe anstieg. Diese Untersuchungen wurden angestellt, da bei neugeborenen Kälbern der Institutsherde vergrößerte Schilddrüsen beobachtet wurden, die nach 5 Lebenswochen wieder verschwanden. Die alleinige J-Quelle der Institutsherde war DJS. Daher wurde in 3 Bilanzversuchen an jeweils 4 Kälbern die Resorption und Verwertung vergleichsweise mit ^{131}J untersucht. Von den 4 Kälbern erhielten 2 i.v. und 2 oral D^{131}JS verabreicht. Die Hauptmenge des D^{131}JS erschien nach 24 Std. im Plasma, wovon 90% proteingebunden war. Das als Vergleich eingesetzte ^{131}J war nach 8-10 Std. zum größten Teil im Plasma mit weniger als 1% proteingebundenem ^{131}J. Die Exkretion im Harn betrug 83,2 bzw. 46,1% ($P < 0,01$), im Kot hingegen 6,4 bzw. 20,0% ($P < 0,01$) bei D^{131}JS bzw. ^{131}J. Die gesamte Ausscheidung war bei D^{131}JS höher als bei ^{131}J. Die Aufnahme durch die Schilddrüse belief sich bei D^{131}JS auf 5,5%, bei ^{131}J auf 26,8%.
B. Piatkowski. 8127.

3-64/09-0532 Kirchgessner, M., Weser, U., Friesecke, H. und Oelschläger, W.; München, TH., Inst. für Tierernähr. **Fluor im Stoffwechsel wachsender Schweine.** Z. Tierphysiol., Tierernähr. Futtermittelkunde **18** (1963) Nr. 4. S. 250-253. — 2 Tab., 14 Lit. Zus. in Engl.
In den Versuchsreihen I und II wurde 12 Schweinen im Gewicht von 16,9 bzw. 32,4 kg 0,55 kg bzw. 1,2 kg Mischfutter verabreicht. Das Futter enthielt 2,6 mg Fluor (F) je 100 g Tr.-Subst. Die tägl. F-Retention betrug bei I 6,5 mg (= 52,6% der Aufnahme) und bei II 11,9 mg (= 44,2% der Aufnahme). — Die F-Retention stieg mit dem Körpergewicht an, jedoch waren die relative F-Retention (auf die Aufnahme bezogen) und die F-Retention je kg Gewichtszunahme von der Körpergröße unabhängig. H. Jung. 8127.

3-64/09-0533 Kirchgessner, M., Weser, U. und Friesecke, H.; München, TH., Inst. für Tierernähr. **Cu und Mo im Stoffwechsel wachsender Schweine.** Z. Tierphysiol., Tierernähr. Futtermittelkunde **18** (1963) Nr. 4. S. 239-242. — 1 Tab., 17 Lit. Zus. in Engl.
Ziel der Untersuchungen war es insbes., den Einfluß von Cu-Zulagen auf den Mo-Stoffwechsel zu ermitteln. In 2 Versuchsreihen erhielten Schweine mit einem Gewicht von 16,9 bzw. 32,4 kg ein Fertigfutter, das je 100 g Tr.-Subst. 92 mg Mo und 0,95 mg Cu enthielt. Gr. I diente als Kontrollgruppe, Gr. II erhielt eine Zulage von 0,5 g und Gr. III von 1,0 g $CuSO_4$ 5 H_2O je kg Trockenfutter. — Beide Zulagen bewirkten einen höheren Cu-Ansatz, jedoch verursachte nur die höhere eine verstärkte Mo-Retention. H. Jung. 8127.

3-64/09-0534 Obnosov, V. P.; Landwirtsch. Inst. der Tadshik. SSR. Mikroėlementy v racionach svinej. **(Spurenelemente in den Futterrationen von Schweinen.)** Švinovodstvo, Moskva **18** (1964) Nr. 2. S. 38-40. — 3 Tab.

Am zweckmäßigsten erwiesen sich die Kombinationen Co-Cu-Fe- und Co-Cu-Salzen. So stieg bei den Versuchstieren die Verdaulichkeit der Tr.-Subst. des Futters um 5-17,2%, bei Rohfett um 5,3-18,6%, bei Rohprotein um 1,8-8,1% und bei Rohfaser um 7,2-12,4%. Es werden Normen für die Verabreichung der verschiedenen Salze empfohlen. I. Scholz/Dummerstorf. 8127.

3-64/09-0535 Moiseev, V. A. Nekotorye dannye o vlijanii mikroėlementov na rasščeplenie kletčatki. **(Einige Angaben über den Einfluß der Spurenelemente auf die Aufspaltung der Rohfaser.)** Vestnik Akademii nauk Kazachskoj SSR, Alma-Ata **19** (1963) Nr. 6. S. 40-45. — 2 Abb., 11 Lit. Orig.: russ., Ausz.: kasach.
Drei Versuchsschafen wurden über Fisteln für 24 Std. Kapseln mit abgewogenen Filtern (Quelle der Rohfaser) in den Pansen eingeführt. Zusammen mit dem Futter (natürliche Weide und Erbsenstoppeln) wurden den Versuchstieren je 2,9 g Spurenelemente pro Tag in folgender Zusammensetzung verabfolgt: $MgSO_4$ 37,58%, $CuSO_4$ 3,4%, $ZnSO_4$ 3,45%, $MnSO_4$ 3,45%, $CoSO_4$ 0,35%, NaH_2PO_4 25,86% und KH_2PO_4 25,86%. Der Versuch verlief in 3 Etappen, und zwar Weidegang ohne Zusatz von Spurenelementen, Weide + Zusatz von Spurenelementen und Weide + Spurenelemente + Harnstoff. Versuchsergebnisse: Die Verabfolgung des Komplexes von Spurenelementen wirkt sich positiv auf den Abbau der Rohfaser aus, woraus sich eine bessere Verwertung der Nährstoffe des Futters ergibt. Die Verwendung von Harnstoff wirkt sich nicht immer positiv aus, in den vorgenannten Versuchen kam es sogar zu einer geringeren Verdaulichkeit der Rohfaser. E. Kahn. 8127.

Wasserhaushalt

3-64/09-0536 Payne, W. J. A. und Hutchison, H. G. Water metabolism of cattle in East Africa. I. The problem and the experimental procedure. **(Wasserhaushalt der Rinder in Ostafrika. 1. Mitt. Das Problem und das experimentelle Vorgehen.)** J. agric. Sci. **61** (1963) Nr. 2. S. 255-266. 8129.

Stoffwechsel der Vitamine und anderer Wirkstoffe

3-64/09-0537 Man, Th. J. de, Leeuwen, P. H. van und Roborgh, J. R.; Weesp, Holland, Res. Lab. Growth test and liver storage of all-trans vitamin A acid and three of its geometric isomers with chicks. **(Wachstumstest und Leberspeicherung mit all-trans Vitamin-A-Säure und drei ihrer Isomeren mit Küken.)** Nature [London] **201** (1964) Nr. 4914. S. 77-78. — 1 Tab., 12 Lit.
Vff. prüften die biol. Wirksamkeit von synthetisch hergestellter Vit.-A-Säure und ihren Isomeren bei Küken. Im Wachstumstest nach Man, Th. J. de (vgl. Netherl. J. agric. Sci. 6 [1958] S. 237.) wurden in 2 Versuchsreihen folgende Ergebnisse erhalten (all-trans Vit.-A-Acetat = 100): all-trans Vit.-A-Säure: 97 bzw. 128; neo (= 7 cis) Vit.-A-Säure : 23 bzw. 24; 3-cis, 7-trans Vit.-A-Säure: 14 bzw. 10; 3-cis, 7-cis Vit.-A-Säure: 5 bzw. 7. Es bestehen keine Unterschiede zwischen all-trans Vit.-A-Acetat und all-trans Vit.-A-Säure in der Wirkung auf das Kükenwachstum. Die chemische Analyse der Leber (Carr-Price-Methode) ergab, daß 46% des zugeführten Vit.-A-Acetat in der Leber gespeichert wurde. Bei der Vit.-A-Säure und den 3 genannten Isomeren wurde 48 Std. nach der Verfütterung keine Leberspeicherung beobachtet. Vff. ziehen daraus den Schluß, daß die Vit.-A-Säure und ihre Isomeren eine andere Zusammensetzung haben muß wie Vit.-A-Acetat, -Palmitat und -Aldehyd.
M. Hoffmann. 8152.

3-64/09-0538 Varma, T. N. R. und Murray, T. K.; Ottawa, Dep. of Nat. Health and Welfare. Conversion of retro-vitamin A to vitamin A in the vitamin A-deficient rat. **(Die Umwandlung von retro-Vitamin A in Vitamin A in Ratten, die Vitamin-A-Mangel haben.)** Biochim. biophysica Acta [Amsterdam] **78** (1963) Nr. 3. S. 556-558. — 2 Abb., 3 Lit.

Es werden die strukturellen Unterschiede zwischen Vit. A (**I**), Rehydrovitamin A (= retro-Vitamin A) (**II**) und Anhydrovitamin A (**III**) beschrieben. Für die Absorptionsmaxima in Petroläther werden folgende Werte angegeben (in mμ): **I 324, II 332, 348, 366, III 351, 371, 392. II** hat nach der Carr-Price-Reaktion mit $SbCl_3$ ein Maxima bei 575 mμ. An 10 ♂ Ratten, die Vitaminmangel hatten, wurde an 3 aufeinanderfolgenden Tagen 4,074 mg retro-Vit. A in Öl oral verabreicht. 48 Std. nach der letzten Gabe wurde im unverseifbaren Anteil nach Säulenchromatographie (Al_2O_3) und Dünnschichtchromatographie (Al_2O_3, als Lösungsmittel Methanol in Cyklohexan) die „Vitamin-A-Fraktion" bestimmt. Durch Vergleiche mit Vit. A (324 mμ) und Vit. A (348 mμ) wurde in dieser Fraktion ein Verhältnis von Vit. A : retro-Vitamin A von 80 : 20 bestimmt. Nach entspr. Kalkulationen wurde der Leberspeicherungswert für **I** mit 909 μg und für **II** mit 227 μg bestimmt. Bezogen auf die Dosis von retro-Vit. A ergibt das einen Speicherungswert von 7,4% für **I** und 1,85% für **II**. Vff. zeigen damit die Möglichkeit der Umwandlung von retro-Vit. A in Vit. A bei Vit.-A-Mangelratten. M. Hoffmann. 8152.

3-64/09-0539 Jordan, H. A., Smith, G. S., Neumann, A. L. und Zimmermann, J. E.; Urbana, Ill., Dep. of Animal Sci. Vitamin A nutrition of beef cattle fed corn silages. **(Vitamin-A-Versorgung von Fleischrindern, die mit Maissilagen gefüttert wurden.)** J. Animal Sci. 22 (1963) Nr. 3. S. 738-745. – 5 Tab., 32 Lit.
Die Versuche wurden begonnen mit Mastrindern im Gewicht zwischen 498 bis 539 lb. und bei 930-944 lb. beendet. Es wurden Maissilagen verfüttert, die aus Grünfutter hergestellt wurden, die in verschiedener Ansaatstärke gedrillt und mit (**I**) und ohne (**II**) Ammoniumnitrat gedüngt wurden. Die Silagen aus **I** enthielten 8 mg Carotin/kg Frischmasse und 0,093-0,104% NO_3-N in der Tr.-Subst., die aus **II** hergestellten 2-5 mg Carotin und 0,022-0,25% NO_3-N. Die Tiere wurden vorher so gefüttert, daß keine Vit.-A-Speicherung in der Leber vorhanden war. Zwischen den Silagen waren nur geringe Unterschiede im Vit.-A- und Carotingehalt in Leber und Serum. Während des Winters und Frühjahrs konnte durch die Maissilagen der Vit.-A-Mangel nicht beseitigt werden. Zuführung von Vit. A bzw. 20 mg Trijodthyronin (i. m.) wirkte sich günstig aus. M. Hoffmann. 8152.

3-64/09-0540 Owen, E. C., Darroch, R. A. und Proudfoot, R.; Kirkhill, Ayr, Hannah Dairy Res. Inst. Effect of a carotene-free diet on the metabolic rate of the goat. **(Der Einflußeiner carotinfreien Ration auf die Stoffwechselrate bei Ziegen.)** Proc. Nutrit. Soc. 22 (1963) Nr. 2. S. XV-XVI. – 1 Abb.
Vff. beschreiben Versuche mit 5 Milchziegen, die mehrere Wochen im Wechsel Rationen ohne Carotin (Grundfutter, Stroh) und mit Carotin (40 mg/Tag, Grundfutter, Grasmehl) in Stallfütterung bekamen. Die Ausscheidung von Vit. A in der Milch nahm mit höherem Carotingehalt in der Ration zu, ebenfalls die Ausscheidung an Carotin im Kot. Die Herzfrequenz (Schläge/min.) nahm beim Übergang von der carotinreichen zur carotinarmen Ration zu, fiel dann bei carotinreicher Ration wieder ab und stieg bei carotinarmer Ernährung wieder an. Das gleiche wurde festgestellt an 4 nicht laktierenden Ziegen. Die Zusammenhänge zwischen dem Antagonismus des Thyreoidsystems und Vit. A, der Carotinversorgung und der Intensität des Stoffwechsels werden diskutiert. M. Hoffmann. 8152.

3-64/09-0541 McGillivray, W. A. A note on the mechanism of the conversion of carotene to vitamin A in the animal body. **(Eine Mitteilung über den Mechanismus der Umwandlung von Carotin in Vitamin A im Tierkörper.)** New Zealand J. agric. Res. 3 (1960) Nr. 2. S. 276-278. – 8152.

3-64/09-0542 Kaludin, I. **Untersuchungen über Vitamin E in verschiedenen Organen und Geweben bei Kaninchen nach peroraler Behandlung mit einem**

Tocopherolgemisch. Ernährungsforschung **9** (1964) Nr. 1. S. 29-37. — 3 Abb., 1 Tab., 32 Lit. — nach Zus.

In der vorliegenden Arbeit wurden Muskel, Leber, Herz, Niere, Blut und Urin von normalen Kaninchen vor und nach der peroralen Belastung mit einem Tocopherolgemisch (α-, $\beta + \gamma$- und d-Tocopherol) untersucht. Es wurde festgestellt: 1. Muskel, Leber, Herz, und Niere der Kontrolltiere als auch der mit Tocopherol behandelten Kaninchen enthalten nach 24 Std. Resorptionszeit nur α-Tocopherol. 2. Während das Blut der Kontrolltiere nur α-Tocopherol enthält, ist im Blut der mit einem Tocopherolgemisch belasteten Kaninchen nach 6 Std. Resorptionszeit sowohl α- als auch $\beta + \gamma$- und δ-Tocopherol nachweisbar. 3. Im 24-Std.-Urin vom belasteten Kaninchen wird nur α-Tocopherol ausgeschieden. 4. Im Blut, im Urin und in den untersuchten Organen findet man noch 2 Fraktionen, die sich in den Chromatogrammen außerhalb von α-, $\beta + \gamma$- und δ-Tocopherol zeigen. 8156.

3-64/09-0543 Saxena, H. C., Jensen, L. S., McGinnis, J. und Lauber, J. K. Histo-physiological studies on chick pancreas as influenced by feeding raw soybean meal. **(Histo-physiologische Untersuchungen des Einflusses einer Fütterung von rohem Sojabohnenmehl auf den Kükenpankreas.)** Proc. Soc. exp. Biol. Med. **112** (1963) Nr. 2. S. 390-393. 8170.

3-64/09-0544 Carroll, F. D., Powers, S. B. und Clegg, M. T.; Davis, Univ. of California. Effect of cortisone acetate on steers. **(Wirkung von Cortisonacetat bei Bullen.)** J. Animal Sci. **22** (1963) Nr. 4. S. 1009-1011. — 2 Tab., 13 Lit.

An 1 Jahr alten Hereford-Bullen mit einem Anfangsgewicht von 691 lb. wurde die Wirkung einer 3mal wöchentlich durchgeführten s.c. Injektion von jeweils 1 g Cortisonacetat auf Futterverbrauch, Lebendgewichtszuwachs, Energie im Schlachtkörper, Hautgewicht und Hautdicke, Länge und Durchmesser des Metacarpus untersucht. Kontroll- und Versuchstiere erhielten 12 Wochen lang eine Ration, bestehend aus 25% Luzerne, 25 % Heu und 50% Gerste. — Durch die Cortisonacetatinjektion erhöhte sich die Futteraufnahme und der Energiegehalt im Schlachtkörper. Die Futterverwertung war bei den Versuchstieren niedriger als bei den Kontrolltieren. Die Versuchstiere produzierten mehr Fett und weniger Protein; sie hatten eine dünnere und leichtere Haut und einen stärkeren Metacarpus. L. Hoffmann. 8175.

3-64/09-0545 Mogami, Takeo, Andrus, S. B., Paolucci, Anna Maria und Hegsted, D. M.; Boston, Mass., Harvard School of Public Health. Effects of cholesterol and cholic acid supplements on rats fed low iodine diets. **(Die Wirkung von Cholesterin- und Cholsäurezusätzen auf mit jodarmem Futter ernährte Ratten.)** J. Nutrit. [Philadelphia] **81** (1963) Nr. 1. S. 39-47. — 5 Abb., 2 Tab., 6 Lit.

An junge ♀ Ratten wurden zu jodarmem Futter Sojaprotein (20%), Glucose (60,6%), Kokos-, Oliven- oder Safloröl (15%) Zusätze von Cholesterin (1%) plus Cholsäure (0,3%) (**I**), Jod (5 mg KJ/kg Futter (**II**) sowie von Cholesterin-Cholsäure + Jodid (**III**) verabreicht; kurz vor Versuchsende wurde ^{131}J injiziert und neben Lgw. die Aktivität am 1., 3. und 5. Tag nach der Injektion und der histol. Aufbau der Schilddrüse festgestellt. Resultate: Gegenüber der O-Gruppe bewirkte **I** wie bei Jodmangel eine signif. Vergrößerung der Schilddrüse (33,7 → 22,1 mg) (**II** und **III** Verkleinerung [13,9 bzw. 13,2 mg]) gekoppelt mit einer Verminderung der ^{131}J Retention. Vff. schließen, daß **I** den Jodbedarf der Tiere erhöht. A. Chudy. 8175.

3-64/09-0546 Swanson, E. W.; Knoxville, Univ. of Tennessee. Effects of chlortetracycline in calf starter and milk. **(Wirkungen von Chlortetracyclin im Kälberstarter und in der Milch.)** J. Dairy Sci. **46** (1963) Nr. 9. S. 955-958. — 2 Abb., 2 Tab., 11 Lit.

Vf. untersuchte, wie Chlortetracyclin (CTC) an Kälber am zweckmäßigsten verabreicht werden soll. Neben der Kontrollgruppe (I) ohne CTC erhielten die Versuchsgruppen 50 mg/Tier/Tag in der Milch (II), 25 mg je lb. Starter (III) oder II und III (IV) gemeinsam. Folgende Ergebnisse wurden erzielt:

	Zuwachs (lb.)		Trockenfutterverzehr (lb.)	
	1.-8. Woche	8.-16. Woche	1.-8. Woche	8.-16. Woche
I	46,1	72,8	42,3	286,6
II	57,7	70,9	61,5	297,2
III	52,4	77,7	47,5	296,6
IV	61,4	74,7	57,3	307,9

Während der 1.-8. Lebenswoche waren die Differenzen zwischen I und III sowie II und III signifikant. CTC-Beigabe zur Milch wirkte demnach besser als zum Starterfutter. Die günstigsten Resultate erzielte die Kombination von II und III. Von der 8.-16. Woche wurden bei III bessere Ergebnisse festgestellt, die jedoch nicht signifikant waren, ebenso nicht die Differenzen zwischen den anderen Gruppen in diesem 2. Abschnitt. Mortalität und Durchfall konnten durch CTC nicht signifikant verhütet werden. B. Piatkowski. 8185.

3-64/09-0547 Münchberg, F. und Halama, A. K.; Wien, Tierärztl. Hochschule, Inst. für Tierernähr., Milchhyg. und Lebensmittelkunde. **Taomyxin in der Fütterung von Absetzferkeln.** Z. Tierphysiol., Tierernähr. Futtermittelkunde **18**(1963) Nr. 4. S. 242-250. — 4 Tab., 8 Lit. Zus. in Engl.
Taomyxin (Ta.) ist die Kombination der Antibiotica Terramycin (Ter.) und Oleandomycin (4:1). In Versuchen mit Mastschweinen ist schon oftmals eine größere Wachstumsstimulans durch (Ta.) als durch (Ter.) beobachtet worden. — Die 79 Ferkel der Versuchsreihe I hatten ein Anfangsgewicht von 17 kg und wurden 30 Tage geprüft. Dabei wurde der Kontrollgruppe eine Fütterung mit 15 ppm (Ter.) bzw. mit 10 ppm (Ta.) gegenübergestellt. Die 28 Ferkel der Versuchsreihe II hatten ein Anfangsgewicht von 10 kg und wurden 2 × 20 Tage geprüft. Dabei wurde der Kontrollgruppe hauptsächlich die Fütterung von 15 ppm (Ta,) gegenübergestellt. — Trotz der geringen Dosis verbesserte (Ta.) deutlich die Zunahmen. Die ∅ Zunahmen in der Versuchsr. I betrugen bei der Kontrollgruppe 347 g, bei (Ter.) 379 g und bei (Ta.) 433 g, in der Versuchsr. II im 1. Abschnitt bei der Kontrollgruppe 104 g, bei (Ta.) 144 g. Die Ergebnisse sind statistisch gesichert. H. Jung. 8185.

3-64/09-0548 Coates, M. E., Fuller, R., Harrison, G. F., Lev, M. und Suffolk, S. F.; Shinfield, Reading, Nat. Inst. for Res. in Dairying. A comparison of the growth of chicks in the Gustafsson germfree apparatus and in a conventional environment, with and without dietary supplements of penicillin. **(Ein Vergleich des Wachstums von Küken in Gustafssons keimfreien Apparat und in konventioneller Haltung mit und ohne Futterzulagen von Penicillin.)** Brit. J. Nutrit. **17** (1963) Nr. 1. S. 141-150. — 2 Abb., 3 Tab., 10 Lit.
Vff. modifizieren die von Gustafsson zur keimfreien Aufzucht von Ratten konstruierte Apparatur für Kükenversuche und erzielen mit einem praxisüblichen Futter aus natürlichen Bestandteilen, das vakuumverpackt durch Bestrahlung mit 5 Mrad sterilisiert wird, zufriedenstellende Gewichtszunahmen. In einem vierwöchigen Fütterungsversuch verbessern Zulagen von 45,5 mg Procain-Penicillin/kg Futter wohl die Gewichtszunahmen konventionell aufgezogener Küken, gleichgültig ob das Futter sterilisiert ist oder nicht, aber nicht die keimfrei gehaltener Tiere. Allgemein sind die Gewichtszunahmen der keimfreien Küken größer als die der konventionellen, wobei die individuellen Schwankungen — unabhängig von der Haltung — gleich sind. B. Gaßmann. 8185.

3-64/09-0549 Mehner, A. und Torges, U.; Celle, Bundesforsch.-Anst. für Kleintierzucht. **Bericht über einen Kükenaufzuchtversuch mit Thiocymetinzugabe zum Futter.** Arch. Geflügelkunde 27 (1963) Nr. 1. S. 1-4. — 4 Tab. Zus. in Engl.
Bei einem Thiocymetinzusatz von 20 mg pro kg und 30 mg pro kg wurde die Gewichtsentwicklung der Hennen günstig beeinflußt. Der Futteraufwand je g Gewichtszuwachs war bei den Thiocymetingruppen allgemein etwas geringer. Ein Einfluß auf die Verlustquote war nicht festzustellen.
U. Hofmann. 8195.

3-64/09-0550 Beleňkij, N. G.; Moskau, Lenin-Akad. der Landwirtsch.-Wiss. Stimuljacija produktivnosti sel'skochozjajstvennych životnych. **(Die Stimulierung der Produktivität der landwirtschaftlichen Nutztiere.)** Vestnik sel'skochozjajstvennoj nauki, Moskva 8 (1963) Nr. 10. S. 58-69. — 1 Abb., 11 Tab. Zus. in Engl., Franz. Dtsch.
Es werden die Eigenschaften der Biostimulatoren, die die Leistung der landwirtschaftlichen Nutztiere stark beeinflussen, eingehend analysiert und ihre Wirkungsweise und Dosierung dargelegt. Die Probleme der Herstellung sowie die einer breiten Anwendung in landwirtschaftlichen Betrieben werden erörtert.
G. Leisner. 8195.

E. VERWERTUNG DER NÄHRSTOFFE UND FUTTERMITTEL

3-64/09-0551 Sibbald, I. R., Slinger, S. J. und Ashton, G. C. Factors affecting the metabolizable energy content of poultry feeds. 5. The level of protein and of test material in the diet. 6. A note on the relationship between digestible and metabolizable energy values. **(Faktoren, die den Gehalt an umsetzbarer Energie im Hühnerfutter beeinflussen. 5. Mitt. Die Menge an Protein und Prüfungsmaterial in der Nahrung. 6. Mitt. Eine Bemerkung zum Verhältnis zwischen verdaulicher und umsetzbarer Energie.)** Poultry Sci. **41** (1962) Nr. 1. S. 107-116. — 4. Mitt. vgl. LZ. Abt. III **8** (1963) Nr. 11. S. 2365.
3 Wochen alte Ames-Küken wurden auf 21 Gruppen mit je 3 Wiederholungen so verteilt, daß den 63 Gruppen jeweils 7 ♂ und 7 ♀ Tiere angehörten. Nach 14-tägigem Fütterungsversuch wurden Gewichtszunahmen und Futterverbrauch registriert, außerdem am 10., 12. und 14. Tag die Verdaulichkeit bestimmt. Die Futterrationen enthielten von 100 bis 0% in 10%-Sprüngen gestaffelte Mengen von Weizen und Mais neben einer Grundration. Alle Mischungen wurden gleichmäßig mit Vitaminen und Wirkstoffen angereichert. In einer 2. Versuchsanlage wurden auf gleiche Weise Gerste und Mais geprüft. Bei der Bestimmung der u. E dieser Rationen zeigte es sich, daß die Menge des Prüfungsmaterials in der Gesamtration (10-90%) ohne Bedeutung war und auch die unterschiedlichen Eiweißgehalte (Differenzen zur Standardration zwischen 3 und 25%) die Bestimmungsmethode nicht beeinflußten. Wichtig dagegen ist eine recht häufige Staffelung. Durch Regressionsanalysen konnte aus den Werten des 1. Versuchs als Nebenergebnis ermittelt werden, daß bei einem konstant gehaltenen Proteingehalt eine hohe Übereinstimmung zwischen der verd. und u. E. besteht (98%]. B. Scholtyssek. 8210.

3-64/09-0552 Pacs, I. Pecsenyecsirkék, pecsenyekacsák, pecsenyegalambok és pecsenyenyulak értékelése takarmányértékesitésük és hustermelésük alapján. **(Beurteilung junger Masthühner, Mastenten, Masttauben und Mastkaninchen auf Grund ihrer Futterverwertung und Fleischleistung.)** Baromfiipar [Geflügelindustrie] **10** (1963) Nr. 4/5. S. 81-87. — Aus: Ung. Agrar-Rdsch. **1964** Nr. 1.
Auf Grund der Ergebnisse von Vergleichsuntersuchungen steht unter den 4 angeführten Tierarten hinsichtlich der Futterverwertung, der Körpergewichtszunahme und dem Anteil an eßbarem Fleisch am Lebendgewicht an erster Stelle die Taube, die im Alter von 4 Wochen schlachtreif ist; an letzter Stelle steht das Kaninchen. Zur Erzielung von 1 kg Gewichtszunahme brauchten die Junghühner

2476 g, die Jungenten 2530 g, die Jungtauben (durch Mehrverbrauch der Eltern ermittelt) 1800 g, die Kaninchen 3441 g-StW. Der Anteil an eßbarem Fleisch betrug in gleicher Reihenfolge: 60,8; 62,2; 66,2 und 47,8%. Die schlechte Futterverwertung des Kaninchens wird durch seine Anspruchslosigkeit ausgeglichen, da es die billigen Massenfuttermittel gut verwertet. 8225.

3-64/09-0553 Morrison, A. B.; Ottawa, Dep. of Nat. Health and Welfare. Factors influencing the nutritional value of fish flour. III. Further studies on availability of amino acids. **(Faktoren, die den Nährwert von Fischmehl beeinflussen. 3. Mitt. Weitere Untersuchungen über die Verfügbarkeit der Aminosäuren.)** Canad. J. Biochem. Physiol. **41** (1963) Nr. 7. S. 1589-1594. — 1 Abb., 4 Tab., 13 Lit. 2. Mitt. vgl. 3-64/09-1929.

Ergänzung der Fischmehlprobe X (s. 2. Mitt.) durch Methionin (**I**), Histidin (**II**), Threonin und Tryptophan führte bei wachsenden ♂ Wistarratten zu höheren Gewichtszunahmen und besseren PER-Werten im Vergleich zur nichtsupplementierten Probe. Weitere Versuche zeigten, daß **I** und **II** allein ebenso wirksam waren wie alle 4 AS zusammen. Zusätze von **I** und **II** zu der vollwertigeren Fischmehlprobe CFF hatten keinen Einfluß auf Gewichtszunahmen und PER-Werte. Die beiden Fischmehlproben wiesen zwar gleichhohe Gehalte an **I** und nur einen kleinen Unterschied im **II**-Gehalt (X $<$ CFF) auf, wie mikrobiol. AS-Bestimmungen in den HCl-Hydrolysaten zeigten. Im enzymatischen Hydrolysat wurde bei Probe X jedoch eine wesentlich niedrigere **I**- und **II**-Verfügbarkeit (1,48 vs. 2.07 bzw. 0.49 vs. 1.15 g/16 g N) festgestellt.
H.-D. Bock. 8265.

3-64/09-0554 Morrison, A. B., Sabry, Z. I., Gridgeman, N. T. und Campbell, J. A.; Ottawa, Canada, Dep. of Nat. Health and Welfare. Evaluation of protein in foods. VIII. Influence of quality and quantity of dietary protein on net protein utilization. **(Proteinbewertung in Nahrungsmitteln. 8. Mitt. Einfluß der Qualität und Quantität des Nahrungsproteins auf die Nettoproteinverwertung.)** Canad. J. Biochem. Physiol. **41** (1963) Nr. 2. S. 275-281. — 2 Abb., 1 Tab., 13 Lit. 7. Mitt. vgl. 3-64/03-0513.

In Versuchen an wachsenden ♂ Wistar-Ratten (Koloniezucht) zur Bestimmung der Nettoproteinverwertung (NPU) wurde die Relation zwischen dem prozentualen Proteinanteil an den Nahrungs-Calorien (P) und der entsprechenden NPU mit verschiedenen Proteinen (Trockenvollei, Casein, Weizenkleber, Fischmehl, Sojaextraktionsschrot) ermittelt. Bei P $>$ 40 stimmten die an Ratten erhaltenen Ergebnisse nicht mehr mit dem von Miller und Payne (vgl. Brit. J. Nutrit. **15** [1961] S. 11.) vorgeschlagenen linearen Modell überein. Eine semilogarithmische Umformung der Regressionsgleichung zum genannten Modell paßt sich allen von P = 10 bis P = 80 variierenden Werten an. Die Werte des neuen Modells stimmen nach Extrapolieren gut mit den Werten für den Chemical Score überein. H.-D. Bock. 8265.

3-64/09-0555 Laksesvela, B. Dietisk aminosyrekonstellasjon som regulator av sildeproteiners evne til vevsdannelse hos unge kyllinger. **(Die Zusammenstellung von Aminosäuren in der Ernährung als Regulator der Eignung der Heringsproteine zur Bildung von Gewebe bei Küken.)** Diss. Bergen-Oslo 207 S. — 11 Abb., 45 Tab., 251 Lit. Zus. in Engl.

Im Forschungsinstitut der Heringsöl- und Heringsmehlindustrie wurden 1955 beginnend 110 Versuche in 851 Gruppen mit insges. etwa 10000 Küken durchgeführt. Einer synthetischen Grundration wurden in verschiedenen Mengen kondensierter Fischpreßsaft und Preßkuchenmehl zugesetzt. Fischpreßsaft war als Eiweißquelle unzureichend, konnte aber die Futterwirkung von Preßkuchenmehl signifikant verbessern, wenn 15 oder 30% des N aus dem Preßsaft und der übrige aus dem Preßkuchenmehl kam. Der Zusatz von kristallinen Aminosäuren in Höhe von 30% der in den Fischprodukten enthaltenen Mengen hatte eine positive Wirkung. Durch die Erhitzung von Heringsvollmehl wurde der in den Analysen ermittelte N-Gehalt nicht verändert, während die Pepsin-HCl-Verdaulichkeit mit der Stärke der Erhitzung absank. Toxische Erscheinungen waren nicht festzustellen. Die Störung des Eiweißgleichgewichtes durch Verabreichung von Fischpreßsaft bzw. Preßkuchenmehl allein konnte durch Verabreichung einer Aminosäure oder von mehreren Aminosäuren in kristalliner Form ausgeglichen werden. Bei der Kombination von Heringsvollmehl, Getreide und Soja hatten einzelne Aminosäuren als Zusatz (Methionin, Arginin und Histidin) z. T. eine günstigere Wirkung als alle verabreichten 10 Aminosäuren zusammen, von denen einzelne auch eine antagonistische Wirkung haben, die in einer Verschlechterung von Zunahmen und Futterverwertung zum Ausdruck kommt. Ungünstige Wirkungen hatten Valin, das Fehlen von Tryptophan bei Anwesenheit aller 9 anderen Aminosäuren, in manchen Fällen bei Leucin, wenn Isoleucin fehlte, sowie bei zu hohen Glycin-Gaben. Die Zunahmen stiegen bei Erhöhung des Eiweißanteils der Ration. Bei eiweißfreien Rationen ergaben sich Gewichtsverluste. Wenn Fischpreßsaft als einziger Eiweißträger gegeben wurde, hatte Tryptophan eine günstige Wirkung auf die Zusammensetzung des Schlachtkörpers. Bei Erhöhung des Eiweißanteils der Rationen wurde die Verwertung des Eiweißes schlechter, während gleichzeitig Zunahmen und Futterverwertung besser wurden. Die Zusammenstellung der Aminosäuren war von großer Bedeutung für die Futteraufnahme. Ungünstige Zusammenstellungen wurden weniger gern aufgenommen als günstig wirkende. J. K. Hinrichsen. 8265.

3-64/09-0556 Schoch, H. und Crasemann, E.; Zürich, TH., Inst. für Tierernähr. **Die Wirkung von DL-Methionin, zugelegt zu einem Kükenmastfutter mit und ohne tierischem Eiweiß sowie mit und ohne Fettanreicherung.** Arch. Geflügelkunde 27 (1963) Nr. 1. S. 18-28. — 8 Tab. Zus. in Engl.

In 2 vergleichenden Mastversuchen, die 9 Wochen dauerten, wurden 8 Gruppen zusammengestellt. Im 1. Versuch standen 320 ♂ und im 2. Versuch je 144 ♀ und ♂ Eintagsküken der Kreuzung New Hampshire × Weißes Leghorn. Zu einem Gesamtnährstoff- und proteinaequivalenten Mastfutter mit und ohne tierisches Eiweiß sowie mit und ohne Fettanreicherung wurden 0,1% DL-Methionin zugesetzt. Die Methioninzulage übte eine hoch signifikante Zuwachsverbesserung aus, die nicht nur bei den mit vegetabilem Futter ohne tierisches Eiweiß und mit Fettanreicherung, sondern auch bei den entsprechenden Versuchsgruppen mit tierischem Eiweiß im Futter in Erscheinung trat. Die Rohverwertung scheint durch die Methioninzulagen ganz allgemein verbessert worden zu sein. U. Hofmann. 8265.

3-64/09-0557 Hock, Andreas. **Eiweißstoffwechsel und Wachstum in Abhängigkeit von Nahrungsfaktoren.** Berlin, Inst. Tierernährungslehre Landwirtsch.-Gärtner. Fak. Humboldt-Univ. Berlin Plan-Nr.: 2151 16 3-07/1Z. 127 S. Abschlußber. (18/3. 1964) .— 8 Anlagen.

Wirkung von Wachstumsstimulatoren. Der Wachstumseffekt von Antibiotika wurde bestätigt. Derjenige von einem Senfölderivat sowie von Aminoäthanol und Novocain konnte nicht bestätigt werden. Es wurde sehr wahrscheinlich gemacht, daß der Wachstumseffekt der Antibiotika über die Schleimhaut des Dünndarmes geht. Bestimmung der BW nach Thomas und Mitchell. Es wurden in Gemeinschaftsversuchen mit anderen Instituten methodische Fragen geklärt. Die BW-Werte wurden mit Wachstumswerten und Proteinansatzwerten verglichen. Die Versuche wurden durchgeführt mit Sojaschrot, Erdnußexpeller, Prowona-Hefe, Gerste, Weizen und Weizenkleie. Als Standard-Eiweiß diente Casein + Methionin. 8265.

3-64/09-0558 *Witczak, F.* **Gospodarka azotu u tuczników.** (Der Stickstoffhaushalt bei Mastschweinen.) Warszawa: Dział. wyd. SCGW. 1963. (62 S. m. 17 Tab. u. 206 Lit.) (PRL/CBR)

F. ERNÄHRUNGSSTÖRUNGEN UND MANGELKRANKHEITEN

3-64/09-0559 Tollersrud, S.; Oslo, Norges Veterinaerhogskole, Inst. för Husdyrbruk og Genetikk. Ernaeringsbetinget muskeldystrofi hos kalv. **(Fütterungsbedingte Muskeldystrophie bei Kälbern.)** Nord. Veterinärmed. **15** (1963) Nr. 7/8. S. 543-551. — 6 Tab., 5 Lit. Zus. in Engl., Dtsch.

Nach Verfütterung von Milchersatzpräparaten, die kein α-Tocopherol enthielten, wurden an den Kälbern Erscheinungen einer Muskeldystrophie beobachtet. Bereits 0,5 mg α-Tocopherol pro kg Lgw. waren in der Lage, diese Erscheinungen zu verhindern. Beim Vergleich der Gewichtszunahmen zeigte es sich weiterhin, daß Kälber, die reine Milch erhielten, um etwa 27% besser zunahmen als solche, die Milchersatz ohne α-Tocopherol bekamen. Von Bedeutung für das Entstehen der Muskeldystrophie ist weiterhin der Serum-Magnesiumspiegel, der durch tägl. 30 mg Mg/kg Lgw. auf normalem Niveau gehalten werden kann. Mit der Verabreichung erhöhter Mengen von Tocopherol erhöht sich schließlich auch der Gehalt von Cholesterol im Serum, der nach Milchersatz ohne Tocopherol niedriger als nach reiner Milch liegt.

E. Wiesner. 8330.

3-64/09-0560 Groot, H. de. Landbouwkundige maatregelen ter verbetering van de magnesiumvoeding van weidend rundvee. **(Landwirtschaftliche Maßnahmen zur Verbesserung der Magnesiumversorgung weidender Rinder.)** Tijdschr. Diergeneeskunde 88 (1963) Nr. 18. S. 1181-1193. — 27 Lit. Zus. in Engl., Franz., Dtsch.

Das Auftreten der Weidetetanie bei Rindern ist von dem N-, K- und Mg-Gehalt des Weidegrases abhängig. Durch zweckentsprechende Düngung (Vermeidung starker N-Gaben in Verbindung mit starker K-Düngung, reichlich Mg-haltiger Kunstdünger) läßt sich der Mg-Gehalt der Böden und Pflanzen erhöhen. Dennoch besteht in der Regel zur Weidezeit, namentlich zu Beginn derselben, ein Mg-Defizit bei den Rindern. Es ist deshalb erforderlich, daß den Rindern während dieser Periode zusätzlich Mg (pro Tag 50 g MgO oder 30 g Mg) verabfolgt wird. W. Kuhlmann. 8350.

3-64/09-0561 Kemp, A., Geurink, J. H. und Immink, H. J. Het effect van magnesiumtoediening op de magnesiumgehalten van het bloedserum bij melkkoeien met hypomagnesimie. **(Der Einfluß der Mg-Zufuhr auf den Mg-Gehalt des Blutserums bei Milchkühen mit Hypomagnesämie.)** Tijdschr. Diergeneeskunde 88 (1963) Nr. 18. S. 1172-1180. — 2 Tab. Zus. in Engl., Franz., Dtsch.

Die i.v. Verabfolgung von Mg bedingt nur für 24 Std. eine Normalisierung der Mg-Werte im Blutserum. Da die perorale Verabreichung Mg-haltiger Futterkuchen erst nach einigen Std. zu einer Normalisierung des Mg-Gehaltes des Blutserums führt, die allerdings einige Tage anhält, kann nur eine kombinierte Anwendung der Mg-Präparate bei der Behandlung der Weidetetanie sinnvoll sein. W. Kuhlmann. 8350.

3-64/09-0562 Kemp, A. De betekenis van het voedermagnesium bij het ontstaan van hypomagnesemie en van hypomagnesemische tetanie bij rundvee. **(Die Bedeutung des Mg im Futter für das Entstehen der Hypomagnesämie und der hypomagnesämischen Tetanie bei Rindern.)** Tijdschr. Diergeneeskunde **88** (1963) Nr. 18. S. 1154-1172. — 2 Abb., 1 Tab., 38 Lit. Zus. in Engl., Franz., Dtsch.

Eine Kuh nimmt während der Weidezeit täglich ca. 16 g Mg auf, wovon sie jedoch nur 2,7 g verwerten kann. Für ihre Erhaltung benötigt sie aber 2,5 g tägl. und zusätzlich 0,12 g pro kg Milch. Es resultiert also ein Mg-Defizit. Die zusätzliche Verabfolgung von Mg in Form von Futterkuchen (1 kg Futterkuchen, eiweißarm, mit ca. 5% MgO) ist deshalb erforderlich.

W. Kuhlmann. 8350.

3-64/09-0563 Frijlink, G. P. A. Kopziekte in de praktijk. **(Grastetanie in der Praxis.)** Tijdschr. Diergeneeskunde 88 (1963) Nr. 18. S. 1142-1153. — 27 Lit. Zus. in Engl., Franz., Dtsch.

Jeder Fall von Grastetanie (Weidetetanie) soll so schnell wie möglich behandelt werden. Die Rinder müssen aufgestallt werden und dürfen einige Tage nur mit Heu und Wasser versorgt werden. W. Kuhlmann. 8350.

3-64/09-0564 Seekles, L. und Hendriks, H. J. Hypomagnesemie en grastetanie. Biochemische aspekten. **(Hypomagnesämie und Grastetanie. Biochemische Gesichtspunkte.)** Tijdschr. Diergeneeskunde 88 (1963) Nr. 18. S. 1095-1141. — 5 Abb., 6 Tab., 46 Lit. Zus. in Engl., Franz., Dtsch.

Das Auftreten der Grastetanie ist nicht unbedingt an die Aufnahme von Weidegras oder an eine hohe Milchproduktion gebunden. Die Störung der Magendarmtätigkeit durch biogene Amine und die Senkung der Ca- und Mg-Werte des Blutserums stellen die auslösenden Momente bei dieser Erkrankung dar. Durch Verfütterung von MgO läßt sich die Krankheit verhindern. W. Kuhlmann. 8350.

G. BEWERTUNG DER FUTTERSTOFFE

3-64/09-0565 Heaney, D. P. und Pigden, W. J.; Ottawa, Canada Dep. of Agric. Interrelationships and conversion factors between expressions of the digestible energy value of forages. **(Gegenseitige Beziehungen und Umrechnungsfaktoren zwischen Kennzahlen der verdaulichen Energie der Futterstoffe.)** J. Animal Sci. 22 (1963) Nr. 4. S. 956-960. — 2 Abb., 1 Tab., 21 Lit.

Aus Verdaulichkeitsversuchen an Schafen mit 100 Futterstoffen wurden die gegenseitigen Beziehungen zwischen verdaul. Energie (DE), verdaul. org. Subst. (DOM), verdaul. Tr.-Subst. (DDM) und TDN berechnet. Alle 12 Korrelationskoeffizienten waren signifikant ($P < 0,1$) und schwankten zwischen 0,964 und 0,997. Die engste Korrelation bestand zwischen TDN und DOM. Für alle Umrechnungsmöglichkeiten von einer Kennzahl in eine andere werden Regressionsgleichungen angeführt. Für die Berechnung der verdaul. Energie werden folgende Gleichungen mitgeteilt: $DE = -0{,}546 + 0{,}055\,TDN$, $DE = -0{,}599 + 0{,}056\,DOM$, $DE = -0{,}168 + 0{,}47\,DDM$. Jede der Gleichungen gestattet die Berechnung der verdaul. Energie mit einer Streuung $< 0{,}1$ kcal/g Tr.-Subst. Die in der Literatur angegebenen Energiewerte pro g TDN, DOM, DM werden ausführlich diskutiert. L. Hoffmann. 8430.

H. FÜTTERUNG DER LANDWIRTSCHAFTLICHEN NUTZTIERE

3-64/09-0566 Nehring, K.; Rostock, Oskar-Kellner-Inst. **Empfehlungen für die Verbesserung der Eiweißversorgung unserer landwirtschaftlichen Nutztiere.** Dtsch. Landwirtsch. 14 (1963) Nr. 10. S. 476-481.

Die Eiweißversorgung der landwirtschaftlichen Nutztiere in der DDR ist nur zu 80-85% gesichert. Es werden deshalb Empfehlungen gegeben, um die Versorgung zu verbessern. Diese beziehen sich auf Maßnahmen zur Verbesserung der Eiweißversorgung der Rinder und monogastrischen Nutztiere und beinhalten auch solche auf dem Gebiet der Wissenschaft und Forschung. Zur Schließung der Eiweißlücke wird eine Vielzahl von Vorschlägen unterbreitet. Hierzu zählen u. a. Trocknung von 1 Mill. t Magermilch, Erzeugung von 100000 t Trockengrünfutter, Verdoppelung des Leguminosenanbaues, Produktion von Futterhefe auf Zuckerrübenbasis, Einsatz von synthetischen Aminosäuren und Harnstoff u. a. m. A. Hennig. 8451.

3-64/09-0567 Wetterau, H. und Hoffmann, M. **Bemerkungen zur Planung des Futterbedarfes.** Dtsch. Landwirtsch. 14 (1963) Nr. 10. S. 502-504. — 8 Lit. — nach Zus.

In allen sozialistischen Landwirtschaftsbetrieben wird ein einheitliches System der Futterplanung eingeführt, das aus dem Futterbedarfsplan, dem Futterverteilungsplan und den Stallfutterplänen besteht. Im Futterbedarfsplan wird der Futterbedarf ermittelt und die Abstimmung von Futterbedarf und Futtererzeugung vorgenommen. Für die Tier- und Futtermittelgruppen wird eine Nomenklatur mitgeteilt. Die Ermittlung des Jahresfutterbedarfes erfolgt am zweckmäßigsten über nährstoffkontrollierte, territoriale Jahresfutternormen. 8451.

3-64/09-0568 Lenschow, J. **Der Einfluß unterschiedlicher Ernährungsintensität auf das Wachstum, die Futterverwertung in der Aufzucht, den optimalen Zeitpunkt der Erstabkalbung und die späteren Leistungen.** Dummerstorf, Inst. Tierzuchtforsch. Dtsch. Akad. Landwirtsch.-Wiss. Berlin Plan-Nr.: 1701 16 h-3-07/1. Teil-Abschlußber. (25/2. 1964).

Im Frühjahr 1961 wurden 31 und im Herbst 1961 weitere 14 Zwillingspaare in einen Aufzuchtversuch gestellt. Davon waren 3 Paare monozygot. Das Standardtier (A) erhielt 100%, das Versuchstier (B) 70% der vorgesehenen Futtermengen. Die A-Tiere verursachten 399,2, die B-Tiere 279,7 DM Futterkosten. Am Ende des 1. Lebensjahres betrug die Körpermasse 300,9 (A) bzw. 255,5 kg. Für die Produktion von 1 kg Körpermasse waren in der Gr. A 704 g v.R. und 3191 g-StW und in der Gr. B 592 g v.R. und 2695 g-StW erforderlich. Es bestanden in fast allen Quartalen zwischen Gr. A und B gesicherte Unterschiede bei den Körpermaßen, der Körpermasse, der tägl. Zunahme und der Nährstoffverwertung. Die Fütterungsdifferenz von 30% ergab Unterschiede hinsichtlich Futterkosten je 1 kg Zuwachs von 15%. 8454

3-64/09-0569 Bogart, Ralph, Ampy, Franklin R., Anglemier, Allen F. und Johnston, W. K.; Corvallis, Oregon State Univ. Some physiological studies on growth and feed efficiency of beef cattle. **(Einige physiologische Untersuchungen über Wachstum und Futterverwertung an Mastrindern.)** J. Animal Sci. **22** (1963) Nr. 4. S. 993-1000. — 3 Abb., 3 Tab., 20 Lit.

In 9 Jahre langen mit insges. 290 Tieren ausgeführten Versuchen wurden die Wachstumsrate von der Geburt bis zum Lgw. von 800 lb. und im Gewichtsabschnitt von 500-800 lb. Futteraufnahme, Körpergewichtsentwicklung und Futterverwertung in Gewichtsabschnitten von je 100 lb. gemessen bzw. berechnet. Weiterhin wurden bestimmt im Harn Harnstoff- und NH_3-Gehalt und im Blut Aminosäuren-N, Harnstoff-, Harnsäure- und Glucose-Konzentration. Verfüttert wurde eine pelletierte, rohfaserreiche Ration. Die Versuchstiere waren nach dem Geschlecht getrennt. — Die Wachstumsrate erhöhte sich bis 400 lb. Gewicht und war dann konstant. Die Futterverwertung verminderte sich von 0,14 lb. bei 500 lb. Lgw. auf 0,10 lb. bei 800 lb. Lgw. und war bei ♂ Tieren größer als bei ♀ Tieren. Die am schnellsten wachsenden Tiere hatten die beste Futterverwertung. Aminosäuren-N und Harnstoff im Blut sowie Harn-Harnstoff stiegen mit fortschreitendem Alter an. Wachstumsrate und Futterverwertung korrelierten negativ mit dem Aminosäuren-N und dem Harnstoff im Blut sowie dem Harnstoff im Harn.
L. Hoffmann. 8458.

3-64/09-0570 Hutton, J. B. Estimating the feed requirements of grazing dairy cows. **(Ermittlung des Futterbedarfs weidender Milchkühe.)** New Zealand J. Agric. **115** (1962) Nr. 6. S. 537. 539. 541. 543. 545. 547.

Tägl. Futterbedarf für weidende Milchkühe: Futterwert des Grünfutters 70 lb. TDN/100 lb. Trockenmasse, Bedarf für die Milchproduktion 0,32 lb. TDN/lb. 4%iger Milch, Futteraufnahme (2,5% des Lgw.-800 lb.) = 14 lb. TDN, davon für den Erhaltungsbedarf 5,8 lb. TDN, zur Produktion 8,2 lb. TDN. Es wurden 4 Weideperioden beschrieben. B. Hoffmann. 8460.

3-64/09-0571 Grosskopf, J. F. W. Some physiological aspects of lactation and the nutritional requirements of the high producing dairy cow. **(Einige physiologische Gesichtspunkte bei der Laktation und der Futterbedarf der Hochleistungskuh.)** J. South African veterin. med. Assoc. **34** (1963) Nr. 3. S. 329-338. – 27 Lit.
Die Rolle von Prolactin, Somatotropin, Thyroxin und der Adrenocorticoide, von Oestrogen und Progesteron sowie von Oxytocin bei der Milchbildung und Milchsekretion wird erörtert. Es folgt eine vergleichende Gegenüberstellung der Zusammensetzung von Milch und Blutplasma sowie Angaben über Milchkomponenten und Fettsäuren. Der Gehalt an Mineralstoffen, Spurenelementen und Vitaminen in der Milch wird angegeben und schließlich ihr Vorkommen in den für die Milcherzeugung notwendigen Futtermittel erörtert.
K. Reinhardt. 8460.

3-64/09-0572 Beljaeva, N. Kombikorm s karmabidom — dojnym korovam. **(Die Beifütterung von Harnstoff an Milchkühe.)** Moločnoe i mjasnoe skotovodstvo, Moskva 8 (1963) Nr. 6. S. 24-25. — 3 Tab.
In einem über 76 Tage durchgeführten Fütterungsversuch mit Milchkühen erwies sich die Beifütterung von Harnstoff im Kraftfutter gegenüber einer Standardmischung ohne Harnstoff überlegen. Je kg Milch benötigten die Versuchstiere weniger Nährstoffe und weniger Kraftfutter.
G. Leisner. 8460.

3-64/09-0573 Ratliff, F. D., King, R. K. und Reynolds, J. B. The effect of urea in rations for horses. **(Die Wirkung von Harnstoff in Rationen für Pferde.)** Veterin. Med. [Kansas City] **58** (1963) Nr. 12. S. 945-946. — 1 Tab.
8500.

3-64/09-0574 Lucas, I. A. M. Modern methods of pig nutrition: the impact of recent research. **(Moderne Methoden der Schweineernährung: die Hauptrichtung der neuen Forschung.)** Veterin. Rec. **76** (1964) Nr. 4. S. 101-108.
8530.

3-64/09-0575 Cunha, T. J. **Derzeitiger Stand und neue Entwicklungen auf dem Gebiet der Schweinefütterung.** Mitt. Tierhalt. **1963** Nr. 87. S. 4-16. 8530.

3-64/09-0576 Lemeš, V. F. und Gut, B. M.; Witebsk, Veterinärmed. Inst. Sacharnaja svekla v racionach molodnjaka. **(Zuckerrüben in den Rationen von Ferkeln und Mastläufern.)** Svinovodstvo, Moskva **18** (1964) Nr. 2. S. 21-23. — 5 Tab.
36 Absatzferkel der Großen Weißen Rasse im Alter von 3,5 Mon. wurden in 4 Gr. eingeteilt und in einem 60tägigen Versuch mit unterschiedlichem Zuckerrübenanteil in der Ration gefüttert. Alle Tiere erhielten das gleiche Grundfutter und zusätzlich 36% Kartoffeln (I), 18% Kartoffeln u. 18% Zuckerrüben (II), 9% Kartoffeln und 27% Zuckerrüben (III) und 36% des Gesamtnährwerts an Zuckerrüben (IV). Die höchsten Tageszunahmen (383 g) und niedrigsten Futterkosten je kg Gewichtszunahme wurden in Gr. IV erzielt. Anschließend wurden diese Tiere über einen Zeitraum von 80 Tg. zur Mast eingestellt. Die Mastläufer erhielten nur Sonnenblumenschrot als Eiweiß. Die ⌀ Gewichtszunahmen betrugen 554, 524, 552 und 537 g. Je kg Gewichtszunahme lag der Futteraufwand entspr. bei 5,01, 5,30, 5,03 und 5,17 FE.
I. Scholz/Dummerstorf. 8536.

3-64/09-0577 Morozov, V. T.; Cherson, Landwirtsch. Inst. Ėkonomno raschodovat' protein pri otkorme. **(Ökonomischer Einsatz von Protein in der Schweinemast.)** Svinovodstvo, Moskva **18** (1964) Nr. 2. S. 41-42. – 4 Tab.
Es wurden 4 Gruppen mit Ferkeln der Ukrainischen Weißen Steppenrasse im Alter von 2,5 Mon. für die Versuche eingestellt. Die Grundration bestand für alle Gruppen aus Maissilage, Futterrüben, Grünmasse (Luzerne), Konzentrat, Luzerneheumehl und Mineralzusatz. 1 Std. tägl. war Weidegang. Bis zum Alter von 6 Monaten wurde den Tieren der Gr. I und II die Norm an verdaul. Eiweiß in pflanzl. Form verabreicht, während die Gr. III und IV

zusätzl. 0,5 l Magermilch u. 40 g Fleisch-Knochenmehl je Tier und Tag erhielten. Die Futterkosten und die Gewichtszunahmen lagen für Gr. III und IV höher. Mit 6 Mon. hatten die Tiere folgendes Gewicht erreicht: I – 63,1 kg; II – 62,7; III – 68,1 und IV – 69,3 kg. Im 2. Versuchsabschnitt (vom 6. Mon. bis zum Ende der Mast) erhielten die Läufer der Gr. I und III die volle Eiweißnorm, während den anderen Tieren (Gr. II und IV) nur 75% an verdaul. Protein verabreicht wurden; Gr. IV wurde das Futter tierischer Herkunft entzogen. Die ⌀ tägl. Zunahmen waren: I – 585 g; II – 571; III – 614; IV – 586 g. Sowohl die Futterkosten als auch die ⌀ Gewichtszunahmen waren in den Gr. I, II und IV etwa gleich. I. Scholz/Dummerstorf. 8536.

3-64/09-0578 Berg, Ove, Larsson, Stig und Nilsson, Torsten. Utfordingsförsök på svin med aminsoyraberikad spannmål. **(Fütterungsversuche bei Schweinen mit Getreide mit Zusatz von Aminosäuren.)** Medlemsbl. Sveriges Veterinärforbund **14** (1962) Nr. 21. S. 606-607. – 7 Lit.

Als wachstumsfördernde Mittel wurden dem Futter Lysin und Methionin zugesetzt. Im Vergleich zu reinem Getreidefutter ließ sich hiermit eine markante Steigerung im Wachstum bei Jungferkeln erzielen. E. Lehnert. 8536.

3-64/09-0579 Bullock, D. W., Morris, T. R. und Fox, S.; Reading, England, Univ. Protein and energy restriction for replacement pullets. **(Protein- und Energiebeschränkung bei heranwachsenden Junghennen.)** Brit. Poultry Sci. **4** (1963) Nr. 3. S. 227-237. – 2 Abb., 6 Tab., 25 Lit.

960 Kreuzungshennen Leghorn × Rhodeländer im Alter von 8 Wochen wurden zu je 40 Tieren auf 24 Gruppen aufgeteilt und bei begrenztem Auslauf mit Lattenrosten gehalten. Von der 9. Woche bis zum 1. Ei je Gruppe standen ihnen 6 Futtermischungen (A-H) mit 17,5; 15; 10,5; 12,25% Protein und 1175 bzw. 822 kcal/lb. zur Verfügung, wobei B 70% des Proteingehaltes, C 70% des Energiegehaltes von A enthielt, D beide Anteile nur zu 70%. (A = 15% P + 1175 kcal; bei E betrug der Proteingehalt 17,5%). Die Hennen konnten von A und G beliebig viel fressen, von den übrigen so viel wie Gruppe A verzehrte. Mit Legebeginn wurden die Hennen in Legekäfige umgesetzt, mit Legehennenalleinfutter versorgt und 500 Tage bei 17 Std. Helligkeit gehalten. Die bis dahin energiearm gefütterten Hennen (B und D) entschädigten sich durch Mehrverzehr, sobald sie es konnten; da sie anfangs weniger legten, nahmen sie stark zu. Sie wuchsen langsamer heran als A und erreichten die 50%ige Legetätigkeit eine Woche später. Die eiweißarm aufgezogenen Hennen (C und F) bemühten sich nicht um solchen Ausgleich; sie fraßen ihre Tröge nicht leer und begannen 4-5 Tage später als A zu legen. Bei Gruppe D verzögerte sich die Legereife um 10-11 Tage; beide Faktoren, Protein- und Energiebeschränkung, summierten sich bei ihnen. Die Haltung während der Jugendentwicklung wirkte sich auf die gesamte Legeleistung innerhalb der 500 Tage nicht aus, auch nicht auf die Eigröße. Verzögert wird allein der Eintritt der Legereife. C. Engelmann. 8544.

3-64/09-0580 Querner, H. und Becker, K.; Krefeld-Großhüttenhof, Lehr- u. Versuchsanst. für Geflügel- und Kleintierzucht. **Einfluß verschiedener Methoden restriktiver Fütterung während der Junghennenperiode auf Legereife und Leistungsfähigkeit.** Arch. Geflügelkunde **26** (1962) Nr. 6. S. 446-473. – 5 Abb., 10 Tab., 2 Lit. Zus. in Engl.

400 weiße Leghornjunghennen wurden im 10-Wochenalter auf 4 Versuchsgruppen aufgeteilt. Von der 11.-20. Lebenswoche wurde die Kontrollgruppe mit handelsüblichem Junghennenalleinfutter (ad libitum) gefüttert, bei den übrigen 3 Gruppen wurde das Futter morgens und abends rationiert gereicht bzw. der Rohfaseranteil durch 15% Sägemehl oder 15% Haferschalen im Gesamtfutter erhöht. Während der Legehennenperiode ab 21. Woche bis

502. Lebenstag erhielten alle Versuchstiere einheitlich Legehennenalleinfutter. In der Junghennenperiode hatten die Gruppen mit gezügelter Fütterung einen höheren Futterverzehr als die Kontrollgruppe. Die Körpergewichte der Gruppen mit Haferschalen und Sägemehl lagen bei Beginn der Legereife 3 bzw. 1% über dem der Kontrollgruppe, dagegen wies die rationiert gefütterte Gruppe das geringste Körpergewicht auf. Die Legereife trat bei allen Versuchsgruppen fast gleichzeitig ein, die Gesamtlegeleistung kann bis auf die Haferschalengruppe bei den übrigen Gruppen als gleichwertig bezeichnet werden. In der Rohverwertung schnitten die Restriktivgruppen günstiger ab als die Kontrollgruppe. Die Roheinnahmen lagen bei der Sägemehl- und rationiert gefütterten Gruppe über, bei der Haferschalengruppe unter denen der Kontrollgruppe. Die Ergebnisse des Versuches zeigen, daß die restriktive Fütterung bei Junghennen nicht ohne Einschränkungen empfohlen werden kann. U. Hofmann. 8544.

3-64/09-0581 Morris, R. T. und Fox, Syd; Reading, England, Univ. The effect of medium and high energy laying diets on strains of different body weights. **(Der Einfluß von Futtermischungen mit mittlerem und hohem Energiegehalt auf Stämme verschiedenen Körpergewichts.)** Wld. Poultry Sci. J. **14** (1963) Nr. 4. S. 306-311. — 3 Tab., 5 Lit.

Von 3 Hühnerstämmen (Leghorn × Rhodeländer) mit 4,4 lb. Lgw. und 2 Stämmen Leghornhybriden (1 und 2) mit 3,5 bzw. 3,1 lb./Lgw. wurden je 300 Junghennen in Legebatterien untergebracht und mit 2 Futtermischungen gefüttert, von denen eine (**I**) 1210, die andere (**II**) 1330 kcal. umsetzbare Energie (u.E.) und 16 bzw. 17,5% Rohprotein (RP) aufwies. Das Verhältnis u.E.:RP betrug in beiden Fällen 76:1. Alle Hennen verzehrten von **II** weniger als von **I**. Da sie von Stamm zu Stamm unterschiedlich legten, nicht aber unter Bezug auf das Futter, brauchten sie bei **II** stets weniger Futter je Dtzd. Eier. Die Eigröße war bei **II** allgemein etwas besser. Die Sterblichkeit war bei der Rhodeländerkreuzung mit 16 und 19% weit höher als bei den leichten Leghornhybriden 2 mit 7%. Die Hybriden 2 nahmen bei **I** und **II** die gleiche Kalorienmenge auf, 1 bei **II** um 3% mehr und die Rhodeländerkreuzung um 5% mehr als bei **I**. Die Eignung der Mischungen **I** und **II** ergibt sich aus ihren rel. Kosten: ist der Preis je t **II** gleich hoch oder niedriger als für **I**, empfiehlt sich **II** für alle 3 Stämme wegen des geringeren Futterverbrauchs. Stellen sich die Ausgaben je kcal. bei **II** ebenso hoch oder höher als bei **I**, ist **I** für alle Gruppen vorteilhafter. C. Engelmann. 8548.

3-64/09-0582 Rauch, W.; Celle, Bundesforsch.-Anst. für Kleintierzucht. **Untersuchungen über den Einfluß des Futters auf die Schalenfestigkeit von Hühnereiern. 1. Mitt.** Arch. Geflügelkunde **27** (1963) Nr. 1. S. 29-42. — 8 Abb., 3 Tab., 4 Lit. Zus. in Engl.

4 Versuchsgruppen mit je 12 Legehennen wurden bei etwa 20 °C und rund 60% r.F. in Einzelkäfigen gehalten und erhielten tägl. 12 Std. Licht. Während die Tiere zunächst Normalfutter bekamen, wurde anschließend an die Gruppe I nur 0,3% Ca und 0,5% P im Grundfutter verabreicht, während dem Grundfutter der anderen 3 Gruppen Ca und P in verschiedenen Konzentrationen beigegeben wurde. Im 3. Fütterungsabschnitt wurde zunächst kein und später Ca-armer (< 0,1% Ca) Grit verfüttert. Im 4. Fütterungsabschnitt erhielten sämtliche Gruppen vollvitaminiertes Futter mit 2,2% Ca und 1,1% P, in den Gruppen II, III und IV fehlten die Vit. C, D und im 5. Abschnitt fehlte Vit. E. Im 3. Fütterungsabschnitt wurde in den Mangelgruppen ein Absinken der Schalendicke von etwa 0,34 mm bis auf 0,20 mm, der Bruchfestigkeit von etwa 3,7 bis auf 2,0 kg, des spez. Gew. von etwa 1,090 p/cm³ bis auf 1,068 p/cm³ und der Legeleistung von etwa 60% bis auf 9% beobachtet. Das Absinken der Eigenschaftsmerkmale hat gleichzeitig zu einem radikalen Zusammenbruch der Legetätigkeit geführt. U. Hofmann. 8548.

3-64/09-0583 Scholtyssek, S.; Stuttgart-Hohenheim, Inst. für Tierzuchtlehre. **Der Ausgleich regelmäßiger Belastungen von Käfighennen durch Vitaminanreicherung des Futters.** Arch. Geflügelkunde **27** (1963) Nr. 1. S. 48-56. — 2 Abb., 3 Tab., 4 Lit. Zus. in Engl.

180 weiße Leghornhennen wurden in 5 Gruppen eingeteilt und standen 184 Tage im Versuch. Sie wurden 9 mal 3 Tage lang einer Belastung ausgesetzt, wobei versucht wurde, die Stärke der Belastung genau zu fixieren und sie durch Vitaminanreicherung im Futter auszugleichen. Die Belastung bestand aus 6 Std. Auslaufaufenthalt ohne Futter und Trinkwasser, vor dem Zurücksetzen durch einmaliges Eintauchen in kaltes Wasser und geöffnete Stallfenster in beiden Nächten vor und nach dieser Belastung. Die Versuchstiere erhielten ein Legehennen-Alleinfutter in Mehlform. Bei einer Zusatzvitaminierung von 60000 IE Vit. A, 6000 IE Vit. D_3, 30 mg Vit. E und 300 mg Vit. C, die in den 3wöchentlichen Versuchsperioden kontinuierlich dem Gesamtfutter zugegeben wurde, legten die Hühner um 9,5 Eier mehr als die Kontrollgruppe. Auch die Vitaminmenge, nur 3 Tage unmittelbar nach der Belastung verabfolgt, wirkte sich positiv auf die Legeleistung aus (+ 2,2 Eier). Die Art der Belastung kann als „Stressor" bezeichnet werden, weil vermehrt Mausererscheinungen auftraten. Die Stärke der Belastungen war unterschiedlich, was hauptsächlich auf die Außentemperaturen zurückzuführen sein dürfte. U. Hofmann. 8548

3-64/09-0584 Mantel, K., Fangauf, R. und Vogt, H.; Kiel-Steenbek, Lehr- u. Versuchsanst. für Kleintierzucht; Erding, Geflügelzuchtlehranst. **Legehennenversuch mit unterschiedlich hoher Körnerration.** Arch. Geflügelkunde **27** (1963) Nr. 1. S. 57-69. — 7 Tab. Zus. in Engl.

622 bzw. 240 Legehennen wurden in 4 Gruppen eingeteilt, die mit gestaffelten Körnergaben von tägl. 50-60-70 und 80 g zu Legemehl „S" zur beliebigen Aufnahme gefüttert wurden. Der Versuch lief 227 bzw. 350 Tage und hatte in der Reihenfolge der gestaffelten Körnergabe folgende Ergebnisse: Bei einem Gesamtverzehr von tägl. 118 — 127 — 132 und 125 g bzw. 114 — 116 — 118 und 116 g wurden folgende Legeergebnisse erzielt: 153,9 — 157,9 — 164,3 — 145,5 Eier bzw. 193,6 — 202,9 — 206,0 — 211,2 Eier. Zur Erzeugung von 100 g Eimasse (+ Gewichtszunahme) wurden 188 — 202 — 202 — 220 g bzw. 236 — 233 — 240 und 236 g GN verbraucht. Für 1 kg Eimasse waren an Gesamtfutter nötig 2,93 — 3,13 — 3,08 — 3,29 kg bzw. 3,57 — 3,45 — 3,50 und 3,38 kg. Vff. folgern daraus, daß bei dem heutigen hochleistungsfähigen Tiermaterial und den heute üblichen Legemehlen mit ihrem hohen Eiweißgehalt eine Körnergabe von 70 g durchaus vertretbar ist. Da bei gesteigerten Körnerrationen die entsprechende Menge Legemehl eingespart wird ohne die Leistung zu beeinflussen, ist die Dosierung der Körner eine rein wirtschaftliche Frage. U. Hofmann. 8548.

3-64/09-0585 Larrea-Pantoja, M. und Garcia-Pestana, A.; Valladolid, Spain, DeKalb Veterin. Dep. Growth stimulating effect of high crude fiber rations. **(Der wachstumsfördernde Einfluß von Futterrationen mit hohem Rohfaseranteil.)** Wld. Poultry Sci. J. **14** (1963) Nr. 4. S. 282-288. — 6 Tab., 7 Lit.

Messungen des Verdauungstraktus in der 3., 5. und 8. Woche ergaben wohl eine gewisse Tendenz zur stärkeren Zunahme bei den rohfaserreich gefütterten Tieren, signifikant war der Unterschied aber nicht. Auch die Gewichtsentwicklung wies keine eindeutigen Unterschiede auf; selbst 11% Rohfaser im Futter schadeten nichts in diesen Versuchen, bei denen das Verhältnis Rohprotein:produktiver Energie mit 98,4 etwa konstant gehalten wurde und die Küken von der 3. bzw. 5. Woche ein rohfaserarmes Futter erhielten.
C. Engelmann. 8552.

3-64/09-0586 Isakov, Dragoslav. Uticaj razlicitih nivoa ribljeg brasna i arasidove sacme na prirast i retenciju hranivih tvari kod polića u tovu. **(Die Wirkung verschiedener Gaben von Fischmehl und Erdnußschrot auf die Zusammensetzung und die Verdaulichkeit der Futtermittel bei wachsenden Broiler-Küken.)** Savremena Poljoprivreda [Novi Sad] **11** (1963) Nr. 12. S. 905-912. — Zus. in Engl.

Es wurden Versuche mit 100 Küken, in Gruppen zu je 20 Stck., durchgeführt. Eine Zugabe von nur 2% Fischmehl zur Ration mit Erdnußschrot als reine Proteinquelle führte zu einer bedeutenden Verbesserung des Wachstumsausmaßes, der Futterverwertung und der Verdaulichkeit bei wachsenden Küken. Die Erhöhung der Fischmehlgabe von 2% auf 7% mit einer Zulage von Trockenmilch (3%) zeigte dagegen keine weitere Wirkung. Die ∅ Proteinverdaulichkeit der Rationen mit tier. Eiw. bei Küken von 3 Wochen betrug 45,8%, von 9 Wochen 44%, während sie bei Rationen mit nur pflanzl. Eiweiß bei 3 Wochen alten Küken bei 40,3% und mit 9 Wochen bei 38,3% lag. B. Hoffmann. 8552.

FUTTERMITTELKUNDE

A. FUTTERSTOFFE, IHRE BEEINFLUSSUNG, KONSERVIERUNG UND ZUBEREITUNG

3-64/09-0587 Jones, J. R. und Hogue, D. E.; Ithaca, N.Y., Cornell Univ. Influence of date and method of harvesting hay on lamb performance. **(Einfluß von Zeitpunkt und Methode der Heuernte auf die Lämmerleistung.)** J. Animal Sci. **22** (1963) Nr. 4. S. 881-885. — 3 Tab., 11 Lit.

Vff. berichten über 3jährige Fütterungs- und Verdauungsversuche mit Schaflämmern, die zum Ziel hatten, bei Gras-Leguminosen-Gemenge den Einfluß verschiedener Trocknungsmethoden (Feld-, Heißluft- und Kaltlufttrocknung) auf Gewichtszunahmen, Futterverzehr und Futterverwertung festzustellen. Das nach frühem Schnitt geerntete Heu war dem spät geschnittenen im Hinblick auf Tr.-Subst.-, Rohprotein- und Rohfaserverdaulichkeit sowie TDN signifikant überlegen. Futterverzehr und Futterverwertung zeigten sich bei frühem Schnitt nur im 1. Versuchsjahr signifikant erhöht. Im 1. Versuchsjahr wurde ferner durch die Heißlufttrocknung die Lebendgewichtsqualität signifikant verbessert. Wurden die niedrigen Protein- und/oder Energiegehalte des aus dem späten Schnitt gewonnenen Heus durch entsprechende Kraftfuttergaben ausgeglichen, so zeigten die damit gefütterten Lämmer die gleichen Leistungen wie die mit dem früh geschnittenen Heu gefütterten.
J. Wünsche. 8620.

3-64/09-0588 Zürn, F. **Düngungs- und Schnittzeitenversuche zu Grünhafer.** Wirtschaftseigene Futter **9** (1963) Nr. 4. S. 305-313. — 7 Tab., 4 Lit. Zus. in Engl., Franz.

80 kg/ha K_2O brachten als Folge des kaliarmen Versuchsbodens 36,5 dt/ha Ertragssteigerung (natürl. Subst. mit 14% H_2O), 60 kg/ha K_2O brachten 50,23 dt/ha Mehrertrag. 100 kg P_2O_5 und 200 kg K_2O/ha erbrachten gegenüber 50 kg P_2O_5 und 100 kg K_2O/ha einen Mehrertrag von ∅ 12,39 dt/ha. Gesteigerte N-Gaben (60 — 90 — 120 kg N/ha) wurden in 2 Jahren bei je 3 Schnittzeiten in 14tägigem Abstand geprüft: 1. vor dem Rispenschieben, 2. Schieben der Rispe, 3. nach völligem Schieben der Rispe. Der Ertrag erhöhte sich bei allen 3 N-Stufen von der 1. zur 2. Schnittzeit um 91-101%, von der 2. zur 3. Schnittzeit um 41-45%. Der Mehrertrag durch die N-Stufen betrug 12-16% bei 90 kg N/ha und 22-28% bei 120 kg N/ha. Der Rohproteinertrag stieg innerhalb jeder Schnittzeit durch die höhere N-Stufe, aber innerhalb aller N-Stufen nur von der 1. zur 2. Schnittzeit. Der Tr.-Subst.-Gehalt stieg mit allen Schnittzeiten von rund 10-11% über 12-14% auf 19-20%.

Auch aus diesem Grunde liegt der günstigste Nutzungstermin vom Grünhafer zur Konservierung nach dem völligen Rispenschieben bis zum Eintritt der Milchreife. G. Weiland. 8630.

3-64/09-0589 Krzemiński, J. Zgniatanie zielonek. **(Das Pressen der Grünpflanzen.)** Mechanizacja Rolnictwa **11** (1963) Nr. 8. S. 20-21. — 5 Abb.
In der Versuchsstation Kludzienko wurden 4 Arten von Preßwalzen geschaffen: Glatte, mit Gummi, Leisten und Stäben versehene Walzen. Die ersten 2 Typen pressen die Pflanzen, die übrigen brechen sie nur. Die gepreßte Luzerne erreicht bereits nach 16stündigem Trocknen eine Schwadenfeuchtigkeit von 40% und kann vom Feld geerntet werden; anschließend wird sie noch künstlich nachgetrocknet. Nichtgepreßte Luzerne erreicht diesen Trocknungsgrad erst nach 32 Std., das heißt in einer 100%ig längeren Zeit. PRL/CBR. 8710.

3-64/09-0590 Kasdorff, K. **Untersuchungen zur Steigerung der Grünlanderträge durch Verbesserung der Düngung, des Weideverfahrens und der Futterkonservierung.** Dummerstorf, Inst. Tierzuchtforsch. Dtsch. Akad. Landwirtsch.-Wiss. Berlin Plan-Nr.: 1701 16 h-2-12/9. Abschlußber. (25/2. 1964).
Auf Grund 4jähriger Bilanzversuche zur Bestimmung der Nährstoffverluste und arbeitswirtschaftlicher Erhebungen kann der Schluß gezogen werden, daß die Mehrwandreuter (Hütte und Dreibock) den Einwandreutern (Schrägwand- und Rollenreuter) leicht überlegen sind, daß aber die Reuterung von Mähweidegras im norddeutschen Klimaraum keine deutlichen Vorteile bringt, die den hohen arbeitswirtschaftlichen Aufwand rechtfertigen. Um das Risiko der Heuwerbung weitgehend einzuschränken, ist anzustreben, daß mechanisierte Bodentrocknung, Kaltlufttrocknung, Heißlufttrocknung und Silierung nebeneinander oder nacheinander durchgeführt werden. 8710.

3-64/09-0591 Henk, G.; Rostock, Inst. für Landwirtsch. Versuchs- und Untersuchungswes. **Einsäuerungs- und Fütterungsversuche mit Silomais unter Zusatz von Ammoniumbicarbonat und Harnstoff.** Z. landwirtsch. Versuchs- u. Untersuchungswes. **9** (1963) Nr. 6. S. 477-487. — 7 Tab., 3 Lit. Zus. in Russ., Engl.
In 38 LPG und VEG wurde in normalen Durchfahrtsilos Silomais mit Zusatz von 1,25% Ammoniumbikarbonat oder 0,5% Harnstoff einsiliert und jeweils an eine größere Gruppe von Kühen, insges. in 19 Versuchen an 600 Tiere verfüttert. Die Einsilierung in der genannten Art ist möglich ohne Minderung der Qualität der Maissilage. Das gleiche gilt für die Verfütterung. Die Silagen waren bekömmlich, es wurde weder eine Milch- noch eine Milchfettleistungsminderung beobachtet. G. Sternkopf. 8730.

3-64/09-0592 Thurm, R.; Dresden, TU., Inst. für Landtechn. Betriebslehre. **Die betriebs- und arbeitswirtschaftliche Bedeutung der Gärfutterbereitung.** Dtsch. Landwirtsch. **14** (1963) Nr. 7. S. 348-350. — 2 Tab.
Aus Literaturangaben wurde errechnet, daß die Konservierungsverluste am geringsten bei der technischen Trocknung sind (8-10%). Es folgt dann die Silagebereitung mit 15-25%. Je Schnitt und ha werden etwa an AKh benötigt: Bodentrocknung 23, Kaltlufttrocknung 16, technische Trocknung 16, Welksilage 14, Frischsilage 11. Die Silierung erfordert, im Vergleich zur technischen Trocknung nur $^1/_6$ der Investitionen. Folgende Kosten für Futterernte und -konservierung von 200 dt Grünfutter (einschließlich Verluste) wurden errechnet: Bodentrocknung 574, Kaltlufttrocknung 448, technische Trocknung 536, Silierung 335 DM. In der Gesamtbeurteilung schneidet die Silierung am besten ab. Ihr gegenüber hat nur die technische Trocknung, bedingt durch niedrige Verluste, Vorteile. W. Schmidt. 8730.

3-64/09-0593 Hawkins, George E., Paar, Gary E. und Little, Joe A.; Auburn, Alabama, Univ. Physiological responses of lactating dairy cattle to pelleted corn and oats. **(Physiologische Reaktionen von Milchkühen auf pelletierten Mais und Hafer.)** J. Dairy Sci. **46** (1963) Nr. 10. S. 1073-1080. – 6 Tab., 29 Lit.

In den vorliegenden Arbeiten der Literatur wird der Einfluß pelletierten Kraftfutters widersprüchlich dargestellt. In diesem Versuch wird geprüft, ob der beobachtete Abfall des prozentischen Milchfettgehaltes auf den Anteil der Stärke zurückgeführt werden kann. Der Kraftfutteranteil (Tr.-Subst.) betrug 50% der Ration. (39,5% Mais, 39,5% Hafer, 20% Baumwollsaatmehl, 1% Salz). Für den Versuch wurde jeweils der Mais- oder der Haferanteil pelletiert. Der Einfluß auf die Milch- und Fettleistung war gering. In einem weiteren Versuch wurde der Mais- bzw. Haferanteil auf 35% und 49% erhöht. Hier veränderte das Pelletieren von Hafer oder Mais das molare Verhältnis der flüchtigen Fettsäuren signifikant, da der Anteil an Essigsäure abnahm, der an Propionsäure und auch an Buttersäure anstieg (letztere besonders bei pelletiertem Hafer). Der Energiegehalt der Milch sank durch das Pelletieren bei Mais (von 307 auf 284 kcal/lb.) und stieg bei Hafer (von 297 auf 309). Das Absinken des Fettgehalts war am größten bei pelletiertem Mais, bei pelletiertem Hafer stieg er im Gegensatz dazu an. Es wird aber festgestellt, daß 19,75% pelletierter Mais oder pelletierter Hafer in jeder Höhe (35 bzw. 41%) keinen Einfluß auf den Milchfettgehalt oder den Energiegehalt der Milch ausübt. B. Piatkowski. 8860.

3-64/09-0594 Wright, P. L., Pope, A. L. und Phillips, P. H.; Madison, Univ. of Wisconsin. Pelleted roughages for gestating and lactating ewes. Part I: The effect upon ewe and lamb production. **(Pelletiertes Rauhfutter für tragende und laktierende Mutterschafe. 1. Mitt. Der Einfluß auf das Mutterschaf und die Lämmerproduktion.)** Univ. Wisconsin, agric. Exp. Stat., Res. Bull. **1962** Nr. 239. S. 1–16. – 5 Tab., 21 Lit.

Vff. untersuchten an 125 Mutterschafen und 134 Lämmern in einer 2-Jahresperiode bei ad libitum-Fütterung den Einfluß von pelletiertem Rauhfutter. Die Pelletierung erhöhte die Futteraufnahme um 25% im Vergleich zum unpelletierten Rauhfutter. Das Einmischen von Salz (10%) in die Heupellets begrenzte während der Tragezeit die Aufnahme der Pellets, nicht aber während der Säugeperiode. Der Zusatz von 2% Fett zu Haferstrohpellets ergab geringere Gewichtsverluste während der Laktation, verbesserte aber nicht das Ablammergebnis und die Futterverwertung. Das gleiche gilt, wenn $^1/_3$ der Strohpellets durch Heupellets ersetzt wurde. Wird die Supplementation so vorgenommen, daß der Energie-, Eiweiß- und Mineralstoffbedarf gedeckt wird, ergibt sich kein Unterschied zwischen Heu- und Strohpellets. Eine signifikant bessere Gewichtszunahme der Mutterschafe wurde nur bei Verwendung von Pellets aus gutem Heu (100% der Ration) festgestellt, sonst war kein Einfluß der verschiedenen Rationen auf das Lgw. der Mutterschafe festzustellen. Ein Einfluß auf das Ablammergebnis ergab sich nicht. Im Teil II der Arbeit (Der Einfluß auf die Blutzusammensetzung) wird der Einfluß der Rationen an 44 Mutterschafen auf den Gehalt an Gesamtplasma, den Globulingehalt, den Nichtprotein-N-Gehalt, den Glucosegehalt und den Fettgehalt im Blut beschrieben. M. Hoffmann. 8860.

3-64/09-0595 Jansen, Hans P. **Zur Stabilität von Futterpellets.** Kraftfutter **47** (1964) Nr. 1. S. 20. 22-23.

Unter Stabilität wird die Widerstandskraft der Preßlinge gegen Abrieb und Bruch als Folge von Bewegung und Transport verstanden. Für Vergleich fehlt noch eine einheitliche, schnelle, zuverlässige und allgemeinakzeptierte Meßmethode. Die die Stabilität beeinflussenden Faktoren wie Dampfmenge, Partikelgröße, Matrizenform, Kühlprozeß und Preßhilfsmittel werden behandelt. Von letzteren gewinnt Ligninsulfonat steigende Bedeutung, da es

die an ein Bindemittel gestellten Anforderungen in weitgehendem Maße besitzt und preisgünstig ist. Je nach Getreideanteil und Zusammensetzung des Mischfutters wird es mit einem Anteil von 1-3% zugesetzt.
G. Leisner. 8860.

3-64/09-0596 Schultz, R. **Über das Messen der Dauerhaftigkeit an Futtermittel-Preßlingen.** Kraftfutter **47** (1964) Nr. 1. S. 23-24. — 3 Abb., 5 Lit.
Es werden die verschiedenen Möglichkeiten der Messung diskutiert. Die Messung der Abriebfestigkeit hat für den praktischen Betrieb größere Bedeutung als das Messen der Druck-, Schnitt- oder Scherbelastung. Das Abrieb-Prüfgerät DLU-100, daß einem in USA entwickelten Gerät angeglichen wurde, wird beschrieben und die Meßmethode erläutert. Die zu untersuchende Probe abgesiebter Preßlinge (500 g) werden in Kammern gebracht und nach einer vorgeschlagenen Zahl von 500 Umdrehungen wird die vom Abrieb befreite Probe zurückgewogen. Die Differenz in % ergibt den Abrieb. Diese Meßmethode hat in den USA Standard-Geltung erreicht. G. Leisner. 8860.

3-64/09-0597 Brüggemann, Johs., Niesar, K. H. und Zucker, H.; München, Univ., Inst. für Tierernähr. und Physiol. **„Pelletqualität" und ihre Beeinflussung durch Preßhilfsmittel auf Ligninsulfonatbasis.** Kraftfutter **47** (1964) Nr. 1. S. 10-14. 16. — 5 Abb., 2 Tab., 6 Lit.
In eigenen Versuchen wurden Preßhilfsmittel auf Ligninsulfonatbasis geprüft. Die Grenzwerte der Zusammensetzung verschiedener Ligninsulfonatprodukte betrugen: Aschegehalt 0,8-15%; Tr.-Subst. 91-97%; Ligninsulfonate 60-82%; reduzierende Substanz 9-28%; Gesamt-S 5-8%; Sulfat-S 3-6%; Sulfit-S 0,1-0,8%; pH-Wert 1%iger Lösungen 4-7. Alle Produkte sind stark hygroskopisch und zeigen eine gewisse Dispergier- und Bindefähigkeit. 3 dieser Stoffe wurden zu 3% verschiedenen Mischfuttermitteln zugesetzt. Sie verminderten den Abrieb um 20%. Verträglichkeitsversuche bei Küken und histologische Untersuchungen ergaben keine Beeinträchtigung.
G. Leisner. 8860.

3-64/09-0598 Eberhardt, W. **Futterverpressung und Preßhilfsstoff auf Ligninsulfonatbasis.** Kraftfutter **47** (1964) Nr. 1. S. 16. 19-20. — 1 Tab.
Ligninsulfonat fällt als Nebenprodukt der Zellulosegewinnung an und wird seit langem zu Spezialklebern und Bindemitteln für die Industrie verarbeitet. Es ist stark hygroskopisch und besitzt neben etwas reduzierenden Zuckern kaum Nährstoff im eigentlichen Sinne, obwohl die Weender-Futtermittelanalyse 80% N-fr. E. angibt, die nach den bisherigen Erkenntnissen als unverdaulich angesehen wurden. Ein Einbringen dieser Preßhilfsstoffe in Futtermischungen zu Lasten einer Getreidekomponente hatte keine Leistungsminderung bei den Tieren zur Folge. Preßhilfsstoffe auf Ligninsulfonatbasis gleichen den Nährstoffverlust beim Austausch von 2-3% einer Getreidekomponente aus. Untersuchungen ergeben eine Verbesserung der Abriebfestigkeit von 0,2-5,4% absolut oder 69-96% relativ. Gleichzeitig tritt eine Erhöhung der Pressenleistung ein. G. Leisner. 8860.

3-64/09-0599 Le Clerc, Anne-Marie; Paris, Lab. Centr. des Subsistances. Effects des radiations ionisantes sur la teneur en vitamines de quelques produits alimentaires. **(Einfluß ionisierender Strahlen auf den Vitamingehalt einiger Lebensmittel.)** Ann. Nutrit. Alimentat. [Paris] **17** (1963) Nr. 6. S. B 449-B 461. — 4 Tab., 27 Lit.
Durch Bestrahlung (10000-45000 rad) wird bei Zwiebeln, Knoblauch, Kartoffeln und in Fruchtsäften (Orangen, Tomaten, Kirschen, Kassis) Vit. C nur geringfügig zerstört, Vit. B_1 und B_2 bleiben unbeeinflußt. Merkliche Vit.-Verluste treten erst bei höheren Strahlendosen auf ($>$ 100000 rad). Eine Zerstörung des Vit. A in öliger Lösung beginnt erst bei Strahlendosen über

400000 rad. Aus den Untersuchungen geht hervor, daß die Beständigkeit der Vitamine in den verschiedenen Lebensmitteln unterschiedlich ist.
H. Ackermann. 8860.

3-64/09-0600 *Bruhn, H. D.* **Technische Probleme bei pelletiertem Futter.** Aus: Agric. Engng. 38 S. 522-525. (Übers. aus d. Engl. – TO 874.

B. DIE EINZELNEN FUTTERSTOFFE

3-64/09-0601 O'Dell, G. D., King, W. A., Cook, W. C. und Webb, H. J.; Clemson, South Carolina. Clemson Coll. Feeding value of alfalfa and coastal bermudagrass when fed as baled or pelleted hays to dairy heifers. **(Der Futterwert von Alfalfa und Küsten-Bermudagras als geballtes oder pelletiertes Heu für Färsen.)** J. Dairy Sci. **46** (1963) Nr. 10. S. 1103-1107.
Die Färsen (6-10 Mon. alt) erhielten die genannten Futterarten und -formen begrenzt oder ad lib. bei niedriger bzw. hoher Kraftfutterzuteilung. In geballter Form war Alfalfa dem Küsten-Bermudagras (**I**) hinsichtlich Verzehr und Zuwachs überlegen. Die Futterkosten waren für **I** weit niedriger. In pelletierter Form lag Alfalfa gegenüber **I** auch noch hinsichtlich der Kosten günstiger. Bei ad lib.-Fütterung bewirkte pelletiertes **I** einen Zuwachs und Verzehr ähnlich wie geballtes Alfalfa-Heu. Bei Alfalfa geballt bzw. pelletiert und Bermudagras geballt bzw. pelletiert betrug bei ad lib.-Fütterung der Gewichtszuwachs 1,73, 2,30, 1,35 und 1,86 lb., der Futterverzehr je 100 lb. Lgw. 2,49, 2,80, 1,95 und 2,95 lb. Bei begrenzter Fütterung war der Zuwachs bei pelletiertem Futter niedriger als bei geballtem. Bei guter Kraftfutterversorgung (ca. 4 lb.) je Tier und Tag konnte mit geballtem **I** ein zufriedenstellender Gewichtszuwachs bei niedrigen Kosten erzielt werden. Das Pelletieren erscheint infolge zusätzlicher Kosten als fraglich. B. Piatkowski. 8910.

3-64/09-0602 Donefer, E., Niemann, P. J., Crampton, E. W. und Lloyd, L. E.; Quebec, Canada, Macdonald Coll. Dry matter disappearance by enzyme and aqueous solutions to predict the nutritive value of forages. **(Der Abbau der Trockensubstanz durch ein Enzym und wäßrige Lösungen zur Vorhersage des Nährwertes von Futter.)** J. Dairy Sci. **46** (1963) Nr. 9. S. 965 bis 970. – 4 Tab., 13 Lit.
In der Arbeit wurde überprüft, ob die Vorhersage des Nährwertindexes (NVI) mit Hilfe des künstl. Pansens durch einfachere Laborverfahren mit Enzymen und/oder wäßrige Lösungen ersetzt werden kann. Je 1 g fein gemahlenes Heu gelangt in 200 ml-Zentrifugengläser, anschließend werden 75 ml der Testlösung mit oder ohne Enzym zugesetzt. Die Proben werden 24 Std. bei 40 °C gehalten. Daran schließt sich ein 10 Min. dauerndes Zentrifugieren (1900 U pro Min.) und Filtrieren durch einen vorher ausgewogenen Filter, der zur Tr.-Subst.-Bestimmung dient. Auf der Differenz zwischen der eingewogenen und ausgewogenen Tr.-Subst. basiert die Berechnung. Die Korrelationen zwischen dem NVI von 14 Futtermitteln und dem Tr.-Subst.-Abbau sind sehr hoch: Destilliertes Wasser 0,90; PH-Phthalatpufferlösung (pH 4) 0,91; KH-Phthalatpufferlösung + Cellulose (100 mg) 0,92; KH-Phthalatpufferlösung + Cellulose + Pepsin (150 mg) 0,93; 0,075 n HCl 0,94; HCl + Pepsin 0,95. Die in vitro-Celluloseverdauung über 12 Std. ergab ebenfalls signifikante Korrelationen zum NVI (0,86). B. Piatkowski. 8910.

3-64/09-0603 Pressey, R., Synhorst, S. H., Bertram, Janet, Allen, R. S. und Jacobson, N. L.; Ames, Iowa State Univ. Foaming properties of alfalfa and their relationship to bloat. **(Schäumende Eigenschaften der Luzerne und deren Verhältnis zum Aufblähen.)** J. Animal Sci. **22** (1963) Nr. 4. S. 970 bis 978. – 6 Abb., 3 Tab., 11 Lit.
In den aus oberen Pflanzenteilen der grünen Luzerne gewonnenen wäßrigen Extrakten wurde das Schaumbildungsvermögen nach einer im einzelnen be-

schriebenen Methode bestimmt und mit der aufblähenden Wirkung der Luzerne bei Verfütterung an Wiederkäuer verglichen. Die schäumenden Eigenschaften sind in den Blättern lokalisiert; das Ausmaß des Schäumens ist stark abhängig von den angewendeten Extraktionsmethoden. Die Stabilität des Schaumes ist abhängig von Temp. und pH-Wert, wobei das Optimum bei 20 °C und pH 5,5 gefunden wurde. In Tierversuchen konnte eine signifikante Korrelation (r = 0,56) zwischen Aufblähen und den Werten für die Schaumstabilität gefunden werden. Vff. bringen auf Grund der Versuchsergebnisse zum Ausdruck, daß in den Pflanzen ein komplexes System von schaumbildenden, schaumhemmenden und schaumstabilisierenden Stoffen vorhanden ist und daß eine Blähwirkung der Nettoeffekt des Zusammenwirkens dieser Gruppen von Substanzen ist. L. Hoffmann. 8910.

3-64/09-0604 Anonym. Nutritional value of leaf proteins — animal studies. **(Der Nährwert von Blatteiweiß. Tierversuche.)** Nutrit. Rev. **21** (1963) Nr. 8. S. 232-235.

Junge Getreideblätter, Erbsenstroh, Wicken, Senf und Kohl liefern ein Eiweiß von 10-12% N-Gehalt. In Wasserrüben und Farnkraut beträgt der N-Gehalt 8%. Die N-haltigen Substanzen nicht eiweißartiger Natur sind noch nicht alle vollständig dargestellt. Mit zunehmender Reifung der Pflanzen sinkt der N-Gehalt im Extrakt. Der Fettgehalt beträgt 5-10%, der Gehalt an Stärke ist ebenso hoch. Die Fettfraktion enthält einen beträchtlichen Anteil hochgradig ungesättigter Fettsäuren. Die Zusammensetzung der Proteine an Aminosäuren ist noch nicht bestimmt. Lysin wurde in einer Konzentration von 5,3-7,1%, Methionin von 1,3-2,7%, Tryptophan von 1,0-2,0% gefunden. Nach den bisherigen Kostenschätzungen wird das Blatteiweiß billiger als anderes Eiweiß und ähnliche Nahrungszusätze in der menschlichen Ernährung sein. H. Busse. 8910.

3-64/09-0605 Nevzorov, R. Kormovoj belok iz kamyša i solomy dlja intensivnogo otkorma skota i pticy. **(Futtereiweiß aus Schilf und Stroh zur Intensivmast von Vieh und Geflügel.)** Životnovodstvo, Moskva **26** (1964) Nr. 2. S. 21-25.

Im Belgoroder chemischen Werk wurde eine neue Technologie zur Herstellung von „Eiweißpaste" aus Schilf und anderen rohfaserreichen Rohstoffen erarbeitet. Danach werden aus einer Tonne Schilf oder Stroh je nach dem Bearbeitungsverfahren von 300-500 kg „Eiweißpaste" gewonnen. Das Rohmaterial wird unter Zusatz von Schwefelsäure 3-4 Std. lang gekocht, wobei die Cellulose bis zu Monosacchariden abgebaut wird. Danach wird die Masse, welche 4-5% Zucker enthält, mit der dazu notwendigen Menge an Kalkmilch neutralisiert. Nach Verdünnung und Zusatz der für die entspr. Kultur notwendigen Mineralsalze erfolgt die Beschickung und Bebrütung in Behältern mit 30 t Fassungsvermögen. Es werden Kulturen hefeähnlicher Pilze verwandt, welche sich stündlich durch Knospung verdoppeln. Unter ständiger Luftzufuhr und bei optimaler Temperatur sind ca. 10 Std. für die Umsetzung der Nährlösung notwendig, die dann so weit zentrifugiert wird, daß die fertige Paste 25-30% Tr.-Subst. enthält. Darin sind 50% vollwertiges Eiweiß, 35-38% verd. Kohlenhydrate, 3-4% Fett, 8-10% Phosphor- und andere Salze enthalten. H. Schwiderski/Dummerstorf. 8910.

3-64/09-0606 Fisinin, V. I. Trostnikovaja pasta v racione utok. **(Schilfpaste als Entenfutter.)** Životnovodstvo, Moskva **26** (1964) Nr. 2. S. 41. 76.

Von 10-40% der Kraftfutterration wurden bei 4 Wochen alten Peking-Entenküken durch Schilfpaste ersetzt. Die Schilfpaste wurde durch Vermusen von jungem vor der Blüte gemähtem Schilf hergestellt. Es wurde nur 1-2 Tage alte Paste verfüttert und zwar zusammen mit der Kraftfuttermischung. Die besten Gewichte erreichten diejenigen Tiergruppen, bei denen 10 und 20%

der Kraftfutterration durch Schilfpaste ersetzt wurde. 30 bzw. 40% erwiesen sich als unzweckmäßig, da die Tiere dieser Gruppen nicht das vom Standard vorgeschriebene Endgewicht erreichten. Es ist möglich, durch den Einsatz der Schilfpaste bei jeder Ente, welche bis zum Alter von 2 Mon. gemästet wird, bis zu 2 kg Getreidefutter einzusparen. Lt. chemischer Analyse enthielt das Fleisch der mit Schilfpaste gemästeten Enten im Vergleich zur Kontrollgruppe weniger Fett und etwas mehr Wasser.
H. Schwiderski/Dummerstorf. 8910.

3-64/09-0607 Samtleben, W. **Entwicklungslinien im Futterbau.** Mitt. dtsch. Landwirtsch.-Ges. **79** (1964) Nr. 9. S. 270. 272. 8910.

3-64/09-0608 Loney, B. E., Bassette, R. und Ward, G. M.; Manhattan, Kansas Stat. Univ. Some volatile components in milk, blood, and urine from cows fed silage, bromegrass, and hay and grain. **(Einige flüchtige Komponenten in Milch, Blut und Harn von Kühen, die Silage, Bromgras oder Heu und Kraftfutter erhielten.)** J. Dairy Sci. **46** (1963) Nr. 9. S. 922-926. — 1 Abb., 2 Tab., 11 Lit.
Es sollten die Art der flüchtigen Subst. bei unterschiedlicher Fütterung und weiterhin die Frage geprüft werden, ob das Euter bestimmte Subst. aus dem Blut selektiert. Die durch organoleptische Ermittlung festgestellten flüchtigen Geschmacksstoffe konnten durch eine spez. Analyse nicht bestätigt werden. Die Conc. der flüchtigen Subst. war im Harn größer als im Blut oder in der Milch. Die Spitzen in den Chromatogrammen sind bei Silagefütterung ausgeprägter. Sicher nachgewiesen wurden nur Aceton und 2-Butanon in allen 3 Flüssigkeiten bei Silagefütterung. Der Verlauf des Chromatogramms zwischen Bromgrasweide und Kontrollration (Heu + Kraftfutter) ließ nur geringe Abweichungen erkennen. Allerdings ergab die organoleptische Prüfung der Milch, daß sie bei Bromgrasweide einen fischig-seifigen Geschmack annimmt, die durch die Spitzen des Chromatogramms nicht gedeutet werden kann. Hierfür könnten evtl. Amine oder Subst. mit großen Kettenlängen verantwortlich sein. Bei Silagefütterung treten neue Spitzen auf, die bei den anderen Rationen nicht beobachtet wurden. Ihre Höhe nimmt in der Reihenfolge Milch, Blut, Harn zu. Vff. schlußfolgern, daß der Einfluß auf die Concentration der flüchtigen Subst. in biol. Flüssigkeit überraschend gering ist. B. Piatkowski. 8920.

3-64/09-0609 Clifton, C. M., Miller, W. J. und Cameron, N. W.; Athens, Univ. of Georgia. Coastal bermudagrass hay and silage at two stages of maturity, fed with two concentrate levels to lactating cows. **(Heu und Silage von Küsten-Bermudagras in 2 Wachstumsstadien und mit 2 verschieden hohen Kraftfuttergaben in der Fütterung der Milchkühe.)** J. Dairy Sci. **46** (1963) Nr. 9. S. 959-964. — 1 Abb., 4 Tab., 20 Lit.
Küsten-Bermudagras (**I**) (*Cynodon dactylon*) hat besonders im Südosten der USA große Bedeutung erlangt infolge hoher Resistenz (Dürre, Schädlinge etc.) und zufriedenstellender Ertragsleistung. Da **I** nicht Maissilage und Luzerneheu gleichwertig ersetzt, war zu klären, inwieweit dies durch einen früheren Schnittzeitpunkt und höhere Kraftfuttergaben auszugleichen war. Von **I** wurde Heu und Silage (Hochsilo) in 2 Wachstumsstadien (14 Tage Schnittzeitdifferenz) gewonnen. **I** im früheren Stadium bewirkte eine um 2 lb. höhere Milchleistung sowie einen höheren Proteingehalt der Milch. Kühe verzehrten mehr Tr.-Subst. von **I**-Heu des frühen Stadiums bei geringer Kraftfuttergabe als von Silage des späteren Stadiums und viel Kraftfutter. Hohe Kraftfuttergaben senkten den Heuverzehr stärker als den an Silage. 1 lb. Kraftfutter senkte den Grundfutterverzehr um 0,29 lb. Die Milchleistung lag bei Fütterung von Silage um 1,4 lb. höher als bei Heu. Weniger die Konservierungsform sondern insbes. die Höhe der Kraftfuttergabe ist für die zufriedenstellende Leistung maßgebend. B. Piatkowski. 8920.

3-64/09-0610 Schmidt, K. und Wuth, E.; Jena, Inst. für Pflanzenernähr. der Dtsch. Akad. der Landwirtsch.-Wiss. zu Berlin. **Die Mais-Ackerbohnensilage, ein eiweißreiches Winterfutter.** Dtsch. Landwirtsch. **14** (1963) Nr. 7. S. 351 bis 353. — 8 Tab.
Mais kann zusammen mit Ackerbohnen als Gemisch gesät werden. Vf. vergleichen 3 Möglichkeiten: I = Mais in Reinsaat. II = 60 kg Mais + 80 kg Ackerbohnen. III = 30 kg Mais + 120 kg Ackerbohnen. Folgende Ergebnisse wurden erzielt (Thüringen):

Mischung	Grünmasse		Tr.-Substanz		Rohprotein	
	dt/ha	rel.	dt/ha	rel.	dt/ha	rel.
I	414	100	60	100	6,1	100
II	400	97	66	110	9,0	148
III	351	85	63	105	9,8	161

Der Erntezeitpunkt wird von der Bohne bestimmt und zwar dann, wenn sich der Nabel an ihrem Korn zu färben beginnt. Bei der Beurteilung nach Flieg erreichten die hergestellten Silagen folgende Punktzahlen: I = 78, II = 88, III = 95 Punkte. Die Qualität der Silage stieg mit dem Anteil der Tr.-Subst. im Ausgangsmaterial. Die Maissilage hatte einen Rohproteingehalt von 0,9% die Mischsilage III dagegen von 2,71. W. Schmidt. 8920.

3-64/09-0611 Gfrörer, F.; Grub, Bayer. Landesanst. für Tierzucht. **Ergebnisse und Erkenntnisse aus den Silolehrschauen der Jahre 1960-1962 in Bayern.** Bayer. landwirtsch. Jb. **40** (1963) Nr. 4. S. 463-476. — 15 Tab., 3 Lit.
2664 Silageproben wurden chemisch (nach Flieg) und 6000 Proben nach der DLG-Sinnenprüfung untersucht. Die Übereinstimmung beider Methoden war bis auf die schlechtesten Silagequalitäten gut. Es wurden verschiedene Einflüsse auf die Silagequalität untersucht (Futterart, Silierhilfsmittel, Tr.-Subst.-Gehalt). Weiterhin ist geprüft worden, ob Geruch, Geschmack, Säuregrad und Käsereitauglichkeit (bestimmt nach der Methode Weinzirl) der Milch durch die Silagequalität, die Art und Weise des Melkens (Hand- bzw. Maschinenmelken) und durch den Zeitpunkt der Silagefütterung (vor, während oder nach dem Melken) beeinflußt werden. Vf. stellt fest, daß die Silagequalität im wesentlichen von der Futterart und vom Tr.-Subst.-Gehalt abhängt und daß gute Milchqualitäten durch Verfütterung guter Silagen möglichst nach dem Melken und durch Lagerung der Silagen außerhalb des Stallraumes erzielt werden.
L. Schmidt. 8920.

3-64/09-0612 **Untersuchungen über die Gärfutterbereitung in Bezug auf Nährstoffökonomik und Qualität des Gärfutters.** Rostock, Oskar-Kellner-Inst. Tierernähr. Dtsch. Akad. Landwirtsch.-Wiss. Berlin Plan-Nr.: 1701 17 h-3-06/6. Teil-Abschlußber. (11/3. 1964).
Zum Verfahren des Zusatzes von NPN-Verbindungen bei der Silierung von Futterstoffen wurden umfangreiche Untersuchungen durchgeführt. Sowohl Harnstoff als auch Ammoniumbicarbonat können bei der Maissilierung in Höhe von ca. 0,2% N, bezogen auf die Frischmasse, zugesetzt werden, ohne daß die Gefahr einer Qualitätsverschlechterung oder größerer Gärverluste besteht. Voraussetzungen des Verfahrens sind gute Durchmischung des Zusatzes mit dem Mais und sorgfältige Siliertechnik. Die mit dem Sickersaft verloren gehenden Mengen an Zusatz-N halten sich bei siloreifem Mais in vertretbaren Grenzen. Eine Proteinsynthese aus dem Zusatz-N findet während der Einsäuerung praktisch nicht statt. Verdauungsversuche an Schafen ergaben eine 100%ige Resorption des Zusatz-N. Jungbullenmastversuche mit diesen Silagen wiesen die Verwertbarkeit des zugesetzten N zur Deckung des Eiweißbedarfs nach. Versuche zur Ausdehnung des Verfahrens auf andere Futterpflanzen

führten praktisch nur bei siloreifer Grünhirse zum Erfolg. Bei Grünroggen, Sonnenblumen und Naßschnitzeln besteht die Gefahr des Verderbens der Silage. Die Ursache dieses unterschiedlichen Verhaltens der Futterpflanzen ist in ihrem jeweiligen Verhältnis von Zuckergehalt zu Pufferkapazität zu suchen. Für das Verfahren des NPN-Zusatzes eignen sich demnach nur Pflanzen, die einen großen Zuckerüberschuß aufweisen. 8920.

3-64/09-0613 Stančev, Ch. und Valjanova, J. Vŭrchu sŭdŭržanieto na vitamin B_{12} v njakoi naši silaži. **(Der Vitamin-B_{12}-Gehalt in einigen bulgarischen Silagen.)** Životnovŭdstvo, Sofija **17** (1963) Nr. 8. S. 31-33. — 1 Tab.
In Silage wird das Vit. B_{12} durch Entziehen mittels Wasser unter 5 Min. langem Kochen im Wasserbad und auch ohne Kochen ermittelt. Folgende Mengen pro kg Tr.-Subst. wurden festgestellt (in Klammern sind die Werte angegeben, die ohne Kochen der Proben ermittelt wurden): in Silage aus Ohio-Mais 47 (16) μg, einheimischem Mais 192 (45) μg, Wisconsin-Mais 71 (26) μg, grünen Erbsen 752 (600) μg, in spez. für Geflügel zubereiteter Silage (45% Kürbis, 35% Möhren, 10% Luzernemehl und 10% Maismehl) 37 (20) μg. Ein hoher Eiweiß- und Kobaltgehalt im Rohstoff bedingt einen hohen Vit.-B_{12}-Gehalt in der Silage. NRB/ZSNTI. 8920.

3-64/09-0614 Lomba, F. Étude de la digestibilité des fourrages. **(Untersuchung über die Verdaulichkeit von Futterpflanzen.)** Ann. Méd. vétérin. [Bruxelles] **107** (1963) Nr. 5. S. 337-350. — 6 Abb., 2 Tab.
In Untersuchungen über pathologische Abweichungen des N-Stoffwechsels bei Wiederkäuern und die Toxizität des Harnstoffes, die Ammoniakbildung im Blute und im Pansensaft, über den Fettsäurenstoffwechsel und andere Nahrungsbestandteile beim Hammel treten bei den Tieren Unterschiede im Futterverzehr auf, die zur weiteren Erforschung der Verdaulichkeit der Futterstoffe und der den Appetit der Wiederkäuer beeinflussenden Faktoren Anlaß geben. Vom Anfang Mai bis Ende Juni verringert sich der Gehalt an verd. Energie um insges. etwa 20%, d.h. tägl. im Durchschnitt um 0,3%. Das nach dem Schnitt nachwachsende Futter hat ebenfalls einen erhöhten Gehalt an Eiweiß. Der genannte Wert bleibt aber immerhin 10% unter dem Gehaltswert der Futterpflanzen im gleichen Wachstumsstadium im Frühjahr. Eine N-Düngung in Form einer einzigen Gabe im April erhöht die Verdaulichkeit des Proteins der Gräser in den Mon. Mai/Juni/Juli um 8-15%. Die Nachwirkungen dieser Düngemaßnahmen im Frühjahr klingen bei der Heuernte im August/September ab. H. Busse. 8930.

3-64/09-0615 Anonym. **Der Nährstoffgehalt des Dürrfutters der Ernte 1963 und die Winterfütterung.** Mitt. schweiz. Landwirtsch. **11** (1963) Nr. 12. S. 181 bis 187.
Nach einer Beschreibung der Witterungsverhältnisse im Winter, Frühjahr und Sommer 1963 wurden die Ergebnisse von Heuuntersuchungen für den 1. Schnitt aus 21 Betrieben und für Emd aus 22 Betrieben mitgeteilt und mit den Werten der Jahre 1962 und 1961 verglichen. Der späte Futterwuchs und das späte Einsetzen der Heuernte, die durch hohe Niederschläge im Juni erschwert wurde, brachte eine wesentliche Verschlechterung der Qualität von Heu und Emd gegenüber 1962. Der zur Verfügung stehende Rauhfuttermenge wird als gut bezeichnet. Bei alleinigem Einsatz von Heu können zwischen 7 und 10 kg Milch/Kuh und Tag erreicht werden. Es werden Hinweise für die Winterfütterung gegeben. M. Hoffmann. 8930.

3-64/09-0616 Owen, J. B. und Ingleton, Jean W.; Aberystwyth, Dep. of Agric. A study of food intake and production in grazing ewes. Part I. The measurement of food intake. **(Eine Untersuchung über Futtereinnahme und Leistung bei weidenden Mutterschafen. 1. Mitt. Die Bestimmung der Futtereinnahme.)** J. agric. Sci. **61** (1963) Nr. 2. S. 267-274. — 4 Abb., 6 Tab., 14 Lit.

An insges. 24 weibl. Schafen wurden im Stall und bei Weidegang Verdaulichkeitsversuche ausgeführt, wobei folgende Fragen geprüft wurden: 1. Variation in der Kotausscheidung in Abhängigkeit von den Zeitintervallen für die Kotsammlung und der Menge der Futterzufuhr. 2. Individuelle Variation in der Futterverdaulichkeit. 3. Variation in der Kotzusammensetzung in Abhängigkeit von der Futtermenge und der Futterqualität. 4. Beziehung zwischen einer löslichen Kotfraktion und der Futtereinnahme. — Vff. schlußfolgern aus ihren Versuchsergebnissen, daß bei Schafen für die Bestimmung der Verdaulichkeit eine 4tägige Kotsammlung genügende Sicherheit bietet. Zur Festlegung der Futtereinnahme weidender Tiere empfehlen sie folgende Beziehung: $y = 250 + 17{,}8x$ wobei $y \triangleq$ tägl. Tr.-Subst.-Einnahme in g und $x \triangleq$ tägl. Ausscheidung einer lösl. Kotfraktion in g, die durch 18stündige Behandlung des Kotes mit 0,2 n HCl erhalten wird. Aus 64 Versuchen wurden zwischen der nach dieser Methode berechneten und der direkt gemessenen Futtereinnahme eine Streuung von $\pm$ 73 g $\triangleq$ 7% ermittelt. L. Hoffmann. 8940.

3-64/09-0617 Owen, J. B. und Ingleton, Jean W.; Aberystwyth, Dep. of Agric. A study of food intake and production in grazing ewes. II. The interrelationships between food intake and productive output. **(Eine Untersuchung über die Futtereinnahme und Leistung bei weidenden Mutterschafen. 2. Mitt. Die gegenseitigen Verhältnisse zwischen Futtereinnahme und Leistung.)** J. agric. Sci. **61** (1963) Nr. 3. S. 329-340. — 19 Tab., 10 Lit.

Unter Benutzung der im 1. Teil der Arbeit (s. vorst. Referat) beschriebenen Methode zur Feststellung der Futtereinnahme bei Weidegang wurde eine Reihe von Versuchen zur Bestimmung der Relation zwischen Futtereinnahme und Leistung im Zustand der Trächtigkeit und Laktation an Schafen bei Weidegang unter Zufütterung von Konzentraten ausgeführt. Die Futtereinnahme schwankte zwischen 1,5 und 2,0 kg. Der Variationskoeffizient für Futtereinnahme zwischen den Individuen betrug 20%. Unmittelbar nach dem Lammen stieg die Futtereinnahme stark an und blieb während der Laktation auf gleicher Höhe. Im frühen Stadium der Trächtigkeit bestand kein Unterschied im Gewichtszuwachs zwischen Schafen, von denen nur 1 oder 2 Lämmer geboren wurden. Die Futtereinnahme während der Trächtigkeit korrelierte vollständig mit dem Tiergewicht. Die Variationen in der Milchleistung standen in Beziehung zur Futter-Tr.-Subst.-Einnahme. L. Hoffmann. 8940.

3-64/09-0618 Moore, Jan und Halley, R. J. The evolution of grass production and utilization on a Devon farm. **(Die Entwicklung der Grasproduktion und -nutzung auf einer Devon-Farm.)** J. Roy. agric. Soc. England **123** (1962) S. 63-69. — 4 Abb., 4 Tab., 5 Lit.

Der Bericht entstammt einer College-Fram, in der aller im Hörsaal gelehrter Stoff praktisch demonstriert wird, wobei die Farm finanziell erfolgreich arbeiten muß. In 10 Jahren stieg die Rinderzahl um 28%, die Schafzahl um 85%. Das Grasland ging um 28% zurück. Die Weideperiode wurde durch Auswahl günstiger Saatmischungen verlängert. Als Silage wurden dreimal sowiel Nährstoffe konserviert wie als Heu. Zur Heuwerbung wird die Belüftungtrocknung eingesetzt. Sie ist auch bei gutem Wetter vorteilhaft, weil man die Konservierung genau planen kann. Durch „zero-grazing" ist das Gras zwar besser auszunutzen, das Weiden ist aber ökonomischer. Zufütterung von Kraftfutter in 2 Weideperioden ergab zwar immer mehr Milch, aber in einem Jahre waren die Kraftfutterkosten höher als der Geldertrag aus der mehrerzeugten Milch. Auch in der Schafhaltung wird die intensive Weidehaltung immer interessanter, sowohl wegen der Rentabilität als auch zum Schutz vor Fadenwurminvasionen bei Lämmern. Der Effekt der Besatzstärke und von Kraftfuttergaben wird besprochen. G. Weiland. 8940.

3-64/09-0619 Liebscher, W. **Sorgum (Milokorn) als Futtermittel.** Fortschr. Landwirt [Graz] **42** (1964) Nr. 6. S. 81-82.

1964 kann für Österreich mit einem Gesamtertrag von 20-30000 t Hybridsorgum gerechnet werden. Der Futterwert der Körner dieser Frucht beträgt 72 g v. E. und 724 StE. An Rinder kann Sorgum statt Mais oder anderem Futtergetreide verfüttert werden. Für Schweine beträgt der Futterwert von Sorgum 80 g v. E. und 820 GN. Sorgum hat sich in amerikanischen Versuchen dem Mais als gleichwertig erwiesen. Sorgum kann an Schweine über 30 kg nach allmählichem Übergang statt Futtergetreide verfüttert werden, ebenfalls an Hennen, Küken und Mastgeflügel. E. Höpler. 8990.

3-64/09-0620 Schreiber, R. **Die pflanzlichen Quellen der Fetterzeugung für die tierische und menschliche Ernährung.** Tierärztl. Umschau **19** (1964) Nr. 1. S. 33-38.; Nr. 2. S. 81-84.; Nr. 3. S. 134-138. — 4 Tab.

In der Einleitung gelangt die historische Entwicklung der Verwendung von Ölen für die menschliche Ernährung zur Darstellung, der sich eine Abhandlung über die Bildung der Nährstoffe in den Pflanzen und über die Funktionen der Nährstoffe (insbesondere der Fette und Öle als Brennstoffe) anschließt. Die Eigenschaften der einzelnen Ölpflanzen und Pflanzenöle werden aufgeführt, ebenso die Verwendung der Ölkuchen in der Tierernährung. Ein eigener Abschnitt ist der Margarineerzeugung gewidmet. In diesem Zusammenhang wird auf die Bedeutung eines zu hohen Fettverbrauchs (insbesondere von cholesterinreichen Fetten) für die Entstehung von Herz- und Kreislauferkrankungen eingegangen. Zum Abschluß werden einige neuere Erkenntnisse über den Fettstoffwechsel erörtert, insbesondere die Bedeutung der lipotropen Faktoren und der ungesättigten Fettsäuren. E. Kolb. 9005.

3-64/09-0621 Anonym. **Welterzeugung von Sojabohnen.** Kraftfutter **47** (1964) Nr. 2. S. 80. — 1 Tab.

Folgende Tabelle zeigt die Entwicklung der vergangenen 13 Jahre:

	1950/54	1955/59	1960	1961	1962	1963
USA	8,12	13,16	15,10	18,50	18,36	19,80
China	8,98	9,35	8,57	9,11	8,98	7,81
andere	1,50	1,80	2,04	2,09	2,15	2,29
Gesamt	18,60	24,31	25,71	29,70	29,49	29,90

9005.

3-64/09-0622 El-Shazly, K., Ibrahim, E. A. und Karam, H. A.; Alexandria, Univ., Fac. of Agric. Nutritional value of date seeds for sheep. **(Nährwert von Dattelsamen für Schafe.)** J. Animal Sci. **22** (1963) Nr. 4. S. 894 bis 897. — 8 Tab., 25 Lit.

An wachsenden Schafen wurde der Nährwert von Dattelsamen im Vergleich zu Reiskleie und einem Gemisch von Reiskleie und Baumwollsamenkuchen gemessen. Als N-Ergänzung wurden teilweise 15 g Harnstoff verfüttert. Die Dattelsamen hatten folgende Zusammensetzung und Verdaulichkeit: Rohprotein 6% (—), Rohfett 8% (91), Rohfaser 14% (53), NFE 59% (73), TDN 67%. Durch Harnstoffbeifütterung erhöhte sich die Tr.-Subst.-Verdaulichkeit von 58 auf 67%. Die Verdaulichkeit des Rohfettes und der Rohfaser wurde durch Harnstoff negativ beeinflußt. Vff. schließen aus den Ergebnissen der Mastversuche, daß Dattelsamen in der Mast von Schafen mit Erfolg Verwendung finden können, wenn als Ergänzung ein proteinreicher Futterstoff, wie z.B. Baumwollsamenkuchen, mit verfüttert wird. L. Hoffmann. 9010.

3-64/09-0623 Beck, Th.; München, Bayer. Landesanst. für Bodenkultur, Pflanzenbau und Pflanzenschutz. **Ergebnisse mikrobiologischer Untersuchungen von Kartoffeleinsäuerungsversuchen.** Bayer. landwirtsch. Jb. **40** (1963) Nr. 4. S. 477-497. — 11 Abb., 2 Tab., 22 Lit.

Bei nach dem Dämpfen abgekühlt in die Silos gebrachten Kartoffeln ergeben sich günstigere Entwicklungsbedingungen für die Kalt-Milchsäurebakterien sowie die Erreichung der förderlichen Gärtemperatur als bei Heißfüllung. Aus den Untersuchungen ist mit einiger Wahrscheinlichkeit zu folgern, daß beim Dämpfvorgang keine absolute Sterilität des Ausgangsmaterials erreicht wird. — Eine befriedigende Haltbarkeit des fertigen Gärfutters über 1-2 Tage offener, der Luft ausgesetzter Lagerung, war nur in Ausnahmefällen gewährleistet. Dies ist auf eine Eigenart des Kartoffelsauerfutters zurückzuführen. Die stark vertretenen Hefen finden nach dem Luftzutritt bei der Auslagerung auf dem Kartoffelsauerfutter derart günstige Lebensbedingungen, daß sie sich sehr schnell stark vermehren. W. Klippel. 9030.

3-64/09-0624 Vogt, H. und Penner, W.; Kiel-Steenbek, Lehr- und Versuchsanst. für Kleintierzucht. **Die Verwendung von Guarmehl im Geflügelmastfutter.** Arch. Geflügelkunde **27** (1963) Nr. 1. S. 43-47. — 2 Tab., 11 Lit. Zus. in Engl.

Das Guarmehl fällt als Abfall bei der Gewinnung des Guar-Gummis an und besteht vor allem aus dem Keimlingsgewebe. In einem 8wöchigen Kükenmastversuch wurden 12 Versuchsgruppen von je 40 sortierten Masthybrid-Küken in Batterien gehalten und mit Alleinfutter gefüttert, dem in je 3 Gruppen 5, 10 und 15% Guarmehl beigemischt wurde. Es zeigte sich, daß mit steigendem Einsatz von Guarmehl der Futterverzehr (um 2,8 bis 16,5%), die Gewichtszunahme (um 4,7 bis 33,4) und die Futterverwertung (um 2,2 bis 25,7%) verschlechtert wurde. U. Hofmann. 9140.

3-64/09-0625 Marx, D. **Experimentelle Untersuchungen über die Biertreberfütterung an Zuchtbullen.** Berliner Münchener tierärztl. Wschr. **76** (1963) Nr. 21. S. 431-436. — 1 Abb., 3 Tab.

Bei Treberfütterung verschlechterte sich die Spermaqualität eines Bullen hinsichtlich Lebensdauer und Erhaltung der Vorwärtsbewegung. Durch Zugabe von 0,5 oder 1%igen Kochsalzlösungen konnte die erloschene Spermabeweglichkeit wieder hervorgerufen werden. E. Krause. 9155.

3-64/09-0626 Hohls, H. W.; Celle, Bundesforsch.-Anst. für Kleintierzucht. **Der Einfluß verschiedener Dämpfungsarten auf die Sojaschrotqualität.** Arch. Geflügelkunde **27** (1963) Nr. 5. S. 388-400. — 6 Abb., 3 Tab., 1 Lit.

In der 1. Versuchsreihe herrschte im Autoklaven kein Überdruck; die Dämpfungszeiten betrugen 5; 10; 25; 40; 70 u. 120 Min., der Anfangsdruck 0,8 Atü, der Enddruck 0,0; die Endtemperatur 45-102 °C. In Versuchen an 5 Wochen alten Küken, die 3 Wochen dauerten, förderten Schrote, die 120 Min. gedämpft waren (**I**), die Entwicklung am besten. In einer 2. Reihe war der Anfangsdruck auf 2 Atü eingestellt. Hier waren die 25-120 Min. gedämpften (**II**) Schrote untereinander gleichwertig aber weniger wirksam als **I**. In einem 3. Versuch mit 3,0 Atü Anfangs- und 1,5 Atü Enddruck ließen alle Schrotgaben, die über 10 Min. gedämpft waren, an Qualität stark nach, und wiederum blieb die Wirksamkeit der besten Probe unter der von **I** und **II**. Die ermittelten Werte beziehen sich auf den hier verwendeten Autoklaven und auf Futtermischungen ohne tierisches Eiweiß. Eine Übertragung auf industrielle Anlagen und Verfahren ist nicht ohne weiteres möglich. C. Engelmann. 9170.

3-64/09-0627 Steger, H. und Piatkowski, B. **Dicklegung der Tränkmilch für Kälber mit Säuren.** Tierzucht **17** (1963) Nr. 9. S. 389-392.

Zur Vermeidung von Kälberverlusten während der Aufzucht durch ansauere und ungenügend erwärmte Tränkmilch wird die Dicklegung der Milch mittels Salzsäure empfohlen. Die Milch wird durch Zugabe von $^1/_4$ bis $^1/_2$ l heißen Wassers von 90 bis 95 °C je 4 l Milch auf 20 °C erwärmt. Dann werden 500 ml verdünnte Salzsäure zu 20 l Milch langsam unter ständigem Umrühren der Milch zugesetzt, bis eine feine Ausflockung des Kaseins sichtbar wird. Für die Dicklegung werden je l Milch etwa 2,7 g 37%ige Salzsäure benötigt. Zur Herstellung der verdünnten Säurelösung werden 5 l 37%ihe Salzsäure mit 45 l Wasser vermischt. Die Dicklegung und Aufbewahrung der Milch darf nicht in Zinkgefäßen erfolgen. Bei Verwendung von Salzsäure entstehen für 800 l Milch 1,30 DM Kosten. Die Tränkmilch braucht nur noch auf 20 °C anstatt 32 °C erwärmt zu werden. Das Verfahren ist ganzjährig anwendbar.

K. Pilz. 9210.

3-64/09-0628 Stellmacher, W. und Heydenreich, G.; Berlin, Staatl. Veterinärmed. Prüfungsinst.; Angern, Staatl. Tierarztpraxis. **Prophylaxe der Jungtierkrankheiten durch Dickmilch.** Mh. Veterinärmed. **19** (1964) Nr. 3. S. 89-90. — 7 Lit.

In einigen Betrieben wurde mit der Verfütterung von Dickmilch begonnen, wobei in 2 Molkerein die 1. Herstellung dieser Milch aus Buttereikultur unter Hinzufügung von einigen Darmbakterienstämmen erfolgte. In den Betrieben wurde dann die Dickmilch auf die tägliche Rückliefermilch „überimpft".

E. Werner. 9120.

3-64/09-0629 Szopa, L., Nowakowski, J. und Mazanowski, A. Wartość krwi i rzęsy wodnej jako dodatku paszowego w tuczu kaczek zielonych. **(Der Wert von Blut und Wimpertierchen als Futterzusatz bei der Mast von grünen Enten.)** Zeszyty naukowe wyższej Szkoły rolniczej Wrocławiu **10** (1963) Nr. 45. S. 117-123. — 4 Tab., 4 Lit.

Als Futterzusatz bei der Entenmast wurden Frischblut, Trockenblut und Wimpertierchen gegeben. Der Versuch erfolgte mit 100 zufallsmäßig ausgesuchten Enten in 4 Gruppen zu 25 Stück. Es ergab sich, daß bei Zusatz von Frischblut ein besserer Zuwachs und ein höheres Körpergewicht in der 10. Woche als bei Zusatz von Trockenblut erzielt werden konnte. Der Zusatz von Blut und Wimpertierchen lieferten bessere Ergebnisse als Blut allein.

PRL/CBR. 9220.

3-64/09-0630 Brundage, A. L. und Sweetman, W. J.; Palmer, Alaska Agric. Stat. Meat and bone meal as a protein supplement for lactating dairy cattle. **(Fleisch- und Knochenmehl als Proteinergänzung für die laktierende Milchkuh.)** J. Dairy Sci. **46** (1963) Nr. 10. S. 1081-1084.

An 48 Kühen wurden 2 Fütterungsversuche mit verschiedenen Kraftfutterkomponenten zur Ermittlung der tierischen Leistung durchgeführt. Im 1. Versuch mit 24 Kühen wurden folgende 4 Kraftfuttergemische gruppenweise verabfolgt: 1. Handelsübliches Milchleistungsfutter (Kontrolle), 2. eine Getreidemischung mit einem Anteil von 35% Protein pflanzlichen Ursprungs, 3. eine mit Fleisch- und Knochenmehl supplementierte Getreidemischung und 4. Gerstenschrot mit Salz und Knochenmehl supplementiert. Ration 1 diente als Kontrollfütterung. Die Versuchsperioden dauerten 35 Tage beim 1. und 28 Tage beim 2. Versuch, der 1 Jahr später unter den gleichen Bedingungen durchgeführt wurde. Es kam vor, daß in vereinzelten Fällen die Futteraufnahme verringert wurde, obwohl die Ration mit tierischem Protein schmackhaft war. Die Tiere nahmen bei Gerstenschrot als alleinige Kraftfutterration weniger Silage auf. Im 1. Versuch blieb die Silageaufnahme deutlich zurück, wenn Fleisch- und Knochenmehl zugefüttert wurden. Im 2. Versuch ließ sich diese Erscheinung nicht mehr bestätigen. Die Milchproduktion blieb in der Versuchsgruppe, die nur mit Gerstenschrot gefüttert wurde, weit zurück. In der Kontrollgruppe lag die Milchleistung am höchsten und noch mit 1,6 lb. je Tier und Tag über der Leistung von Kühen, die mit der Gerste-Hafer-Mischung unter Zusatz von tierischen und pflanzlichen Proteinen und Harnstoff gefüttert worden waren.

W. Gimmler. 9220.

FISCHEREI

A. ALLGEMEINES

3-64/09-9001 *Hiatt, Robert W.* **World directory of hydrobiological and fisheries institutions.** Washington: American Institute of Biological Sciences. 1963. (VIII, 320 S. m. Abb. u. Reg.) 22 × 28,5 cm. Das von R. W. Hiatt zusammengestellte Werk ist für alle Hydrobiologen und Fischereiwissenschaftler von großer Bedeutung, da es eine einzigartige Informationsquelle über die wissenschaftlichen Einrichtungen auf diesen Gebieten bildet. Nach Ländern geordnet, sind in alphabetischer Reihenfolge alle Institute der Erde aufgeführt und kurz beschrieben, in denen in größerem Ausmaß meeresbiologische, limnologische oder fischereiliche Forschung betrieben wird. Nicht genannt sind Einrichtungen, die lediglich chem.-phys. arbeiten oder rein fischereitechnol. ausgerichtet sind. Neben der genauen Anschrift sind die Namen des Institutsdirektors und der leitenden Wissenschaftler genannt. Es finden sich ferner Angaben über das Gründungsjahr, die Zahl der Mitarbeiter, die Hauptarbeitsgebiete, das Ausmaß der Bibliothek, die Möglichkeiten für Gäste und die für Experimente zur Verfügung stehenden Tier- und Pflanzenarten. Alle Einrichtungen sind einheitlich beschrieben, so daß eine schnelle Orientierung möglich ist. In vielen Fällen sind Abb. von den Instituten wiedergegeben. In einer getrennten Zusammenstellung sind am Schluß des Buches die wichtigsten hydrobiologischen und fischereilichen Museen der Welt dargestellt. Ein Index bildet den Abschluß des Bandes. Es ist zu wünschen, daß die noch vorhandenen Lücken bei einer Neuauflage des sehr gut ausgestatteten Buches durch die aktive Mitarbeit aller Institute geschlossen werden. W. Steffens.

B. BIOLOGIE DER FISCHEREILICHEN NUTZTIERE

Biologie der Fische

3-64/09-9002 Alverson, Dayton L. und Westrheim, Sigurd J.; Seattle, Wash., U. S. Fish and Wildlife Serv.; Clackamas, Oregon Fish Commiss. A review of the taxonomy and biology of the Pacific Ocean perch and its fishery. **(Eine Zusammenfassung der Taxionomie und Biologie des pazifischen Rotbarsches Sebastodes alutus und seiner Fischerei.)** Cons. permanent int. Explorat. Mer [Copenhague], Rapp. Procès-verbaux Réunions **150** (1961) S. 12-27. — 13 Abb., 6 Tab., 31 Lit. 6080.

3-64/09-9003 Trout, G. C.; Lowestoft, Fisheries Lab. A bibliography of the North Atlantic redfish. **(Eine Bibliographie des nordatlantischen Rotbarsches [Sebastes sp.].)** Cons. permanent int. Explorat. Mer [Copenhague] g, Rapp. Procès-verbaux Réunions **150** (1961) S. 300-311. — 368 Lit.

Die Bibliographie umfaßt 368 Titel und wurde mit Rücksicht auf die systematischen Unklarheiten nicht nach Arten unterteilt. Sie ordnet die Literatur in folgende 6 Themen ein: statistische Arbeiten, Biologie, Populationsstudien, Verarbeitung und Handel, spezielle Veröffentlichungen über verwandte Gattungen und Arten anderer Gebiete. Die umfangreichsten Abschnitte Biologie und Populationsstudien zeigen eine zweckmäßige Gliederung in Unterabschnitte. M. Berner. 6080.

3-64/09-9004 Smirnova, E. N. Morfo-ėkologičeskie osobennosti razvitija kutuma Rutilus frisii kutum Kamensky. **(Morpho-ökologische Besonderheiten bei der Entwicklung des Kutum [Rutilus frisii kutum].)** Trudy Instituta morfologii životnych im. A. N. Severcova. Akademija nauk SSSR, Moskva **33** (1961) S. 3-29. — 8 Abb., 27 Lit.

Die spez. Besonderheiten bei der Entwicklung des Kutum (*Rutilus frisii kutum*) und anderer Fische werden durch die ökologischen Verhältnisse, in denen ihre Vermehrung und Entwicklung erfolgt, hervorgerufen. Im Gegensatz zu den typischen phytophilen Arten seiner Gattung legt der Kutum die rel. großen Eier (2,7-3,0 mm) nicht nur auf weiche Unterwasserpflanzen ab, sondern auch auf überstauten Baumwurzeln und sogar auf flachliegenden Steinfeldern. Die sich entwickelnden Embryonen zeichnen sich durch einen sehr frühen Beginn der Pigmentierung aus. Das anfangs unterständige Maul nimmt im Larvenstadium eine endständige Lage ein und wird erst beim Übergang des Kutum auf Bodennahrung abermals und endgültig unterständig. A. Kozianowski. 6085.

3-64/09-9005 Dragomirov, N. I. Ėkologo-morfologičeskie osobennosti ličinočnogo razvitija belugi Huso huso (L.). **(Ökologisch-morphologische Besonderheiten der Larvenentwicklung des Hausens [Huso huso].)** Trudy Instituta morfologii životnych im. A. N. Severcova. Akademija nauk SSSR, Moskva **33** (1961) S. 72-93. — 1 Abb., 3 Tab., 31 Lit.
Der Hausen (*Huso huso*) ist im Larvenstadium ein sehr anpassungsfähiger Fisch. Durch die frühe Entwicklung der Flossen werden die Schwimmbewegungen effektiv und die Larven können bei extrem ungünstigen Verhältnissen ihren Standort wechseln. Beim Übergang zur selbständigen Ernährung sind die kleinen Hausen schon soweit in ihrer Entwicklung fortgeschritten, daß sie als flink schwimmende Räuber kleineren Wassertieren nachstellen können. Um den langen Weg ihrer Eltern rechtzeitig zurückzulegen, beginnen sie schon früh mit der Wanderung flußabwärts. A. Kozianowski. 6085.

3-64/09-9006 Templeman, Wilfred und Pitt, T. K.; St. John's, Newfoundland, Fisheries Res. Board of Canada. Vertebral numbers of redfish, Sebastes marinus (L.), in the North-West Atlantic, 1947-1954. **(Wirbelsummen des Rotbarsches, Sebastes marinus [L.], im Nordwestatlantik von 1947-1954.)** Cons. permanent int. Explorat. Mer [Copenhague] Rapp. Procès-verbaux Réunions **150** (1961) S. 56–89. — 15 Abb., 1 Tab., 43 Lit. 6085.

3-64/09-9007 Grinberg, M. M.; Leningrad, Univ. Ob ontogeneze češui u kostistych ryb. **(Über die Ontogenese der Schuppe bei Knochenfischen.)** Zoologičeskij žurnal, Moskva **40** (1961) Nr. 2. S. 234-243. — 6 Abb., 17 Lit. Zus. in Engl.
Vf. untersuchte die frühen Stadien der Histogenese der Schuppe bei *Salmo salar* und *Carassius carassius* und stellte fest, daß die Entwicklung der Schuppe bei den Teleostei mit einer Konzentration dermaler Mesenchymzellen beginnt. Hierauf folgt die vorübergehende Bildung eines Emaille-Organs, welches dem bei der Placoidschuppe gebildeten nicht homolog ist. Die Bildung dieses Organs in der Ontogenese kann phylogenetisch als eine Rekapitulation einer bestimmten Phase in der Schuppenentwicklung fossiler Holostei erklärt werden.
H.-W. Hattop. 6085.

3-64/09-9008 Baburina, E. A. Razvitie glaz i ich funkcii u litofil'nych karpovych ryb. **(Entwicklung der Augen und ihre Funktionen bei lithophilen Cypriniden.)** Trudy Instituta morfologii životnych im. A. N. Severcova. Akademija nauk SSSR, Moskva **33** (1961) S. 111-150. — 16 Abb., 3 Tab., 36 Lit. 6085.

3-64/09-9009 Baburina, E. A. Razvitie glaz i ich funkcii u zarodyšej i ličinok sudaka (Lucioperca lucioperca Linné). **(Die Entwicklung der Augen und ihre Funktionen bei Embryonen und Larven des Zanders [Lucioperca lucioperca].)** Trudy Instituta morfologii životnych im. A. N. Severcova. Akademija nauk SSSR, Moskva **33** (1961) S. 151-172. — 10 Abb., 28 Lit. 6085.

3-64/09-9010 Schäfer, Ortrun; Bad Nauheim, Max-Planck-Ges., W. G. Kerckhoff-Inst. **Spektrale Empfindlichkeit und absolute Schwelle des Farbwechsels geblendeter Elritzen (Phoxinus phoxinus L.).** Biol. Zbl. **83** (1964) Nr. 1. S. 47-66. — 10 Abb., 2 Tab., 33 Lit.
Durch photometrische Bestimmung der Schwärzung von Filmnegativen ist die Schwärzung der Rückenhaut sehender und geblendeter Elritzen in Abhängigkeit von der Beleuchtung erfaßt worden. Sehende Elritzen passen sich dem jeweiligen Untergrund an, geblendete dagegen reagieren auf von oben einfallendes Licht. Schwarzer Untergrund ruft bei sehenden Fischen Verdunklung hervor, heller Untergrund Aufhellung. Der geblendete Fisch wird bei starker Beleuchtung von oben dunkel. Bei geblendeten Elritzen ist die Schwärzung dem Logarithmus der adaptativen Beleuchtungsstärke proportional. Der abs. Schwellenwert ist 10^{-5} lm/m². Geblendete Elritzen reagieren auf

energiegleiches Licht verschiedener Wellenlänge mit unterschiedlicher Schwärzung der Rückenhaut. Die für eine konstante Schwärzung erforderliche Quantenzahl zeigt ein Minimum im grünen Spektralbereich. Die Meßpunkte folgen etwa der Absorptionskurve des Porphyropsins mit Maximum bei 522 nm.
M. Hegemann. 6085.

3-64/09-9011 Zusser, S. G. und Ëtingen, R. M.; Moskau, Unions-Forsch.-Inst. für Hochseefischerei und Ozeanogr. Vlijanie fiziologičeskogo sostojanija ryb na ich reakciju na svet. **(Einfluß des physiologischen Zustandes der Fische auf ihre Reaktionen auf Licht.)** Rybnoe chozjajstvo, Moskva **37** (1961) Nr. 11. S. 19-21. — 2 Abb.
Im Kaspischen und im Schwarzen Meer sowie in den Fernostgewässern spielt die Lichtfischerei eine Rolle. Sie beruht auf der Lockwirkung künstlichen Lichtes auf bestimmte Fischarten. Im Gegensatz zu den umfangreichen Untersuchungen von Borissow über die Reaktionen der Fische in ihren natürlichen Gewässern stellten Vff. Untersuchungen in Becken an. Hungrige Fische reagieren entschieden intensiver als satte. Eine wichtige Rolle spielt auch der Reifezustand der Fische. E. Schlieker. 6085.

3-64/09-9012 Schneider, Hans; Tübingen, Univ., Zoophysiol. Inst. **Physiologische und morphologische Untersuchungen zur Bioakustik der Tigerfische (Pisces, Theraponidae).** Z. vergleich. Physiol. **47** (1964) Nr. 5. S. 493 bis 558. — 34 Abb., 37 Lit.
Vf. untersucht unter Laborverhältnissen die Lautproduktion von *Therabon jarbua* und *Th. theraps* hinsichtlich ihrer Bedeutung, Form, Dauer, Intensität und Abhängigkeit von Temperatur und Beleuchtung. Die dabei angewandte Untersuchungsmethodik wird ausführlich beschrieben. Bei den im Schwarm umherschwimmenden Jungfischen von *Th. jarbua* konnten zahlreiche kurzdauernde Trommellaute beobachtet werden, die der Verständigung zwischen den Artgenossen dienten. Die solitär lebenden Fische mittlerer Größe attakkieren hinzukommende Artgenossen fortwährend, wobei brummende Drohlaute erzeugt werden, die von Drohgebärden begleitet sind. Die Impulsfolgen beider Lautformen wurden unter verschiedenen Umweltbedingungen bei mehreren Altersstufen der Fische in Oszillogrammen festgehalten und analysiert. Es wird nachgewiesen, daß die Laute durch die Tätigkeit zweier Muskeln entstehen, die am Schultergürtel entspringen und auf der Schwimmblase ansetzen. Beide Geschlechter sind zur Lauterzeugung fähig. *Th. theraps* erzeugt nur Trommellaute, die er bei Angriffen auf Artgenossen auslöst. G. Seifert. 6085.

3-64/09-9013 Watson, L. J., Shechmeister, I. L. und Jackson, L. L.; Carbondale, Ill., Univ. The hematology of goldfish, Carassius auratus. **(Die Hämatologie des Goldfisches, Carassius auratus.)** Cytologia [Tokyo] **28** (1963) Nr. 2. S. 118-130. — 23 Abb., 1 Tab., 34 Lit. Orig.: engl.
Vff. geben eine ausführliche Beschreibung des Blutbildes von *Carassius auratus*. Untersucht wurden 100 Exemplare von 4,7-6,7 g Masse und 5,2 bis 6,1 cm Länge. Im peripheren Blut sind 2,025 Mill. $\pm$ 118671 Erythroczyten/mm^3 Blut enthalten, die eine mittlere Größe von 8,8 $\times$ 13,4 μm haben. Die Zahl der Thrombozyten beträgt 51550 $\pm$ 3323/mm^3. Die Gesamtzahl der Leukozyten ist 21987 $\pm$ 1519/mm^3. Hiervon entfallen auf Lymphozyten 92,5%, auf Neutrophile 5,1%, auf Eosinophile 2,2% und auf Basophile 0,2%. Es wurden keine Blutzellen festgestellt, die den Monozyten höherer Wirbeltiere entsprechen. W. Steffens. 6085.

3-64/09-9014 Snieszko, S. F.; Kearneysville, W. Va., Bureau of Sport Fisheries and Wildlife. An aid in the preparation of blood samples from fish. **(Eine Hilfe bei der Gewinnung von Blutproben von Fischen.)** U. S. Dep. Interior, Fish Wildlife Serv., progr. Fish-Culturist **25** (1963) Nr. 4. S. 174.

Plastikbehälter werden mit einem Antikoagulans beschickt. In eingetrocknetem Zustand (kühl und staubfrei aufbewahren) sind diese haltbar (außer Heparin). Unmittelbar vor der Blutentnahme werden die Behälter auf ein Magnetrührwerk gestellt und vor Eigenrotation geschützt. Als Rühranker können 3-5 mm lange Stücke von Nähnadeln oder Büroklammern dienen, die in Glaskapillaren eingeschmolzen werden. Das Rührwerk sollte 120 bis 300 U/min machen. Zu schnelles Rühren schädigt die Blutzellen.
Th. Mattheis. 6085.

3-64/09-0915 Frolova, L. K. Dejstvie kobal'ta na nekotorye gematologičeskie pokazateli karpa. **(Die Wirkung von Kobalt auf einige hämatologische Merkmale des Karpfens.)** Trudy. Vsesojuznyj naučno-issledovatel'skij institut morskogo rybnogo chozjajstva i okeanografii (VNIRO), Moskva **44** (1961) S. 48-59. — 2 Abb., 6 Tab., 51 Lit.
Kobalt wirkt sich im Organismus des Karpfens (*Cyprinus carpio*) fördernd auf die Blutbildung aus und bestimmt dessen morphol. Zusammensetzung. Durch seinen Einfluß werden die Anzahl der Erythrozyten und der Hämoglobingehalt des Blutes erhöht. Gleichzeitig wird die abs. Zahl der Leukozyten gesenkt, ohne jedoch die Widerstandsfähigkeit des Karpfens zu mindern. Durch seine spez. Wirkung auf die weißen Blutkörperchen wird die Entwicklung der aktiv phagozytierenden (Monozyten) und der neutrophilen Leukozyten gefördert. A. Kozianowski. 6085.

3-64/09-9016 Serfaty, A. und Waitzenegger, M. Influence des variations du facteur thermique sur l'intensité du reflexe aero-cardiaque chez la carpe commune (Cyprinus carpio L.). **(Der Einfluß von Temperaturänderungen auf die Intensität des Aerokardialreflexes beim Karpfen [Cyprinus carpio].)** Hydrobiologia [Den Haag] **23** (1964) Nr. 1/2. S. 281-286. — 1 Abb., 6 Lit.
Der Aerokardialreflex des Karpfens wird von der Temperatur beeinflußt. Andererseits zeigen die Resultate, daß es eine homoiostatische Zone gibt, in der der Fisch eine gewisse Unabhängigkeit von der Temperatur seines Biotopes erlangt. D. Barthelmes. 6085.

3-64/09-9017 Peyraud, C. und Serfaty, A. Le rythme respiratoire de la carpe (Cyprinus carpio L.) et ses relations avec le taux de l'oxygène dissous dans le biotope. **(Der Respirationsrhythmus des Karpfens [Cyprinus carpio] und seine Beziehungen zum Sauerstoffgehalt des Biotopes.)** Hydrobiologia [Den Haag] **23** (1964) Nr. 1/2 S. 165-178. — 6 Abb., 8 Lit.
Karpfen zeigen, solange sie sich nicht bewegen und in O_2-reichem Wasser stehen, eine periodische Respiration. Wie aus gleichzeitigen Aufzeichnungen von Kiemendeckeltätigkeit und Herzaktivität hervorgeht, sind Perioden respiratorischer Aktivität gleichzeitig Phasen von Tachykardie. In Perioden respiratorischer Ruhe findet man dagegen Bradykardie. Bei Unterbrechung der Wasserzirkulation im Aquarium, d. h. bei schlechter O_2-Versorgung der Fische, verschwindet die periodische Respiration und wird durch Polypnoe und Hyperpnoe ersetzt. Sie tritt bei Verbesserung der Gasverhältnisse wieder auf. Die Atemfrequenzkurve und die O_2-Kurve des Wassers verlaufen symmetrisch. Der O_2-Gehalt des Wassers ist unter natürlichen Bedingungen der Regler der Atmung des Karpfens. D. Barthelmes. 6085.

3-64/09-9018 Fontaine, M. Action des eaux courantes sur certains aspects de la physiologie des téléostéens. **(Die Wirkung des fließenden Wassers auf bestimmte physiologische Aspekte bei Teleostiern.)** Verh. int. Verein. theoret. angew. Limnol. **14** (1959, hrsg. 1961) S. 400-403. — 11 Lit.
Der Aufenthalt von Fischen in fließendem Wasser erhöht ihren Stoffumsatz und ist mit einer verstärkten Sekretion endocriner Drüsen verbunden. Mit Hilfe von Radiojod konnte bei Regenbogenforellen (*Salmo gairdneri*) eine vermehrte Schilddrüsentätigkeit gegenüber Kontrollfischen in ruhigem Wasser

nachgewiesen werden. Veränderungen zeigen auch der Mineral- und Energiestoffwechsel, wie aus Untersuchungen am Lachs (*Salmo salar*) hervorgeht.
D. Barthelmes. 6085.

3-64/09-9019 Jurovickij, Ju. G. und Rezničenko, P. N. Razvitie lešča v uslovijach različnogo kislorodnogo režima. **(Entwicklung des Bleis unter verschiedenen Sauerstoffverhältnissen.)** Trudy Instituta morfologii životnych im. A. N. Severcova. Akademija nauk SSSR, Moskva **33** (1961) S. 94-110. — 5 Abb., 1 Tab., 21 Lit.
Bis zum Beginn der Segmentation verläuft die Entwicklung der Bleiembryonen (*Abramis brama*) bei einem Sauerstoffgehalt von 3 mg/l Wasser. Eine weitere normale Entwicklung ist bei dieser Sauerstoffkonzentration nicht möglich. Nach Ausbildung des Blutkreislaufes ist bei einer Temperatur von 15 °C ein Mindestsauerstoffgehalt des Wassers von 5 mg/l erforderlich. Für einen Großteil der Embryonen ist auch diese O_2-Konzentration zu niedrig. Bei hohen Sauerstoffdefiziten bleibt die Kopfpartie der Embryonen mit den darauf entstehenden Sinnesorganen unterentwickelt, und die Blutgefäße werden nicht ausgebildet. A. Kozianowski. 6085.

3-64/09-9020 Čistjakova, I. P. Vlijanie uglekisloty na rost ličinok osetra i potreblenie imi kisloroda. **(Der Einfluß der Kohlensäure auf das Wachstum der Störlarven und ihren Bedarf an Sauerstoff.)** Trudy. Vsesojuznyj naučnoissledovatel'skij institut morskogo rybnogo chozjajstva i okeanografii (VNIRO), Moskva **44** (1961) S. 15-22. — 3 Abb., 4 Tab., 10 Lit.
Die Ergebnisse der Untersuchungen haben bewiesen, daß der Einfluß der freien Kohlensäure auf den Stoffwechsel der Störlarven in den einzelnen Stadien ihrer Entwicklung unterschiedlich ist. Im Stadium V-VI führt schon eine geringe Erhöhung der CO_2-Konzentration (bis 15-20 mg/l) zur allmählichen Abnahme der Atmungsintensität, des Nahrungsbedarfes und der Wachstumsgeschwindigkeit. In den Stadien VII-VIII sind die Störlarven weniger empfindlich. Ihr Sauerstoffbedarf und ihr Wachstum waren bei allen Versuchen (bei 15-20, 35-40 und 60-80 mg CO_2/l Wasser) gleich.
A. Kozianowski. 6085.

3-64/09-9021 Dusart, J. Contribution à l'étude de l'adaptation des Tilapia (Pisces, Cichlidae) à la vie en milieu mal oxygéné. **(Beitrag zum Studium der Anpassung von Tilapia [Pisces, Cichlidae] an das Leben in sauerstoffarmem Wasser.)** Hydrobiologia [Den Haag] **21** (1963) Nr. 3/4. S. 328-341. — 2 Abb., 4 Tab., 13 Lit.
Es gibt zahlreiche Gewässer mit niedrigem O_2-Gehalt, die aber trotzdem mit Fischen besiedelt sind. Ein solches Beispiel ist die Talsperre von Mwadingusha (Katanga), deren Wasser sehr arm an Sauerstoff (0,8-3,6 mg/l), aber stark mit CO_2 angereichert ist (Sumpfgebiet). Trotzdem werden hier jährlich 4000-5000 t Fische, vor allem *Tilapia*, gefangen. Die Untersuchungen wurden an *Tilapia macrochir* und *T. melanopleura* durchgeführt. Die O_2-Dissoziationskurve des Hämoglobins von *T. macrochir* wurde bestimmt. Das Hämoglobin ist dem von *Opsanus tau* ähnlich. Bei pO_2 von 9-4 mm Hg zeigt *T. macrochir* Unruhe beim Atmen. *T. melanopleura* wird bereits bei pO_2 von 18-9 mm Hg unruhig. Die beiden *Tilapia*-Arten sind nicht benachteiligt durch den geringen O_2-Gehalt ihres Lebensraumes, aber *T. melanopleura* scheint nicht so gut angepaßt zu sein wie *T. macrochir*. Wahrscheinlich ist ein hoher CO_2-Gehalt für *T. macrochir* nicht schädlich.
M.-L. Albrecht. 6085.

3-64/09-9022 Höglund, Lars B.; Uppsala, Univ., Inst. of Zoophysiol. The reactions of fish in concentration gradients. **(Die Reaktion von Fischen in Konzentrationsgefällen.)** Rep. Inst. Freshwater Res., Drottningholm Nr. **43** (1961) S. 1-147. — 51 Abb., 17 Tab., 243 Lit.

Mit Hilfe der Fluviarium-Technik werden in der sehr eingehenden Arbeit die Reaktionen einiger Süßwasserfischarten gegenüber Änderungen der O_2-Konzentration, des pH-Wertes, der CO_2-Konzentration und des Sulfitablaugegehaltes untersucht. Im O_2-Gefälle, das von höheren Werten bis unter 1 mg/l führte, bevorzugten Plötze, Junglachs und Edelkrebs höhere Konzentrationen. O_2-Mangel wird u. a. durch lebhaftere Schwimmbewegungen beantwortet, was als Appetenzverhalten gedeutet werden kann. Alle untersuchten Tierarten sind in der Lage, ungünstigen CO_2- und Wasserstoffionenkonzentrationen auszuweichen. Fische nehmen ungünstige CO_2-Werte unabhängig von den begleitenden pH-Werten wahr und beantworten sie auch getrennt. Plötzen zeigen im pH-Bereich 5,6 bis 10,5 und Junglachse im pH-Bereich 5,3 bis mindestens 7,4, also bis in die Nähe der Toleranzgrenzen, keine Reaktion. Es besteht eine klare Beziehung zwischen der CO_2-Konzentration, die gerade Narkose bewirkt und der Stärke der Ausweichreaktion bei verschiedenen Fischarten. CO_2-Gehalt und pH-Wert werden nicht mit der Nase oder der Seitenlinie wahrgenommen. Möglicherweise gibt es einen bes. CO_2-Rezeptor in der Kiemenregion. Sulfitablauge wird weitgehend durch den Geruch wahrgenommen. Bei geringen Konzentrationen zeigen die verschiedenen Fischarten entsprechend der Entwicklung ihres Geruchsorgans Ausweichreaktionen, die bei stärkeren Konzentrationen schwächer werden. D. Barthelmes. 6085.

3-64/09-9023 Krajuchin, B. V.; Borok, Inst. für Biol. der Stauseen der Akad. der Wiss. der UdSSR. O zavisimosti intensivnosti obmena ot vozrasta i vesa ryb. **(Die Abhängigkeit der Stoffwechselintensität vom Alter und der Masse des Fisches.)** Bjulleteń Instituta biologii vodochranilišč. Akademija nauk SSSR, Moskva-Leningrad **1961** Nr. 11. S. 42-43. — 2 Tab., 3 Lit.
Vf. weist nach, daß die Stoffwechselintensität bei den Fischen mit zunehmendem Alter nachläßt, wobei die Körpergröße nicht von ausschlaggebender Bedeutung ist. Der Rückgang der Stoffwechselintensität und des Sauerstoffbedarfes erklärt sich daraus, daß der Umfang der inneren Gewebe und der Gesamtfettgehalt zunimmt. H.-W. Hattop. 6085.

3-64/09-9524 Ananičev, A. V.; Borok, Inst. für Biol. der Stauseen der Akad. der Wiss. der UdSSR. Sravnitel'naja biochimičeskaja charakteristika nekotorych presnovodnych bespozvonočnych i ryb. **(Vergleichende biochemische Charakteristik einiger Wirbelloser und Fische des Süßwassers.)** Biochimija, Moskva **26** (1961) Nr. 1. S. 18-30. — 6 Tab., 37 Lit. Zus. in Engl.
Systematische Untersuchungen von verschiedenen Biotopen ermöglichten eine Einschätzung des Nährwertes der Wasserorganismen. Dabei hat es sich bestätigt, daß die Protein- und Fettzusammensetzung der Süßwasserfische komplexer ist als die der Wirbellosen. Eine Ausnahme bilden die Phosphatide und die echten Carbohydrate. Einige Vertreter der Wirbellosen und zahlreiche Fischarten sind Träger der wichtigsten Vitamine, wie A, B_1, B_2 und B_{12}. A. Kozianowski. 6085.

3-64/09-9025 Čugunova, N. I., Assman, A. V. und Makarova, N. P. Rost i dinamika žirnosti u ryb kak prisposobitel'nye processy (na osnovanii ėksperimental'nogo issledovanija sazana v del'te Volgi). **(Erhöhung und Dynamik des Fettgehalts bei Fischen als Anpassungsprozesse [auf der Grundlage experimenteller Forschungen an Wildkarpfen im Wolgadelta].)** Trudy Instituta morfologii životnych im. A. N. Severcova. Akademija nauk SSSR, Moskva **39** (1961) S. 96-181. — 20 Abb., 28 Tab., 145 Lit.
Auf Grund eines umfangreichen Literaturstudiums und experimenteller Untersuchungen an Wildkarpfen (*Cyprinus carpio*) in der unteren Wolga versuchen Vff. eine allg. theoretische Vorstellung über die Wechselbeziehungen zwischen Längen- und Massenzunahme und der Veränderung des Fettgehaltes zu geben. Es wird die Ansicht vertreten, daß die Dynamik des Fettgehaltes

in Muskeln, Gonaden und Innereien eng mit dem physiol. Zustand der Fische und den Lebensbedingungen zusammenhängt. Auch die Zusammensetzung des Blutes verändert sich mit den Lebensbedingungen. Laichmarken auf Schuppen können als Folge verschlechterter Existenzbedingungen auftreten.
G. Predel. 6085.

3-64/09-9026 Ackman, R. G., Jangaard, P. M., Burgher, R. D., Hughes, M. L. und MacCallum, W. A.; Halifax, Nova Scotia, Fisheries Res. Board of Canada. Observations of the oil and component fatty acids of the oil from Newfoundland'capelin. **(Untersuchungen über das Öl und die Fettsäurezusammensetzung des Öls der Neufundland-Lodde.)** J. Fisheries Res. Board Canada **20** (1963) Nr. 3. S. 591-596. — 3 Tab., 15 Lit.
Die Lodde (*Mallotus villosus*) ist in vielen Gebieten der Erde ein wichtiger Wirtschaftsfisch. Der Fettgehalt der am Ufer laichenden Populationen beträgt 3-4% im Gegensatz zu den pelagisch laichenden Lodden mit 23,4%. Das Öl beider Geschlechter wurde untersucht. Dasjenige der Weibchen hat eine höhere Jodzahl (144,2) als das der Männchen (125,5). Entsprechend dem Geschlechtsverhältnis der Art in Ufernähe wird das im Handel befindliche Öl vor allem von männlichen Lodden stammen. Es ähnelt in der Fettsäurezusammensetzung dem Heringsöl (C_{14} 7,7%; C_{15} 0,9%; C_{16} 29,7%; C_{17} 0,5%; C_{18} 13,1%; C_{19} 0,3%; C_{20} 25,6%; C_{21} 0,2%, C_{22} 20,5%). Der Gehalt an unverseifbaren Stoffen ist etwas höher als im käuflichen Heringsöl.
M.-L. Albrecht. 6085.

3-64/09-9027 Takama, Kozo, Hatano, Mutsuo, Zama, Köichi und Igarashi, Hisanao. Gas chromatographic analysis of fatty acid composition of marline animals oils. **(Gaschromatographische Analyse der Fettsäurezusammensetzung von Schwertfischölen.)** Bull. Fac. Fisheries, Hokkaido Univ. **14** (1963) Nr. 1. S. 31-36. — 2 Tab., 5 Lit. Orig.: jap., Ausz.: engl.
Fettsäure-Methylester, die aus 4 verschiedenen Schwertfischölen hergestellt waren, wurden unter Verwendung von Polyestersäulen untersucht. Diäthylenglycol(succinat)säulen eignen sich nicht zur Trennung gesättigter und ungesättigter Fettsäuren von C_{16}- bis C_{22}-Kettenlänge mit Ausnahme von C_{18}. Diäthylenglycol(adipat)säulen scheinen die genauesten Ergebnisse zu bringen, da nahezu alle Komponenten der in den verwendeten Ölen vorhandenen Fettsäuren in den Säulen entdeckt werden konnten. Ungeradzahlige Fettsäuren wie C_{13}, C_{15}, C_{17} usw. wurden in sehr geringer Menge in diesen Fischölen festgestellt.
M.-L. Albrecht. 6085.

3-64/09-9028 Jensen, Alvin L.; Cook, Wash., U. S. Fish and Wildlife Serv. Methods for lipid analysis. An annotated bibliography. **(Methoden der Fettanalyse. Eine mit Anmerkungen versehene Bibliographie.)** U. S. Dep. Interior, Fish Wildlife Serv., spec. sci. Rep. **1961** Nr. 376. S. 1-76. — 690 Lit.
Fettuntersuchungen sind seit etwa 1930 in außerordentlich großem Umfang durchgeführt worden. Die hierüber vorliegenden Veröffentlichungen sind jedoch weit verstreut und daher oft schwer auffindbar. In der vorliegenden Bibliographie sind zahlreiche methodische Arbeiten auf diesem Gebiet zusammengefaßt worden, um die bereits erarbeiteten Ergebnisse leichter zugänglich zu machen. Von den vor 1930 veröffentlichten Methoden wurden nur die klassischen mit aufgenommen. Im wesentlichen erstreckt sich die Zusammenstellung auf Veröffentlichungen aus dem Zeitraum von 1930-1959. Die Arbeiten wurden alphabetisch nach dem ersten Autor geordnet. Nicht berücksichtigt wurden Standard- oder wenig modifizierte Methoden sowie die in der Zeitschrift Lipid Research referierten „New Methods“.
M.-L. Albrecht. 6085.

3-64/09-9029 Vel'tiščeva, I. F. Proniknovenie ugleroda (C^{14}) karbonata iz vody i raspredelenie ego v tele ryby. **(Das Eindringen des Kohlenstoffs [^{14}C]**

des Karbonats aus dem Wasser und seine Verteilung im Fischkörper.) Trudy. Vsesojuznyj naučno-issledovatel'skij institut morskogo rybnogo chozjajstva i okeanografii (VNIRO), Moskva **44** (1961) S. 23-36. – 13 Tab., 9 Lit.

Der in Form von anorg. Verbindungen im Wasser enthaltene Kohlenstoff kann in den Körper der Fische eindringen und nimmt dort am Aufbau der verschiedensten org. Stoffe teil. Bei Versuchen mit ^{14}C konnte er in allen Geweben und Organen der Fische angetroffen werden. Die Hauptmenge (92,7%) des eingedrungenen Kohlenstoffs wird vom Fisch durch die Kiemen, und nur 7,3% werden durch die Haut aufgenommen. Das abs. Quantum des absorbierten Kohlenstoffs wird vom Entwicklungsgrad der Fische und von der Karbonatkonzentration im Wasser bestimmt. A. Kozianowski. 6085.

3-64/09-9030 Šečhanova, I. A. Nekotorye voprosy fosfornogo obmena u ryb. **(Einige Fragen des Phosphorstoffwechsels bei Fischen.)** Trudy. Vsesojuznyj naučno-issledovatel'skij institut morskogo rybnogo chozjajstva i okeanografii (VNIRO), Moskva **44** (1961) S. 60-77. – 7 Abb., 10 Tab., 14 Lit.

Der im Wasser gelöste, mineralische Phosphor dringt durch die Haut und durch die Kiemen in den Fisch ein und wird dort sehr schnell zu org. Verbindungen umgebaut. Wesentlich langsamer verläuft der Umbildungsprozeß bei injiziertem Phosphor, der auf künstlichem Wege in den Organismus des Fisches eingebracht wird. Der mit der Nahrung aufgenommene Phosphor nimmt eine Mittelstellung ein. Die Intensität des Phosphorstoffwechsels kann auch bei Fischen der gleichen Art und der gleichen Altersgruppe sehr unterschiedlich sein. Fische mit hohem Phosphorbedarf weisen meist ein gutes Wachstum auf. A. Kozianowski. 6085.

3-64/09-9031 Smelova, I. V.; Moskau, Unions-Forsch.-Inst. für Hochseefischerei und Ozeanogr. Raspredelenie v tele ryb sery-35, vvedennoj s živymi kormami. **(Die Verteilung von Schwefel-35, der mit lebender Nahrung aufgenommen wurde, im Fischkörper.)** Voprosy ichtiologii, Moskva **1961** Nr. 17. S. 110-114. – 2 Tab., 8 Lit.

Radioaktiver Schwefel (^{35}S) wurde in Sulfat und in Methionin über Oligochaeten an einjährige Karpfen (*Cyprinus carpio*) mit einer Größe von 10-15 cm verfüttert. Die stärkste Anreicherung der radioaktiven Stoffe wurde im Verdauungstraktus beobachtet. Große Unterschiede zwischen dem Gehalt der Organe und Gewebe an im org. und anorg. Zustand aufgenommenen ^{35}S konnten nicht festgestellt werden, sondern beide verteilten sich in ähnlicher Weise. Ursache dafür dürfte sein, daß die Oligochaeten den anorg. Schwefel bereits in eine org. Form überführen, die dann vom Fisch aufgenommen wird. G. Predel. 6085.

3-64/09-9032 Smelova, I. V. Proniknovenie različnych soedinenij S^{35} iz vody v telo ryby. **(Das Eindringen verschiedener Verbindungen von ^{35}S aus dem Wasser in den Fischkörper.)** Trudy. Vsesojuznyj naučno-issledovatel'skij institut morskogo rybnogo chozjajstva i okeanografii (VNIRO), Moskva **44** (1961) S. 37-47. – 8 Tab., 28 Lit.

Die im Wasser gelösten anorg. Schwefelverbindungen werden nur in unbedeutenden Mengen vom Fisch absorbiert. Sie dringen durch die Haut und durch die Kiemen in den Fischkörper ein und verteilen sich dort auf alle Organe und Gewebe. Die Diffusionsfähigkeit der einzelnen Verbindungen ist unterschiedlich. Natriumsulfit dringt z. B. in größeren Mengen ein als Natriumsulfat. Gegenüber den org. Schwefelverbindungen (Methionin, Cystin) ist die Permeabilität der Haut und der Kiemen ebenfalls größer. Falsch ernährte Fische nehmen weit mehr Schwefel aus dem Wasser auf als solche, die bei vollwertiger Nahrung gehalten werden. A. Kozianowski. 6085.

3-64/09-9033 O'Rourke, Fergus J.; Cork, Ireland, Univ. Coll. An immunological and chromatographic study of Sebastes marinus (L.) and Sebastes mentella Travin. **(Eine immunbiologische und chromatographische Studie an Sebastes marinus und Sebastes mentella.)** Cons. permanent int. Explorat. Mer [Copenhague], Rapp. Procès-verbaux Réunions **150** (1961) S. 100-103. – 4 Abb., 7 Lit. 6085.

3-64/09-9034 Gomazkov, O. A.; Borok, RSFSR, Inst. für Biol. der Stauseen der Akad. der Wiss. der UdSSR. Sezonnye izmenenija intensivnosti piščevaritel'nych processov u nalima. **(Saisonbedingte Veränderungen der Intensität der Verdauungsprozesse bei der Quappe.)** Voprosy ichtiologii, Moskva **1961** Nr. 17. S. 75-82. – 6 Abb., 14 Lit.
Unter Aquarienbedingungen wurden Quappen (*Lota lota*) bei verschiedenen Temperaturen, die den mittleren Temperaturen in den einzelnen Jahreszeiten entsprachen, gehalten und die Verdauungsintensität untersucht. Sie schwankte in Abhängigkeit von der Temperatur und war im Herbst und Frühjahr am größten. Die Intensität der Verdauung von Kohlehydraten, Fett und Eiweiß ist jahreszeitlich ebenfalls unterschiedlich. G. Predel. 6085.

3-64/09-9035 Bodrova, N. V. und Krajuchin, B. V.; Borok, RSFSR, Inst. für Biol. der Stauseen der Akad. der Wiss. der UdSSR, Lab. für Physiol. der Süßwassertiere. K voprosu o mechanizme vlijanija ėlektričeskogo toka na ryb. **(Der Mechanismus der Einwirkung elektrischen Stromes auf Fische.)** Fiziologičeskij žurnal SSSR imeni I. M. Sečenova, Moskva-Leningrad **47** (1961) Nr. 7. S. 913-917. – 3 Tab., 12 Lit.
Vff. stellten fest, daß das Seitenlinienorgan eine gewisse Rolle bei der Wahrnehmung elektrischer Reize spielt. Dies trifft bes. für schwache Reizungen zu; bei stärkerer Reizwirkung tritt die Wahrnehmung mit Hilfe des Seitenlinienorgans weitgehend zurück. Bes. empfindlich ist das Organ des Hechtes. Wird der zugehörige Nerv durchtrennt, so reagiert der sonst rel. leicht zu beeinflussende Hecht (*Esox lucius*) ungefähr in gleicher Weise wie die weniger leicht zu beeinflussenden anderen Fischarten. H.-W.-Hattop. 6085.

3-64/09-9036 Derse, Philip H. und Strong; F. M.; Madison, Univ. of Wisconsin. Toxicity of antimycin to fish. **(Die Giftigkeit von Antimycin für Fische.)** Nature [London] **200** (1963) Nr. 4906. S. 600-601. – 1 Tab., 10 Lit.
Antimycin ist giftig für die vegetativen Formen von Pilzen einschließlich Hefen, für Insekten, Säugetiere, nicht aber für Bakterien. Bis zu einer Konzentration von 1 μg/l war Antimycin giftig für Goldfische (*Carassius auratus*) von 1,5 g Masse. Bemerkenswert ist der schnelle Toxizitätsverlust: 1 μg/l ist nach 1 Tag, 100 μg/l sind nach 7 Tagen ungiftig für Goldfische. Es ist in dieser Beziehung, auch in der Aufwandmenge, dem zum Vergiften von Fischbeständen bisher verwendeten Rotenon überlegen.
Th. Mattheis. 6085.

3-64/09-9037 Hardisty, M. W. Studies on an isolated spawning population of the brook lamprey (Lampetra planeri). **(Untersuchungen an einer isolierten Laichpopulation des Bachneunauges [Lampetra planeri].)** J. Animal Ecol. **30** (1961) Nr. 2. S. 339-355. – 7 Abb., 3 Tab., 36 Lit.
Jährliche Untersuchungen der Bachneunaugen eines kleinen Flusses ergaben, daß der Zeitpunkt des Laichens von der Temperatur abhängig ist, die in den Wochen vor dem Erscheinen der adulten Tiere herrschte. Vf. untersucht die Schwankungen in der Stärke der Laichpopulationen und die Tatsache, daß auf Jahre mit geringen Vorkommen Jahre mit starken Populationen folgen. Er weist anhand der Längen-Häufigkeitskurven die Teilnahme mehrerer Jahrgänge am Laichen nach und zeigt, daß sich das Geschlechtsverhältnis, welches durchschnittlich 2,0:1,0 (Männchen:Weibchen) beträgt, mit der Stärke der Population ändert. In einer Hypothese versucht Vf. die Ver-

änderungen in der rel. Bestandsdichte und dem Geschlechtsverhältnis mit dem Wechsel der Alterszusammensetzung gemischter Laichpopulationen in Zusammenhang zu bringen. G. Seifert. 6090.

3-64/09-9038 McKenzie, R. A.; St. Andrews, New Brunswick, Fisheries Res. Board of Canada. Observations on herring spawning off Southwest Nova Scotia. **(Beobachtungen über das Laichen des Herings vor Südwest-Nova Scotia.)** J. Fisheries Res. Board Canada **21** (1964) Nr. 1. S. 203-204. – 2 Abb., 2 Lit.
Im Herbst 1961 wurde im Trinity-Ledge-Distrikt der südwestlichen Gewässer von Nova Scotia bei Black Point das Laichen von Heringen (*Clupea harengus*) beobachtet. Die Zahl der Laichfische, die in dem 67500 m^2 großen Laichgebiet zur Fortpflanzung schritten, wird auf 4,6 Mill. geschätzt. Aus Probefängen in festgelegten Planquadraten konnte die Zahl aller abgelegten Eier (2,1 × 10^{11} Stück) ermittelt werden. K. Anwand. 6090.

3-64/09-9039 Krivobok, M. N. Zavisimost' srokov neresta salaki ot ee plodovitosti. **(Die Abhängigkeit der Laichzeiten des Strömlings von seiner Fruchtbarkeit.)** Trudy. Vsesojuznyj naučno-issledovatel'skij institut morskogo rybnogo chozjajstva i okeanografii (VNIRO), Moskva **44** (1961) S. 160 bis 164. – 5 Tab., 6 Lit.
Die Laichzeit der 17 cm langen Strömlinge (*Clupea harengus membras*) der Rigaer Bucht wird von ihrer Fruchtbarkeit bestimmt. Die Gruppe mit dem geringeren Vermehrungspotential (ca. 15300 Eier) beginnt als erste schon Mitte Mai mit der Eiablage. Die zweite Gruppe ist weit fruchtbarer (bis zu 35 400 Eier) und erscheint erst Ende Juni auf den Laichplätzen. Bei beiden Gruppen nimmt die Masse der Gonaden während der Laichwanderung von 4,2 auf 14,8 g zu. A. Kozianowski. 6090.

3-64/09-9040 Huet, Marcel. Reproduction et migrations de la truite commune (Salmo trutta fario L.) dans un ruisselet salmonicole de l'Ardenne belge. **(Vermehrung und Wanderung der Bachforelle [Salmo trutta fario L.] in einem kleinen Forellenbach in den belgischen Ardennen.)** Verh. int. Verein. theoret. angew. Limnol. **14** (1959, hrsg. 1961) S. 757-762. – 2 Abb., 4 Tab., 4 Lit.
Mit Hilfe einer reusenartigen, stationären Fangeinrichtung wurden im Winter 1957 und 1958 alle zum Laichen in den Bach aufsteigenden und die zurückkommenden Forellen gefangen. Der Laichaufstieg erfolgt von Okt.-Jan. und war in dem untersuchten Bach im Nov./Dez. am stärksten. Manchmal sind Massenwanderungen festzustellen. So wurden an einem Tage 22,1% aller in der Saison aufsteigenden Forellen gefangen. Insgesamt suchten etwa 500 Fische den Bach pro Saison zum Laichen auf, was etwa der Population einer 600 m langen Strecke des unterhalb anschließenden Baches entspricht. Die aufsteigenden ♂♂ haben eine Länge von 14 cm – selten von 12 cm –, die ♀♀ sind 18 cm, selten 16 cm lang. Nur 50,7% der aufgestiegenen Forellen kamen zurück. Die jungen Forellen verlassen den Bach meist nach 6-18 Mon., in geringer Zahl auch schon nach kürzerer Zeit. Die Zahl der im Herbst aufsteigenden Laichforellen ist nur wenig niedriger als die der im Frühjahr herabkommenden Jungfische. D. Barthelmes. 6090.

3-64/09-9041 Hardy, C. J. An examination of eleven stranded redds of brown trout (Salmo trutta), excavated in the Selwyn River during July and August, 1960. **(Untersuchungen an 11 freigelegten Laichgruben der Bachforelle [Salmo trutta] im Selwyn-Fluß, Juli und August 1960.)** New Zealand J. agric. Res. **6** (1963) Nr. 1. S. 107-119. – 3 Abb., 1 Tab., 7 Lit.
In einer der im Mittellauf des Selwyn-Flusses periodisch auftretenden Trockenzeiten wurden 11 Laichgruben der Bachforelle untersucht, von denen 9 je 2-5 Nester mit je 150-748, im Mittel 468 Eiern enthielten. Insgesamt ent-

hielten die Gruben 835-2384, im Mittel 1718 Eier. Ganz allg. waren in derselben Grube in den später abgelegten Nestern weniger Eier als in den früheren. Die Eier in den trocken gelegten Laichgruben verderben nicht, nachdem das Wasser aufgehört hat, über und durch die Gruben zu fließen, und entwickeln sich für eine bemerkenswerte Zeitdauer weiter. Die Rogner setzen die gesamte Eimasse in einer Grube ab. Die Eizahlen der 9 Laichgruben stimmen mit denen überein, die bei Eierstockuntersuchungen von Selwyn-Bachforellen gefunden wurden. H. J. Rümmler. 6090.

3-64/09-9042 Volodin, V. M.; Borok, RSFSR, Inst. für Biol. der Stauseen der Akad. der Wiss. der UdSSR. O raznokačestvennosti polovych produktov lešča Rybinskogo vodochranilišča. **(Die unterschiedliche Qualität der Geschlechtsprodukte des Bleies der Rybinsker Talsperre.)** Bjulleteń Instituta biologii vodochranilišč. Akademija nauk SSSR, Moskva-Leningrad **1961** Nr. 11. S. 28-32. — 3 Abb., 3 Tab., 1 Lit.
Vf. untersuchte die Geschlechtsprodukte von normal und schlecht abgewachsenen männl. und weibl. Bleien (*Abramis brama*) aus der Rybinsker Talsperre und stellte fest, daß nur die normal abgewachsenen Fische einwandfreie Nachkommenschaft erbrachten. Bei den schlecht abgewachsenen Laichfischen waren die Eier kleiner bzw. die Sterblichkeit war bei schlechten Erbrütungsbedingungen größer. Die Größenunterschiede bei gleichaltrigen Nachkommen blieben auch nach dem Schlüpfen der Larven erhalten und vergrößerten sich mit zunehmendem Alter. Es wurde weiterhin festgestellt, daß die Eier aus dem caudalen Abschnitt des Eierstockes größer waren als aus dem oralen Abschnitt. H.-W. Hattop. 6090.

3-64/09-9043 Forrester, C. R.; Nanaimo, Brit. Columbia, Fisheries Res. Board of Canada. Laboratory observations on embryonic development and larvae of the Pacific cod (Gadus macrocephalus Tilesius). **(Laboratoriumsbeobachtungen über Embryonalentwicklung und Larven des Pazifischen Kabeljaus [Gadus macrocephalus].)** J. Fisheries Res. Board Canada **21** (1964) Nr. 1. S. 9-16. — 8 Abb., 3 Tab., 7 Lit.
Die im Durchmesser 1,02 mm großen Eier des Pazifischen Kabeljaus aus der Nanoose-Bucht der Straße von Georgia (B. C.) wurden im März 1962 bei Wassertemperaturen von 5°, 7°, 9° und 11 °C künstlich erbrütet. Es zeigte sich eine lineare Beziehung zwischen Wassertemperatur, Entwicklungsdauer und Schlupfergebnis. Bis zum Erreichen der ersten Hälfte der Embryonalentwicklung dauerte es bei 11 °C nur 8,5 Tage, bei 5 °C dagegen 17 Tage. Die Schlupfergebnisse lagen zwischen 1,7 und 22,8%. Frisch geschlüpfte Larven sind 4,45 mm lang. Sie benötigen bei 5 °C bis zur Absorption des Dotters 10 Tage. K. Anwand. 6090.

3-64/09-9044 Buznikov, G. A. Gialuronidaza i ferment vyluplenija vėmbriogeneze kostistych ryb. **(Hyaluronidase und das Schlupfferment in der Embryogenesis der Knochenfische.)** Trudy Instituta morfologii životnych im. A. N. Severcova. Akademija nauk SSSR, Moskva **33** (1961) S. 173-218. — 16 Abb., 1 Tab., 107 Lit.
Durch mehrere Erbrütungsversuche konnte an Eiern von Knochenfischen nachgewiesen werden, daß die Eihaut den Gasaustausch hemmt und den Embryonen das Atmen erschwert. Werden die atmungshemmenden Faktoren kurz vor dem Schlupf der Larven künstlich beseitigt oder ausgeschaltet, so wird die Sekretion des Schlupfferments gestört und der Schlupf verzögert. Die in den Schlupfdrüsen enthaltene Hyaluronidase erhöht die Durchlässigkeit der Eihaut und des Blastoderms der Embryonen und schafft somit normale Gasverhältnisse im Ei. Wird das Ferment inaktiviert, so tritt eine verstärkte Sekretion des Schlupffermentes ein und der Schlupf erfolgt vorzeitig. A. Kozianowski. 6090.

3-64/09-9045 Chimits, P. Un hybride pour la salmoniculture en eaux froides: l'omble-saumon. **(Ein Hybride für die Salmonidenzucht in kalten Gewässern: Der See-Bachsaibling.)** Bull. franç. Piscicult. **35** (1963) Nr. 209. S. 147-154. — 1 Abb., 5 Lit.

Die Salmonidenzucht in kalten Gewässern (Maximaltemperatur 11-12 °C) leidet i. allg. darunter, daß die Fische (Forellen, Saiblinge) sehr langsamwüchsig sind. Der Bachsaibling (*Salvelinus fontinalis*) wächst unter diesen Umständen zwar etwas besser als die Regenbogenforelle (*Salmo gairdneri*), ist jedoch bes. anfällig für Krankheiten. Hinzu kommt, daß der männliche Bachsaibling bereits im 2. Lebensjahr geschlechtsreif wird. In dieser Zeit retardiert das Wachstum, die Fische magern ab, und die Männchen gehen in Massen an den Wunden, die sie bei den Kämpfen erhalten, ein. Es bestand daher der Wunsch, eine sterile Kreuzung zu schaffen. Die Krezung von weiblichen Bachsaiblingen (*Salvelinus fontinalis*) mit männlichen Seesaiblingen (*S. alpinus*) ergab Hybriden, die in sehr kaltem Wasser das gleiche Wachstum aufweisen wie Bachsaiblinge, die gegen Krankheiten jedoch resistenter sind. Vor allem aber wurde bis zum 6. Lebensjahr keine sexuelle Aktivität festgestellt. Dadurch wurde weder das Wachstum verzögert, noch kam es zu Kämpfen unter den Männchen. Ca. 47% der Eier sind entwicklungsfähig. Z. Z. werden die bisher nur im Experiment durchgeführten Versuche in die Praxis der Forellenzucht eingeführt. M.-L. Albrecht. 6090.

3-64/09-9046 Abakumov, V. A.; Moskau, Unions-Forsch.-Inst. für Hochseefischerei und Ozeanogr. Sezonnye rasy prochodnych ryb. **(Saisonrassen bei Wanderfischen.)** Voprosy ichtiologii, Moskva **1961** Nr. 17. S. 179-190. — 3 Tab., 38 Lit.

Vf. untersucht die Saisonrassen bei Neunaugen, Stören und den Fernöstlichen Lachsen und betrachtet die Ursachen für ihre Herausbildung. Er kommt dabei zu dem Schluß, daß die erste nacheiszeitliche Regression einen entscheidenden Einfluß auf die Bildung der Saisonrassen gehabt hat. Fische, die ursprünglich die größten Entfernungen zu den Laichplätzen zurücklegen mußten, besaßen mehr Energie und andere Anpassungserscheinungen als diejenigen Fische, die nur kürzere Strecken zurücklegen mußten. Die Verkürzung der Flüsse durch die Erdbewegungen zogen notwendigerweise auch eine Verkürzung der Wanderwege zu den Laichplätzen nach sich. Die unterschiedlichen Anpassungserscheinungen haben sich aber bis in die Gegenwart erhalten. G. Predel. 6095.

3-64/09-9047 Svetovidova, A. A.; Moskau, Univ., Zool. Museum. Lokal'nye stada letnej kety Oncorhynchus keta (Walbaum) bassejna Amura. **(Lokalrassen des Sommer-Ketalachses [Oncorhynchus keta] im Amurgebiet.)** Voprosy ichtiologii, Moskva **1961** Nr. 17. S. 14-23. — 1 Abb., 7 Tab., 9 Lit.

Bei Untersuchungen an den im Amurgebiet während des Sommers laichenden Ketalachsen wurden in verschiedenen Flüssen deutliche Unterschiede sowohl in den meristischen als auch in den plastischen Merkmalen festgestellt. Die Fische unterschieden sich in mehr oder weniger großem Maße in der Größe, der Fruchtbarkeit, der Körperhöhe, dem Augendurchmesser und der Flossengröße. Der Grad der Unterscheidung der einzelnen lokalen Bestände ist nicht einheitlich, sondern dürfte aller Wahrscheinlichkeit nach durch die verschiedenartigen Existenzbedingungen bestimmt werden. G. Predel. 6095.

3-64/09-9048 Schaefer, Heinz; Helgoland, Biol. Anst. A biochemical contribution to the redfish problem. **(Ein biochemischer Beitrag zum Rotbarschproblem.)** Cons. permanent int. Explorat. Mer [Copenhague], Rapp. Procès-verbaux Réunions **150** (1961) S. 104-110. — 9 Abb., 2 Tab., 17 Lit. 6095.

3-64/09-9049 Sindermann, Carl J.; Boothbay Harbor, Me., U.S. Bureau of Commercial Fisheries. Serological studies of redfish. **(Serologische Studien am Rotbarsch [Sebastes marinus].)** Cons. permanent int. Explorat. Mer [Copenhague], Rapp. Procès-verbaux Réunions **150** (1961) S. 118. 6095.

3-64/09-9050 Larkin, P. A. und Ricker, W. E.; Nanaimo, Brit. Columbia, Fisheries Res. Board of Canada. Further information on sustained yields from fluctuating environments. **(Weitere Informationen über aufrechtzuerhaltende Erträge aus fluktuierender Umwelt.)** J. Fisheries Res. Board Canada **21** (1964) Nr. 1. S. 1-7. — 8 Tab., 1 Lit.
Die bestandskundliche Arbeit erörtert das Problem der Bestands- und Ertragsschwankungen infolge veränderter Umweltbedingungen. Anhand von verschiedenen Bestandsmodellen werden die Größe der gegenseitigen Beeinflussung und der einzelnen Faktoren sowie die Gleichgewichtsbeziehungen dargestellt. K. Anwand. 6095.

3-64/09-9051 Kosswig, Curt; Hamburg, Zool. Museum; Zool. Staatsinst. **Bemerkungen zur Geschichte und zur Ökologie der Ichthyofauna Kleinasiens, besonders seines abflußlosen Zentralbeckens.** Zool. Anz. **172** (1964) Nr. 1. S. 1-15. — 4 Abb., 25 Lit.
Vf. stellt die geographische Entwicklung dieses Zentralbeckens dar und erörtert die damit im Zusammenhang stehende Herkunft der heute in diesem oberirdisch abflußlosen Gebiet anzutreffenden Fischfauna. Von den 18 Süßwasserfischfamilien der Türkei kommen in diesem Gebiet nur 5 vor, deren Vertreter in der Lage sind, sich an die hier herrschenden extremen Lebensbedingungen (Salzgehalt und Temperaturen) anzupassen. Die in 25 Gewässern aufgefundenen Fischarten werden aufgeführt und ihre ökologischen und tiergeographischen Eigenschaften besprochen. Die Arbeit bringt weiterhin eine erste Abb. von *Acanthorutilus handlirschi* Pietschmann. G. Seifert. 6100.

3-64/09-9052 Svetina, M.; Ljubljana, Univ., Inst. für Biol. **Die Verbreitung der Gattung Hucho. Ein Beitrag zur Kenntnis der Herkunftsfrage des europäischen Huchens.** Allg. Fischerei-Ztg. **89** (1964) Nr. 2. S. 29-32. — 8 Abb.
Zur Gattung *Hucho* Günther 1866 gehören 4 Arten: *H. hucho* (Donauhuchen), *H. taimen* (Sibirischer Huchen oder Taimen), *H. ishikawai* (Koreanischer Huchen) und *H. perryi* (Sachaliner Huchen). Als Urheimat des heutigen europäischen Huchens ist die ostasiatische Küste nördlich von Japan anzusehen, von wo sich der Fisch bis nach Mitteleuropa ausgebreitet hat. Noch heute lebt in diesem Raum *H. perryi*, der zum Laichen aus dem Meer in die Flüsse aufsteigt. *H. hucho* kommt heute nicht nur im Donausystem vor, sondern ist mit Erfolg nach Marokko, Frankreich und Belgien (seit 1952) verpflanzt worden. 1963 wurden Einbürgerungsversuche in Schweden durchgeführt. Die künstliche Vermehrung und die Aufzucht von Setzlingen mit lebendem Futter (Cyprinidenbrut) ist für die Erhaltung des Bestandes von größter Bedeutung. W. Steffens. 6100.

3-64/09-9053 Scott, W. B. und Christie, W. J.; Toronto, Univ., Roy. Ontario Museum; Glenora, Ontario Dep. of Lands and Forests. The invasion of the lower Great Lakes by the white perch, Roccus americanus (Gmelin). **(Die Besiedlung der unteren Großen Seen durch Roccus americanus.)** J. Fisheries Res. Board Canada **20** (1963) Nr. 5. S. 1189-1195. — 2 Abb., 2 Tab., 10 Lit.
Bis 1950 umfaßte das natürliche Verbreitungsgebiet des Weißbarsches die Atlantikküste Nordamerikas von Neu-Braunschweig bis Süd-Karolina. Als euryhaline Art ist er jedoch auch in Seen Neu-Braunschweigs und Neu-Schottlands, im Hudson River unterhalb von Albany und in Seen des unteren Hudsongebietes zu finden. Seit 1950 ist er zu einem signifikanten Bestand-

teil der Ichthyofauna des Ontario-Sees geworden. Die seit 1930 im Gebiet der Großen Seen und im St. Lawrence River festgestellten Einzelvorkommen und Fänge sind tab. zusammengefaßt und werden diskutiert, um soweit wie möglich Zeit, Weg und Art der Ausbreitung zu rekonstruieren. Zur Unterscheidung des Weißbarschs von den beiden andern im St. Lawrence River-System vorkommenden Arten *Roccus saxatilis* und *R. chrysops* ist eine synoptische Bestimmungstab. für 5 Unterscheidungsmerkmale beigefügt.
H. J. Rümmler. 6100.

3-64/09-9054 Wahlert, Gerd von; Stuttgart, Staatl. Museum für Naturkunde. **Die Schlüsselmerkmale der Acanthopterygii (Barschfische).** Zool. Anz. **172** (1964) Nr. 1. S. 23-28. — 11 Lit.

Die Gruppe der Acanthopterygii übertrifft in der Breite ihres ökologischen Spektrums alles, was die vor ihr entstandenen Fischgruppen aufweisen. Die dadurch ausgebildete Formenmannigfaltigkeit macht die Angabe der Schlüsselmerkmale, durch deren Ausbildung die Entstehung der Gruppe angeregt wurde, sehr schwierig. Zur Kennzeichnung der Acanthopterygii dienen folgende morphol. Merkmale: 1. Das Maxillare nimmt an der Bildung des Mundrandes nicht teil, Supramaxillaria fehlen. 2. Die Flossen besitzen Hartstrahlen, die Brustflossen sitzen hoch am Körper, die Bauchflossen brust-, kehl- oder kinnständig; das Becken ist mit dem Cleithrum verbunden. 3. Die Schuppen sind Ctenoidschuppen. 4. Intermuskularknochen fehlen. Für die meisten dieser Merkmale gibt es jedoch Ausnahmen und keinem der Merkmale kann ein solch entscheidender Einfluß auf Lebensweise und Umweltbeziehungen zugeschrieben werden, daß damit die Entfaltung der Acanthopterygii im beobachteten Umfang erklärbar würde. Als entscheidendes Merkmal für die Entwicklung der großen Artenfülle dieser Gruppe mit ihren großen ökol. Valenzen betrachtet Vf. die Entwicklung der Euphysoklistie, d. h. der in keinem Lebensabschnitt dieser Fische mit dem Darmlumen kommunizierenden Schwimmblase. Diese stellt eine optimale Anpassung an das Leben im Wasser dar, indem sie den jungen Larven den Aufstieg zur Wasseroberfläche zwecks Erstfüllung der Schwimmblase erspart, damit die Vernichtungsrate stark herabsetzt und den Fischen gegenüber anderen Gruppen eine Reihe weiterer Vorteile bringt. Der Besitz einer Schwimmblase ohne Ductus pneumaticus kann daher als Schlüsselmerkmal für die Barschfische angesehen werden. G. Seifert. 6100.

3-64/09-9055 Phillips, J. B.; Sacramento, Calif., Dep. of Fish and Game. Problems in the identification of fishes, with a comparison between shallow-water and deep-water species of Sebastodes (Scorpaenidae). **(Identifizierungsprobleme bei Fischen, mit einem Vergleich von Flachwasser- und Tiefenarten von Sebastodes [Scorpaenidae].)** Cons. permanent int. Explorat. Mer [Copenhague], Rapp. Procès-verbaux Réunions **150** (1961) S. 51-55. — 12 Lit. 6100.

3-64/09-9056 Svetovidov, A. N.; Leningrad, Zool. Inst. der Akad. der Wiss. der UdSSR. Sistematičeskie otnošenija evropejskich i severoamerikanskich prochodnych sel'dej rodov Alosa, Caspialosa i Pomolobus. **(Systematische Beziehungen zwischen den europäischen und nordamerikanischen Heringsartigen Alosa, Caspialosa und Pomolobus.)** Zoologičeskij žurnal, Moskva **42** (1963) Nr. 10. S. 1523-1538. — 13 Abb., 1 Tab., 21 Lit. Zus. in Engl.

Durch osteologische Studien an mehr als 115 Schädeln und mehreren Skeletten verschiedener Arten und Unterarten der Gattungen *Caspialosa, Alosa* und *Pomolobus* konnte Vf. feststellen, daß die anatomischen Unterschiede zwischen den Gattungen *Alosa* und *Caspialosa* sehr gering sind. Beide Gattungen wurden von ihm unter einen Namen *Alosa* Linck vereinigt. Die Unterschiede zwischen den Arten der Gattungen *Pomolobus* und *Alosa* sind dagegen wesentlich ausgeprägter, obwohl einige Arten offensichtlich Übergangsformen darstellen. *Pomolobus* kann daher höchstens als Subgenus angesehen werden. A. Kozianowski. 6100.

3-64/09-9057 Pinhorn, A. T. und Andrews, C. W.; St. John's, Memorial Univ. of Newfoundland. Effect of photoperiods on the reactions of juvenile Atlantic salmon (Salmo salar L.) to light stimuli. **(Der Einfluß der Hell-Dunkel-Haltung auf das Verhalten von Salmo-salar-Setzlingen bei Lichtreizen.)** J. Fisheries Res. Board Canada **20** (1963) Nr. 5. S. 1245-1266. — 6 Abb., 4 Tab., 40 Lit.
Im Frühjahr 1958 erbrütete Setzlinge von *Salmo salar* (zu Beginn 2-4 cm, am Ende des Versuchs 6-8 cm lang) wurden tägl. 16 h entweder bei einer Lichtintensität von 25 ft-c (Partie I, Lichtfische) oder bei einer Lichtintensität von weniger als 1 ft-c (Partie II, Kontrollfische) gehalten. Die restlichen 8 h wurden beiden Partien im Dunkeln gehalten. Bei den im Aug. 59, Dez. 59 und Jan. 60 durchgeführten Experimenten wurden dem Hälter je 5 (Reihe A) oder je 10 (Reihe B) Fische entnommen und in einem Aquarium, das durch eine das Umherschwimmen der Fische in Bodennähe nicht behindernde Scheidewand in eine beleuchtete und in eine dunkle Hälfte wechselweise geteilt war, in der einen Hälfte 1 min oder 1 h verschiedenen Lichtintensitäten (0,1-200,0 ft-c) ausgesetzt. Danach wurde die beleuchtete Hälfte verdunkelt, die verdunkelte beleuchtet. Nach bestimmten Zeitintervallen wurde die Anzahl der Fische in der jeweils beleuchteten und dunklen Hälfte gezählt. Das gleiche Experiment wurde sowohl mit denselben Fischen mehrmals wiederholt als auch mit anderen Tieren erneut durchgeführt. Die Lichtfische reagierten auf Reize aller Art deutlicher und waren ganz allg. aktiver als die Kontrollfische. Auf Lichtreize reagierten sie schneller. Beide Partien, L und K, reagierten, mit Ausnahme der geringsten Intensitätsstufe, auf kurzzeitige Lichtreize negativ phototaktisch. Während die L-Fische nur bei den niedrigen Intensitätsstufen mit Zunahme der Lichtintensität eine Zunahme des negativen Verhaltens zeigten, war dies bei den K-Fischen nur bei den höheren Intensitäten der Fall. Bei allen Versuchen hatten jeweils nach einer bestimmten Zeit mehr L-Fische die verdunkelte Hälfte aufgesucht als K-Fische. H. J. Rümmler. 6105.

3-64/09-9058 Aslanova, N. E. Izučenie reakcii ryb na setnoe polotno. **(Untersuchung der Reaktion der Fische auf das Fangnetz.)** Trudy. Vsesojuznyj naučno-issledovatel'skij institut morskogo rybnogo chozjajstva i okeanografii (VNIRO), Moskva **44** (1961) S. 165-176. — 6 Abb., 1 Tab., 42 Lit.
Durch Aquarienversuche mit *Leucaspius delineatus* konnte festgestellt werden, daß die Fische bei Ansicht eines aufgestellten Netzes weißer oder brauner Farbe mit einer Maschenweite von 5-16 mm sofort eine Abwehrstellung einnehmen. Sie fliehen vor dem Netz bis zur äußersten Aquarienwand und lassen sich dort bis zum Boden herab. Eine Ausnahme bildete die gefütterte Fischgruppe während der Laichzeit. Die Fische dieser Gruppe zeigten gegenüber dem Netz überhaupt keine Abwehrreaktion. A. Kozianowski. 6105.

3-64/09-9059 Žiteneva, T. S.; Borok, RSFSR, Inst. für Biol. der Stauseen der Akad. der Wiss. der UdSSR. Pitanie lešča volžskich vodochranilišč. **(Die Nahrung der Bleie in den Wolgastaubecken.)** Trudy soveščanij. Ichtiologičeskaja komissija. Akademija nauk SSSR, Moskva—Leningrad **10** (1961) S. 156-158. — 9 Lit.
Einjährige Bleie (*Abramis brama*) nähren sich im Juni und Juli des 2. Sommers vorwiegend von Zooplankton (*Bosmina* und *Daphnia*). Im Aug. gehen sie jedoch schon zu Bodennahrung über und nehmen bis zu 66% Chironomidenlarven auf. Bis zum 5. Lebensjahr sind die Tendipedidenlarven die Hauptnahrung der Bleie. Oligochaeten und Mollusken spielen als Nahrung eine

unbedeutende Rolle. Erst die älteren Jahrgänge (4-15 Jahre) nehmen mit dem Detritus Oligochaeten und Mollusken auf. Da alle Altersgruppen der Bleie sich durch einen geringen Sättigungsgrad auszeichnen, kann auf ungünstige Nahrungsverhältnisse in den Wolga-Stauseen geschlossen werden.
A. Kozianowski. 6110.

3-64/09-9060 Menjuk, N. S.; Inst. für Fischwirtsch. der Ukrain. Akad. für Landwirtsch.-Wiss. Pitanie dneprovskogo sinca. **(Die Nahrung der Dnepr-Zope.)** Trudy soveščanij. Ichtiologičeskaja komissija. Akademija nauk SSSR, Moskva—Leningrad **10** (1961) S. 164-166. — 2 Tab., 11 Lit.
Darmanalysen bei insgesamt 606 Zopen (*Abramis ballerus*) aus dem mittleren Dnepr und dessen Stausee zeigten, daß die Nahrungsaufnahme dieser Fische von der quantitativen und qualitativen Zusammensetzung des Nährtierangebotes abhängt. In Gewässern mit schwach entwickeltem Zooplankton nähren sich die Zopen von Bodentieren, wobei die Zusammensetzung und das Massenverhältnis der aufgenommenen Nahrung bei allen Jahrgängen annähernd gleich war. Ein gewisser Unterschied besteht lediglich in der Intensität der Nahrungsaufnahme. Zwei- und dreijährige Zopen wiesen einen höheren Füllungsgrad des Darmes auf als vier- und sechsjährige.
A. Kozianowski. 6110.

3-64/09-9061 Lapickaja, L. N.; Wolgograd, Abt. des Unions-Forsch.-Inst. für Binnenfischerei der Akad. der Wiss. der UdSSR. O stepeni osvoenija rybami kormovoj bazy volgo-donskich vodochranilišč. **(Über den Ausnutzungsgrad des Nahrungsangebotes in den Wolga-Don-Staubecken.)** Trudy soveščanij. Ichtiologičeskaja komissija. Akademija nauk SSSR, Moskva-Leningrad **10** (1961) S. 159-163. — 4 Tab.
Durch die Anwesenheit zahlreicher Benthophagen (Blei, Güster, Karpfen) werden in den Wolga-Stauseen sehr viele Bodentiere aufgezehrt. Die Quantität sowie der Anteil der einzelnen Nährtiergruppen an die Gesamtmenge der aufgenommenen Nahrung sind unterschiedlich und ändern sich innerhalb der Vegetationsperiode. Im Mai und Juni werden z. B. verstärkt Chironomiden aufgenommen (im Mittel 31,3%), was zusammen mit der in diese Zeit fallenden Flugzeit der Imagines eine Abnahme der Individuenzahl bewirkt. Im Juli ist der Blei als typischer Bodentierfresser gezwungen, zur planktischen Nahrung überzugehen. Die in großen Mengen vorkommenden Mollusken werden nicht ausreichend genutzt. A. Kozianowski. 6110.

3-64/09-9062 Nilsson, Nils-Arvid. The effect of water-level fluctuations on the feeding habits of trout and char in the lakes Blåsjön and Jormsjön, North Sweden. **(Die Auswirkungen von Wasserspiegelschwankungen auf die Zusammensetzung der Nahrung von Forellen und Saiblingen im Blåsjön- und Jormsjön-See, Nordschweden.)** Rep. Inst. Freshwater Res., Drottningholm Nr. **42** (1961) S. 238-261. — 6 Abb., 19 Tab., 29 Lit.
Die Arbeit enthält ein umfangreiches Vergleichsmaterial über die Nahrungszusammensetzung der beiden Fischarten aus der Zeit vor dem Beginn der künstlichen Wasserspiegelschwankungen und danach. Die Nahrung der Fische an verschiedenen Fangplätzen, unterschiedlicher Größenklassen und aus verschiedenen Jahren wird tabellenmäßig gegenübergestellt. Die Wasserspiegelschwankungen haben zu erheblichen Veränderungen in der Zusammensetzung der Nahrungsfauna geführt. Einige Hauptnahrungstiere sind selten geworden oder ganz verschwunden, während Arten, die früher als Gelegenheits- oder Notnahrung dienten, jetzt größere Bedeutung erlangt haben. Die Forelle verhält sich gegenüber diesen ökologischen Veränderungen recht starr, sie ist gezwungen, mit den Resten der Litoralfauna auszukommen, während der Saibling sich leichter auf Planktonnahrung einstellt. Der nach dem Beginn der Wasserspiegelschwankungen beobachtete Wachstumsrückgang ist deshalb bei der Forelle stärker als beim Saibling. G. Seifert. 6110.

3-64/09-9063 Popova, K. S. Vlijanie golodanija na razvitie kutuma v načale ličinočnogo perioda žizni. **(Einfluß des Hungerns auf die Entwicklung des Kutum [Rutilus frisii kutum] zu Beginn der Larvenperiode.)** Trudy Instituta morfologii životnych im. A. N. Severcova. Akademija nauk SSSR, Moskva **33** (1961) S. 63-71. — 3 Abb., 1 Tab., 17 Lit.
Bei normal ernährten Kutumlarven reicht der Vorrat des Dottersackes bei einer mittleren Temperatur von 16,2 °C 8 Tage. Bei unterernährten Larven geht dieser Vorrat schon nach 7 Tagen zu Ende. Die betroffenen Larven magern ab, die Entwicklung der Kiemen wird verzögert und das Wachstum gehemmt. Nach 7-10 Tagen verlieren die hungernden Larven ihre Lebensfähigkeit und gehen zugrunde. Bei der künstlichen Aufzucht muß schon in den ersten Tagen nach dem Schlüpfen mit der Fütterung begonnen werden. A. Kozianowski. 6110.

3-64/09-9064 Amosov, V. A.; Staatl. Forsch.-Inst. für Binnenfischerei. O novom pokazatele upitannosti ryb — indekse udel'noj val'kovatosti. **(Über ein neues Merkmal für den Ernährungszustand von Fischen — Der Index der „spezifischen Walkowatost".)** Voprosy ichtiologii, Moskva **1961** Nr. 17. S. 122-139. — 6 Abb., 12 Tab., 13 Lit.
Vf. beschreibt einen neuen Index für die Bestimmung des Ernährungszustandes von Fischen. Dieser Index zeigt nicht die Mängel der Fultonschen Formel. Er hat eine bessere Korrelation zum Fettgehalt und zur Fleischigkeit der Fische und ist einfacher zu bestimmen. Der Index der „spezifischen Walkowatost" beruht auf der Proportionalität der Volumina des größten Rückensegmentes bei Fischen. Eine ausführliche mathematische Erläuterung dieser Größe wird gegeben und am praktischen Beispiel demonstriert. Viele Anwendungsmöglichkeiten werden diesem neuen Index für Fischzucht und Ichthyologie eröffnet. G. Predel. 6110.

3-64/09-9065 Bukirev, A. I. und Kostarev, G. F.; Perm, Univ. O vozraste i roste lešča v Kamskom vodochranilišče. **(Über Alter und Wachstum des Bleis im Kamsker Stausee.)** Voprosy ichtiologii, Moskva **1961** Nr. 17. S. 68-74. — 5 Tab., 25 Lit.
Auf Grund umfangreicher Literaturstudien und eigener Untersuchungen kommen Vff. zu dem Schluß, daß die Zahl der Sklerite und die Methode der Skleritberechnung für die Feststellung des Fischalters in stärkerem Maße verwendet werden sollte. Beim Blei (*Abramis brama*) sind dafür bes. die caudalen Schuppenteile geeignet. Die Methode ist in jedem Falle zur Kontrolle bei Altersbestimmungen brauchbar. Die Bleie des Kamsker Stausees sind in Größe und Masse den Fischen aus der Kama vor dem Anstau nicht überlegen. G. Predel. 6110.

3-64/09-9066 Sandeman, E. J.; St. John's, Newfoundland, Fisheries Res. Board of Canada. A contribution to the problem of the age determination and growth-rate in Sebastes. **(Ein Beitrag zum Problem der Altersbestimmung und der Wachstumsrate bei Sebastes.)** Cons. permanent int. Explorat. Mer [Copenhague], Rapp. Procès-verbaux Réunions **150** (1961) S. 276-284. — 8 Abb., 26 Lit. 6110.

3-64/09-9067 Domanevskij, L. N.; Kaliningrad, Forsch.-Inst. für Hochseefischerei und Ozeanogr. der Ostsee. Osobennosti rosta ščuki (Esox lucius L.). **(Besonderheiten im Wachstum der Hechte [Esox lucius].)** Zoologičeskij žurnal, Moskva **42** (1963) Nr. 10. S. 1539-1545. — 4 Abb., 2 Tab., 29 Lit. Zus. in Engl.
Im Zimljansker Stausee verläuft das Wachstum der Hechte (*Esox lucius*) im 1. Lebensjahr in der Zeit von Mai-Aug. Bei einer Wassertemp. von 12 bis 14 °C läßt die Freßlust der einsömmrigen Hechte nach, um erst Mitte Apr. des nächsten Jahres bei Wassertemp. von 5-6 °C wieder anzusteigen. Das zur

gleichen Zeit beginnende intensive Wachstum erreicht im Juni/Juli sein Maximum und wird zum Herbst langsamer. Im 3. Jahr nehmen die Hechte erst wieder ab Mai an Länge zu. Die Körpermasse unterliegt in diesem Jahr, entsprechend den heranreifenden Geschlechtsprodukten, größeren Schwankungen, die bes. bei den Weibchen gut zu erkennen sind.
A. Kozianowski. 6110.

3-64/09-9068 Nejman, A. A.; Moskau, Unions-Forsch.-Inst. für Hochseefischerei und Ozeanogr. O zakonomernostjach rosta vostočnosibirskogo siga v del'te Eniseja. **(Über die Gesetzmäßigkeiten des Wachstums der Ostsibirischen Maräne im Jenissei-Delta.)** Zoologičeskij žurnal, Moskva **40** (1961) Nr. 2. S. 286-288. – 4 Abb., 2 Tab., 20 Lit. Zus. in Engl.
Vf. macht Angaben über die Methoden der Altersbestimmung und das Wachstum der Ostsibirischen Maräne (*Coregonus lavaretus pidshian natio brachymystax*). Aus den Untersuchungen geht u. a. hervor, daß das Wachstum dieses Fisches im Temperaturbereich von 0 bis 18-20 °C direkt von der Temperatur abhängt. H.-W. Hattop. 6110.

3-64/09-9069 Kohler, A. C.; St. Andrews. Brit. Columbia, Fisheries Res. Board of Canada. Variations in the growth of Atlantic cod (Gadus morhua L.). **(Veränderungen im Wachstum des Atlantischen Kabeljaus [Gadus morhua].)** J. Fisheries Res. Board Canada **21** (1964) Nr. 1. S. 57-100. – 24 Abb., 12 Tab., 45 Lit.
Mit Untersuchungen an kommerziellen Fängen sowie Haltungs- und Fütterungsversuchen versuchte Vf. die Ursachen der Veränderungen des Wachstums von *Gadus morhua* im westlichen Gebiet des Golfs von Lawrence zu ermitteln. Eine direkte Beziehung zwischen Temperatur und Wachstumsunterschieden konnte nicht nachgewiesen werden. Die Ursache der Wachstumsschwankungen des Kabeljaus ist vielmehr in dem Wechsel des Vorkommens an Heringen als Nahrung und der Konkurrenz durch die eigenen Arten infolge wechselnder Bestandsdichte zu sehen. K. Anwand. 6110.

3-64/09-9070 Barsukov, V. V.; Leningrad, Zool. Inst. der Akad. der Wiss. der UdSSR. O zavisimosti tempa rosta ryb ot čisla osobej v pokolenijach. **(Über die Abhängigkeit der Wachstumsgeschwindigkeit der Fische von der Zahl der Exemplare in den verschiedenen Generationen.)** Bjulleteń Instituta biologii vodochranilišč. Akademija nauk SSSR, Moskva-Leningrad **1961** Nr. 11. S. 37-41. – 2 Abb., 13 Lit.
Vf. untersucht die sehr komplizierten Zusammenhänge zwischen der Wachstumsgeschwindigkeit der Fische und der Stärke der Generationen und führt Beispiele dafür an, daß das Wachstum nicht immer beeinträchtigt werden muß, wenn durch günstige Fortpflanzungsbedingungen einiger Fischarten zahlenmäßig starke Jahrgänge entstanden sind. Es wird darauf hingewiesen, daß oftmals mehrere sehr unterschiedliche und über große Gebiete verteilte Fischarten gleichzeitig gute Jahrgänge aufweisen. Hieraus geht hervor, daß zahlreiche und über größere Gebiete wirksame Faktoren für das Zustandekommen zahlenmäßig starker Generationen maßgebend sein müssen.
H.-W. Hattop. 6110.

3-64/09-9071 Brjuzgin, V. L.; Cherson, Staatl. Pädagog. Inst. Fenomen Li. **(Das Lee-Phenomen.)** Voprosy ichtiologii, Moskva **1961** Nr. 17. S. 140 bis 149. – 4 Abb., 6 Tab., 27 Lit.
Das Lee-Phänomen beruht darauf, daß bei der Altersrückberechnung aus Schuppen älterer Fische die Größe der einjährigen Fische kleiner berechnet wird als von Schuppen jüngerer Fische. Widersprüchliche Meinungen über die Ursachen dieser Erscheinung veranlaßten Vf., an *Rutilus rutilus* genauere Untersuchungen durchzuführen. Danach besteht Grund zu der Annahme, daß das Lee-Phänomen als Resultat der zahlenmäßigen Dynamik der Fisch-

populationen entsteht und nur bei Fischen mit unterschiedlichen Jungfischarealen und bei geschlechtsreifen Fischen charakteristisch ist.
G. Predel. 6110.

3-64/09-9072 Applegate, Vernon C.; Ann Arbor, Mich., U.S. Fish and Wildlife Serv. Downstream movement of lampreys and fishes in the Carp Lake River, Michigan. **(Stromabwärts gerichtete Wanderungen von Neunaugen und Fischen im Carp-Lake-Fluß, Michigan.)** U.S. Dep. Interior, Fish Wildlife Serv., spec. sci. Rep. **1961** Nr. 387. S. 1-71. — 24 Tab., 2 Lit.
Vf. bringt ein umfangreiches Tabellenmaterial über Reusenfänge frisch umgewandelter *Petromyzon marinus, Lampetra lamottei* und *Ichthyomyzon unicuspis* für die Jahre 1948-1958. Das Material läßt Schlüsse über die Dauer der Larvalperiode und die Wanderungen der Neunaugen zu. Im einzelnen sind die Jahresfänge dieser 3 Species während der Untersuchung, die täglichen Fangberichte frisch umgewandelter *P. marinus*, Wassertemperatur, Wasserstand, Wetter, Längenangaben, Längenhäufigkeitsverteilung larvaler und adulter Formen, Massenangaben, monatliche Durchschnittslänge frisch umgewandelter *P. marinus* usw. zusammengestellt. Die Werte über die bei dieser Gelegenheit mitgefangenen Fische wurden in ähnlicher Weise festgehalten. G. Seifert. 6110.

3-64/09-9073 Ebert, Earl E. Underwater tagging gun. **(Unterwassermarkierungspistole.)** Calif. Fish and Game **50** (1964) Nr. 1. S. 29-32. — 4 Abb., 1 Lit.
Es wird eine Harpunenpistole zur Markierung von Fischen unter Wasser beschrieben. Die Marken werden aus geringer Entfernung durch einen Taucher in den Fisch hineingeschossen. Dabei braucht der Fisch nicht aus seiner natürlichen Umgebung herausgenommen und angefaßt zu werden. Außerdem läßt sich sein Verhalten nach der Markierung beobachten. Allerdings kann dadurch die Fischlänge nur geschätzt werden. Die Markierung wird von 2 Personen durchgeführt, wobei 1 Taucher markiert und ein zweiter die notwendigen Notizen aufschreibt. In 1 h wurden mehr als 30 Fische in 60 Fuß Tiefe markiert. In Tiefen unter 100 Fuß ist die Markierungszeit der Taucher allerdings begrenzt. K. Anwand. 6115.

3-64/09-9074 Bogojavlenskaja, M. P. Metodika massovogo mečenija molodi osetra Ca^{45} čerez vodu. **(Methodik der Massenmarkierung junger Störe mit ^{45}Ca durch das Wasser.)** Trudy. Vsesojuznyj naučno-issledovatel'skij institut morskogo rybnogo chozjajstva i okeanografii (VNIRO), Moskva **44** (1961) S. 151-155. — 1 Abb., 2 Tab., 5 Lit.
Fischmarkierungen mit radioaktivem Phosphor haben erfahrungsgemäß nur eine Dauer von 2,5-3 Mon. Nach dieser Zeit hat die Radioaktivität des zur Markierung verwendeten Phosphors soweit nachgelassen, daß ein Nachweis nicht mehr möglich ist. Um eine dauerhaftere Markierungsmethode zu erproben, wurden im Kurischen Störaufzuchtbetrieb Markierungsversuche mit ^{45}Ca durchgeführt. Die Versuchsfische mit einer mittleren Masse von 200 mg wurden über 2 h in einer radioaktiven Kalziumlösung mit einem Zusatz von 10 mg Phosphor/l Wasser gehalten. Die Ergebnisse der Markierung waren zufriedenstellend. A. Kozianowski. 6115.

3-64/09-9075 Karzinkin, G. S., Soldatova, E. V. und Šechanova, I. A. Nekotorye itogi massovogo mečenija molodi osetra radioaktivnym fosforom. **(Einige Ergebnisse der Massenmarkierung von jungen Stören mit radioaktivem Phosphor.)** Trudy. Vsesojuznyj naučno-issledovatel'skij institut morskogo rybnogo chozjajstva i okeanografii (VNIRO), Moskva **44** (1961) S. 85-114. — 16 Abb., 10 Tab., 27 Lit.
Nach den Erfahrungen, die der Störaufzuchtbetrieb an der Kura mit radioaktiver Markierung von jungen Stören (*Acipenser sturio*) gewonnen hat,

werden diese nicht durch ^{32}P negativ beeinflußt. Der physiol. Zustand, das Wachstum und die Verlustrate gestalten sich bei den markierten Stören so wie bei den unmarkierten, in vielen Fällen sogar noch günstiger.
A. Kozianowski. 6115.

3-64/09-9076 Vel'tiščeva, I. F. O vozmožnosti količestvennogo učeta molodi osetrovych v prudach s primeneniem radioaktivnych izotopov. **(Über die Möglichkeit einer mengenmäßigen Berechnung des Störbesatzes in Teichen bei Anwendung radioaktiver Isotope.)** Trudy. Vsesojuznyj naučno-issledovatel'skij institut morskogo rybnogo chozjajstva i okeanografii (VNIRO), Moskva **44** (1961) S. 78-84. — 6 Tab., 2 Lit.

Die von Shadin und Troschin vorgeschlagene quantitative Berechnungsmethode beruht auf der Markierung einer bestimmten Fischmenge mit radioaktivem Phosphor (^{32}P). Die zur Markierung vorgesehenen Fische werden ca. 30 Min. in Phosphorlösungen mit einer Radioaktivität von 250-830 c/l gehalten und in den Teich zurückgesetzt. Aus dem Verhältnis der wiedergefangenen markierten zu den unmarkierten Fischen kann dann die Gesamtzahl der im Teich vorhandenen Fische berechnet werden. Nach den Untersuchungen des Vf. ist diese Methode für die Berechnung des Störbesatzes in Teichen zu ungenau und kann nur dort Anwendung finden, wo eine Toleranz von 20-25% zugelassen ist. A. Kozianowski. 6115.

C. LEBENSRAUM DER FISCHE
(Hydrographie und Hydrobiologie)

3-64/09-9077 Gajevskaja, N. S. Nouvelles méthodes pour l'étude de l'alimentation des animaux aquatiques et quelques résultats de leurs application. **(Neue Methoden zum Studium der Ernährung von Wassertieren und einige mit ihnen erhaltene Ergebnisse.)** Verh. int. Verein. theoret. angew. Limnol. **14** (1959, hrsg. 1961) S. 999-1008. — 10 Abb., 1 Tab., 29 Lit.

Vf. nennt die in der sowjet. Literatur ausführlich beschriebenen Methoden zur Bestimmung der Lebend- und Trockenmasse von Wassertieren, zur qualitativen und quantitativen Untersuchung ihrer Ernährung sowie zur Herstellung bakteriologisch steriler Kulturen. Mit Hilfe dieser und anderer Methoden wurde die Ernährung von 214 limnischen und marinen Arten unter autotrophologischen und trophodynamischen Gesichtspunkten untersucht. Wassertiere haben im Gegensatz zu Landtieren in der Regel ein sehr weites Nahrungsspektrum. Sehr häufig tritt erhebliche Überernährung auf, bei der die aufgenommenen Kalorien weit über dem Energiebedarf des Tieres liegen. Vf. unterscheidet unter den Primärproduzenten Formen, die eine große Rolle im Stoffkreislauf der Gewässer spielen, ferner Arten, die weniger konsumiert werden, und schließlich solche, die praktisch überhaupt nicht gefressen werden. Diese Beziehungen müssen bei der Untersuchung der ersten Glieder der Stoffwechselkette berücksichtigt werden. D. Barthelmes. 6130.

3-64/09-9078 Dvihally-Tamás, S. La transformation de l'énergie dans les eaux intérieures éxaminée à la base des recherches effectuées avec des méthodes physico-chimiques modernes. **(Die Umwandlung der Energie in den Binnengewässern nach Untersuchungen mit modernen, physikochemischen Methoden.)** Verh. int. Verein. theoret. angew. Limnol. **14** (1959, hrsg. 1961) S. 99-103. — 5 Lit.

Die Umwandlung der Strahlungsenergie im Wasser wurde bisher nur einseitig von den gebildeten Produkten her untersucht. Vf. berichtet über optische Untersuchungen mit einem „Hilger-Monochromator", die die Probleme von einer anderen Seite her aufrollen. Das verwendete Gerät hat gegenüber den vielverwendeten Photometern mit Farbfiltern den Vorteil, daß sich wesentlich engere Spektralbereiche untersuchen lassen. Die Untersuchungen wurden an zahlreichen ungarischen Natrongewässern und an Donauwasser durchgeführt. Obwohl die Natrongewässer eine starke Gesamtabsorption haben, ist selbst am Boden bei minimalen Lichtintensitäten eine Assimilation möglich, da gerade die photosynthetisch wirksamsten Wellenlängen am tiefsten eindringen. Im Donauwasser dagegen gehen photosynthetisch inaktive Wellenlängen am weitesten in die Tiefe. D. Barthelmes. 6135.

3-64/09-9079 Winberg, G. G. Production primaire du plankton lacustre, étudiée à l'aide de trois méthodes: d'oxygène, du carbone radioactif et de la chlorophylle. **(Die Primärproduktion des Seenplanktons nach Untersuchungen mit 3 Methoden: der O_2-Methode, der Methode mit radioaktivem C und der Chlorophyllmethode.)** Verh. int. Verein. theoret. angew. Limnol. **14** (1959, hrsg. 1961) S. 109-112. — 1 Abb., 10 Lit.
Vf. arbeitet seit 1932 mit der O_2-Methode an der Klärung der Primärproduktivität der Seen. In letzter Zeit wird von verschiedenen Autoren, die die ^{14}C-Methode anwenden, der Standpunkt vertreten, daß man ihre Ergebnisse nur mit der Nettoproduktion, nicht aber mit der Bruttoproduktion vergleichen kann, die bei der O_2-Methode erhalten wird. Paralleluntersuchungen mit beiden Methoden in 3 Seen verschiedener Trophie zeigten jedoch, daß die ^{14}C-Methode Werte liefert, die denen der O_2-Methode, also der Bruttoproduktion, entsprechen. Gleichzeitig durchgeführte Chlorophyllbestimmungen ergaben eine wesentlich geringere Übereinstimmung zwischen Photosyntheseaktivität und Chlorophyllgehalt, als sie bei Untersuchungen in anderen Seen festgestellt wurde. Es ist wahrscheinlich, daß die starke Planktonentwicklung des Untersuchungsjahres zusammen mit niedrigen Temperaturen und wolkigem Wetter als Ursache für diese Abweichungen in Frage kommt. D. Barthelmes. 6135.

3-64/09-9080 Parsons, John David und Campbell, Robert S. Metabolism of an eutrophic reservoir. **(Der Stoffwechsel eines eutrophen Stausees.)** Verh. int. Verein. theoret. angew. Limnol. **14** (1959, hrsg. 1961) S. 613-618. — 2 Tab., 11 Lit. 6135.

3-64/09-9081 Deevey jun., Edward und Stuiver, Minze. Distribution of natural isotopes of carbon in Linsley Pond and other New England lakes. **(Verteilung der natürlichen Isotope des Kohlenstoffes im Linsley-Teich und in anderen Seen Neu-Englands.)** Limnol. and Oceanogr. **9** (1964) Nr. 1. S. 1-11. — 3 Abb., 2 Tab., 28 Lit.
Im Linsley-Teich wurde die Verteilung der natürlich vorkommenden bzw. künstlich eingebrachten Kohlenstoffisotope ^{13}C und ^{14}C ermittelt. Es zeigte sich bei Analysen des Wassers aus verschiedenen Tiefenstufen, des Grundwassers, des Zu- und Abflusses, der Sedimente, der Atmosphäre und der Pflanzen, daß für die beiden Isotope unterschiedliche Verteilungsschemata im Gewässer vorlagen. Gleichzeitig konnten durch die ermittelten Befunde der Kohlenstoffkreislauf im Gewässer näher untersucht und die Produktionsvorgänge in Gewässern quantitativ verfolgt werden. K. Anwand. 6135.

3-64/09-9082 Coulter, G. W.; Abercorn, Northern Rhodesia, Dep. of Game and Fisheries. Hydrological changes in relation to biological production in Southern Lake Tanganyika. **(Einflüsse des Wechsels der hydrologischen Verhältnisse auf die Produktivität im südlichen Tanganyika-See.)** Limnol. and Oceanogr. 8 (1963) Nr. 4. S. 463-477. — 9 Abb., 36 Lit.
Hydrologie und Phytoplankton des zu Nord-Rhodesien gehörenden südlichen Teils des Tanganyika-Sees wurden vom Vf. von Juli 1960-Jan. 1962 untersucht. Das Phytoplankton des Pelagials der Seemitte ist sowohl hinsichtlich der Artenzahl sowie der Menge überhaupt nach gering. Im Südteil lag im Rahmen der jahreszeitlichen Schwankung die größte Zunahme im Juni, zu Beginn der kühlen Jahreszeit, mit einer 2. Blüte im Nov.-Dez. Im Mai-Sept. dominierten *Nitzschia nyassensis* und *N. asterinoelloides*, während von Okt.

bis Jan. *Anabaena flos-aquae* vorherrschend und *Anabaenopsis tanganyikae* häufig war. In den Hauptzuwachsperioden des Phytoplanktons war auch das Zooplankton in den Zentrifugenproben zahlreicher vertreten. Mit diesen Phasen der Planktonproduktion ist das ökol. und Fortpflanzungsverhalten der fischereilich wichtigen Gattungen *Limnothrissa* und *Stolothrissa* eng gekoppelt. Erwachsene Exemplare sind von Mai-Nov. vorherrschend. Die Lebensdauer beträgt meist nur 1 Jahr. Kiemen- und Beutelnetzfänge von *Lates mariae* und *L. angustifrons* sind in den Mon. Mai-Nov. ebenfalls größer als sonst. Von Nov. ab erscheint *Lates microlepis* in Mengen in Ufernähe. H. J. Rümmler. 6135.

3-64/09-9083 Ohle, Waldemar. **Tagesrhythmen der Photosynthese von Planktonbiocoenosen.** Verh. int. Verein. theoret. angew. Limnol. **14** (1959, hrsg. 1961) S. 113-119. — 3 Abb., 11 Lit.

Mit Hilfe der O_2- und ^{14}C-Methode wurde die Primärproduktion natürlicher Phytoplanktonbiozönosen untersucht, die in einem Licht-Thermostaten untergebracht waren. Die Nettoproduktion ist ein dynamisch verlaufender, durch ausgeprägte Maxima und Minima gekennzeichneter, rhythmischer Vorgang. Er wird durch exogene Faktoren in starkem Maße beeinflußt, und zugleich treten endogene Hemmwirkungen auf. Sie sind wahrscheinlich durch Anreicherung von Abfallstoffen in den Algenzellen bedingt. Teilweise kann diese Depression der Photosynthese durch die Wasserturbulenz, nämlich durch den Wascheffekt des bewegten Wassers, überwunden werden, wie Versuche mit 3 Rührgeschwindigkeiten zeigen. Bei unteroptimaler Wasserbewegung erfolgt in Depressionsintervallen eine verstärkte Abscheidung von ^{14}C-haltigen Stoffen, die kurz zuvor in den Algen aufgebaut wurden. Diese Tatsache ist für die Methodik der Primärproduktionsmessung von Bedeutung, die unter Verwendung von in situ versenkten Flaschen erfolgt. D. Barthelmes. 6135.

3-64/09-9084 Tonolli, Vittorio. The distribution of temperature and plankton along the axis of a large lake (Lago Maggiore). **(Die Verteilung von Temperatur und Plankton entlang der Längsachse eines großen Sees [Lago Maggiore].)** Verh. int. Verein. theoret. angew. Limnol. **14** (1959, hrsg. 1961) S. 920-926. — 7 Abb. 6135.

3-64/09-9085 Whitford, L. A. und Schumacher, G. J. Effect of current on mineral uptake and respiration by a fresh-water alga. **(Die Wirkung der Strömung auf die Mineralstoff-Aufnahme und die Atmung einer Süßwasseralge.)** Limnol. and Oceanogr. **6** (1961) Nr. 4. S. 423-425. — 10 Lit.

Vff. untersuchten die Wirkung der Strömung auf die Phosphataufnahme (geprüft mit ^{32}P), und die Atmung von *Oedogonium kurzii*. Dabei war die Phosphataufnahme in bewegtem Wasser im Durchschnitt 10,7 × und die Atmung um 70% höher als in stehendem Wasser. M. Schlüter. 6135.

3-64/09-9086 Taub, Frieda B. und Dollar, Alexander M.; Seattle, Univ. of Washington, Coll. of Fisheries. A Chlorella-Daphnia food-chain study: The design of a compatible chemically defined culture medium. **(Eine Studie zur Chlorella-Daphnia Nahrungsbeziehung: Vorschlag für ein verträgliches, chemisch definiertes Kulturmedium.)** Limnol. and Oceanogr. **9** (1964) Nr. 1. S. 61-74. — 2 Abb., 4 Tab., 32 Lit.

Sowohl für das Aufkommen von *Daphnia pulex* als auch für die Wachstumsansprüche von *Chlorella pyrenoidosa* wurden Kulturmedien entwickelt und Beziehungen des Ionen-Gleichgewichtes und der Salztoleranz von *Daphnia* untersucht. K^+ wirkte toxisch, wenn nicht gleichzeitig Na^+ in gleicher oder höherer Konzentration vorlag. Teilweise erwies sich auch das Nitrat-Ion als toxisch. Geeignete Medien wurden entwickelt u. a. bei Reduktion der K^+-Konzentration und Erhöhung von Na^+, bei Verminderung von NO_3^- auf ein Minimum in Übereinstimmung mit den Chlorella-Erfordernissen und bei Erhöhung der Cl^--Konzentration. G. Merla. 6135.

3-64/09-9087 Herbst, Hans Volkmar. **Untersuchungen zur quantitativen Verteilung des Zooplanktons.** Verh. int. Verein. theoret. angew. Limnol. **14** (1959, hrsg. 1961) S. 927-932. — 4 Abb., 8 Lit.

In Seen mit Tiefen von 40 m und mehr sind laut Vf. folgende allg. Züge der vertikalen Zooplanktonverteilung festzustellen: 1. Im oligotrophen See befindet sich die Masse des Zooplanktons in den oberen Wasserkörpern und beschränkt sich kaum einmal auf das thermisch fixierte Epilimnion. Ein ausgesprochenes Dichtemaximum in der Tiefe fehlt. 2. Im eutrophen See geht das obere Individuendichtemaximum nach unten nicht über das Epilimnion hinaus. Es hält sich nicht so konstant wie das obere Maximum im oligotrophen See. Der steigenden Eutrophierung eines Sees ist die stärkere Ausbildung eines Dichtemaximums der Zooplankter in der Tiefe proportional. Die Lage dieses Maximums ist vom O_2-Gehalt im Hypolimnion abhängig. Die Ergebnisse beruhen auf Untersuchungen an 8 Seen, wobei in dreien nur je 1 Vertikalserie genommen wurde! D. Barthelmes. 6135.

3-64/09-9088 Davis, Charles C. Breeding of calanoid copepods in Lake Erie. **(Die Fortpflanzung der calanoiden Copepoden im Erie-See.)** Verh. int. Verein. theoret. angew. Limnol. **14** (1959, hrsg. 1961) S. 933-942. — 15 Abb., 3 Tab., 26 Lit. 6135.

3-64/09-9089 Northcote, T. G.; Vancouver, Univ. of Brit. Columbia, Inst. of Fisheries. Use of a high-frequency echo sounder to record distribution and migration of Chaoborus larvae. **(Anwendung eines Hochfrequenz-Echolotes zur Feststellung der Verteilung und Wanderung der Chaoborus-Larve.)** Limnol. and Oceanogr. **9** (1964) Nr. 1. S. 87-91. — 2 Abb., 5 Lit.

Die Untersuchungen über die horizontale und vertikale Verteilung der Chaoboriden (*Chaoborus flavicans, C. americanus, C. nyblaei*) wurden in dem 20 ha großen eutrophen Corbett-See, der max. 19 m tief ist, mit dem Echographen Furuno F-701, einem 200 kc/s-Gerät, durchgeführt. Zur Kontrolle erfolgte eine Planktonentnahme mit dem Netz. Die Horizontalwanderung im Tag-Nacht-Rhythmus war gut nachweisbar und wird in Abb. dargestellt. K. Anwand. 6135.

3-64/09-9090 Micheev, V. P.; Kuibyschew, Stat. des Inst. für Biol. der Stauseen der Akad. der Wiss. der UdSSR. Opyty po umerščvleniju drejsseny podogretoj vodoj. **(Ein Versuch zur Abtötung von Dreikantmuscheln durch erwärmtes Wasser.)** Bjulleteń Instituta biologii vodochranilišč. Akademija nauk SSSR, Moskva-Leningrad **1961** Nr. 11. S. 10-12. — 3 Abb., 1 Tab., 2 Lit.

Zur Bekämpfung der Dreikantmuscheln (*Dreissena polymorpha*) an hydrotechnischen Anlagen kann erwärmtes Wasser mit einer Temperatur von mindestens 40 °C verwendet werden. Die Temperatur sollte nicht über 55 °C ansteigen, hierbei wird der größte Reinigungseffekt erzielt. Etwa 70% aller Muscheln lösen sich innerhalb 1 h vom Substrat. Exemplare der Größengruppe von 3-5 mm fallen sofort ab. H.-W. Hattop. 6135.

3-64/09-9091 Žuravel', P. A.; Dnepropetrowsk, Univ., Inst. für Hydrobiol. Opyt vselenija kormovych dlja ryb organizmov v vodochranilišča predgornogo Kryma. **(Erfahrungen mit der Einführung von Fischnährtieren in die Staubecken der Vorgebirgskrim.)** Trudy soveščanij. Ichtiologičeskaja komissija. Akademija nauk SSSR, Moskva-Leningrad **10** (1961) S. 140-142.

Seit 1955 wurden in den Stauseen der Vorgebirgskrim Fischnährtiere eingebürgert, und zwar Vertreter der Oligochaeten, Mollusken und Krebse. Dei

Krebstierchen, bes. *Limnomysis benedeni*, haben sich am besten akklimatisiert. Einige neueingebürgerte Nährtiere haben im Laufe von mehreren Jahren ihre biol. und ökol. Eigenschaften geändert. A. Kozianowski. 6138.

3-64/09-9092 Czeczuga, B. Zmiany ilości chlorofilu w wodzie stawów w ciągu dnia. **(Die Veränderungen der Chlorophyllmenge im Teichwasser im Laufe des Tages.)** Acta hydrobiol. [Kraków] **5** (1963) Nr. 2/3. S. 137-145. — 7 Abb., 3 Tab., 10 Lit.

Die Untersuchung der Veränderungen der Chlorophyllmenge im Laufe des Tages im Plankton einiger flacher Teiche erfolgte in der Gegend von Bialystok. Es wurden dabei 3 Typen von Veränderungen der Chlorophyllmenge in der Oberflächenschicht der Teiche festgestellt. 1. Die größte Chlorophyllmenge trat in den Morgen- oder Abendstunden, die geringste in den Nachmittagsstunden auf. Zum Phytoplankton gehörten die Arten *Dynobryon cylindricum*, *Chlamydomonas* sp., *Coelastrum microporum* u. a. 2. Die größte Chlorophyllmenge trat in den Nachmittagsstunden, die geringste in den Morgenstunden auf. Das Phytoplankton bestand ausschließlich aus *Euglena*. 3. Die Schwankungen im Chlorophyllgehalt während des Tages waren unbedeutend. In großen Mengen trat lediglich *Trachelomonas hispida* auf. Vf. neigt zu der Ansicht, daß die Verringerung der Chlorophyllmenge in der Oberflächenschicht während des Tages unter der Wirkung von Sonnenstrahlen, nicht aber unter dem Einfluß des negativen Phototropismus der Organismen eintritt. Die einzelnen Arten reagieren dabei auf die Intensität des Lichtes verschieden. Die in großen Tiefen häufig beobachteten erheblichen Chlorophyllmengen sind mit der alten Anschauung von der Schattenbedürftigkeit der Planktonalgen zu erklären. PRL/CBR. 6140.

3-64/09-9093 Najdenov, V. Izsledvanija vŭrchu zooplanktona ot basejnite na opitnata stancija po ribovŭdstvo i dŭržavnoto ribovŭdno stopanstvo kraj Plovdiv. **(Untersuchung des Zooplanktons in den Bassins der Versuchsstation für Fischzucht und des Staatlichen Fischzuchtbetriebes bei Plowdiw.)** Izvestija na Zoologičeskija institut s muzej. Bŭlgarska akademija na naukite, Sofija **14** (1963) S. 165-195. — 14 Abb., 4 Tab., 9 Lit. NRB/ZSNTI. 6140.

3-64/09-9094 Sioli, Harald. **Beiträge zur regionalen Limnologie des brasilianischen Amazonasgebietes. 5. Mitt. Die Gewässer der Karbonstreifen Unteramazoniens (sowie einige Angaben über Gewässer der anschließenden Devonstreifen).** Arch. Hydrobiol. **59** (1963) Nr. 3. S. 311-350. — 14 Abb., 7 Tab., 36 Lit. 4. Mitt. vgl. LZ. Abt. III **3** (1958) Nr. 4. S. 671.

Streifen karbonischer Meeresablagerungen erstrecken sich im Norden und Süden der Senke des unteren Amazonas. Sie unterscheiden sich durch das Vorhandensein von Kalkstein- und Gipslagen von allen anderen Teilregionen Amazoniens. Die kleineren Gewässer dieser Karbonstreifen wurden an 7 Stellen untersucht. Gegenüber den Gewässern in Amazonien zeichnen sie sich durch einen höheren pH-Wert, größere Härte, hohen Bikarbonatgehalt und einen allg. größeren Reichtum an gelösten anorg. Stoffen aus. Vf. zieht daraus Schlüsse für die mögliche landwirtschaftliche Nutzung der Böden. Das Vorkommen vieler Wasserschnecken in diesen Bächen ist auffallend. Eine Planorbidenart ist als Träger der Bilharzia-Krankheit für den Menschen wichtig. Stichproben aus Gewässern der an die Karbonstreifen anschließenden Devonstreifen werden mitgeteilt. H. Müller/Berlin. 6145.

3-64/09-9095 Oliff, W. D. Hydrobiological studies on the Tugela River system. Part III. The Buffalo River. **(Hydrobiologische Untersuchungen am Tugela-Flußsystem. 3. Mitt. Der Buffalo-Fluß.)** Hydrobiologia [Den Haag] **21** (1963) Nr. 3/4. S. 355-377. — 14 Abb., 10 Tab., 13 Lit. 2. Mitt. vgl. LZ. Abt. III **6** (1961) Nr. 7. S. 1319.

Der Buffalo River ist der größte Nebenfluß des Tugela River/Natal. Der Fluß und seine 7 Nebenbäche wurden innerhalb einer Saison untersucht, um in späterer Zeit Vergleichsmöglichkeiten zu besitzen. Das Wasser ist alkalisch (Kalzium- und Magnesiumbikarbonat). Schwefelsäure- und eisenhaltige Abwässer aus Kohlengruben verunreinigen den Fluß an einigen Stellen. Die Flora gleicht der des Tugela River. Die Verteilung und Zusammensetzung der Fauna entspricht i. allg. ebenfalls der des Hauptflusses. An Stellen mit org. Verunreinigung dominierten mit 98% Oligochaeten (*Pristina* sp.). In saurem Wasser (pH 5,2-6,8) waren nur 2 Ephemeropterenarten (*Caenis* sp., *Euthraulus elegans*) und 1 *Chironomus*-Larve zu finden.
M.-L. Albrecht. 6145.

3-64/09-9096 Bournaud, Michel; Lyon, France, Fac. des Sci. Le courant, facteur écologique et éthologique de la vie aquatique. **(Die Strömung, ein ökologischer und ethologischer Faktor für das Leben im Wasser.)** Hydrobiologia [Den Haag] **21** (1963) Nr. 1/2. S. 125-165. — 8 Abb., 4 Tab., 73 Lit.
In der Arbeit wird der gegenwärtige Stand unseres Wissens über den Strömungsfaktor sowohl vom ökologischen als auch vom ethologischen Standpunkt aus dargelegt. Aus ökologischer Sicht betrachtet, ist die Strömung der verantwortliche Faktor für zahlreiche Anpassungserscheinungen der Organismen (hydrodynamische und abgeplattete Formen, Kleinwüchsigkeit). Vom ethologischen Standpunkt aus ist die Strömung der für den Rheotropismus verantwortliche Faktor. Viele Arten richten sich gegen die Strömung (positiver Rheotropismus). Die Bestimmung dieser Orientierung ist wenig bekannt. Mech. und physiol. Prozesse greifen ineinander. Zur Untersuchung dieses komplexen Biotops im Laboratorium wurden spez. Geräte benutzt, mit denen Rundströmungen und geradlinige Strömungen erzeugt sowie die Strömungsgeschwindigkeit gemessen werden konnten. Am Beispiel von *Micropterna testacea* wurde gezeigt, daß die Kraft, die eine Trichopterenlarve mit Köcher in einer bestimmten Strömung aufbringen muß, um sich dort zu halten, nahezu der Formel $F = kSV^2$ entspricht (F = Kraft, Schub; V = Strömungsgeschwindigkeit; S = Teil eines ins Wasser getauchten Zylinders). Diese Kraft scheint den aktiven Reiz für den Rheotropismus der Larve von *Micropterna testacea* darzustellen. M.-L. Albrecht. 6145.

3-64/09-9097 Kühlmann, D. H. H. und Kühlmann, I. **Eisbildungsprozesse an einem Gebirgsbach bei geringen Kältegraden.** Acta hydrophys. [Berlin] 8 (1964) Nr. 2. S. 97-111. — 11 Abb., 19 Lit.
Die Beobachtungen wurden im Febr./März 1962 am Markersbach/Erzgeb. bei Lufttemp. von 0 bis —3 °C vorgenommen. Der 8000 m lange und 0,4-3 m breite Bachlauf hat ein durchschnittl. Gefälle von 3,25%. Die Wassertemperatur variierte zwischen 1,5 und 1 °C. Im oberen Abschnitt erreichte die Eisbedeckung 30%, im unteren 60%. Grundeis und Siggeis, wie es in größeren Fließgewässern auftritt, wurde nicht gefunden. Kerneis war selten. Am häufigsten war „Spritzeis", das durch Turbulenz, Schaum und Wasserspritzer als buckeliges, rilliges Eis entsteht. M.-L. Albrecht. 6145.

3-64/09-9098 Donner, P. Jos. **Die Rotatorien-Synusien submerser Makrophyten der Donau bei Wien und mehrerer Alpenbäche.** Arch. Hydrobiol., Suppl. **27** (1964) Nr. 1/3. S. 227-324. — 49 Abb., 7 Tab., 56 Lit.
Es wird eine Übersicht über die Rotatorien-Zönosen des Makrophytenaufwuchses von Fließgewässern (Donau und Bäche) gegeben. Die Untersuchung der Dispersion zeigte, daß in 9-10 Proben der Rotatorienbestand hinreichend repräsentiert wird. In den Fließgewässern waren 9 Formen konstant und eukonstant, 15 akzessorisch und 49 akzidentell. Die charakteristischenArten sind *Colurella adriatica lata*, *Proales theodora* und *Philodina flaviceps*. Die Artenidentität, ausgedrückt durch die Jacardsche Zahl, ist in den verglichenen Fließgewässern untereinander überall hoch (über 70%). Ein lenitischer Seiten-

arm der Donau hat nur eine geringe artliche Ähnlichkeit ($J = 36{,}1\%$). Eine Aspektfolge im Lauf eines Jahres ist nur undeutlich ausgeprägt. Die Anpassung der Arten an die Umwelt ist gering. M.-L. Albrecht. 6145.

3-64/09-9099 Hamilton, R. D.; Miami, Fla., Inst. of Marine Sci. Photochemical processes in the inorganic nitrogen cycle of the sea. **(Photochemische Prozesse beim Kreislauf des anorganisch gebundenen Stickstoffs im Meer.)** Limnol. and Oceanogr. **9** (1964) Nr. 1. S. 107-111.—4 Abb., 2 Tab., 19 Lit.
Über den Einfluß der photochem. Prozesse auf den Ablauf des Stickstoffkreislaufes liegen in der Literatur widersprechende Angaben vor. Vf. führte daher entsprechende Versuche mit Meerwasser durch. Dazu wurde Meerwasser mit destilliertem Wasser 1:1 verdünnt und mit Nitraten, Nitriten und Ammoniumsalzen versetzt. Die Proben wurden teils in offenen Gefäßen dem direkten Sonnenlicht ausgesetzt, teils ins Meer versenkt. Zusätzlich wurden Proben ultraviolettem Licht bestimmter Wellenlänge ausgesetzt. Es wurde festgestellt, daß eine Photooxydation des Ammoniums nicht stattfindet, während die Photoreduktion des Nitrats zu Ammonium möglich, aber wenig wahrscheinlich ist. Zusammenfassend wird gesagt, daß die photochem. Prozesse nur einen begrenzten Einfluß auf den Stickstoffkreislauf im Meer ausüben. D. Nehring. 6150.

3-64/09-9100 Crisp, D. J.; Menai Bridge, Anglesey, Marine Sci. Lab. The effects of the severe winter of 1962-63 on marine life in Britain. **(Die Folgen des strengen Winters 1962/63 auf das marine Leben in Britannien.)** J. Animal Ecol. **33** (1964) Nr. 1. S. 165-210. — 9 Abb., 11 Tab., 37 Lit.
In der Arbeit wird ein Überblick über die Auswirkungen der außerordentlich strengen Kälteperiode von Dez. 1962-März 1963 auf die fischereilich wichtigen Fisch-, Krebs- und Weichtierarten, insbesondere im Küstengebiet Britanniens, in der Nordsee, bei der Insel Man, auf den Austerngründen südlich Englands und den Muschelbänken in Küstennähe und in dem Port-Erin-Meeresaquarium gegeben. Außerdem erfolgt eine detaillierte Aufstellung über die ermittelten Winterverluste an Algen, Anneliden, Coelenteraten, Crustaceen, Mollusken, Echinodermen, Fischen und Säugetieren aus allen Küstengebieten der Insel. K. Anwand. 6150.

3-64/09-9101 Menzel, David W. und Vaccaro, Ralph F.; Woods Hole, Mass., Oceanographic Inst. The measurement of dissolved organic and particulate carbon in seawater. **(Die Bestimmung von gelöstem und geformtem organischem Kohlenstoff im Meerwasser.)** Limnol. and Oceanogr. **9** (1964) Nr. 1. S. 138-142. — 3 Abb., 1 Tab., 7 Lit.
Die beschriebene Methode ist geeignet, gelösten org. Kohlenstoff im Meerwasser in Konzentrationen zwischen 0,1 und 20 mg/l zu bestimmen. Dabei wird die Oxydation mit $K_2S_2O_8$ durchgeführt, nachdem die Probe zuvor von anorg. gebundenem Kohlenstoff befreit worden ist. Das gebildete Kohlendioxyd wird unter Verwendung von Stickstoff als Trägergas im Infrarot-Spektrographen analysiert. Unter Verwendung von Eichkurven wird der Kohlenstoffgehalt aus der Höhe des „peaks" bestimmt. 100 Proben können mit einer Genauigkeit von $\pm 0{,}1$ mg/l an einem Tag untersucht werden, wozu nur 5 ml Substanz benötigt werden. Geformter Kohlenstoff wird nach Filtration über eine Glasfritte wie oben bestimmt. Die Genauigkeit der Methode liegt bei $\pm 10\ \mu g$ C im Bereich von 0-500 μg/C. 6 Proben können stündlich analysiert werden. D. Nehring. 6200.

3-64/09-9102 Bachmann, Roger W. und Goldman, Charles R.; Ames, Iowa, Univ. The determination of microgram quantities of molybdenum in natural waters. **(Die Bestimmung von Mikrogrammengen Molybdän in natürlichem Wasser.)** Limnol. and Oceanogr. **9** (1964) Nr. 1. S. 143-146. — 1 Tab., 9 Lit.

Die Bedeutung von Molybdän als Spurenelement für das Wachstum der höheren Pflanzen und Algen ist bekannt. Zur Bestimmung geringer Molybdänmengen erfolgt eine Anreicherung durch die gemeinsame Ausfällung mit Manganoxydhydraten bei einem bestimmten pH-Wert. Im einzelnen wird folgendermaßen vorgegangen: 1 l Wasser wird unter Erwärmen und Rühren mit Mangansulfit-Pufferlösung (pH 3,6-3,8) und Kaliumpermanganatlösung versetzt. Nach dem Absetzen wird der gebildete Niederschlag abfiltriert. Er wird anschließend in 5 ml 10%iger Thiocyanatlösung gelöst und das Molybdän durch Versetzen mit Zinn-II-chlorid zu Molybdänblau reduziert. Molybdänblau wird durch Tetrachlorkohlenstoff-Isoamylalkohol extrahiert und spektrophotometrisch bestimmt. D. Nehring. 6200.

3-64/09-9103 Sieburth, John McN.; Kingston, R. I., Univ., Graduate School of Oceanography. A simple form of the ZoBell bacteriological sampler for shallow water. **(Eine einfache Form des bakteriologischen Probeentnahmegeräts nach ZoBell für Flachgewässer.)** Limnol. and Oceanogr. 8 (1963) Nr. 4. S. 489-492. — 2 Abb., 4 Lit

An Hand von Fotos und einer Zeichnung wird das neuentwickelte Gerät beschrieben und sein Anwendungsgebiet erläutert. Th. Mattheis. 6200.

3-64/09-9104 Torsukov, S. N.; Borki, Ukrain. Forsch.-Inst. für Geflügelzucht. K metodike razbora donnych gidrobiologičeskich prob. **(Zur Methodik der Auswertung von hydrobiologischen Bodenproben.)** Zoologičeskij žurnal, Moskva **40** (1961) Nr. 2. S. 275-276.

Vf. beschreibt eine aus 25 Kammern bestehende Zählplatte zur Auszählung der Organismen aus Meeres- und Brackwasserbodenproben. Die Größe der Kammern ist so berechnet, daß eine Kammer das Blickfeld der Lupe bei geeigneten Vergrößerungen voll ausfüllt. H.-W. Hattop. 6200.

3-64/09-9105 Štěpánek, M. **Der automatische Planktonentnahmeapparat für Talsperren (Hydra).** Verh. int. Verein. theoret. angew. Limnol. **14** (1959, hrsg. 1961) S. 955-957. — 2 Abb.

Der beschriebene Apparat, zu dessen Bedienung ein Galgen und eine Preßluftflasche notwendig sind, entnimmt in 10-15 Min. 10 Netzplanktonproben à 10 l aus verschiedenen Tiefen. Gegenüber einfachen Schöpfern ist die Zeit, die zur Entnahme von Vertikalserien benötigt wird, wesentlich verkürzt, so daß auch kurzlebige Verteilungsbilder erfaßt werden können. Bei einmaligem Tauchen können bis zu 20 Planktonproben entnommen werden, die sofort auf 50 ml konzentriert werden. Der Apparat arbeitet bis in 25 m Tiefe. D. Barthelmes. 6200.

3-64/09-9106 McGowan, John A. und Fraundorf, Vernie J.; La Jolla, California Dep. of Oceanography, Scripps Instn. of Oceanography. A modified heavy fraction zooplankton sorter. **(Ein veränderter Sortierer von Zooplanktonfraktionen.)** Limnol. and Oceanogr. **9** (1964) Nr. 1. S. 152-155. — 4 Abb., 1 Lit.

Der entwickelte und patentierte Sortierer für Zooplanktonproben besteht aus einem 91,5 cm langen Zylinder mit 7,6 cm Durchmesser, von dem in Abständen von 15,5 cm Seitenrohre abgehen, in denen die einzelnen, nach der Dichte durch eine NaCl- bzw. $NaNO_3$-Lösung getrennten Planktonfraktionen entnommen werden. Eine genaue Beschreibung der Handhabung des Gerätes wird gegeben. Bei einem Sortierungseffekt von 89% lassen sich viele Proben bequem und ohne großen Aufwand bearbeiten. K. Anwand. 6200.

3-64/09-9107 Boruckij, E. V. und Girsa, I. I.; Moskau, Sewerzow-Inst. für Tiermorphol. der Akad. der Wiss. der UdSSR. K metodike opredelenija razmerno-vesovoj charakteristiki bespozvonočnych organizmov, služaščich piščej ryb. Soobščenie IV. **(Zur Methodik der Bestimmung der Größen-Massen-**

Daten wirbelloser Organismen, die als Fischnahrung dienen. 4. Mitt.) Voprosy ichtiologii, Moskva **1961** Nr. 17. S. 150-158. – 1 Abb., 7 Tab., 10 Lit.
Vff. beschreiben die Ergebnisse von Versuchsserien über die Frage, in welchem Ausmaß sich die Masse von Gammariden in lebendem, fixiertem und trockenem Zustand bei Populationen mit gleichgroßen Tieren unterscheidet in Abhängigkeit von Jahreszeit und Geschlecht. Es zeigten sich z. T. erhebliche Unterschiede. Die Daten sind in Tab. angeführt. Die Arbeit unterstützt die Bemühungen, Durchschnittswerte für die Berechnung der Nahrungswerte für Fische zu finden. G. Predel. 6200.

D. FISCHEREIWIRTSCHAFT

Binnenfischerei

3-64/09-9108 Anonym. Jones creek spawning channel. **(Der Laichkanal am Jones-Fluß.)** Canad. Fisherman **48** (1961) Nr. 11. S. 20-21. – 2 Abb.
Durch den Bau eines Staudammes am Ausgang des Jones-Sees, der für die Versorgung eines Kraftwerkes errichtet wurde, gingen die Laichplätze einiger *Oncorhynchus*-Arten im Jones-Fluß, einem Nebenfluß des Fraser-Flusses verloren. Zur Behebung des für die Fischerei entstehenden Schadens errichtete die B. C. Electric Company bei den Lachslaichplätzen parallel zum Flußlauf einen 600 m langen und 4 m breiten Kanal, dessen kiesgefülltes Bett den Lachsen als Laichplatz dienen soll. Der Kanal bewährte sich bisher sehr gut, seine Wasserführung ist regelbar. Die 1955 noch vorhandenen 400 *O. gorbuscha* sind auf 6000 Laicher angewachsen. Die Schlupfergebnisse sind mit 36 – 63% sehr gut, in der Natur betragen sie nur durchschnittlich 10%. G. Seifert. 6240.

3-64/09-9109 Tanasijčuk, N. P. Ob akklimatizacii belogo amura v nizovjach Volgi. **(Über die Akklimatisation des Weißen Amur in der unteren Wolga.)** Voprosy ichtiologii, Moskva **1961** Nr. 17. S. 176-178. – 2 Abb., 7 Lit.
Im Zusammenhang mit dem jährlichen Absinken des Kaspisees süßen die Mündungsgebiete der Wolga mehr und mehr aus und eine weite Verbreitung der Wasserpflanzen setzt ein. Zur Nutzung dieser Bestände für die fischereiliche Bewirtschaftung wurden Versuche durchgeführt, den Weißen Amur (*Ctenopharyngodon idella*) im Gebiet zu akklimatisieren. Die ersten Ergebnisse sprechen dafür, daß solche Arbeiten erfolgreich sein könnten. Weitere Arbeiten in dieser Richtung werden gefordert. G. Predel. 6240.

3-64/09-9110 Auregan. Une expérimentation de rotenone en étang. **(Ein Rotenon-Versuch in einem Teich.)** Bull. franç. Piscicult. **35** (1963) Nr. 209. S. 155-157.
Der Teich von Beffou (Loguivy-Plougras, Côtes-du-Nord) war früher ein guter Forellenteich mit erheblichen Erträgen. Nachdem 1939 1 Dutzend Plötzen (*Rutilus rutilus*) in den Teich gelangt war, vermehrten sich diese so stark, daß 1944 nur noch Plötzen vorhanden waren. Alle Versuche, die Fische zu vernichten, schlugen fehl, da der Teich (8 ha) nicht völlig ablaßbar ist. In der Mitte bleibt eine ca. 1,5 ha große Fläche mit 40 cm Wassertiefe zurück. Im Sept. 1962 wurde ein Vergiftungsexperiment mit Rotenon durchgeführt. Die Dosis betrug 8 g/m³ Wasser. Die wenigen vorhandenen Forellen gingen zuerst ein. Ihnen folgten die Plötzen und Aale. Am widerstandsfähigsten waren die Schleien. Insgesamt dauerte das Sterben 3 h. Nachdem der Teich wieder angestaut war (nach 8 Tagen), hatte das Rotenon seine Toxizität verloren. M.-L. Albrecht. 6240.

3-64/09-9111 Vollert, H. **Zur Lage der Binnenfischerei.** Fischwirt **13** (1963) Nr. 12. S. 342-346.
22000 ha Seenfläche werden in Schleswig-Holstein von Berufsfischern bewirtschaftet. Nach der Umstellung auf synthetische Faserstoffe ist nun eine

zunehmende Technisierung der Betriebe zu beobachten. Der Aal (*Anguilla anguilla*) ist der Brotfisch der Seenfischerei. 80% des Rohertrages entfallen auf Aalfänge. Glas- und Satzaalbesatz ermöglichen eine ständige Intensivierung der Aalwirtschaft. Glasaaleinsatz ergab nach 6 Jahren bereits allergrößte Fangergebnisse. Die Bezugsquellen für den übrigen Feinfischbesatz müssen ausgebaut werden. Der Anteil der Weißfische am Gesamtfang liegt immer noch bei 45-50%. Bes. Aufmerksamkeit muß der Verhütung von Fischereischäden durch Abwässer und anderweitige Inanspruchnahme der Gewässer geschenkt werden. H. Müller/Berlin. 6255.

3-64/09-9112 Garrod, D. J.; Jinja, Uganda, East African Freshwater Fisheries Res. Organization. The history of the fishing industry of Lake Victoria, East Africa, in relation to the expansion of marketing facilities. **(Die Geschichte der Fischerei des Viktoria-Sees, Ostafrika, in bezug auf die zunehmenden Verkaufserleichterungen.)** East African agric. Forestry J. 27 (1961) Nr. 2. S. 95-99.
Vf. gibt einen Überblick über die fischereilichen Verhältnisse des Viktoria-Sees in ökonomisch-soziologischer Hinsicht. Da die Fischpreise niedrig sind, so daß der Fisch auch von Stämmen ohne traditionelle Fischesser gekauft wird, suchen die Fischer immer wieder neue Fangplätze und erzielen gute individuelle Gewinne. Der günstige Preis wirkt sich bis dahin vorteilhaft auf die Fischerei aus. In letzter Zeit hat sich jedoch die Zahl der Fischer bedeutend erhöht, und der Fang pro Netz geht zurück. Der Gesamtfang bleibt aber noch hoch und daher der Preis stabil, nur der Gewinn der einzelnen Fischer geht infolge des notwendigen höheren Aufwandes zurück. Um diesen Rückgang auszugleichen, geht man illegal auf kleinere Maschenweiten über. Hier wird der niedrige Fischpreis schädlich für die Fischerei, da man den Bestand der wirtschaftlich wichtigsten *Tilapia*-Arten ernstlich gefährdet. Zur Vermeidung einer solchen Schädigung wird vorgeschlagen, große Kooperativen zu bilden, wodurch der ökonomische Nutzen erhöht und die Kontrolle erleichtert werden könnte. Außerdem sollen durch Förderung der Nachfrage Preisregulierungen ermöglicht werden und der Verkauf soll nach Masse anstatt nach Stückzahl vor sich gehen. Um die gesamte Seefläche gleichmäßig zu nutzen, ist im Rahmen der Erweiterung des Wirtschaftszweiges auch eine neue Fangtechnologie zu entwickeln. G. Seifert. 6255.

3-64/09-9113 Garrod, D. J.; Jinja, Uganda, East African Freshwater Fisheries Res. Organization. The rational exploitation of the Tilapia esculenta stock of the North Buvuma Island area, Lake Victoria. **(Die rationelle Nutzung des Tilapia-esculenta-Bestandes im Gebiet der Nord-Buvuma-Insel, Viktoria-See.)** East African agric. Forestry J. 27 (1961) Nr. 2. S. 69-76. — 8 Abb., 1 Tab., 6 Lit.
Eine eingehende Analyse der Populationsdynamik dieses *Tilapia-esculenta*-Bestandes führte zu dem Ergebnis, daß die Befischung mit Kiemennetzen am günstigsten mit 25% 4,5 in.-Netzen und 75% 5 in.-Netzen erfolgt. Das Gebiet der Nord-Buvuma-Insel wurde auf 29235 acres (1 acre = 0,405 ha) geschätzt. Bei einem Bestand von 84 Pfund/acre und einem jährlichen Zuwachs von 20 Pfund, kann aus den Fangergebnissen auf eine optimale Befischungsintensität von 0,4 4,5 in- und 1,2 5 in.-Netze/acre im Monat geschlossen werden. Die gegenwärtige Fischerei mit 4,5 in.-Netzen und 0,9 Netzen/acre und Monat bringt zwar fast denselben Ertrag, hat aber schon merklich den Bestand gelichtet. Wenn der Laichbestand nicht gefährdet werden soll, müßte die Befischungsintensität auf 0,75 Netze/acre und Monat reduziert werden. Zur Erhaltung des optimalen Ertrages ist jedoch die Wiedereinführung der 5 in.-Netze erforderlich bei einer gleichzeitigen Erhöhung der Befischungsintensität. G. Seifert. 6255.

3-64/09-9114 Hofer, Gottf. **Warum erfolglose Hechteinsätze?** Schweiz. Fischerei-Ztg. **71** (1963) Nr. 4. S. 123.
Vf. berichtet über Erfahrungen, die er bei der Bewirtschaftung des Sempacher und Baldegger Sees mit Hechten (*Esox lucius*) gemacht hat. Trotz ungünstiger Faktoren in beiden Gewässern, wie Uferverbauung, plötzliches Absenken des Seespiegels, Wasserverschmutzung, Rückgang der weichen Flora und des Geleges, Kälteeinbrüche während der Laichzeit, konnte der Hechtbestand durch Besatz mit Hechtbrut oder Vorsömmerlingen immer noch auf beachtlicher Höhe gehalten werden. K. Anwand. 6255.

3-64/09-9115 Mann, Hans. **Wasserführung und Aalfang in der Elbe.** Wasserwirtschaft **53** (1963) Nr. 11. S. 406-409. — 5 Abb., 4 Lit.
Die Menge der gefangenen Aale (*Anguilla anguilla*) ist von der Wasserführung abhängig. Wasserreiche Jahre ergeben i. allg. hohe Aalerträge. Bei steigendem Wasser werden mehr Aale gefangen als bei fallendem Wasserspiegel. Die besten Fangmon. sind Mai, Juni und Aug. Auch die Temperatur ist also entscheidend für die Höhe des Fanges. In der ersten Hälfte der Fangsaison beträgt der Anteil der Blankaale 50%, um dann ständig zuzunehmen. H. Müller/Berlin. 6255.

3-64/09-9116 Cuinat, Robin und Casaubon, Jacques; Biarritz, Stat. d'Hydrobiol. Appl. Résultats des déversements de truites d'élevage marquées dans quelques rivières du Puy-de-Dôme, de 1958 à 1960. **(Ergebnisse von Besatzmaßnahmen in den Jahren 1958-1960 mit markierten Forellen in einigen Bächen von Puy-de-Dôme.)** Bull. franç. Piscicult. **35** (1963) Nr. 209. S. 125-146; **36** (1963) Nr. 210. S. 8-30. — 28 Abb., 2 Tab., 40 Lit.
Von 1958-1960 wurden in den Wintermon. 8000 markierte Forellen von 12 bis 23 cm Lt (in der Hauptsache *Salmo trutta fario* L.) in einige Bäche ausgesetzt. Sie stammten aus intensiv betriebenen Forellenzuchtanstalten. Im Mittel wurden 6,7% der Forellen wiedergefangen (15% in kleinen Bächen, 3% in großen, tiefen Bächen). Die Fänge machte man vor allem in der ersten Woche der Fangsaison in einer Entfernung von nicht mehr als 200 bis 400 m vom Aussetzungsort. Elektroabfischungen 1 Jahr nach dem Aussetzen fielen negativ aus. Offenbar hatte keine Forelle überlebt. Der Einsatz von F_2 in Fließgewässer erwies sich als unrentabel. Im Durchschnitt kostete jede wiedergefangene Forelle das Zehnfache des Marktpreises. Seenbesatz hat sich dagegen sehr bewährt. M.-L. Albrecht. 6255.

3-64/09-9117 Kuźmin, A. G.; Astrachan, Forsch.-Inst. für Hochseefischerei und Ozeanogr. des Kasp. Meeres. Ocenka sostojanija zapasov sudaka po ulovam issledovatel'skogo trala. **(Die Berechnung der Zusammensetzung der Zanderbestände nach Fängen mit einem Versuchstrawl.)** Voprosy ichtiologii, Moskva **1961** Nr. 17. S. 47-55. — 6 Abb., 4 Tab., 8 Lit.
Vf. berichtet über 11jährige Untersuchungen, bei denen aus Trawlfängen, die regelmäßig an bestimmten Orten mit konstanter Schleppdauer durchgeführt wurden, eine Bestimmung der Zanderbestände (*Lucioperca lucioperca*) im nördlichen Teil des Kaspisees erfolgte. Die Altersbestimmung wurde mit Hilfe der Variationskurve der Körperlänge durchgeführt, so daß an den gefangenen Fischen nur die Fischlänge bestimmt zu werden brauchte. Für den vorliegenden Zweck war diese Bestimmung ausreichend. Die Untersuchungen ergaben, daß die mit der Trawl-Methode gesammelten Ergebnisse aus den Monaten Juni und Juli für die Ermittlung der Zusammensetzung der Zanderbestände und die Fangprognose brauchbar sind und auch die Überprüfung der Prognose gestatten. G. Predel. 6255.

3-64/09-9118 Ljašenko, A. F.; Moskau, Inst. für Hydrobiol. der Akad. der Wiss. Materialy po biologii molodi sudaka Kachovskogo vodochranilišča v pervye dva goda ego suščestvovanija. **(Materialien zur Biologie des Jungzanders**

im Kachowa-Stausee in den ersten 2 Jahren seines Bestehens.) Voprosy ichtiologii, Moskva **1961** Nr. 17. S. 56-67. — 10 Tab., 7 Lit.
Es wird angenommen, daß im Kachowa-Stausee nach Abschluß der Formierung der Fischfauna (6-7 Jahre) ein jährlicher Zanderertrag (*Lucioperca lucioperca*) von 1000 t erzielt werden kann. Vf. untersuchte die Zanderbestände in den ersten 2 Jahren nach der Bespannung des Stausees und kommt zu dem Schluß, daß dieses Ziel bei den derzeitigen Bewirtschaftungsmethoden kaum erreicht wird. Es ist erforderlich, beim Fang die Jungzander stärker zu schonen und in verstärktem Maße den Zanderbestand durch Besatzmaßnahmen zu fördern. Dabei müssen die vorliegenden Erfahrungen auf dem Gebiet der Zanderwirtschaft unbedingt Berücksichtigung finden. G. Predel. 6255.

3-64/09-9119 Natarajan, A. V. und Shan, K. L.; Balugaon, India, Chilka Investigation Unit. A new element in the commercial fishery of Chilka Lake. **(Fangwürdiges Erstaufkommen einer neuen Fischart im Tschilka-See.)** Sci. and Cult. [Calcutta] **29** (1963) Nr. 10. S. 513-514. — 1 Abb., 11 Lit.
Im Winter 1962/63 trat im Tschilka-See zum ersten Mal *Crenidens crenidens* zu einem bemerkenswerten Prozentsatz des Gesamtfanges auf. 91,65 t *Cr. crenidens* und 123,17 t *Sparus sarba* wurden in der Saison 1962/63 gefangen und machten 30,2% des Gesamtfanges an Barschen aus. *Cr. crenidens* scheint in den Wintermon. zahlreich vorzukommen, bes. im Verbindungskanal zum Meer, und wird hauptsächlich mit Rute und Leine gefangen. Neben Krebsen werden aus *Spirogyra* und feuchtem Sand gedrehte Kügelchen als Köder verwendet. Die Längenvariation der Fänge zeigt bei 165 mm und bei 270 mm je einen Gipfel. Der Magen an der Seemündung gefangener Tiere enthielt 35% Algen, 30% Decapodenlarven, 10% Copepoden und 25% Diatomeen, während in Bambussperrzäunen gefangene Exemplare 100% *Potamogeton* aufwiesen. Bei 400 Tieren war das Geschlechtsverhältnis 9♂♂:10♀♀. Die zwischen Nov.-Jan. gefangenen Fische waren laichreif; von Febr. an kamen abgelaichte Tiere in den Fängen vor. Für das erstmalige Auftreten von *Cr. crenidens* im Tschilka-See können vorläufig keine Gründe angeführt werden, es sei denn, daß angenommen wird, daß die jetzt gerade vorhandenen limnol. Bedingungen für Laichen und Larvenentwicklung besonders günstig sind. H. J. Rümmler. 6255.

3-64/09-9120 Hofmann, Jos. **Erweist sich der Schuppenkarpfen für Flüsse und Seen geeigneter als der Spiegelkarpfen?** Allg. Fischerei-Ztg. **89** (1964) Nr. 6. S. 180-181.
Da der Markt Karpfen (*Cyprinus carpio*) mit vollständiger Beschuppung schon seit langer Zeit ablehnt, kam ihnen keine wirtschaftliche Bedeutung mehr zu. Es wurde jedoch der Nachweis erbracht, daß mit der Beschuppung innere Eigenschaften, wie Wachstum und Widerstandsfähigkeit sowie Flossenausbildung, gekoppelt sind. Die Wachstumsüberlegenheit des Schuppers gegenüber dem Spiegler gilt nur bei sonst gleicher Zuchtleistung, nicht aber in jedem Falle. Wegen des Wachstums und der Widerstandsfähigkeit des Schuppers und nicht zuletzt wegen des wehrhaften Verhaltens an der Angel bejaht Vf. die Zucht des Schuppers für Fluß- und Seenbesatz.
G. Merla. 6310.

3-64/09-9121 Ivanov, A. P. Vyraščivanie segoletkov karpa na različnych kormovych racionach. **(Die Aufzucht einsömmriger Karpfen mit verschiedenen Futterrationen.)** Trudy. Vsesojuznyj naučno-issledovatel'skij institut morskogo rybnogo chozjajstva i okeanografii (VNIRO), Moskva **44** (1961) S. 156-159. — 1 Tab., 2 Lit.
Zur Untersuchung der Möglichkeiten einer verbesserten K_1-Aufzucht wurden Fütterungsversuche mit verschiedenen Futtermitteln durchgeführt. Dabei konnte nachgewiesen werden, daß durch die Verfütterung von vollwertigen Futtermitteln bessere Effekte erzielt wurden als durch die Verfütterung von

reinem Ölkuchen, dessen Protein einige Aminosäuren nur in unzureichenden Mengen enthält. Geringe Beimischungen von Abfällen der penizillinerzeugenden Industrie erhöhen die Futterverwertung, bes. im Falle der Ölkuchenverfütterung. A. Kozianowski. 6320.

3-64/09-9122 Bakunenko, L. A.; Ukrain. Forsch.-Inst. für Teichwirtsch. Dosvid vykorystannja roslynnych kormiv dlja godivli koropa. **(Ein Versuch zur Ausnutzung von Pflanzenfuttermitteln bei der Karpfenfütterung.)** Visnyk sil'škogospodarškoï nauky, Kyïv **3** (1960) Nr. 8. S. 56-57. — Orig.: ukrain., Ausz.: russ.
Versuche zur Verwendung von Pasten aus grünen Pflanzenmassen bei der Karpfenfütterung hatten positive Ergebnisse. Die Erträge der Teiche konnten bei gleichzeitiger Einsparung von konzentrierten Futtermitteln gesteigert werden. Hierdurch war eine Senkung der Selbstkosten zu erzielen.
H.-W. Hattop. 6320.

3-64/09-9123 Movčan, V. A.; Moskau, Lenin-Akad. der Landwirtsch.-Wiss. der UdSSR; Akad. der Wiss. der Ukrain. SSR. Vitaminoznyj korm dlja prudovych ryb. **(Vitaminreiches Futter für Teichfische.)** Vestnik sel'skochozjajstvennoj nauki, Moskva **6** (1961) Nr. 1. S. 68-71. — 3 Tab. Zus. in Engl., Dtsch., Franz.
Bei Fütterungsversuchen an einsömmrigen Karpfen (*Cyprinus carpio*), in denen dem Futter zum Zwecke der Vitaminanreicherung Grünwasserpflanzen sowie Kiefern- und Fichtennadeln (als Mehl) zugegeben wurden, wurde festgestellt, daß die Versuchsfische eine höhere Winterfestigkeit und eine bessere Entwicklung aufwiesen. Auch die Zugabe von 20-30% Grünwasserpflanzen hatte gute Ergebnisse. H.-W. Hattop. 6320.

3-64/09-9124 Vel'tiščeva, I. F. Primenenie jadochimikatov dlja bořby s listonogimi rakami. **(Die Anwendung von Chemikalien zur Bekämpfung von Phyllopoden.)** Trudy. Vsesojuznyj naučno-issledovatel'skij institut morskogo rybnogo chozjajstva i okeanografii (VNIRO), Moskva **44** (1961) S. 135 bis 150. — 13 Tab., 4 Lit.
Bei der Erprobung von wirksamen Methoden zur Bekämpfung bestimmter Phyllopoden, die als Nahrungskonkurrenten der Fischnährtiere in Teichen eine Rolle spielen können, wurde den org. Phosphorverbindungen bes. Aufmerksamkeit geschenkt. Ihre hohe Toxizität und ihr schneller Zerfall im Teich ermöglichen ihren Einsatz in der Fischerei, bes. in den weiter südlich gelegenen Fischzuchtbetrieben. Die besten Ergebnisse konnten dort mit Selinon (Dinitrokresol) sowie mit Dithio-, Thio- und Pyrophosphorsäureester erzielt werden, die bei geringen Konzentrationen (0,000 005%) zwar die Phyllopoden und ihre Eier vergiften, den übrigen Organismen aber nicht schaden. A. Kozianowski. 6335.

3-64/09-9125 Ammann, E. **Die Ausbrütung von Forelleneiern in Brutschränken mit künstlich abgekühltem Brutwasser.** Schweiz. Fischerei-Ztg. **71** (1963) Nr. 10. S. 285-287.; Nr. 11. S. 312-316. — 4 Abb., 3 Tab., 3 Lit.
Vf. erbrütete Eier von Bachforellen (*Salmo trutta fario*) in vertikal übereinander angeordneten runden Brutschalen, die jeweils 10000 Eier fassen. 10 derartige Schalen werden in einem Schrank von 47 × 47 cm Grundfläche und 120 cm Höhe untergebracht und mit abgekühltem Wasser in einer Menge von 1,8 l/min versorgt. Bei einer Durchschnittstemperatur von 3 °C schlüpften die Anf. Dez. aufgelegten Eier nach 124 Tagen (370-380 T°). Der Erbrütungserfolg betrug 83-87%, die Brutmasse 77,6 g/1000 Stck. Im Kontrollversuch in einem üblichen Langstromapparat (Wassermenge 7-8 l/min), in dem die Eier bei einer mittleren Temperatur von 6,7° C erbrütet wurden, schlüpften die Larven schon nach 64 Tagen (261 T°). Der Bruterfolg lag bei 94%, die Brutmasse bei 57,8 g/1000 Stck. Zum Besetzen natürlicher Gewässer,

das im Hinblick auf das dort vorhandene Naturnahrungsangebot nicht zu zeitig erfolgen sollte, wird daher eine Abkühlung des Erbrütungswassers empfohlen, die bei Verwendung wassersparender Brutapparate ohne größere Kosten möglich ist. Wegen des starken Anstiegs der Keimzahlen bei geringem Wasserdurchfluß und der Erhöhung der Erbrütungsverluste sind dem geschildertenVerfahren jedoch gewisse Grenzen gesetzt. W. Steffens. 6415.

3-64/09-9126 Ruhdel, H.-J. **Neuzeitliche Forellenfütterung.** Allg. Fischerei-Ztg. 89 (1964) Nr. 2. S. 48-49.; Nr. 3. 84-85.; Nr. 4. S. 117-118.; Nr. 5. S. 149-151. — 7 Lit.

Vf. geht zunächst kurz auf die Umweltbedingungen ein, die in der Forellenteichwirtschaft Beachtung finden müssen. Danach werden die wichtigsten Nahrungsstoffe (Eiweiß, Kohlehydrate, Fett, Mineralstoffe, Vitamine, Ballaststoffe) behandelt. Das Optimum des Eiweißgehaltes im Futter dürfte zwischen 25 und 40% liegen; ein Fettgehalt von 4-5% ist als günstig anzusehen. An Vitaminen sollen je kg Futter enthalten sein: Vit. A 7000-11000 IE, Vit. D_3 1500-2000 IE, Vit. E 200 mg, Vit. B_1 (Thiamin) 10-90 mg, Vit. B_2 (Riboflavin) 8-15 mg, Folsäure 5-10 (bis 30) mg, Vit. C 200-250 mg. Ausführlich werden die Nachteile der herkömmlichen Fütterung und die Vorteile der Verwendung von Trockenfutter geschildert. Auch auf die Mengen, die an Trockenfutter benötigt werden, wird eingegangen. Abschließend werden die wichtigsten Forellenkrankheiten erwähnt und die Entwicklungsaussichten der Forellenzucht dargestellt. W. Steffens. 6420.

3-64/09-9127 Krasikova, V. A. und Ol'šanskaja, O. L.; Sibir. Abt. des Staatl. Forsch.-Inst. für Binnenfischerei. Čir kak ob-ekt akklimatizacii. **(Der Tschir als Akklimatisationsobjekt.)** Voprosy ichtiologii, Moskva **1961** Nr. 17. S. 115-121. — 1 Abb., 5 Tab., 3 Lit.

Auf Grund seiner biol. Qualitäten und seiner guten Verwendbarkeit beim Konsumenten könnte der Tschir (*Coregonus nasus*) ein wertvoller Wirtschaftsfisch der zukünftigen sibirischen Stauseen sein. Voraussetzung dafür ist allerdings, daß es gelingt, diesen Fisch auch künstlich zu züchten. Die bisherigen Versuche in dieser Richtung waren noch wenig erfolgversprechend. Vff. beschäftigten sich mit dieser Frage, und es gelang ihnen, befruchtete Eier bis zu Jungfischen aufzuziehen, und zwar unter Aquariumsbedingungen. Die einzelnen Entwicklungsetappen werden beschrieben. Hervorgehoben wird die Plastizität der Fische hinsichtlich der Sauerstoff- und Temperaturverhältnisse. G. Predel. 6450.

3-64/09-9128 Anisimova, I. M. und Letičevskij, M. A.; Astrachan, Forsch.-Inst. für Hochseefischerei und Ozeanogr. des Kasp. Meeres. Izmenenie gonad belorybicy v prednerestovyj period. **(Veränderung der Gonaden bei Stenodus leucichthys während der Vorlaichperiode.)** Voprosy ichtiologii, Moskva **1961** Nr. 17. S. 39-46. — 6 Abb., 2 Tab., 12 Lit.

Stenodus leucichthys ist ein Wanderfisch des Kaspischen Meeres, der zum Laichen in die Flüsse zieht. Durch wasserbauliche Maßnahmen sind die Wanderwege weitgehend versperrt, und die Frage der künstlichen Aufzucht der Fische erhält eine große Bedeutung. Anhand von Untersuchungen der Gonadenentwicklung während des Aufenthaltes der Fische im Fluß unterhalb der Staudämme werden wertvolle Gesichtspunkte für die künstliche Fischzucht gewonnen. G. Predel. 6450.

3-64/09-9129 Belyj, N. D.; Kiew, Inst. für Hydrobiol. der Akad. der Wiss. der Ukrain. SSR. Vlijanie sveta na razvitie ikry sudaka i tarani. **(Der Einfluß des Lichtes auf die Entwicklung der Eier von Zander [Lucioperca lucioperca] und Taran [Rutilus rutilus heckeli].)** Doklady Akademii nauk SSSR, Moskva **138 (29)** (1961) Nr. 4. S. 935-937. — 2 Tab., 4 Lit.

Vf. erbrütete die Eier von Zander und Taran in völliger Dunkelheit, bei ganztägiger Beleuchtung (nachts mit Hilfe elektrischer Lampen) und bei normalen Lichtverhältnissen. Hierbei wurden keine Unterschiede in der Entwicklung festgestellt. Eine Ausnahme bildet die Tatsache, daß die bei ganztägiger Beleuchtung erbrüteten Fische innerhalb eines kürzeren Zeitraumes (2 Tage) schlüpften als die übrigen (3 Tage). H.-W. Hattop. 6450.

3-64/09-9130 Vel'tiščeva, I. F. Puti uveličenija vychoda produkcii s edinicy prudovoj ploščadi na osetrovych zavodach Azerbajdžana. **(Wege zur Steigerung der Produktion pro Flächeneinheit in den Störzuchtbetrieben Aserbaidshans.)** Trudy. Vsesojuznyj naučno-issledovatel'skij institut morskogo rybnogo chozjajstva i okeanografii (VNIRO), Moskva **44** (1961) S. 115 bi 134. — 5 Abb., 9 Tab., 69 Lit.
Durch Anwendung von Stickstoff- und Phosphordüngern kann auch in den Störaufzuchtbetrieben die Produktivität der Teiche wesentlich gesteigert werden. Durch richtige Düngung wird das Angebot an Plankton und Bodentieren erhöht, so daß auch für einen verstärkten Besatz ausreichend Nahrung vorhanden ist. In den südlichen Bezirken ist außerdem eine mehrfache Nutzung der Teiche innerhalb einer Vegetationsperiode möglich. Bei drei- bis viermaligem Neubesatz der Teiche können jährlich 130-270000 Stück vorgestreckter Störe (*Acipenser sturio*), d. h. 220-330 kg/ha erzeugt werden. A. Kozianowski. 6450.

Küsten- und Hochseefischerei

3-64/09-9131 Tiews, Klaus; Hamburg, Bundesforsch.-Anst. für Fischerei, Inst. für Küsten- und Binnenfischerei. **Untersuchungen über die Winterfischerei auf Hering (Spitzen) und Sprott im Mündungsgebiet von Weser und Ems in den Jahren 1958/59 und 1959/60.** Arch. Fischereiwiss. **12** (1961) Nr. 1/2. S. 75-100. — 2 Abb., 24 Tab., 14 Lit.
Durch die wirtschaftliche Förderung im Rahmen des Hilfsprogramms „Erschließung neuer Fanggebiete" erfuhr die Winterfischerei auf Kleinheringe (Spitzen) (*Clupea harengus*) und Sprott (*Clupea sprattus*) im Mündungsgebiet von Weser und Ems eine ansehnliche Anlandesteigerung von 379 t (1957/58) auf 1626 t (1959/60). Sie trug damit zur Hebung der Wirtschaftlichkeit der Küstenkutterbetriebe bei. Die Erlöse aus der Blankfischfischerei im Winter beliefen sich 1958/59 auf 117000,-DM und 1959/60 auf 141000,-DM. Gefangen wurden in der durch die Winterbedingungen kaum mehr als 80 Fangtage betragenden Saison magere Jungheringe der I-Gruppe in 2 Längenklassen, die sich wahrscheinlich aus Downs- und Bank-Heringen zusammensetzen, und qualitativ gute Sprotten mehrerer Jahrgänge mit Paarschleppnetzen, Scherzeesen und Ankerhamen. Die Reduzierung des Bestandes durch die Winterfischerei um 127 Mill. Heringe und 8 Mill. Sprotten pro Saison im Weser-Ems-Gebiet wird als nicht gefährlich angesehen. K. Anwand. 6480.

3-64/09-9132 Kulow, H. **Der Einfluß der Färbung auf die Fängigkeit von Treibnetzen und Treibangeln beim Ostsee-Lachsfang.** Fischereiforschung 4 (1961) Nr. 6/7. S. 1-4. — 7 Abb., 15 Lit.
Durch Fängigkeitsversuche mit Treibnetzen und Treibangeln konnte nachgewiesen werden, daß bei durchsichtigen Dederondrähten Seegrün und Hellblau die besten, Dunkelblau und Braun die schlechtesten Fangergebnisse liefern. Umgekehrte Verhältnisse liegen bei undurchsichtigen Zwirnen vor: Dunkelbraun liefert die günstigsten und Hellgrün die ungünstigsten Fangergebnisse. Die Versuchsergebnisse stimmen mit denen anderer Autoren gut überein. E. Schlieker. 6510.

3-64/09-9133 Bohl, H.; Hamburg, Inst. für Netz- und Materialforsch. **Selektionsdaten für Kliesche und Scholle aus Schleppnetzexperimenten**

im Seegebiet von Helgoland. Protokolle z. Fischereitechn. 8 (1964) Nr. 39. S. 304-356. — 9 Abb., 11 Tab., 27 Lit.

Im Mai 1963 wurden mit dem 16 m-15 PS-Hochseekutter „Antje Jasper" im Seegebiet von Helgoland Selektionsversuche mit einem in der Schollenfischerei gebräuchlichen Plattfischnetz von 300 Maschen Umfang und 32 m Grundtaulänge aus nicht präpariertem Nylon-Netzgarn 23 tex X 60 unter Zuhilfenahme der Übersteertmethode durchgeführt. Von den in 23 Fängen erbeuteten 38058 Plattfischen waren 28246 15-18 cm lange Klieschen (davon 13,1% maßig) und 9212 19-25 cm lange Schollen (davon 31,9% maßig). Der Klieschen-Selektionsfaktor betrug bei den 3 untersuchten Steertmaschenöffnungen von 61,1, 82,3 und 87,3 mm wie nach englischen Befunden 2,2 und war damit niedriger als der nach niederländischen Untersuchungen. Es wird empfohlen, das Klieschen-Mindestmaß von 20 cm aus der Internationalen Fischereikonvention von 1946 und 1963 herauszunehmen und damit den Schollenbestand positiv zu beeinflussen. K. Anwand. 6515.

3-64/09-9134 Scagel, Robert F.; Vancouver, Brit. Columbia, Univ. Marine plant resources of British Columbia. **(Marine Pflanzenreserven in Britisch-Kolumbien.)** Bull. Fisheries Res. Board Canada **1961** Nr. 127. S. 1-39. — 33 Abb., 104 Lit.

Vf. gibt einen Überblick über die wirtschaftliche Bedeutung von Seegräsern und Meeresalgen. Die Algenindustrie hat, abgesehen von Japan, vor allem während des 2. Weltkrieges in zahlreichen Ländern einen Aufschwung erfahren. Neben dem Gebrauch von Meeresalgen als Futter-, Nahrungs- und Düngemittel werden aus ihnen vor allem Agar-Agar und Alginsäure hergestellt; an den beiden letzteren Produkten besteht im Weltmaßstab ein großer Bedarf. Die Menge der verwertbaren Riesentange (Kelp) in Britisch-Kolumbien wird auf 750000-1 Mill. t jährlich geschätzt. Auf fischereilichem Gebiet konnte eine in einer Forellenzuchtanstalt aufgetretene Mangelkrankheit durch Zufüttern von Algenmehl behoben werden. Auf den Philippinen werden zur Aufzucht des Milchfisches (*Chanos chanos*) Grünalgen (*Cladophora, Chaetomorpha, Enteromorpha*) verwendet. Zum Fang des Schwarzen Kabeljaus (*Anoplopoma*) werden auf den Königin-Charlotte-Inseln (Brit.-Kolumbien) Angelschnüre aus dem Riesentang *Nereocystis* verwendet; in Schottland stellt man aus der Braunalge *Chorda filum* Angelleinen her. Für die zu Nahrungszwecken in Japan kultivierte Rotalge, *Porphyra*, waren 1957 300000 Fischer eingesetzt. M. Schlüter. 6620.

E. BEEINFLUSSUNG DER FISCHEREI DURCH DIE UMWELT

3-64/09-9135 Dean, John Mark und Burlington, Roy F.; Lafayette, Ind., Purdue Univ. A quantitative evaluation of pollution effects on stream communities. **(Eine quantitative Auswertung des Abwassereinflusses auf Fließgewässergesellschaften.)** Hydrobiologia [Den Haag] **21** (1963) Nr. 1/2. S. 193-199. — 1 Abb., 2 Tab., 12 Lit.

Im Elkhart und St. Joseph River bei Elkhart/Indiana (USA) wurden quantitative und qualitative biol. Untersuchungen durchgeführt. Mit Hilfe chem. Analysen ließen sich keine Unterschiede von einer Station zur anderen feststellen, da die Abwässer periodisch eingeleitet werden. Die Zusammensetzung der Fauna wich jedoch sowohl qualitativ als auch quantitativ erheblich voneinander ab. Ein Ähnlichkeitskoeffizient wurde aufgestellt, um die Populationen aller Stationen miteinander vergleichen zu können. Die Methode berücksichtigt die Frequenz der Verbreitung der Arten an den Stationen und die durchschnittl. Dichte jeder Art an jeder Station. 2 Gebiete mit abs. gleicher Zusammensetzung der Fauna haben den Ähnlichkeitswert 100%; 2 Stationen, in denen keine Arten übereinstimmen, würden den Wert 0 besitzen.

Mit Hilfe dieser Methode konnten die durch die Abwässer bedingten Veränderungen in der Zusammensetzung der Fauna auf einfache Weise demonstriert werden. M.-L. Albrecht. 6665.

3-64/09-9136 Kittrell, F. W. und Furfari, Santo A.; Cincinnati, O., U.S. Public Health Serv., Robert A. Taft Sanitary Engng. Center; Bethesda, Md., Nat. Inst. of Health. Observations of coliform bacteria in streams. **(Untersuchungen über coliforme Bakterien in Strömen.)** J. Water Pollut. Control Federat. 35 (1963) Nr. 11. S. 1361-1385. — 10 Abb., 3 Tab., 24 Lit.

Die Notwendigkeit einer verbesserten Kontrolle der Fließgewässer auf bakterielle Verunreinigungen zur Sicherung der Wasserversorgung der Städte wird unterstrichen. Auf die schnelle, ständig zunehmende Nutzung des Wassers zur Volkserholung und die entstehenden Probleme wird hingewiesen. Zusammenfassend beschrieben und diskutiert werden eigene Untersuchungen und die früherer Autoren, die sich mit dem Problem der Coliformen im Abwasser typischer Großstädte befassen. Bes. erwähnt werden die Einwirkungen bestimmter Umwelteinflüsse (Temperatur, Regenfälle, pH, Trübung, Nährstoffe). Th. Mattheis. 6665.

3-64/09-9137 Sprague, J. B.; St. Andrews, New Brunswick, Fisheries Res. Board of Canada. Lethal concentrations of copper and zinc for young Atlantic salmon. **(Die Letalkonzentration von Kupfer und Zink für junge atlantische Lachse.)** J. Fisheries Res. Board Canada 21 (1964) Nr. 1. S. 17 bis 26. — 2 Abb., 1 Tab., 17 Lit.

Vf. untersuchte die Toxizität von Kupfer -und Zinksulfat gegenüber jungen *Salmo salar* im weichen Wasser. Das Verhältnis zwischen der Metallkonzentration und der Zeitspanne des Überlebens konnte durch eine Gerade ausgedrückt werden, wenn die logarithmischen Werte verwendet wurden. Die Anfangsletalkonzentrationen betrugen für Kupfer 48 μg/l und für Zink 600 μg/l. In Lösungen, die sowohl Kupfer als auch Zink enthielten, konnte eine Verstärkung um das Doppelte beobachtet werden. Mit ansteigendem pH-Wert sank die Toxizität des Zinks, die Zeitspanne des Überlebens war bei 5 °C 4mal länger als bei 15 °C. Wenn die Fische sich an die Temperatur gewöhnt hatten, war die Anfangsletalkonzentration nur 1,5fach höher.
D. Nehring. 6665.

3-64/09-9138 Herbert, D. W. M. und Shurben, D. S.; Stevenage, Herts., Water Pollution Res. Lab. The toxicity to fish of mixtures of poisons. I. Salts of ammonia and zinc. **(Die Toxizität von Giftmischungen gegenüber Fischen. 1. Mitt. Ammonium- und Zinksalze.)** Ann. appl. Biol. 53 (1964) Nr. 1. S. 33-41. — 4 Abb., 1 Tab., 11 Lit.

Vff. prüften die Giftwirkung von Ammoniumchlorid und Zinksulfat gegenüber Regenbogenforellen und stellten fest, daß dabei die Beziehung $P_S/P_T + Q_S/Q_T = 1$ gilt. P und Q sind die schädlichen Grenzkonzentrationen. Die Fußnoten beziehen sich darauf, ob die Stoffe allein (T) oder im Gemisch (S) getestet wurden. Versuche mit hartem, sauerstoffgesättigtem Wasser ergaben Resultate, deren Abweichungen weniger als 4% von der obigen Beziehung betrugen. In weichem Wasser oder in hartem Wasser mit vermindertem Sauerstoffgehalt war die Übereinstimmung weniger gut. Es traten Abweichungen von 26 und 17% auf. D. Nehring. 6665.

3-64/09-9139 Jens, Günter. **Moderne Fischaufstiegsmöglichkeiten an Stauanlagen.** Wasserwirtschaft 53 (1963) Nr. 12. S. 446-450. — 8 Abb., 1 Tab.

Die Maas-Wehre sind mit Fischpässen des Becken-Typs und des Denil-Typs ausgestattet. Sie arbeiten nicht zufriedenstellend. Als Folge davon ist der Fischbestand der Maas stark zurückgegangen. Durch den Bau eines modernen Fischpasses und einer Aalleiter bemüht man sich, eine Besserung zu erreichen.

Der neue hydraulische Fisch-Elevator ist dadurch gekennzeichnet, daß der Fisch ohne starke Gegenströmung und ohne gezwungen zu sein, Abstürze zu überwinden, vom Unterwasser zum Oberwasser befördert wird. Der Fischpaß wurde nach dem Muster eines Fischweges am Kraftwerk Leixlip im Liffey bei Dublin ausgeführt. Die Aalleiter wurde nach irischem Vorbild errichtet. M.-L. Albrecht. 6685.

3-64/09-9140 Gleißner, A. **Haubentaucherplage auf dem Bodensee.** Allg. Fischerei-Ztg. **89** (1964) Nr. 5. S. 148-149.
In den letzten Jahren ist es infolge mangelnden Abschusses von der österreichischen Seite auf dem östlichen Bodensee, insbes. in der Bregenzer Bucht, zu einer starken Zunahme des Haubensteißfußes (*Podiceps cristatus*) gekommen. Von der Bregenzer Hafenmole aus können bis zu 1000 Tiere gezählt werden. Bei der Annahme, daß 1 Taucher täglich 300 g Fisch frißt, verbrauchen die Vögel 300 kg am Tage. Bes. bedroht ist vor allem die Fischbrut. Vf. hält einen Abschuß von mindestens 80% der Taucher für erforderlich, um große fischereiliche Schäden abzuwenden. W. Steffens. 6695.

F. FISCHKRANKHEITEN

3-64/09-9141 Reichenbach-Klinke, H.; München, Bayer. Biol. Versuchsanst., Demoll-Hofer-Inst. **Fischkrankheiten in Bayern im Jahre 1963.** Allg. Fischerei-Ztg. **89** (1964) Nr. 6. S. 178-179.; Nr. 11. S. 332. — 2 Abb., 8 Lit. Vgl. LZ. Abt. III 8 (1963) Nr. 10. S. 2204.
Im Berichtszeitraum lag das Hauptaugenmerk auf der Untersuchung von Nutzfischen der oberbayerischen Seen. Vornehmlicher Befall mit Bandwürmern und *Ergasilus* wurde bei den Coregonen beobachtet. Im Bodensee waren die Felchen zu 78% mit Ichthyotaenien und zu 12% mit *Eubothrium crassum* befallen; *Triaenophorus lucii* kam bei 95% der Hechte und larval bei 78% der Barsche vor. Ähnliche Ergebnisse liegen aus den anderen Seen vor. Vorherrschend nach der Schneeschmelze trat bei Forellen die INuL auf. An Bakteriosen konnten in einigen Gegenden Bauchwassersucht der Karpfen und Fleckenseuche der Hechte nachgewiesen werden. Erstmalig trat die Leberzirrhose bei Forellen auf, deren Ursache nicht geklärt ist. Ähnlich unsicher ist die Ursache der Kiemenschwellung bei Forellenbrut. In beiden Fällen ist der Ernährung erhöhte Bedeutung beizumessen. Über die zweckmäßige Zusammensetzung von Trockenfutter werden nähere Ausführungen gemacht. Th. Mattheis. 6700.

3-64/09-9142 Ivasik, V. M.; Lwow, Zootechn. und Veterinärmed. Inst. Gidrologičeskij i gidrochimičeskij režim prudov i ego svjaź s zabolevanijami karpa v prudovych chozjajstvach zapadnych oblastej USSR. (**Hydrologische und hydrochemische Verhältnisse in Teichen und ihr Zusammenhang mit Karpfenerkrankungen in den Teichwirtschaften der westlichen Gebiete der Ukrainischen SSR.**) Voprosy ichtiologii, Moskva **1961** Nr. 17. S. 169-175. — 2 Tab., 25 Lit.
Zur Klärung der Ursachen von massenhaften Karpfensterben in den Teichwirtschaften der westlichen Ukraine wurde der Einfluß von Umweltfaktoren auf den Karpfenorganismus untersucht. Niedrige Temperaturen (+0,1 bis 0,3 °C) führten zur Entstehung der Staffschen Krankheit, hohe Temperaturen gemeinsam mit anderen Faktoren zum Auftreten der Branchiomycose. Saures Wasser (pH$<$6,4) brachte eine Invasion von *Chilodonella* und *Gyrodactylus* mit nachfolgendem Fischsterben. Der Gehalt an verschiedenen Salzen hatte keinen Einfluß auf die Entstehung von Krankheiten. Das Wasser der untersuchten Teichwirtschaften ist nährstoffarm, deshalb ist zur Verhinderung von Erkrankungen die mineralische und organische Düngung unbedingt erforderlich. Zur Bekämpfung bzw. Verhinderung von Krankheiten sollte eine periodische Kalkung der Teiche durchgeführt werden. G. Predel. 6720.

3-64/09-9143 Rucker, Robert R., Taylor, Warner G. und Toney, Donald P.; Seattle, Wash., Buerau of Sport Fisheries and Wildlife. Formalin in the hatchery. **(Formalin in der Fischzucht.)** U. S. Dep. Interior, Fish Wildlife Serv., progr. Fish-Culturist **25** (1963) Nr. 4. S. 203-207. — 1 Abb., 1 Tab., 6 Lit.
Setzlinge von *Salmo gairdneri, S. clarki, S. trutta, Salvelinus fontinalis, Oncorhynchus tshawytscha* und *O. kisutch* wurden in 5 Zuchtanstalten Formalin in unterschiedlichen Verdünnungen ausgesetzt. Bei 1:500 starb die Mehrzahl der Fische; 1:1000 ergab ca. 10% Verluste; 1:2000 nur sporadische und 1:3000 und mehr keine Verluste. Die Wasserhärte beeinflußte die Toxizität nur unwesentlich; höhere Wassertemperaturen ließen die Verluste ansteigen (bis 1:2000). Als empfindlichste Art erwies sich *S. gairdneri*.
Th. Mattheis. 6720.

3-64/09-9144 Bogdanova, E. A.; Leningrad, Unions-Forsch.-Inst. für Binnenfischerei der Akad. der Wiss. der UdSSR. Parazitofauna nekotorych promyslovych vidov ryb Volgi do obrazovanija Stalingradskogo vodochranilišča. **(Die Parasitenfauna einiger Nutzfischarten der Wolga vor dem Bau des Wolgograder Staubeckens.)** Trudy soveščanij. Ichtiologičeskaja komissija. Akademija nauk SSSR, Moskva-Leningrad **10** (1961) S. 169-177. — 1 Tab., 4 Lit.
Parasitologische Untersuchungen vor und nach dem Bau des Wolgograder Stausees geben Aufschluß über die Formierung der Parasitenfauna im neuentstandenen Gewässer. Vf. beschreibt in Tabellenform die Stärke und die Häufigkeit des Befalls der 6 wichtigsten Nutzfischarten mit einer Reihe von Parasiten, die in den einzelnen Organen, auf der Haut, den Kiemen und den Flossen der Fische gefunden wurden. A. Kozianowski. 6730.

3-64/09-9145 Kosareva, N. A.; Wolgograd, Staatl. Pädagog. Inst. K parazitofaune ryb vodochranilišč Volgo-Donskogo kanala im. V. I. Lenina. **(Zur Parasitenfauna der Fische der Staubecken des Lenin-Wolga-Don-Kanals.)** Trudy soveščanij. Ichtiologičeskaja komissija. Akademija nauk SSSR, Moskva-Leningrad **10** (1961) S. 178-181. — 2 Tab., 6 Lit.
Im Vergleich mit den Fischparasiten des Zymljansker Stausees ist die Parasitenfauna der kleineren Staubecken des Wolga-Don-Kanals weitaus artenärmer, die Häufigkeit und die Intensität des Befalls der Fische sind jedoch groß. Zu den häufigsten Parasiten zählen *Myxobolus bramae, Tetracotyle* sp., *Caryophyllaeus laticeps, Ligula intestinalis, Digramma interrupta, Philometra* sp., *Piscicola geometra* und *Ergasilus sieboldi*.
A. Kozianowski. 6730.

3-64/09-9146 Sindermann, Carl J.; Boothbay Harbor, Me., U. S. Bureau of Commercial Fisheries. Parasitological tags for redfish of the Western North Atlantic. **(Parasitologische Marken beim Rotbarsch [Sebastes marinus] des westlichen Nordatlantiks.)** Cons. permanent int. Explorat. Mer [Copenhague], Rapp. Procès-verbaux Réunions **150** (1961) S. 111-117. — 5 Abb., 2 Tab., 8 Lit. 6730.

3-64/09-9147 Templeman, Wilfred und Squires, H. J.; St. John's, Newfoundland, Fisheries Res. Board of Canada. Incidence and distribution of infestation by Sphyrion lumpi (Kryer) on the redfish, Sebastes marinus (L.) of the Western North Atlantic, 1949-1953. **(Auftreten und Verteilung des Befalls mit Sphyrion lumpi beim Rotbarsch [Sebastes marinus] des westlichen Nordatlantiks 1949-1953.)** Cons. permanent int. Explorat. Mer [Copenhague], Rapp. Procès-verbaux Réunions **150** (1961) S. 119. 6740.

3-64/09-9148 Liston, John und Hitz, Charles R.; Seattle, Wash., Univ., Coll. of Fisheries. Second survey of the occurrence of parasites and blemishes in Pacific Ocean perch, Sebastodes alutus, May-June 1959. **(Zweite Unter-**

suchung über das Vorkommen von Parasiten und Flecken beim pazifischen Meerbarsch Sebastodes alutus, Mai-Juni 1959.) U. S. Dep. Interior, Fish Wildlife Serv., spec. sci. Rep. **1961** Nr. 383. S. 1-6. – 2 Abb., 8 Tab., 1 Lit.
Es wurde eine kurze Untersuchung von Parasiten und Muskelflecken bei *Sebastodes alutus* durchgeführt, um die Ergebnisse mit denen einer ähnlichen Untersuchung des Jahres 1958 zu vergleichen. Der Befall mit Parasiten war im Hecate Strait - Cape Cook - Gebiet am höchsten und von Columbia River bis Cape Blanco am geringsten. *Prosorhynchus* war der häufigste Parasit, etwa 39% der untersuchten Filets waren befallen, hauptsächlich die fleischigen Schulterteile. Über 50% der enthäuteten Filets wiesen Flecken auf, jedoch waren keine Zusammenhänge zwischen Fleckigkeit und Herkunft des Fisches zu erkennen. Der Befall mit Parasiten war im zweiten Untersuchungsjahr stärker als im ersten. J. Waldmann. 6750.

3-64/09-9149 Thomas, J. D.; Legon, Accra, Ghana, Univ. Studies on populations of helminth parasites in brown trout (Salmo trutta L.). **(Untersuchungen über die Populationen von Wurmparasiten bei Salmo trutta.)** J. Animal Ecol. **33** (1964) Nr. 1. S. 83-95. – 3 Abb., 5 Tab., 27 Lit.
Während 12 Mon. wurden im River Teify (Wales) 905 Bachforellen quantitativ auf Helminthen untersucht. 6 Arten waren allg. verbreitet: *Discocotyle sagittata* auf den Kiemen, *Phyllodistomum simile* in der Harnblase, *Dacnitis truttae* und *Crepidostomum metoecus* hauptsächlich in der Region der Appendices pyloricae, *C. farionis* und *Neoechinorhynchus rutili* im mittleren Darmabschnitt. Die Populationsdichte betrug durchschnittlich 10000 bis 16000 Exemplare/m² Darmoberfläche, max. 54000-77000 Parasiten/m². Statistische Berechnungen der Signifikanz des Nebeneinandervorkommens der einzelnen Parasitenarten ergaben oft keine klaren Ergebnisse.
Th. Mattheis. 6750.

3-64/09-9150 Kosareva, N. A.; Wolgograd, Staatl. Pädagog. Serafimowitsch-Inst. Vlijanie remnecov na upitannost' i soderžanie žira u karpovych ryb. **(Der Einfluß von Riemenwürmern auf Ernährungszustand und Fettgehalt der Karpfen.)** Izvestija Akademii nauk Armjanskoj SSR. Biologičeskie nauki, Erevan **14** (1961) Nr. 2. S. 105-109. – 3 Tab., 8 Lit. Orig.: russ., Ausz.: armen.
Der Einfluß der Riemenwürmer auf das Wirtstier besteht nicht nur darin, daß ein Teil der Nahrung des Fisches verbraucht wird, sondern auch in der Giftwirkung der Stoffwechselprodukte und in der Störung der normalen Prozesse der Fettsynthese. *Ligula intestinalis* verbraucht z. B. täglich etwa 25% der im Blut des Fisches vorhandenen Glukose. H.-W. Hattop. 6750.

3-64/09-9151 Lopuchina, A. M.; Leningrad, Staatl. Forsch.-Inst. für Binnenfischreei. Vlijanie Triaenophorus nodulosus Pallas (Cestoda, Pseudophyllidea) na segoletkov radužnoj foreli. **(Der Einfluß von Triaenophorus nodulosus [Cestoda, Pseudophyllidea] auf einsömmerige Regenbogenforellen.)** Doklady Akademii nauk SSSR, Moskva **137 (29)** (1961) Nr. 1. S. 244-247. – 1 Abb., 2 Tab., 6 Lit.
Bei den von *T. nodulosus* befallenen Forellen geht die Wachstumsgeschwindigkeit erheblich zurück, und die Durchschnittsmasse ist wesentlich geringer als bei den nicht infizierten Fischen. Im Blut steigt der Anteil der Monozyten und der Korpulenzfaktor der Fische sinkt ab. Der Hämoglobingehalt ist jedoch bei den befallenen und den nicht befallenen Fischen ca. gleich groß.
H.-W. Hattop. 6750.

3-64/09-9152 Bullock, Wilbur L.; Durham, Univ. of New Hampshire. Intestinal histology of some salmonid fishes with particular reference to the histopathology of acanthocephalan infections. **(Histologie des Darmes von einigen Salmoniden mit besonderer Berücksichtigung der Histopathologie beim**

Befall mit Acanthocephalen.) J. Morphol. [Philadelphia] **112** (1963) Nr. 1. S. 23–44. – 46 Abb., 48 Lit.
Von *Salvelinus fontinalis, Salmo gairdneri, S. truttae* und *S. salar* wird die Histologie des Postcaecum und des Rectum beschrieben. Im Epithel wurden große Verdauungsaktivitäten beobachtet. Als assoziierte Zellen kamen im Epithel vor: Lymphozyten, polymorphkernige und globuläre Leukozyten, Stäbchen- und Becherschleimzellen. Artunterschiede bestanden in der Phosphataseaktivität des Stratum granulosum und in der Höhe und der Anordnung der Ringspiralsepten des Rectum. Die Einwirkung der Parasiten (*Acanthocephalus jacksoni*) auf das Epithel und die Abwehrreaktionen (Proliferation des Bindegewebes, Schleimbildung) des Wirtes werden eingehend beschrieben.
Th. Mattheis. 6750.

3-64/09-9153 Uzmann, J. R. und Jesse, J. W.; Seattle, Wash., Bureau of Sport Fisheries and Wildlife; Quilcene, Wash., Bureau of Sport Fisheries and Wildlife, Quilcene Nat. Fish Hatchery. The Hexamita (=Octomitus) problem: A preliminary report. **(Das Hexamita [Octomitus]-Problem: Ein vorläufiger Bericht.)** U. S. Dep. Interior, Fish Wildlife Serv., progr. Fish-Culturist **25** (1963) Nr. 3. S. 141–143.
An Setzlingen von *Oncorhynchus kisutch* wurden Versuche zur Bekämpfung von *Octomitus* unternommen. Als Mittel dienten nf-180 (6%), nf-180 (3%) – beide Substanzen enthalten als Wirkstoff Furazolidon-, Fumagillin und Magnesiumsulfat. Alle Präparate bewirkten zwar eine mehr oder weniger große Abnahme der Befallsstärke mit *Octomitus*, gleichzeitig stiegen in 3 Fällen die Verluste gegenüber der Kontrolle beträchtlich an. Es wird angenommen, daß *Octomitus*-Stämme nur zeitweilig größere Pathogenität entwickeln.
Th. Mattheis. 6760.

3-64/09-9154 Allison, Leonard N.; Grayling, Mich., Inst. for Fisheries Res. An unusual case of Hexamita (Octomitus) among yearling rainbow trout. **(Ein ungewöhnlicher Fall von Hexamita [Octomitus] bei einjährigen Regenbogenforellen.)** U. S. Dep. Interior, Fish Wildlife Serv., progr. Fish-Culturist **25** (1963) Nr. 4. S. 220.
Bei 12 Mon. alten *Salmo gairdneri* trat in der Staatsfischzucht in Grayling ein symptomloses Sterben auf. Die mikroskopische Kontrolle ergab *Octomitus*, der nicht vermutet worden war. Nach 4tägiger Behandlung mit 1 g Carbarsone pro 453 g Futter gingen die wöchentlichen Verluste von 2,4% auf 0,2% zurück. Th. Mattheis. 6760.

3-64/09-9155 Kabata, Z.; Aberdeen, Marine Lab. Incidence of coccidioses in Scottish herring. **(Das Vorkommen von Coccidiosen bei Clupea harengus in schottischen Gewässern.)** Cons. permanent int. Explorat. Mer [Copenhague], J. Cons. **28** (1963) Nr. 2. S. 201-210. – 10 Abb., 5 Lit.
Die Lebern und Gonaden von 8690 Heringen wurden auf das Vorkommen von Zysten von *Eimeria clupearum* und *E. sardinae* untersucht im Hinblick auf die Brauchbarkeit dieser Parasiten als biol. Indikatoren. Es konnten keine Unterschiede in der Befallsstärke bei Heringen verschiedener Fanggebiete festgestellt werden; die obigen Parasiten sind zu diesem Zweck nicht brauchbar. Beide Parasiten zeigen zunehmende Befallsstärke mit zunehmendem Alter der Wirte. Mit einem Alter von 6 Jahren scheint eine abnehmende Tendenz zu bestehen. Die Befallsstärke ist am niedrigsten in den Sommermon. und erreicht ihr Maximum im Winter oder zeitigen Frühjahr. Zwischen diesen Fluktuationen und dem Fortpflanzungszyklus der Wirte konnten keine Beziehungen entdeckt werden. Th. Mattheis. 6760.

3-64/09-9156 Schwartz, Frank J.; Solomons, Md., Chesapeake Biol. Lab. A new Ichthyosporidium parasite of the spot (Leiostomus xanthurus): A possible answer to recent oyster mortalities. **(Ein neuer Ichthyosporidium-**

Parasit bei Leiostomus xanthurus: Eine mögliche Lösung neuer Austernsterben.) U.S. Dep. Interior, Fish Wildlife Serv., progr. Fish-Culturist **25** (1963) Nr. 4. S. 181-186. — 5 Abb., 31 Lit.

In der Chincoteague Bay, Maryland, konnten 1959-1960 von Juli-Sept. *L. xanthurus* gefangen werden, die riesige Beulen (20 mm bei 80-110 mm Körperlänge) zwischen den Brust- und Bauchflossen aufwiesen. Als Ursache gilt ein Haplosporozoon der Gattung *Ichthyosporidium* (!), von dem angenommen wird, daß es an den Austernsterben möglicherweise beteiligt sein könnte. *L. xanthurus* käme als Zwischenwirt in Betracht. Histologisch zeigt diese Beulenkrankheit keine Ähnlichkeit mit der Austernkrankheit, letztere besitzt aber typische Merkmale einer *I.-hoferi*-Erkrankung.

Th. Mattheis. 6780.

3-64/09-9157 Caselitz, F.-H. und Maass, W.; Hamburg-Altona, Allg. Krankenhaus, Bakteriol. Inst. **Aeromonasstämme als Krankheitsträger, ihre Empfindlichkeit gegenüber Antibiotika und Sulfonamiden.** Dtsch. med. Wschr. **87** (1962) Nr. 4. S. 198–200. — 2 Tab., 13 Lit.

31 *Aeromonas*-Stämme, sämtlich aus menschlichem Untersuchungsmaterial isoliert, wurden im Röhrchenverdünnungs- und im Plattentest auf ihre primäre Resistenz geprüft. Penicillin G-Kalium erwies sich als unwirksam. Wachstumshemmung trat ein (Werte in μg/ml) bei Streptomycin 0,5–8; Chloramphenicol 0,15–5; Tetracyclin 0,15–1,5; Kanamycin 1,25–20 (3 Stämme negativ); Polymyxin 1,25–5 (7 Stämme negativ); Supronal 50–400 (21 bzw. 19 Stämme negativ); Sulfaphenazol 50–200 (16 Stämme negativ) bzw. 50 bis 400 (13 Stämme negativ).

Th. Mattheis. 6790.

3-64/09-9158 Żarnecki, S. Nowe poglądy na posocznicę karpia. **(Neue Anschauungen über die Bauchwassersucht des Karpfens.)** Gospodarka rybna **15** (1963) Nr. 5. S. 19–21.

Auf Grund vieler Untersuchungen wurde festgestellt, daß eine der wichtigsten Ursachen für das Auftreten der Bauchwassersucht bei Karpfen die Abnahme der Eiweißmenge im Blutserum ist. Es wurde beobachtet, daß ein sehr wichtiger Faktor, der die Zusammensetzung und Menge des Eiweißes im Blut beeinflußt, die Zusammensetzung des Futters ist. Sehr gute Ergebnisse bei der Bekämpfung der Bauchwassersucht bringt die Methode von Zator. Sie besteht darin, die Karpfen im Herbst nicht abzufischen, sondern den Winter über in den Aufzuchtteichen zu belassen. Der überwinterte Besatz wird im späten Frühjahr abgefischt, wenn sich in den Aufzuchtteichen das Wasser bereits etwas erwärmt und die Fauna wieder entwickelt hat. Es wurde festgestellt, daß für das Auftreten der Krankheit in erster Linie die Kondition der Fische maßgebend ist. Die Überwinterung bei starker Konzentration in tiefen Winterteichen, das Abfischen der geschwächten Karpfen sofort nach der Eisschmelze und ihr Umsetzen in frisch bespannte Teiche, die nahrungsarm sind, schwächen die Fische. In den geschwächten Organismen entstehen günstige Bedingungen für die massenhafte Entwicklung von Bakterien, und es kommt zum Ausbruch der Krankheit. Die Methode von Zator verhindert eine zu große Reduzierung der Eiweißmenge im Blutserum während des Winters und ermöglicht den Aufbau von Albumin und anderen Eiweißen im zeitigen Frühjahr.

PRL/CBR. 6790.

3-64/09-9159 Otte, Elmar; Wien, Tierärztl. Hochschule, Inst. für Fischkunde. **Die heutigen Ansichten über die Ätiologie der „Infektiösen Bauchwassersucht“ der Karpfen.** Wiener tierärztl. Mschr. **50** (1963) Nr. 11. S. 995 bis 1005. — 58 Lit.

Vf. referiert die zur Zeit bestehenden Ansichten über die Ätiologie der infektiösen Bauchwassersucht. Sowohl die Virus- als auch die Bakterienätiologie sind nach Meinung des Vf. nicht abs. bewiesen. Als dritte Theorie sind die

Einwirkungen ungünstiger Umwelteinflüsse als auslösende Faktoren genannt worden. Auch hierfür lassen sich nur teilweise mitbestimmende Faktoren, jedoch keine primären Einflüsse feststellen. Durch Ausschaltung dieser ungünstigen Umwelteinflüsse kann dem Auftreten der Krankheit vorgebeugt werden. Th. Mattheis. 6790.

3-64/09-9160 Bank, Otto; Höchstadt/Aisch, Staatl. Lehr- und Versuchsanst. für Fischerei. **Wann wird Leukomycin verfüttert, um bauchwassersuchtkranke Karpfen zu heilen?** Allg. Fischerei-Ztg. 88 (1963) Nr. 12. S. 345 bis 348.

K_1 bis 100 g Masse erhalten 1 mg Leukomycin in 3 g Futter, K_2 der Masse entsprechend Leukomycin in 5 g Futter. Die Teigflocken werden aus 3 Teilen Mehl und 1 Teil Wasser, in dem das Leukomycin gelöst wird, hergestellt. Die fertigen Flocken werden mit Alginat (3% der Mehlmasse) durch Kneten überzogen. Wichtig für einen Erfolg der Antibiotikumverfütterung ist das Fehlen der Auslaugung im Wasser. Das wird durch Alginatüberzug erreicht. Zeigen sich im Frühjahr die ersten Bauchwassersuchtsymptome, muß sofort Antibiotikum verfüttert werden, da kranke Fische kein Futter mehr aufnehmen. Eine 2malige Gabe der obigen Menge wird empfohlen. Auch während des Sommers und Frühherbstes kann Leukomycin bei Bauchwassersuchterkrankungen gefüttert werden, nicht aber während des Winters. Th. Mattheis. 6790.

3-64/09-9161 Rezac, Eduard. **Bekämpfung der Infektiösen Bauchwassersucht des Karpfens mit Dihydrostreptomycinsulfat.** Wiener tierärztl. Mschr. 50 (1963) Nr. 11. S. 1005-1007.

75000 zweisömmrige Karpfen (*Cyprinus carpio*) erhielten zur Bekämpfung der infektiösen Bauchwassersucht 10 mg Dihydrostreptomycinsulfat/100 g Körpermasse intraperitoneal injiziert. Die Masse muß genau festliegen, denn 3-4fache Überdosierung führte zum Tode. Mit einer automatischen Spritze konnten 500-800 Karpfen/h behandelt werden. Die Verluste gingen schlagartig zurück, ebenso Transportausfälle, und mechanische Verletzungen ergaben keine Geschwüre. Th. Mattheis. 6790.

3-64/09-9162 Havelka, Josef; Vodnany, Praha, ČSSR, Fischereiforsch.-Inst. **Die Heilung eines erkrankten Zitteraales (Electrophorus electricus) durch Antibiotika.** Z. Fischerei Hilfswiss. [N.F.] **11** (1963) Nr. 5/6. S. 475 bis 480. — 4 Abb.

Aus einem größeren Entzündungsherd am Kopf konnten im Mai 1959 *Pseudomonas punctata ascitae* und *Ps. fluorescens* isoliert werden. Der Fisch erhielt daraufhin 2 Injektionen mit je 250 mg Synthomycetin. Nach 14 Tagen erfolgte eine nochmalige gleichartige Behandlung. Der Gesundheitszustand besserte sich, und der Fisch nahm wieder Nahrung auf. Eine zweite Entzündung, die Anf. Sept. 1960 auftrat, wurde ebenfalls durch Antibioticainjektion behandelt. Während des Heilungsprozesses ging der Fisch jedoch durch eine Chlorphenolvergiftung ein. W. Steffens. 6790.

3-64/09-9163 Conroy, D. A.; Mar del Plata, Argentina, Univ. Nac. de Buenos Aires, Inst. de Biol. Marina. Tail rot in fish. **(Schwanzfäule beim Fisch.)** Nature [London] **201** (1964) Nr. 4920. S. 732-733. — 1 Tab., 3 Lit.

Von an Schwanzfäule erkrankten Goldfischen (*Carassius auratus*) sind die vermutlichen Erreger isoliert und bestimmt worden. Nach Bebrütung auf Glukose-Agar bei 22 °C ließen sich 3 Organismengruppen unterscheiden. Die beiden in geringerer Anzahl vorliegenden waren *Rhodotorula glutinis* und *Sarcina* sp. Der 3. Organismus, der in großer Menge vorlag und gesunde Fische infizierte, wurde als *Aeromonas* (oder *Pseudomonas*) *formicans* bestimmt. Er ist in die National Collection of Marine Bacteria (U. K.) unter N. C. M. B. No. 882 eingegangen. M. Hegemann. 6790.

3-64/09-9164 Deufel, Josef; Langenargen/Bodensee, Staatl. Inst. für Seenforsch. und Seenbewirtsch. **Zur Bekämpfung der Furunkulose in der Forellenzucht.** Fischwirt **13** (1963) Nr. 5. S. 143–145. — 4 Lit.

In verschiedenen Forellenzuchten Süddeutschlands hat sich eine Sulfonamidbehandlung gegen Furunkulose bewährt. Für 100 kg Lebendmasse Forellen werden pro Tag 10 g Sulfamerazin und 3 g Sulfaguanidin unter das Futter gemischt. Dauer der Kur 8 Tage, bei Rezidiven nach 4 Wochen erneut Sulfonamidkur über 8 Tage. Im günstigsten Falle nehmen die Verluste 4 Tage nach Beginn der Behandlung ab und hören nach 10 Tagen ganz auf. Kosten der Behandlung für 5 t Forellen 170–180 DM. Th. Mattheis. 6790.

3-64/09-9165 Anwand, Karl; Berlin-Friedrichshagen, Inst. für Binnenfischerei der Dtsch. Akad. der Landwirtsch.-Wiss. zu Berlin. **Über einige Abnormitäten und Mißbildungen beim Hering (Clupea harengus L.).** Z. Fischerei Hilfswiss. [N. F.] **11** (1963) Nr. 7/8. S. 533–538. — 7 Abb., 5 Lit.

An Heringen (*Clupea harengus*) aus der Nord- und Ostsee beobachtete Abnormitäten und Mißbildungen werden beschrieben. Es handelt sich um Wirbelverwachsungen, das Fehlen der Bauchflossen und Mißbildungen der Geschlechtsorgane bei Rogenern und Milchnern. K. Anwand. 6800.

3-64/09-9166 Allison, Leonard N.; Grayling, Michigan Dep. of Conserv. Cataract in hatchery lake trout. **(Grauer Star bei Salvelinus namaycush in Zuchtanstalten.)** Trans. Amer. Fisheries Soc. **92** (1963) Nr. 1. S. 34–38. — 9 Lit.

Eine Reihe von Experimenten zur Feststellung der Ursache des grauen Stars bei Seesaiblingen wurde über die Dauer von 3 Jahren angestellt. 3 Versuche mit verschiedener Fütterung (Zusatz von Riboflavin, Dorschleberöl zu unterschiedlichem Grundfutter) brachten ebenso wie Versuche mit schonender Behandlung der Fische und Riboflavin-Injektion keinen Erfolg. Das Vorkommen von grauem Star nahm überall zu (Zunahme von 3–10%). Grauer Star befiel die Milchner zu 50,5%, Rogener dagegen nur zu 36,5%. Es ist an eine geschlechtsgebundene Disposition zu denken. Zur Vorbeugung gegen die Krankheit wird vorläufig Abdecken und Beschattung der Aufzuchtbecken empfohlen. Weitere Untersuchungen, bes. über bestimmte Wellenlängen des Sonnenlichtes, sollen folgen. Th. Mattheis. 6805.

3-64/09-9167 Kun, M. S., Teplyj, D. L. und Astachova, T. V.; Kertsch, Forsch.-Inst. für Hochseefischerei und Ozeanogr. des Kasp. Meeres. O pričinach zabolevanija sazana v del'te Volgi. **(Über die Ursachen von Karpfenerkrankungen im Wolgadelta.)** Voprosy ichtiologii, Moskva **1961** Nr. 17. S. 159-168. — 1 Abb., 6 Lit.

In den Jahren 1956-1959 wurden in der Wolga in erheblichem Maße Erkrankungen der Karpfen (*Cyprinus carpio*) beobachtet. Auch bei Blei, Wels und Plötze konnten Krankheitserscheinungen festgestellt werden. Eine genaue Untersuchung der Karpfen ergab, daß die Krankheitsursache nicht infektiöser Natur oder durch Parasiten bedingt sein konnte. Es muß vielmehr angenommen werden, daß äußere Faktoren eine Rolle gespielt haben. Auffällig ist die Tatsache, daß eine Massenentwicklung von Blaualgen mit der Erkrankung der Fische einherging. Möglicherweise ist hier die Ursache zu suchen. Es werden daher Maßnahmen für die Bekämpfung der Blaualgen vorgeschlagen. G. Predel. 6805.

3-64/09-9168 Krishnamoorthy, K. P. und Visweswara, G.; Nagpur, India, Centr. Public Health Engng. Res. Inst. Hydrobiological studies with reference to sudden fish mortality. **(Hydrobiologische Untersuchungen in bezug auf plötzliche Fischsterben.)** Hydrobiologia [Den Haag] **21** (1963) Nr. 3/4. S. 275–303. — 13 Abb., 12 Tab., 25 Lit.

Bei Untersuchungen an Gewässern von Gandhisagar (Nagpur) wurde als natürliche Ursache für plötzlich auftretende Fischsterben in den meisten Fällen Sauerstoffmangel festgestellt. Gründe für die Sauerstoffabnahme sind: 1. Verminderung des Phytoplanktons, wodurch kein Assimilationssauerstoff mehr an das Wasser abgegeben wird; 2. Anstieg der Zooplanktonentwicklung, die zu einem verstärkten Sauerstoffverbrauch für respiratorische Zwecke führt (das Maximum dieser Entwicklung wurde am Tage des Fischsterbens erreicht); 3. Biochemischer Sauerstoffverbrauch bei der Zersetzung von Schlammablagerungen. Die Gründe für die Verminderung des Phytoplanktons sind noch nicht genau bekannt. Vermutlich spielt hierbei die Massenentwicklung von *Daphnia* eine entscheidende Rolle.

D. Nehring. 6805.

3-64/09-9169 Nehring, Dietwart; Berlin-Friedrichshagen, Inst. für Binnenfischerei der Dtsch. Akad. der Landwirtsch.-Wiss. zu Berlin. **Die Giftwirkung ureasehaltiger Harnstofflösungen auf verschiedene Fischarten.** Z. Fischerei Hilfswiss. [N.F.] **11** (1963) Nr. 7/8. S. 539–547. — 1 Abb., 1 Tab., 11 Lit.

Die Giftwirkung des Systems Urease-Harnstoff wurde an Regenbogenforellen (*Salmo gairdneri*), Barschen (*Perca fluviatilis*), Plötzen (*Rutilus rutilus*) und Karpfen (*Cyprinus carpio*) untersucht. Bei der enzymatischen Harnstoffspaltung entstehen Kohlendioxyd bzw. Kohlensäure, Ammoniumionen und, in Abhängigkeit vom pH-Wert, freies Ammoniak. Die letzte Verbindung ist für Fische äußerst giftig und muß als Ursache für das Absterben der Versuchstiere angesehen werden. Als ungefähre schädliche Ammoniak-Grenzkonzentration wurde für Forellen 0,7 mg/l, für Barsche 0,9 mg/l, für Plötzen 1,2 mg/l und für Karpfen 2,1 mg/l ermittelt. Der Giftstoff ist hauptsächlich über Kiemen und Haut, nicht dagegen über den Magen-Darm-Kanal wirksam.

D. Nehring. 6805.

3-64/09-9170 Chew, K. K., Sparks, A. K. und Katkansky, S. C.; Seattle, Wash., Univ., Coll. of Fisheries, Fisheries Res. Inst. First record of Mytilicola orientalis Mori in the California mussel Mytilus californianus Conrad. **(Erster Bericht über Mytilicola orientalis in der kalifornischen Muschel Mytilus californianus.)** J. Fisheries Res. Board Canada **21** (1964) Nr. 1. S. 205-207. — 1 Abb., 1 Tab., 6 Lit.

Der parasitische Copepode *Mytilicola orientalis*, der im Darm von Mollusken schmarotzt und bereits aus anderen Gewässern bekannt ist, wurde in *Ostrea lurida*, *Mytilus edulis* und *M. californianus* aus der Humboldt-Bucht (Kalifornien) festgestellt. Der prozentuale Anteil des Befalls mit den im Mittel 4,3-6,3 mm langen Parasiten betrug 9,6%, 58,3% bzw. 65,0%.

K. Anwand. 6822.

3-64/09-9171 Reish, Donald J.; Long Beach, Calif., Long Beach State Coll. Mass mortality of marine organisms attributed to the „red tide" in Southern California. **(Massensterben von Meeresorganismen durch „red tide" in Südkalifornien.)** Calif. Fish and Game **49** (1963) Nr. 4. S. 265-270. — 1 Abb., 2 Tab., 7 Lit.

Eine Population von Bewuchs- und Benthosorganismen wurde vor und nach einer Dinoflagellaten-Wasserblüte (*Gonyaulax* polyedra) im Herbst 1962 verglichen. Die von der „red tide" beeinflußten Arten wurden in Tab. zusammengestellt. *Mytilus edulis* wurde entweder direkt durch akkumulierte toxische Substanzen oder durch den Sauerstoffmangel beim Absterben der Wasserblüte vernichtet. Änderungen der Benthosfauna beruhten möglicherweise auf Abnahme des Sauerstoffgehaltes und/oder auf Änderungen der Eigenschaften des Substrates (schwarzer Schlamm mit H_2S).

Th. Mattheis. 6822.

G. FISCHVERARBEITUNG

3-64/09-9172 Dyer, W. J. und Fraser, D. I. Composition and palatability of porbeagle flesh. **(Zusammensetzung und Geschmack des Fleisches von Lamna nasus.)** J. Fisheries Res. Board Canada **20** (1963) Nr. 5. S. 1153 bis 1158. — 2 Tab., 20 Lit. 6825.

3-64/09-9173 Hennings, Chr.; Hamburg, Bundesforsch.-Anst. für Fischerei, Inst. für Fischverarb. **Ein neues elektronisches Schnellverfahren zur Ermittlung der Frische von Seefischen.** Z. Lebensmittel-Unters. u. -Forsch. **119** (1963) Nr. 6. S. 461–477. — 15 Abb., 26 Lit.

I. allg. erfolgt die Beurteilung des Frischegrades von Fischen durch eine Sinnesprüfung. Sie ist daher mit subjektiven Fehlern behaftet. Vf. entwickelte eine Methode, bei der das Verhältnis zweier bei 2 Wechselströmen verschiedener Frequenz am Meßobjekt auftretender Widerstände als Maß für die Frische benutzt wird. Es wurde ein Gerät konstruiert, das nach Aufsetzen von 2 Elektroden auf die Haut der Fische gestattet, den Frischegrad an Ort und Stelle abzulesen. Die Untersuchungen wurden an 5 Seefischarten (Kabeljau, Schellfisch, Seelachs, Rotbarsch und Hering) durchgeführt. Die vom Fang bis zur Genußtauglichkeitsgrenze ermittelten Werte, die zur Eichung des Gerätes in Frischegraden verwendet wurden, werden mitgeteilt und im Zusammenhang mit den Abbauvorgängen im Fischgewebe besprochen. Abschließend werden die verschiedenen Fehlerquellen aufgezeigt. D. Nehring. 6830.

H. FANGGERÄTE

3-64/09-9174 Mohr, H.; Hamburg, Inst. für Netz- und Materialforsch. **Versuche mit Aalkörben aus synthetischem Material.** Protokolle z. Fischereitechn. 8 (1963) Nr. 38. S. 292–303. — 6 Abb., 3 Tab.

Versuche zeigten, daß Aalkörbe aus PVC solchen aus Weide oder Rohr in keiner Weise nachstehen, wenn sie dicht und fest genug gebunden sind. Wirtschaftlicher sind die PVC-Körbe wegen der höheren Gestehungskosten jedoch erst, wenn sie mindestens 5 Jahre halten. Den PVC-Stäben kann unbedenklich eine weit höhere Lebensdauer zugemutet werden, jedoch wird der Bindedraht durch mechanische Beanspruchung eher defekt. Erst länger dauernde Versuche können exaktere Schlüsse zulassen. E. Schlieker. 6864.

3-64/09-9175 Köthke, Hugo. **Atlas-Seile für die Windenfischerei.** Fischwirt **13** (1963) Nr. 9. S. 260–264. — 6 Abb.

Seile, die unter Spannung häufig als Windenseile verwendet werden, unterliegen ganz bes. Beanspruchungen. Die Farbenfabriken Bayer AG stellen in einem neuen Verarbeitungsverfahren das Atlas-Seil her, in dem monofile Atlas-Drähte mit einem Minimum an Drehung zum Seilverband vereinigt werden. Dadurch werden günstige Dehnungs- und Festigkeitswerte erzielt, die Seile sind sehr biegsam. Auch ein kombiniertes Atlas-Seil (Atlas-Drähte und Kabel zusammen verseilt) bewährte sich als Windenseil in der Hamenfischerei hervorragend. E. Schlieker. 6866.

3-64/09-9176 Brandt, A. v. (unter Mitarb. von Kutsch, H. und Mengi, T.); Hamburg, Inst. für Netz- und Materialforsch. **Das Mindern beim Zuschneiden.** Protokolle z. Fischereitechn. 8 (1963) Nr. 38. S. 252–266. — 37 Abb.

Obwohl dem Netzmacher das Verfahren des Zuschneidens von Netzteilen bekannt ist, besteht hinsichtlich der Bezeichnung der Arbeitsgänge keine Einheitlichkeit. Deshalb wird der Vorgang der Minderung von Netzstücken beim Zuschneiden ausführlich beschrieben . Die Bezeichnung erfolgt mit 2 Zahlen, wovon die erste die Anzahl der Knoten und die zweite die Zahl der Schenkel angibt. Bei stärkerer Minderung gibt die erste Zahl die Zahl der geschnittenen Maschen an. Auch gemischter Schnittrhythmus ist möglich. E. Schlieker. 6866.

3-64/09-9177 Mel'nikov, V. N.; Astrachan, Fischereitechn. Hochschule. O vlijanii vidimosti setnogo polotna na ulovistost' orudij lova. **(Über den Einfluß der Sichtbarkeit des Netzmaterials auf die Fähigkeit der Fanggeräte.)** Rybnoe chozjajstvo, Moskva **38** (1962) Nr. 3. S. 29–37. – 1 Abb., 2 Tab.
Jedes Fanggerät bewirkt mit einem Komplex ausgestrahlter Reize bestimmte Reaktionen der Fische. Ganz bes. Bedeutung kommt dabei der Sichtbarkeit der Geräte zu, die z.B. auch auf die Fängigkeit von pelagischen Schleppnetzen und Ringwaden von ganz erheblichem Einfluß ist. Bei der Beurteilung der Sichtbarkeit muß man außer mit objektiven Dingen (Bau und Eigenschaften der Geräte, Bedingungen der Beobachtung) auch mit subjektiven Faktoren (z. B. Sehvermögen der Fische) rechnen. Farbe, Zwirndurchmesser, Netzeinstellungskoeffizient und Transparenz des Netzmaterials sind die wichtigsten Merkmale, deren Wirksamkeit durch meteorologische, astronomische und hydrologische Verhältnisse beeinflußt wird. E. Schlieker. 6866.

3-64/09-9178 Mal'kjavičus, S. K. Ėlektrotechničeskie osnovy ėlektrolova ryby. **(Elektrotechnische Grundlagen der Elektrofischerei.)** Rybnoe chozjajstvo, Moskva **39** (1963) Nr. 4. S. 42–52. – 6 Abb.
Vf. teilt die wichtigsten Formeln für die Berechnung von Impulserzeugern für Elektrofischereianlagen mit. Die für die Elektrofischerei im Salzwasser erforderlichen Stromstärken und Spannungen liegen in der Größenordnung von einigen 10000 A und etwa 5–6 kV. Mit Hilfe der beschriebenen Anlagen wird es für möglich gehalten, bei noch mit dem Bordnetz zu deckendem Energieaufwand einen Galvanotaxisbereich mit einem Durchmesser von 6–12 m herzustellen. Eine wichtige Voraussetzung für die Anwendung solcher Anlagen besteht darin, daß von der Elektroindustrie die benötigten leistungsfähigen elektronischen Schalteinrichtungen und Kondensatoren mit geringen Abmessungen hergestellt werden. H.-W. Hattop. 6868.

3-64/09-9179 Burnet, A. M. R. An electric fishing machine with pulsatory direct current. **(Ein elektrisches Fischfanggerät, das mit Impulsgleichstrom arbeitet.)** New Zealand J. Sci. **4** (1961) Nr. 1. S. 151-161. – 6 Abb., 4 Lit.
Vf. beschreibt ein vielseitig verwendbares Elektrofanggerät zur Abfischung von Forellenbächen. Das Gerät kann vom Ufer oder von Wasserfahrzeugen aus eingesetzt werden und liefert einen Doppelfrequenz-Impulsstrom mit Spannungen zwischen 220 und 600 V. Die Erzeugung der Stromimpulse erfolgt über eine Multivibratorschaltung mit Hilfe von Thyratronröhren. H.-W. Hattop. 6868.

3-64/09-9180 Besser fischen mit Perlon. Frankfurt/Main: Perlon-Warenzeichenverband e.V. 1963. (44 S. m. 24 Abb. u. 4 Tab.) 15 × 21 cm. Die kleine Broschüre schildert die Vorzüge, die die Verwendung von Perlon gegenüber den früher üblichen pflanzlichen Fasern in der Binnen- und Meeresfischerei bietet. Für fischereiliche Fanggeräte kommen Perlon-Draht, Perlon-Fäden und Perlon-Faser in Betracht. Alle Fanggeräte lassen sich durch die Verarbeitung von Perlon verbessern. Auf folgende Beispiele wird verwiesen: Angeln, Reusen, Kescher, Hamen, Schleppnetze, Zugnetze und Waden, Ringwaden und Lampara-Netze, Senk- und Hebenetze, Kiemennetze, Dreiwandnetze, knotenlose Netze, Tauwerk. Zum Schluß finden Pflege und Netzgarnkennzeichnung kurze Erwähnung. Zahlreiche Abb. veranschaulichen den Text. W. Steffens.

I. ORGANISATION UND PLANUNG

3-64/09-9181 Predel, Günter; Groß-Glienicke über Potsdam, Zweigstelle für Fangtechn. und Mechanisier. des Inst. für Binnenfischerei der Dtsch. Akad. der Landwirtsch.-Wiss. zu Berlin. **Über die weiteren Arbeiten auf dem Gebiet der Mechanisierung in der Binnenfischerei.** Dtsch. Fischerei-Ztg. **10** (1963) Nr. 10. S. 291–298. – 8 Abb.

Wichtigste Aufgaben bei der Mechanisierung der Binnenfischerei der DDR in den nächsten Jahren sind: Volle Auslastung der vorhandenen Technik in den Fischereibetrieben, Prüfung aller Möglichkeiten für die Übernahme von landwirtschaftlichen Maschinen in die Binnenfischerei unter Beachtung des ökonomischen Nutzeffektes, Entfaltung der sozialistischen Gemeinschaftsarbeit und der Neuererbewegung für die Entwicklung neuer Geräte, Erprobung von Fließbandverfahren für bestimmte Produktionsprozesse der Binnenfischerei, Standardisierungsaufgaben, höhere technische Qualifikation der Werktätigen in den Betrieben, Einrichtung einer Zentralwerkstatt für Mechanisierung und Verstärkung der Zusammenarbeit der RGW-Länder auf dem Gebiet der Mechanisierung der Binnenfischerei. G. Predel. 6870.

3-64/09-9182 *Holliman, E. S.* **Financial assistance policies and administration for fishery industries.** Rome: Food and Agriculture Organization of the United Nations. 1962. (VIII, 121 S.) 15 × 23 cm = FAO Fisheries Studies No. 11. Die fischereiökonomische Schrift entstand auf Grund der Anregung, die von einer Tagung in Paris (17.–22. 10. 1960) ausging, auf der über Kreditmaßnahmen für die Fischerei diskutiert wurde. Der Autor geht darin zunächst auf die Gegenstände der Unterstützung unter den verschiedenen Verhältnissen ein. Ein weiteres Kapitel ist der Frage gewidmet, wie die Notwendigkeit für Hilfsmaßnahmen festgestellt wird. Zweck und Form der Unterstützung werden im nächsten Abschnitt behandelt. Längere Ausführungen befassen sich mit der Organisation der finanziellen Hilfe und der Verwaltungstätigkeit. W. Steffens.

K. FISCHEREIRECHT

3-64/09-9183 Paul, Ludwig. **Die Straf- und Bußgeldbestimmungen des Wasserhaushaltsgesetzes und ihre Anwendung in der Praxis.** Allg. Fischerei-Ztg. **89** (1964) Nr. 5. S. 133-136.

Obgleich das Wasserhaushaltsgesetz (WHG) harte Straf- und Bußgeldbestimmungen enthält (§§ 38-41), ist seit dem Inkrafttreten am 1. 3. 1960 kein Fall bekannt geworden, wo auf Grund dieses Gesetzes die Bestrafung eines Täters erfolgt wäre. Vf. zeigt die Gründe hierfür auf. Danach genügt es nicht, daß der Täter unbefugt Schadstoffe in ein Gewässer einbringt oder einleitet, sondern er muß auch dadurch eine schädliche Verunreinigung desselben oder sonstige nachteilige Veränderungen verursachen. Außerdem muß das Einbringen oder Einleiten „unbefugt“ sein. Dies ist es nur, wenn es weder durch eine Erlaubnis oder eine Bewilligung, noch durch ein altes Recht oder eine alte Befugnis gedeckt ist. Ferner ist das WHG für kleine Wasserläufe von untergeordneter Bedeutung, da hier die Landeswassergesetze Vorrang haben. Beispiele, in denen trotz nachgewiesener Schäden Freispruch erfolgte, werden aufgeführt. D. Nehring. 6880.

3-64/09-9184 Broneder, Kurt. **Wasserrecht und Fischereirecht in Österreich.** Fischer [Wien] **43** (1963) S. 9-11.

In Österreich ist nur das Wasserrecht einheitlich geregelt, während das Fischereirecht Landessache ist. Es gibt daher in 9 Bundesländern 9 Fischereigesetze, auf die im einzelnen nicht näher eingegangen wird. Das Wasserrecht wird dagegen ausführlicher behandelt. Der 1. Abschnitt bringt eine Unterteilung in öffentliche und private Gewässer. Im 2. Abschnitt ist insbesondere der § 15 für die Fischerei von Interesse. Er beschäftigt sich mit der Einschränkung der Wassernutzung zu Gunsten der Fischerei. Da es den Nutzern anheimgestellt wird, Reinigungsanlagen oder Fischpässe zu bauen oder Entschädigungen zu zahlen, scheinen hier mehr die Interessen der Industrie und Kraftwerksgesellschaften als die der Fischerei berücksichtigt zu werden. Allerdings ist der § 30 spez. der Reinhaltung und dem Schutz der Gewässer gewidmet. Weiterhin werden in § 15 die Laichschonstätten und Winterlager geschützt. Insgesamt besteht das Wasserrechtsgesetz aus 144 Paragraphen, die u. a.

„Von der Abwehr und Pflege der Gewässer", „Von den allgemeinen wasserwirtschaftlichen Verpflichtungen" und „Von den Zwangsrechten" handeln.
D. Nehring. 6880.

L. FISCHEREILICHE WIRTSCHAFTSGEOGRAPHIE

3-64/09-9185 Stradiot, O. La situation de la pêche maritime belge en 1962. **(Die Lage der belgischen Meeresfischerei 1962.)** Rev. Agric. [Bruxelles] **16** (1963) Nr. 5. S. 761–769.
Die Ergebnisse des Jahres 1962 waren besser als die des Vorjahres. In 65876 (1961: 72212) Einsatztagen bzw. 55756 (57473) Fangtagen wurden je Einsatztag 725 (681) kg, je Fangtag 857 (807) kg gefangen. Der Fang stieg von 46371782 auf 47775399 kg, der Erlös von 550923169 auf 585669413 F. Die Steigerung der Fangmenge betrug 3%, die des Erlöses 6,35%. Der Fang verteilte sich auf die Häfen in Mill. kg: Ostende 37,7 (36,6), Zeebrugge 7,5 (6,9), Nieuport 2,6 (2,9). Auf Bodenfische entfielen 43,8 (40,1), auf Freiwasserfische 2,5 (4,1), auf Schaltiere 1,4 (2,1) Mill. kg. Die bedeutendsten Fischarten waren der Menge nach: Kabeljau, Seezunge, Scholle, Schellfisch, Rochen Hering, nach dem Erlös: Seezunge, Kabeljau, Rochen, Scholle, Schellfisch, Garnelen. D. Scheer. 6890.

3-64/09-9186 Nomura, M.; Tokyo, Tokai Regional Fisheries Res. Lab. **Die Fischerei Japans.** Protokolle z. Fischereitechn. 8 (1963) Nr. 36. S. 131 bis 148.
Die Erträge der japanischen Fischerei stiegen von 1,8 Mill. t (1945) auf 6,7 Mill. t (1961). Ursache des hohen Ertrages und dessen laufender Steigerung sind nach Ansicht des Vf. reiche Fischvorkommen in unmittelbarer Küstennähe, ständige Weiterentwicklung im Fahrzeugbau, in der Netzherstellung und der Entwicklung modernster Fangtechniken. Charakteristisches Merkmal der japanischen Fischerei ist die Vielfältigkeit von Fischereigeräten und Fischfangmethoden, welche die Entwicklung einer großen Anzahl von Fahrzeugtypen bewirkte. Neben eigentlichem Fischfang wird intensive Kultur der verschiedenen Meeresprodukte betrieben. Die Fischerei Japans kann in 5 Zweige aufgegliedert werden, die 1961 folgende Erträge (Mill. t) lieferten: 1. Küstenfischerei 5,4, 2. Hochseefischerei 0,8, Fischzucht im Meer 0,3, 4. Binnenfischerei 0,08, 5. Fischzucht in Binnengewässern 0,01. Auf die rasche Entwicklung einer modernen Mechanisierung in der Küstenfischerei wird bes. hingewiesen. Die einzelnen Zweige der Fischerei werden kurz beschrieben.
H. Jähnichen. 6890.

Redaktionsschluß: 17. 6. 1964

Herausgeber: Deutsche Demokratische Republik · Deutsche Akademie der Landwirtschaftswissenschaften zu Berlin, Institut für Landwirtschaftliche Information und Dokumentation, Berlin W 8, Krausenstr. 38/39; Fernsprecher: 225161. Chefredakteur: Dr. Werner Kleeberg, Berlin W 8, Krausenstr. 38/39; Fernsprecher: 225161. Redaktion der Abteilung III – Tierzucht · Tierernährung · Fischerei: Dr. Hans Dieter Hennig, Dr. habil. Bernhard Piatkowski und Dr. habil. Werner Steffens, Berlin W 8, Krausenstraße 38/39; Fernsprecher: 225161. Verlag: Akademie-Verlag GmbH, Berlin W 8, Leipziger Straße 3–4; Fernsprecher: 220441, Telex-Nr. 011773, Postscheckkonto: Berlin 35021. Bestellnummer dieses Heftes: 1030 III – IX/9. Das Landwirtschaftliche Zentralblatt, Abt. Tierzucht · Tierernährung · Fischerei, erscheint monatlich. Einzelheft MDM 20,–; einseitig bedruckteAusgabe MDM 24,–. Jahresbezugspreis MDM 240,–; einseitig bedruckte Ausgabe MDM 288,– einschl. Register, zuzüglich Porto- und Versandkosten. Gesamtherstellung: VEB Druckerei „Thomas Müntzer" Bad Langensalza. Veröffentlicht unter der Lizenznummer 1290 des Presseamtes beim Vorsitzenden des Ministerrates der Deutschen Demokratischen Republik.

32404

Bei Fragen zur Produktsicherheit wenden Sie sich bitte an:
If you have any questions regarding product safety,
please contact:

Walter de Gruyter GmbH
Genthiner Straße 13
10785 Berlin
productsafety@degruyterbrill.com